三浦　毅　早田孝博
佐藤邦夫　髙橋眞映
共　著

線型代数の発想

第5版

学術図書出版社

記号一覧

$\mathbb{N}$	: 自然数全体の集合 (➪ p.1)
$\mathbb{Z}$	: 整数全体の集合 (➪ p.1)
$\mathbb{R}$	: 実数全体の集合 (➪ p.1)
$x \in S \ \ (S \ni x)$	: x は S の要素である (➪ p.2)
$x \notin S \ \ (S \not\ni x)$	: x は S の要素ではない (➪ p.2)
$A \subset B \ \ (B \supset A)$	: A は B の部分集合である (➪ p.3)
$A \cap B$	: 集合 A と B の共通部分 (➪ p.4)
$A \cup B$	: 集合 A と B の和集合 (➪ p.4)
$\boldsymbol{a} \cdot \boldsymbol{b}$	: ベクトル $\boldsymbol{a}$ と $\boldsymbol{b}$ の内積 (➪ p.11)
cos, sin	: 三角関数 (➪ p.14)
i	: 虚数単位 (➪ p.17)
$z = a + ib$	: 複素数 (➪ p.16)
$\bar{z}$	: 複素共役 (➪ p.20)
$\lvert z \rvert$	: 絶対値 (➪ p.21)
$e^{i\theta} = \cos\theta + i\sin\theta$	: オイラーの公式 (➪ p.25)
$\mathrm{rank}(A)$	: 行列 A の階数 (➪ p.45)
$\lvert A \rvert$	: 行列 A の行列式 (➪ p.76, p.78, p.80, p.81)
${}^tA$	: 行列 A の転置行列 (➪ p.85)
$\mathbb{R}^n$	: n 次列ベクトル全体のなすベクトル空間 (➪ p.95)
$\mathbb{R}[x]_n$	: n 次以下の多項式全体のなすベクトル空間 (➪ p.95)
$\mathbb{R}[x]$	: 多項式全体のなすベクトル空間 (➪ p.95)
$\boldsymbol{e}_i$	: 標準基底 (➪ p.120)
$\dim V$	: ベクトル空間 V の次元 (➪ p.122)
$T\colon U \to V$	: U から V への写像 (➪ p.130, p.126)
$\mathrm{Ker}\, T$	: T の核 (➪ p.135)
$\mathrm{Im}\, T$	: T の像 (➪ p.132)
$g_A(t)$	: 固有多項式 (➪ p.151)
$W(\lambda; A)$	: 固有空間 (➪ p.151)
$(\boldsymbol{a}, \boldsymbol{b})$	: ベクトル $\boldsymbol{a}$ と $\boldsymbol{b}$ の内積 (➪ p.169)
$\lVert \boldsymbol{a} \rVert$	: ベクトル $\boldsymbol{a}$ の長さ (➪ p.170)
$\dim_{\mathbb{C}} V$	: ベクトル空間 V の複素次元 (➪ p.182)
$W_{\mathbb{C}}(\lambda; A)$	: 複素ベクトル空間の固有空間 (➪ p.184)

第5版 まえがき

本書が出版されてから 7 年が経ち，その間に大学における数学教育がおかれる環境も大きく様変わりしたように感じられる．特に高校で「行列」が扱われなくなったことは，大学での数学教育に対して大きな影響を与えた．本書が扱う「線型代数」は「ベクトル」と「行列」の上に成り立っているため，学生は大学ではじめて「行列」を学び，さらにその先にある「線型代数」を修得しなければならない．学生にとっては大学入学後に学ぶ内容が増えることとなり，教える側にとってはこれまで扱ってきた内容の一部を「行列」に充てることとなり，目標とする内容まで到達するためにはどこかで無理をしなければならない．無理をしなければ，学生が自分で学ばない限り，それぞれの専門分野で必要とされる内容を知らずに過ごすこととなる．「行列」が高校の教科書にないことは「学ぶタイミングがわずか数年ずれただけ」と言って片付けることは出来ない大きな問題に思えてならない．

このような思いから，大学ではじめて「行列」を学んだ上で，その先にある「線型代数」を修得できるよう拙著「線型代数の発想」を改訂した．改訂に際してもこれまでのスタイルを変えないことを心がけ「2 次正方行列」と「1 次変換」の項目を追加した．これらの項目をしっかりと学べば「線型代数」へと自然につながるものと思う．また旧版の誤植や説明不足も可能な限り修正した．改訂版の出版に際しては河村新蔵先生，佐藤圓治先生に多くの助言を賜りました．厚く御礼申し上げます．さらに遅々として進まない改訂をあたたかく見守り，終止ご尽力頂いた学術図書出版社髙橋秀治氏に感謝いたします．

2016 年 8 月

三浦　　毅
早田　孝博
佐藤　邦夫
髙橋　眞映

まえがき

本書は山形大学工学部において著者が行ってきた線型代数の講義ノートを基に，加筆・修正した線型代数の入門書である．対象は主に工学系の学生を想定しているが「線型代数をはじめて学ぶ」あるいは「一度は学んだことはあるけれどもわかった気がしない」という読者の参考書にもなるものと思う．本書を読み，理解するための予備知識はほとんど要求しない．小学校で学んだ四則演算，つまり $+$，$-$，$\times$，$\div$ がわかり，さらに**少しの忍耐力**があれば，工学系大学院の標準的な入試問題にも対応できるように書いたつもりである．

第 1 章では複素数について詳しく述べた．複素数は実数に取って代わり“数”の中心的役割を果たすばかりでなく，ベクトル空間の具体例にもなっている．第 2 章から第 4 章までが本書の中心である．本書では第 2 章で学ぶガウスの消去法による連立 1 次方程式の解法がもっとも重要である．実際，第 2 章から第 4 章までの内容は，そのほとんどが連立 1 次方程式から一歩踏み出した程度のものである．しかし一歩踏み出すと，そこには数学特有の記号や抽象的な概念が待ち構えている．真っ暗闇でも少しずつ景色が見えてくるのと同じで，記号も慣れるまでに時間がかかると思ってよい．また抽象的な概念は線型代数の適用範囲を広げるために，具体的な対象から余計なものを取り除いたものである．これらの困難を乗り越えれば，第 4 章の目的である「行列の対角化」までたどり着くことができる．さらに第 5 章の内積空間まで学べば，線型代数のかなりの部分を眺めることができるであろう．

最後に，著者は本書執筆に際し「三宅敏恒，入門線形代数」（培風館）から非常に多くの教示を受けました．ここに厚く御礼申し上げます．本書の原案を教科書として実際に使用し，有益なご意見を賜った信州大学名誉教授奥山 安男先生，茨城大学工学部平澤 剛先生，植木 誠一郎先生（現在東海大学理学部），細川 卓也先生，山形大学非常勤講師荒井 隆一先生にお礼を申し上げます．また本書の執筆をお勧めいただいた学術図書出版社髙橋秀治氏に感謝いたします．

2009 年 6 月

三浦　　毅
佐藤　邦夫
髙橋　眞映

本書の特徴

数学は一般にいわれるほど「論理的」ではなく，むしろ具体的な「イメージ」が重要である．本書では線型代数で学ぶ概念の具体的なイメージ，つまり表題にある「発想」が読者に伝わるような展開を試みた．線型代数に関する数多くの名著が出版されているが，これらは「定理・証明が中心の理論的書物」か「定義や定理の意味を解説する解説書」に大別される．本書ではこれらの中間を目指し，問題を解きながら抽象的な概念を把握できるように以下の点に工夫を凝らした．

(1) **定理・公式をあえて述べていない**：数学が苦手な人ほど，定理や公式を丸暗記し，そこに数値を代入することで解を求めようとする傾向がある．意味のわからない結果を用いて正しい答えを導くよりも，いくつかの基本的概念から出発して一歩ずつ進むことにより，逆に定理が実感できるように例題の内容を吟味してある．

(2) **例，特に例題を多く取り入れた**：「学ぶことは真似ること」に始まる．本書の目標は「自分で解く力を養う」ことにある．そのためには，よい手本が必要である．まず例題とその解説をじっくりと読み，その後，自分の力で解き直せるようにしてもらいたい．

(3) **注意，参考の充実**：読者が誤解しやすい点，理解しにくい点を「注意」として述べてある．また「参考」には，さらに学びたい読者のために，線型代数の理論に関する記述がある．興味ある読者は巻末の参考文献などを読んで，さらに深く学べるようになっている．

(4) **演習問題，略解**：演習問題は，各単元の内容を確認するための基本的な問題を中心に配置している．略解も結果だけでなく，重要と思われる途中経過を記してある．略解を読んでもわからない場合は，対応する例題を確認した上で，再度演習問題に挑んでもらいたい．

(5) **ページ番号の参照**：関連する例題，例，注意，参考などには「例題 1.2.5 (p.27) 参照」のようにページが書かれている．重要な用語は覚えなければならないが，たとえば「指数法則 (➪ p.25)」のように，これらにもページが書かれている．わからない用語があった場合はすぐに確認してもらいたい．

(6) **付録の充実**：本文中では触れることのできなかった「複素数」と「行列式」の必然性について，専門的立場から述べている．

行列の対角化を目標とする場合，以下の各節の順番で学ぶことが考えられる：

$$2.1 \;\Rightarrow\; 2.2 \;\Rightarrow\; 2.3 \;\Rightarrow\; 2.8 \;\Rightarrow\; \text{第 3 章} \;\Rightarrow\; 4.1 \;\Rightarrow\; 4.4 \;\Rightarrow\; 4.5$$

2.1, 2.2, 2.3 節は連立 1 次方程式の解法であるから省略してもよい．行列に不慣れな読者のために 2.4,2.5,2.6 節で 2 次正方行列について述べた．必要に応じて行列式も学ぶとよいであろう．意欲のある読者のために第 5 章で内積空間についても述べた．ここまで学べば（証明を除いて）線型代数の入門としてはかなりの部分に触れたことになる．また各節を 5 ページ程度に収めてあるので，演習の時間を取り入れることにより教科書として用いることができるよう配慮している．

目次

記号一覧 i

第 5 版 まえがき iii

まえがき v

本書の特徴 vi

第 0 章　集合について 1

第 1 章　複素数 9

1.0　平面および空間上のベクトルと三角関数 10

1.1　複素数の導入 16

1.2　オイラーの公式 24

1.3　複素数の極形式 30

第 2 章　連立 1 次方程式と行列 35

2.1　行列と連立 1 次方程式 36

2.2　行列の簡約化と階数 43

2.3　連立 1 次方程式の解の分類 48

2.4　2 次正方行列の演算 52

2.5　2 次正方行列の応用 57

2.6　1 次変換 62

2.7　行列の演算 66

2.8　正則行列とその逆行列 71

2.9　行列式の導入 75

2.10　行列式の性質 83

2.11　クラーメルの公式 88

第 3 章　ベクトル空間 93
3.1 ベクトル空間とベクトルの 1 次独立性 94
3.2 ベクトルの 1 次従属性 100
3.3 ベクトル空間の生成 110
3.4 ベクトル空間の基底と次元 120

第 4 章　線型写像 125
4.1 線型写像 126
4.2 線型写像の像と核 132
4.3 線型写像の表現行列 138
4.4 固有値と固有空間 —行列の対角化の準備— 151
4.5 行列の対角化 —特別な表現行列— 158

第 5 章　内積空間 168
5.1 内積 169
5.2 複素ベクトル空間 179

問題の略解 188

付録 A　複素数について 223
A.1 複素数の構成 223
A.2 2 次元実代数構造 224
A.3 3 次元実代数構造 226

付録 B　行列式について 227
B.1 行列式の起源と定義 227
B.2 行列式の性質 234
B.3 行列式の余因子展開 235
B.4 行列式の積 236
B.5 逆行列 236

参考文献 238

索引 239

0

集合について

第 0 章のキーワード

集合 (➪ p.1)，要素・元 (➪ p.2)，記号 $\boldsymbol{x} \in \boldsymbol{S}, \boldsymbol{S} \ni \boldsymbol{x}$ (➪ p.2)，記号 $\boldsymbol{x} \notin \boldsymbol{S}, \boldsymbol{S} \not\ni \boldsymbol{x}$ (➪ p.2)，
集合の記法 (➪ p.2)，部分集合 (➪ p.3)，記号 $\boldsymbol{A} \subset \boldsymbol{B}, \boldsymbol{B} \supset \boldsymbol{A}$ (➪ p.3)，集合の相等 (➪ p.4)，
共通部分 (➪ p.4)，記号 $\boldsymbol{A} \cap \boldsymbol{B}$ (➪ p.4)，和集合 (➪ p.4)，記号 $\boldsymbol{A} \cup \boldsymbol{B}$ (➪ p.4)，
写像 (➪ p.5)，定義域 (➪ p.6)，像 (➪ p.6)，逆像 (➪ p.6)，全射 (➪ p.7)，単射 (➪ p.7)
逆写像 (➪ p.7)，合成写像 (➪ p.8)

集合の概念

“もの”の集まりを**集合**という．たとえば “もの”として $1, 2, 3, \cdots$ のような自然数を考えるとき，「すべての自然数の集まり」は 1 つの集合である．この集合を $\mathbb{N}$ で表す．自然数の他に 0 や負の数 $-1, -2, -3, \cdots$ を含めた「すべての整数の集まり」も集合であり，この集合を $\mathbb{Z}$ で表す．また「すべての実数の集まり」である集合を $\mathbb{R}$ により表す．

自然数，整数，実数の集合

$\mathbb{N}$： 自然数 $1, 2, 3, 4, 5, \cdots$ 全体の集まり．
$\mathbb{Z}$： 整数 $0, \pm 1, \pm 2, \pm 3, \pm 4, \cdots$ 全体の集まり．
$\mathbb{R}$： 実数全体の集まり．

集合の要素とその記号

上の例のように，ある種の数の集まりは集合であるが，集合を構成する “もの”は「数」だけではない．「関数」，「行列」あるいは「(抽象的な) ベクトル」などの集まりも集合である [*1]．この

*1 どんな “もの”の集まりでも集合になる訳ではない．たとえば「うまいラーメン屋の集まり」や「かわいいショップの集まり」などは集合として扱わない．なぜなら A という店を「うまい」と感じるか，あるいは「かわいい」と感じるかは人それぞれで，A がその集まりに入るか，入らないかが不明確だからである．

ように，集合を構成する“もの”を集合の**要素**または**元**という．そして x という“もの”が集合 S の要素であることを

$$x \in S \qquad \text{または} \qquad S \ni x$$

と表す．「$x \in S$」は

x は S の要素である，　x は S に含まれる，　x は S に属する

などと読む．また「$S \ni x$」は

x は S の要素である，　S は x を含む，　x は S に属する

などと読む．逆に，x という“もの”が集合 S の要素でないことを

$$x \notin S \qquad \text{または} \qquad S \not\ni x$$

と表し，「$x \notin S$」を

x は S の要素でない，　x は S に含まれない，　x は S に属さない

などと読む．また「$S \not\ni x$」は

x は S の要素でない，　S は x を含まない，　x は S に属さない

などと読む．たとえば

$$3 \in \mathbb{N}, \quad -10 \in \mathbb{Z}, \quad \sqrt{2} \in \mathbb{R}, \qquad\qquad 0 \notin \mathbb{N}, \quad \frac{2}{3} \notin \mathbb{Z}$$

である．

集合の記法

集合を具体的に表す方法にはいくつかある．もっとも基本的なのは「すべての要素を書き出す」方法である．たとえば集合 S の要素が 1, 3, 7 だけであるとき

$$S = \{1, 3, 7\}$$

と表す．この方法は非常に見やすいので，集合の要素があまり多くない場合は効果的である．しかしこの方法で自然数全体の集合 $\mathbb{N}$ を表すには，すべての自然数を書き出さなければならず，これは到底不可能である．このような場合は代表的な要素をいくつか書いて，残りの要素が容易に推察できるようにすればよい．実際

$$\mathbb{N} = \{1, 2, 3, \cdots\}$$

と表すこともある．同様にして，整数全体の集合 $\mathbb{Z}$ は

$$\mathbb{Z} = \{0, \pm 1, \pm 2, \pm 3, \cdots\}$$

などと表せばよい．

しかし，このような記法にも限界はある．たとえば 0 以上のすべての実数を同様の記法で表そうとしても不可能であろう．このような集合は次のように表される：

$$\{x \in \mathbb{R} : x \geqq 0\} \qquad \text{または} \qquad \{x \in \mathbb{R} \mid x \geqq 0\}$$

この記号 “$x \in \mathbb{R} : x \geqq 0$”の読み方は以下の通りである．

x は（実数全体の集合）$\mathbb{R}$ の要素で，さらに x は 0 以上である．

つまり $\{x \in \mathbb{R} : x \geqq 0\}$ は，0 以上の実数全体の集合を表している．この記法を一般的に表すと

{“もの”：“もの”のみたす性質 }

となる．この記法を用いれば，偶数全体の集合は

$$\{2n \in \mathbb{N} : n \in \mathbb{N}\}$$

と表すことができる [*2]．また $\{2n : n \in \mathbb{N}\}$ と書けば $2n$ が自然数であることも明らかなので，“$2n \in \mathbb{N}$”を “$2n$”と省略することもある．しかし $\{x \in \mathbb{R} : x \geqq 0\}$ において “$\in \mathbb{R}$”を省略し $\{x : x \geqq 0\}$ とすると，前後の文脈から明らかな場合は除いて，x は整数なのか，それとも実数なのかなどが不明確になる恐れがある．このような混乱を避けるためにも $\{x \in \mathbb{Z} : x \geqq 0\}$, $\{x \in \mathbb{R} : x \geqq 0\}$ のように使い分けることを勧める．

さらに $\{2n : n \in \mathbb{N}\}$ と書いたときの “$n \in \mathbb{N}$”は，単に「n は自然数である」という意味だけでなく，「n は自然数であれば**何でもよい**」ことまで表すことに注意しよう．したがって，$\{x \in \mathbb{R} : x \geqq 0\}$ では x は実数で，さらに 0 以上であれば何でもよい．この記法を用いれば「xy 平面 $\mathbb{R}^2$ 上の点で，原点を中心とし半径 1 の円周上にあるもの全体」のなす集合は

$$\{(x, y) \in \mathbb{R}^2 : x^2 + y^2 = 1\} \qquad \text{または} \qquad \{(x, y) : x^2 + y^2 = 1\}$$

と表すことができる．

部分集合と集合の相等

集合 A, B に対して A が B の**部分集合**であるとは

A のどんな要素も必ず B の要素となる

[*2] もちろん，この場合は $\{2, 4, 6, \cdots\}$ と書いても誤解を与える恐れはないであろう．

ことである[*3]．A が B の部分集合であることを

$$A \subset B \quad \text{または} \quad B \supset A$$

で表す．"$A \subset B$"を「A は B に含まれる」，"$B \supset A$"を「B は A を含む」と読むこともある．$a \in B$ は「a が集合 B の要素である（a は集合 B に含まれる）」ことを表すのに対し，$A \subset B$ は「集合 A が集合 B に含まれる」ことを表す．記号"$\in$"も"$\subset$"も似ていること，またどちらも「含まれる」と読むことから混乱しやすいが，まったく異なる意味を表す記号なので注意が必要である．たとえば，どんな自然数も整数であり，どんな整数も実数であるから

$$\mathbb{N} \subset \mathbb{Z} \subset \mathbb{R}$$

である．

集合 A, B がまったく同じ要素からなるとき A と B は**等しい**といい $A = B$ と表す． たとえば

$$\{x \in \mathbb{Z} : x \geqq 1\} = \{1, 2, 3, \cdots\} = \mathbb{N}$$

である．より正確に述べると，$A = B$ とは

$$A \subset B \text{ であり，さらに } B \subset A \text{ である}$$

ことである．実際に $A = B$ を示すには $A \subset B$ を示し，さらに $B \subset A$ を示す，という手順が一般的である．このような集合の相等は，ベクトル空間の生成 (➪ p.110) で必要な概念である．

共通部分と和集合

2つの集合 A, B に対して，A と B の**共通部分**を $A \cap B$ で表す．また A と B をあわせて得られる集合を A と B の**和集合**といい，$A \cup B$ で表す． たとえば

$$A = \{1, 2, 3, 5\}, \qquad B = \{2, 4, 5, 8\}$$

のとき，共通部分 $A \cap B$ と和集合 $A \cup B$ は

$$A \cap B = \{2, 5\}, \qquad A \cup B = \{1, 2, 3, 4, 5, 8\}$$

となる．共通部分 $A \cap B$ は A と B どちらにも含まれる要素全体からなる集合，和集合 $A \cup B$ は A または B のどちらかに含まれる要素（両方に含まれてもよい）全体からなる集合ということもできる．

[*3] 通常，集合は A, B, C などの大文字を使用し，集合の要素は小文字で表すことが多い．本書では行列 (➪ p.36) も大文字で表すが，混乱は起こらないであろう．

より一般に n 個の集合 $A_1, A_2, \cdots, A_n$ に対しても，同様にして共通部分と和集合を考えることができる．このとき共通部分は

$$A_1 \cap A_2 \cap \cdots \cap A_n \quad \text{または} \quad \bigcap_{i=1}^{n} A_i$$

と表し，和集合は

$$A_1 \cup A_2 \cup \cdots \cup A_n \quad \text{または} \quad \bigcup_{i=1}^{n} A_i$$

などと表す．無限に多くの集合 $A_1, A_2, \cdots, A_n, \cdots$ に対して，共通部分および和集合は $\bigcap_{i=1}^{\infty} A_i$, $\bigcup_{i=1}^{\infty} A_i$ と表す．

写像の概念

「集合」が“もの”の集まりであるのに対し，「写像」は“もの”と“もの”を対応させる“ルール”である．“もの”として数を選ぶとき，数と数の間の対応は関数と呼ばれる．たとえば関数 $f(x) = x^2$ は実数の集合 $\mathbb{R}$ の要素 x に対し，要素 x^2 を対応させるルールを表しており，

$$\begin{array}{ccccccccc} \cdots & -2 & -1 & 0 & 1 & 2 & 3 & \cdots & \in \mathbb{R} \\ \downarrow & \downarrow & \downarrow & \downarrow & \downarrow & \downarrow & \downarrow & \downarrow & \\ \cdots & 4 & 1 & 0 & 1 & 4 & 9 & \cdots & \in \mathbb{R} \end{array}$$

のような対応すべてが集まったものである．写像の考え方は，年月日に対する曜日であるとか，連絡相手とその電話番号の対応であるとか，日常でも頻繁に利用している．

写像とその記号

2 つの集合 A と B を考える．A と B は同じであっても異なっていてもよい．A の任意の要素 a に対し，B の要素 b をただ 1 つ対応させるルール f を A から B への**写像**という．このとき b を $f(a)$ と書く．A から B への写像は，このように通常 f や T などの記号で表される．たとえば写像を T と書くときは $b = T(a)$ となる．このあたりは関数の書き方と同じである．しばしばまるかっこを省略して Ta のように書くことがある．A を写像 f の定

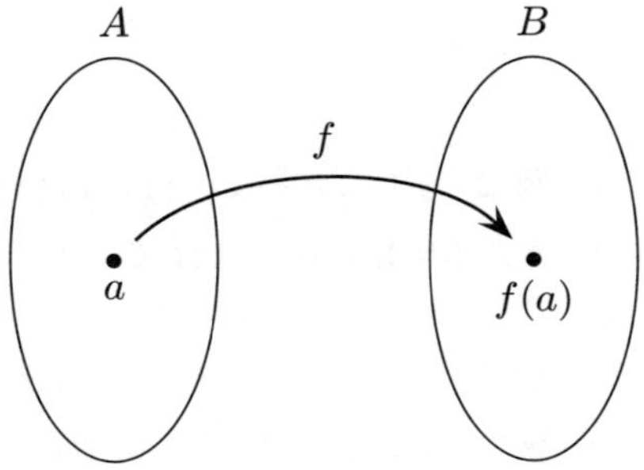

義域という *4．これらをまとめて次のように書くことがある：

$$f\colon A \to B \qquad \text{または} \qquad f\colon A \ni a \mapsto b \in B$$

例 1　(1) 関数 $f(x) = 2x$ は，A, B ともに実数の集合 $A = B = \mathbb{R}$ の写像

$$f\colon \mathbb{R} \ni x \mapsto 2x \in \mathbb{R}$$

と考えることができる．このとき，写像 f は A の要素 x に対して B の要素 $2x$ を対応させるルールである．

(2) $A = \mathbb{R}^2$ を平面上の点全体とする．また $B = \mathbb{R}$ とし，$g(x,y) = \sqrt{x^2+y^2}$ とおく．これは写像 $g\colon \mathbb{R}^2 \to \mathbb{R}$ になり，点 (x,y) と原点との距離を対応させるルールになっている．

(3) 定義域 A を年月日全体とし，$B = \{$ 月, 火, 水, 木, 金, 土, 日 $\}$ とする．年月日と曜日の対応 $W\colon A \ni$ 年月日 $\mapsto W($年月日$) \in B$ は写像になる．たとえば，W(1970 年 1 月 1 日) = 木 であり，W(2014 年 9 月 6 日) = 土 となる．

像と逆像

写像 $f\colon A \to B$ と任意の $a \in A$ に対し，$f(a)$ を a の f による**像**という．$a \in A$ をすべて動かしたとき $f(a)$ 全体は B の部分集合になる．これを f の**像**といい，$f(A)$ または $\mathrm{Im}\,(f)$ で表す．

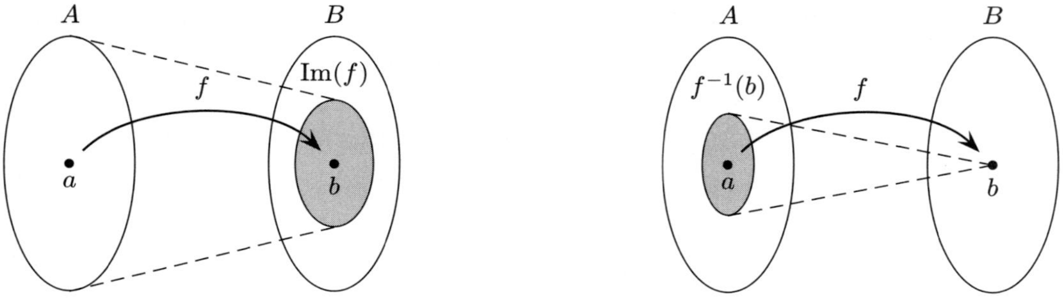

例 2 例 1 において，(1) $\mathrm{Im}\,(f) = B$ であり，(2) $\mathrm{Im}\,(g) = \{0$ 以上の実数 $\} \subset B$ であり，また (3) $\mathrm{Im}\,(W) = B$ である．

写像 $f\colon A \to B$ と B の部分集合 S に対し，$f^{-1}(S) = \{a \in A \mid f(a) \in S\}$ を S の f による**逆像**という．$f^{-1}(S)$ は A の部分集合になる．逆像は 1 点集合 $S = \{b\}$ のときをよく扱う．こ

*4　B を f の**値域**ということもある．ただし値域という用語は，特に関数に対しては，後に述べる像 (➪ p.132) を表すこともあるので，この用語は本書では使わない．

のとき $f^{-1}(\{b\})$ を $f^{-1}(b)$ と単に記述する．

例 3 例 1 において，(1) $f^{-1}(1)=\left\{\dfrac{1}{2}\right\}$ となる．さらに $b\in B$ に対し $f^{-1}(b)=\left\{\dfrac{b}{2}\right\}$ もわかる．また (2) $g\colon \mathbb{R}^2\to\mathbb{R}$ において 1 の逆像は円周 $g^{-1}(1)=\{(x,y)\in\mathbb{R}^2 : x^2+y^2=1\}$ となる．また (3) $W^{-1}(\text{土})$ は土曜日になるような年月日全体の集合になる．

上への写像と 1 対 1 写像

写像 $f\colon A\to B$ の像 $f(A)$ が B と一致するとき，f は**上への写像**もしくは**全射**であるという．また，任意の $b\in\mathrm{Im}\,(f)$ に対し $f^{-1}(b)$ が 1 点のみからなるとき f は **1 対 1 写像**もしくは**単射**であるという．この定義は「$a_1, a_2\in A$ に対し $f(a_1)=f(a_2)$ ならば $a_1=a_2$ である．」が成立するとき f は単射であるとも言い換えられる．f が全射であり単射でもあるとき，**全単射**であるという．

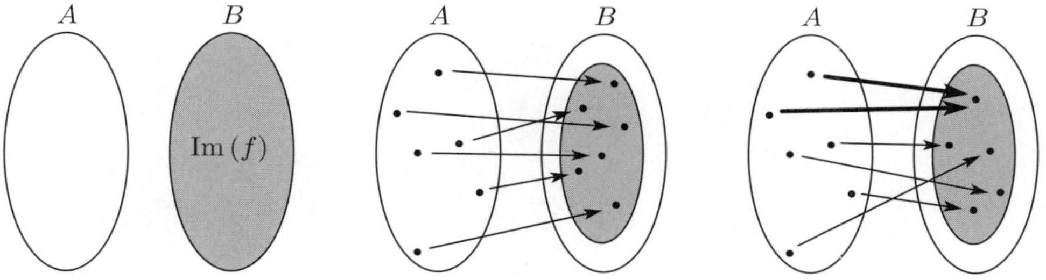

全射　　　　単射　　　　単射でない

例 4 例 2 から (1) f は全射である．さらに例 3 の計算から f は単射であることがわかる．よって f は全単射である．(2) g は全射でも単射でもない．(3) W は全射であるが，

$$W(2014\text{ 年 }9\text{ 月 }6\text{ 日})=\text{土}=W(2014\text{ 年 }9\text{ 月 }13\text{ 日})$$

であるから単射ではない．

逆写像

$f\colon A\to B$ が全単射であるとする．$b\in B$ に対し $f(a)=b$ となる A の要素 a がただ 1 通りに定まるので，新しい写像

$$g\colon B\ni b\mapsto a\in A \qquad (\text{ただし } f(a)=b)$$

が定まる．この g を f の**逆写像**といい，f^{-1} で表す．

例 5 例1において，例3より (1) f は全単射なので逆写像 f^{-1} をつくることができる．実際 $f^{-1}(x)\colon \mathbb{R} \ni x \mapsto \dfrac{1}{2}x \in \mathbb{R}$ となる．一方，(2) g と (3) W は全単射でないので逆写像は定義されない．

合成写像

3つの集合 A, B, C と写像 $f\colon A \to B$, $g\colon B \to C$ に対して，A の要素 a は f で B の要素 $f(a)$ に写像されるが，この $f(a)$ は g の定義域の要素でもあるから，さらに g で写像すると C の要素 $g(f(a))$ が得られる．このとき a に対し $g(f(a))$ を対応させるルールも写像である．これを f と g の**合成写像**といい，$g \circ f$ で表す．あらためて書き直すと

$$g \circ f\colon A \ni a \mapsto g(f(a)) \in C \qquad (g \circ f(a) = g(f(a)))$$

である．

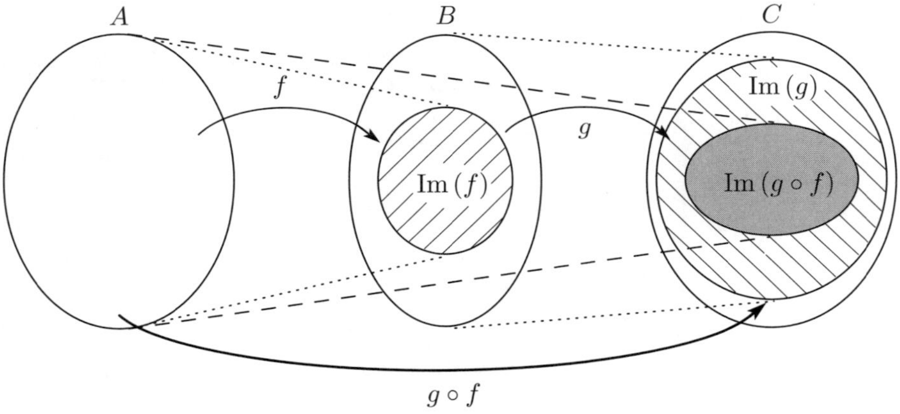

f, g がどちらも全射のとき，$g \circ f$ も全射になる．また f, g がともに単射のとき，$g \circ f$ も単射になる．よって f, g がともに全単射のとき $g \circ f$ も全単射になり，$g \circ f$ の逆写像 $(g \circ f)^{-1}\colon C \to A$ が存在し，$(g \circ f)^{-1} = f^{-1} \circ g^{-1}$ が成立する．特に $f^{-1} \circ f = \mathrm{id}_A$，$f \circ f^{-1} = \mathrm{id}_B$ が成立する．ここで id_A は A 上の**恒等写像**，つまり任意の $a \in A$ に対し $\mathrm{id}_A(a) = a$ となる写像のことである．

1

複 素 数

第１章のキーワード

1.0 平面および空間上のベクトルと三角関数

有向線分 (➪ p.10)，平面上のベクトル (➪ p.10)，成分・成分表示 (➪ p.10)，内積 (➪ p.11)，空間上のベクトル (➪ p.12)，直線のベクトル方程式 (➪ p.12)，法ベクトル (➪ p.12)，
平面の方程式 (➪ p.13)，三角関数 (➪ p.14)，ラジアン (➪ p.14)

1.1 複素数の導入

複素数 (➪ p.16)，複素平面 (➪ p.16)，複素数の積 (➪ p.16)，実部・虚部 (➪ p.17)，
虚数単位 (➪ p.17)，複素数の和・差・実数倍・積 (➪ p.18)，複素数の商 (➪ p.19)，
複素共役 (➪ p.20)，複素共役の性質 (➪ p.20)，絶対値 (➪ p.21)，
絶対値の性質 (➪ p.22)，円の方程式 (➪ p.23)

1.2 オイラーの公式

オイラーの公式 (➪ p.25)，指数法則 (➪ p.25)，ド・モアブルの定理 (➪ p.26)，
加法定理 (➪ p.27)，積和公式 (➪ p.28)

1.3 複素数の極形式

極形式・極形式表示 (➪ p.30)，偏角 (➪ p.30)，n 乗根 (➪ p.33)，
円周上の複素数の表示 (➪ p.34)

1.0 平面および空間上のベクトルと三角関数

平面上の2点A, Bに対してABでAとBを結ぶ線分を表すことにする．線分ABに向きも考えたものを**有向線分**と呼び，Aをその始点，Bを終点という．このように有向線分は長さと向きだけでなく，始点と終点によっても変わってくる．一方で長さと向きだけが重要で，始点や終点は問題にしない場合は有向線分ではなく**ベクトル**と呼び $\overrightarrow{\mathrm{AB}}$ で表す．つまり $\overrightarrow{\mathrm{AB}} = \overrightarrow{\mathrm{CD}}$ ということは，有向線分ABとCDが長さも向きも等しいことを意味する．

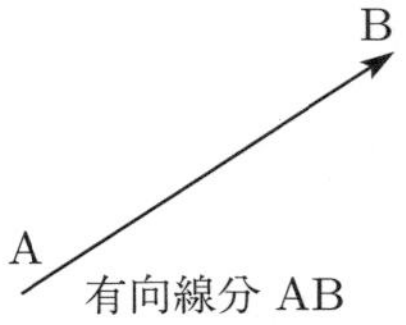

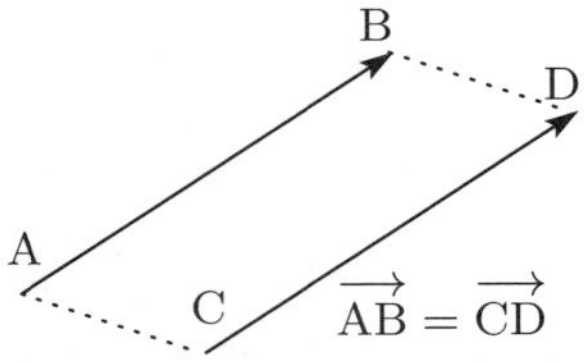

ベクトルは長さと向きだけが問題で，始点と終点は考える必要がないので，$\overrightarrow{\mathrm{AB}}$ の代わりに $\boldsymbol{a}$, $\boldsymbol{b}$ などの文字でベクトルを表すことにする．またベクトル $\boldsymbol{a}$ の長さを $|\boldsymbol{a}|$ で表す．xy 平面上のベクトル $\boldsymbol{a}$ に対して始点を原点Oにとったとき，$\boldsymbol{a}$ には向きと長さがあるので，終点Aがただ1つ定まる．点Aの x 座標を a_1，y 座標を a_2 とするとき，a_1, a_2 を $\boldsymbol{a}$ の**成分**と呼び $\boldsymbol{a} = (a_1, a_2)$ と表す．これをベクトル $\boldsymbol{a}$ の**成分表示**という．逆に xy 平面上のどんな点Pも，原点Oを始点としPを終点とするベクトル $\overrightarrow{\mathrm{OP}}$ と考えることができる．このようにして，平面上のベクトルと平面上の点は1対1に対応がつくのである．

平面上のベクトルには次のようにして和・差・実数倍が定義される．

平面上のベクトルの和・差・実数倍

$\boldsymbol{a} = (a_1, a_2)$, $\boldsymbol{b} = (b_1, b_2)$ とする．

(1) $\boldsymbol{a} + \boldsymbol{b} = (a_1 + b_1, a_2 + b_2)$,　　$\boldsymbol{a} - \boldsymbol{b} = (a_1 - b_1, a_2 - b_2)$

(2) $c\boldsymbol{a} = (ca_1, ca_2)$　$(c \in \mathbb{R})$

ベクトル $\boldsymbol{a}, \boldsymbol{b}$ の和 $\boldsymbol{a} + \boldsymbol{b}$ は幾何学的には，$\boldsymbol{a} = \overrightarrow{\mathrm{OA}}$, $\boldsymbol{b} = \overrightarrow{\mathrm{OB}}$ とするとき，OA, OBを2辺とする平行四辺形OACBの対角線OCを表し，$\boldsymbol{a} - \boldsymbol{b}$ は対角線BAを表している．

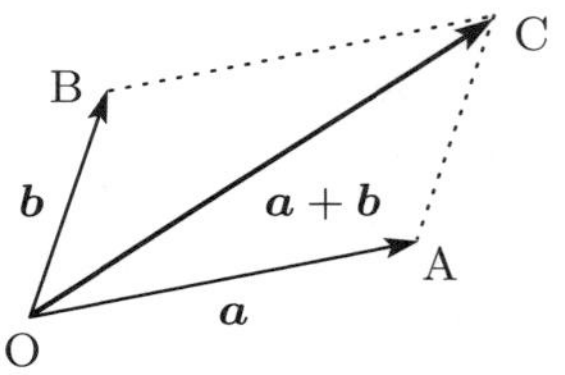

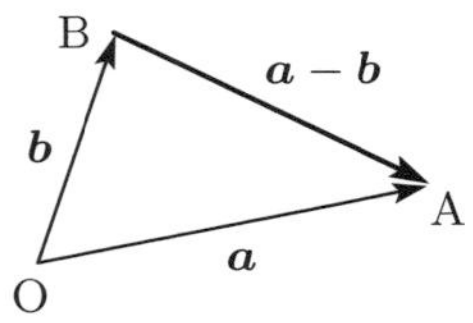

同様にベクトル $\boldsymbol{a}$ の実数倍 $c\boldsymbol{a}$ は，$c > 0$ ならば $\boldsymbol{a}$ と同じ向きで長さが c 倍のベクトルを，$c < 0$ ならば $\boldsymbol{a}$ と逆向きで長さが $-c$ 倍のベクトルを表している．$c = 0$ ならば $c\boldsymbol{a} = 0\boldsymbol{a} = \boldsymbol{0}$ で

ある．

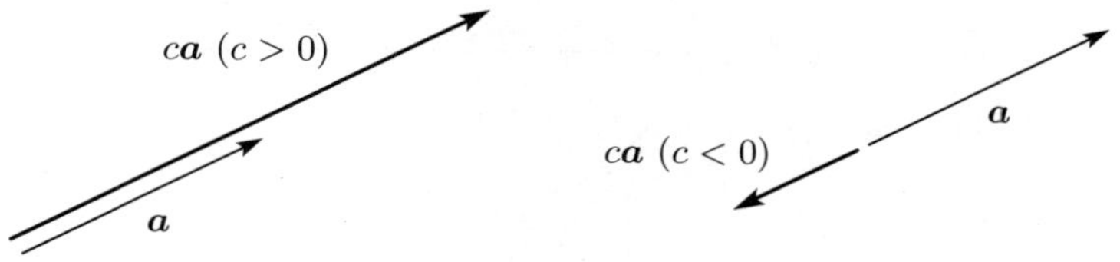

特に $(-1)\boldsymbol{a}$ を $-\boldsymbol{a}$ と書く．平面上のベクトルの和は，その成分の和で定義されているので，実数と同様の計算法則が成り立つことがわかる．

平面上のベクトルの和・実数倍の法則

平面上のベクトル $\boldsymbol{a}, \boldsymbol{b}, \boldsymbol{c}$ と $c_1, c_2 \in \mathbb{R}$ に対して

(1) $\boldsymbol{a}+\boldsymbol{b}=\boldsymbol{b}+\boldsymbol{a}$

(2) $(\boldsymbol{a}+\boldsymbol{b})+\boldsymbol{c}=\boldsymbol{a}+(\boldsymbol{b}+\boldsymbol{c})$

(3) $\boldsymbol{0}=(0,0)$ に対して $\boldsymbol{a}+\boldsymbol{0}=\boldsymbol{0}+\boldsymbol{a}=\boldsymbol{a}$

(4) $\boldsymbol{a}+(-\boldsymbol{a})=\boldsymbol{0}$

(5) $c(\boldsymbol{a}+\boldsymbol{b})=c\boldsymbol{a}+c\boldsymbol{b}$

(6) $(c_1+c_2)\boldsymbol{a}=c_1\boldsymbol{a}+c_2\boldsymbol{a}$

(7) $(c_1c_2)\boldsymbol{a}=c_1(c_2\boldsymbol{a})$

平面上のベクトルには和・差・実数倍の他にもう 1 つ重要な演算「**内積**」がある．

平面上のベクトルの内積

$\boldsymbol{a}=(a_1,a_2)$, $\boldsymbol{b}=(b_1,b_2)$ とするとき，$\boldsymbol{a}, \boldsymbol{b}$ の**内積**を $\boldsymbol{a}\cdot\boldsymbol{b}$ で表し

$$\boldsymbol{a}\cdot\boldsymbol{b}=a_1b_1+a_2b_2$$

により定める．

特にピタゴラスの定理より $|\boldsymbol{a}|^2={a_1}^2+{a_2}^2$ であるから $\boldsymbol{a}\cdot\boldsymbol{a}={a_1}^2+{a_2}^2=|\boldsymbol{a}|^2$ が成り立つ．

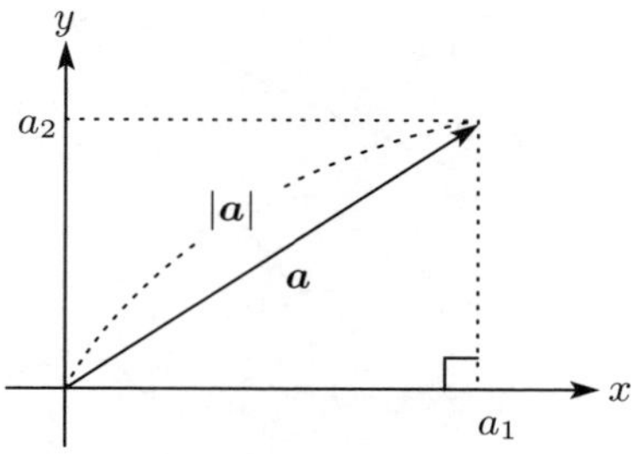

☞ **注意 1.0.1** 内積はベクトルのある種の「積」であるが，$\boldsymbol{a}\cdot\boldsymbol{b}$ はベクトルではなく，単なる実数である．それでは「実数掛ける実数は実数」と同様に「ベクトル掛けるベクトルはベクトル」となるような積を考えられないだろうか．それが次節で学ぶ複素数の積 (➪ p.16) なのである．✍

空間上のベクトルも，平面の場合と同様にして考えられる．

空間上のベクトルの和・差・実数倍

$\boldsymbol{a} = (a_1, a_2, a_3)$, $\boldsymbol{b} = (b_1, b_2, b_3)$ に対して

(1) $\boldsymbol{a} + \boldsymbol{b} = (a_1 + b_1, a_2 + b_2, a_3 + b_3)$, 　　$\boldsymbol{a} - \boldsymbol{b} = (a_1 - b_1, a_2 - b_2, a_3 - b_3)$

(2) $c\boldsymbol{a} = (ca_1, ca_2, ca_3)$ 　$(c \in \mathbb{R})$

空間上のベクトル $\boldsymbol{a}, \boldsymbol{b}$ に対しても平面上のベクトルの和・実数倍の法則 (➪ p.11) と同様の法則が成り立つ．さらに空間上のベクトルに対しても，平面上のベクトルと同様にして内積が定義される（内積 (➪ p.169) 参照）．

空間上のベクトルの内積

$\boldsymbol{a} = (a_1, a_2, a_3)$, $\boldsymbol{b} = (b_1, b_2, b_3)$ に対して $\boldsymbol{a}, \boldsymbol{b}$ の内積を $\boldsymbol{a} \cdot \boldsymbol{b}$ で表し

$$\boldsymbol{a} \cdot \boldsymbol{b} = a_1 b_1 + a_2 b_2 + a_3 b_3$$

により定める．

xy 平面の直線は一般に $ax + by + c = 0$ のように表すことができる．この直線上の点 (p, q) に対して $ap + bq + c = 0$ が成り立つので，$ax + by + c = 0$ に $c = -ap - bq$ を代入して

$$ax + by + (-ap - bq) = 0 \qquad \therefore \quad a(x - p) + b(y - q) = 0$$

を得る．そこで $\boldsymbol{a} = (a, b)$, $\boldsymbol{x} = (x, y)$, $\boldsymbol{p} = (p, q)$ とおけば，上式は内積を用いて

$$\boldsymbol{a} \cdot (\boldsymbol{x} - \boldsymbol{p}) = 0 \tag{1.0.1}$$

と書き換えられる．逆に $\boldsymbol{a} \neq \boldsymbol{0}$ のとき，(1.0.1) をみたす点 $\boldsymbol{x} = (x, y)$ の全体は点 $\boldsymbol{p} = (p, q)$ を通り，ベクトル $\boldsymbol{a} = (a, b)$ に垂直な直線を表す．これを**直線のベクトル方程式**といい，$\boldsymbol{a}$ をこの直線の**法ベクトル**という．

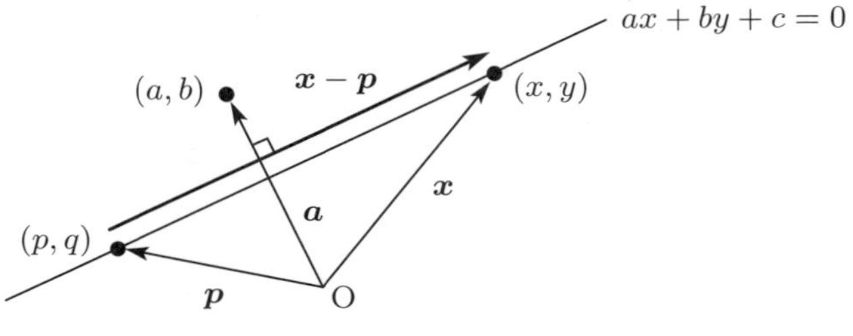

次に (1.0.1) と同じものを xyz 空間において考えてみよう．そこで $\boldsymbol{a} = (a, b, c)$, $\boldsymbol{p} = (p, q, r)$, $\boldsymbol{x} = (x, y, z)$ とする．このとき $\boldsymbol{a} \cdot (\boldsymbol{x} - \boldsymbol{p}) = 0$ をみたす点 $\boldsymbol{x} = (x, y, z)$ の全体は，やはり xyz 空間の直線を表すだろうか．平面では $\boldsymbol{a}$ に直交するベクトルは直線状に伸びるしかないが，空間においては平面の広がりをもつことができる．

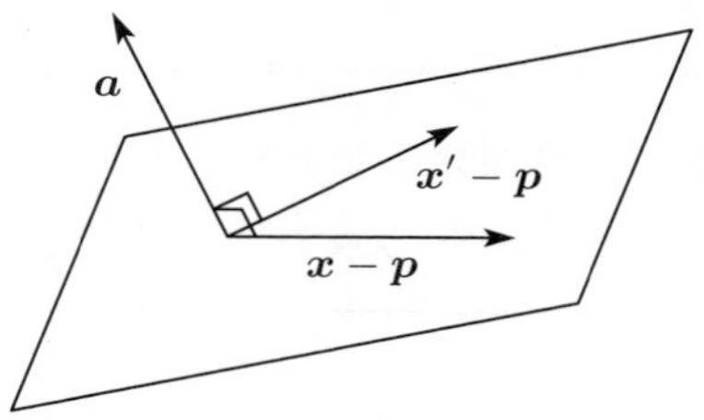

このように，$\boldsymbol{a} \neq \boldsymbol{0}$ のとき (1.0.1) をみたす点 $\boldsymbol{x} = (x, y, z)$ の全体は直線ではなく，$\boldsymbol{a}$ に垂直な平面を表している．ここで $\boldsymbol{a} = (a, b, c)$, $\boldsymbol{p} = (p, q, r)$, $\boldsymbol{x} = (x, y, z)$ に対して (1.0.1) を成分で表すと次のようになる．

$$(a, b, c) \cdot (x - p, y - q, z - r) = 0 \qquad \therefore \quad ax + by + cz + d = 0$$

ただし $d = -ap - bq - cr$ とおいた．これを**平面の方程式**という．

平面の方程式

定点 (p, q, r) を通り，ベクトル $\boldsymbol{a} = (a, b, c) \neq \boldsymbol{0}$ に垂直な平面の方程式は

$$ax + by + cz + d = 0$$

と表される．ただし $d = -ap - bq - cr$ である．

空間の直線はどのように表されるだろうか．xy 平面の直線 $ax + by + c = 0$ を振り返ってみると，$(a, b) \cdot (-b, a) = -ab + ab = 0$ なので，$ax + by + c = 0$ はベクトル (a, b) に垂直な直線であると同時に，ベクトル $(-b, a)$ と平行な直線であるということもできる．

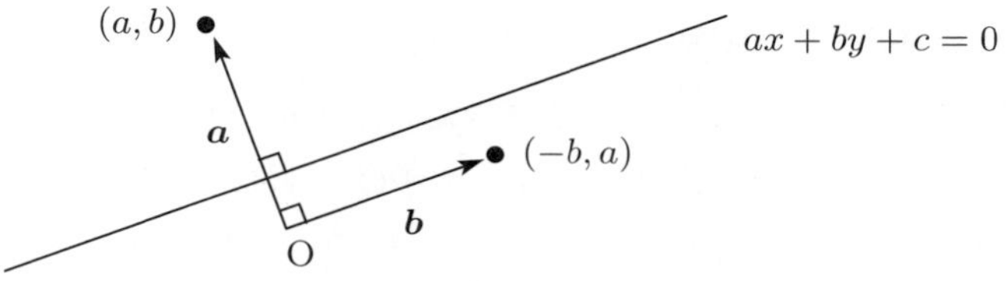

このことから次の関係がわかる．点 $\boldsymbol{p} = (p, q, r)$ を通り，$\boldsymbol{a} = (a, b, c)$ に平行な直線上の点 $\boldsymbol{x} = (x, y, z)$ は次の関係式をみたす（この関係式は $\boldsymbol{a}$, $\boldsymbol{p}$, $\boldsymbol{x}$ が平面の点の場合でも成り立つ）．

$$\boldsymbol{x} - \boldsymbol{p} = t\boldsymbol{a} \qquad (t \in \mathbb{R})$$

これが空間（平面）での**直線のベクトル方程式**である．これを成分で表し t を消去して次を得る．

$$\frac{x - p}{a} = \frac{y - q}{b} = \frac{z - r}{c}$$

ただし分母が 0 のときは，その分子が 0 であると約束する．これが空間での**直線の方程式**である．

最後に，複素数を学ぶ上で重要な役割を果たす三角関数について簡単に復習しよう．

三角関数の定義

xy 平面の原点 O から，x 軸の正の部分となす角が θ となるように直線を引き，単位円 $x^2+y^2=1$ との交点を P とする．このとき点 P の x 座標を $\cos\theta$，y 座標を $\sin\theta$ と表す．

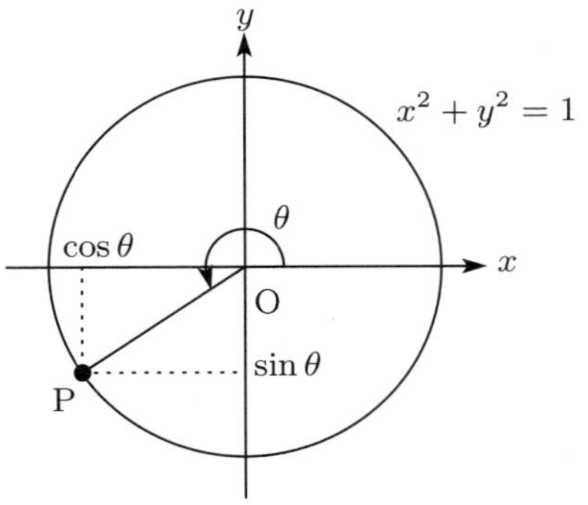

ここで θ は°（度）ではなく**ラジアン**といわれる単位で計る．$180^\circ=\pi$ ラジアンと思えばよいが【ラジアン】は省略することが多い．このときもっとも基本的な関係として，どんな実数 θ に対しても

$$\cos^2\theta+\sin^2\theta=1 \tag{1.0.2}$$

が成り立つ．なぜなら $(\cos\theta,\sin\theta)$ は単位円 $x^2+y^2=1$ 上の点だからである．

三角関数には (1.0.2) 以外にも多くの関係式が知られているが，公式として暗記しなくとも単位円からすぐにわかるものも少なくない．たとえば

$$\begin{cases}\sin(\theta\pm\pi)=-\sin\theta\\ \cos(\theta\pm\pi)=-\cos\theta\end{cases}\qquad\begin{cases}\sin(-\theta)=-\sin\theta\\ \cos(-\theta)=\cos\theta\end{cases}\qquad\begin{cases}\sin\left(\theta+\dfrac{\pi}{2}\right)=\cos\theta\\ \cos\left(\theta+\dfrac{\pi}{2}\right)=-\sin\theta\end{cases}$$

などはその一例である．たとえば左下図において $\triangle\mathrm{OPQ}$ と $\triangle\mathrm{OP'Q'}$ は合同であることがわかるから，対応する辺の長さは等しい．よって $\mathrm{PQ}=\mathrm{P'Q'}$, $\mathrm{OQ}=\mathrm{OQ'}$ となる．ただし PQ は辺 PQ の長さを表す．ここで $\mathrm{PQ}=\sin\theta$ であるが，図より $\sin(\theta+\pi)$ は負であることに注意して $\mathrm{P'Q'}=-\sin(\theta+\pi)$ となる．$\sin\theta=\mathrm{PQ}=\mathrm{P'Q'}$ とあわせて $\sin(\theta+\pi)=-\sin\theta$ が得られた．

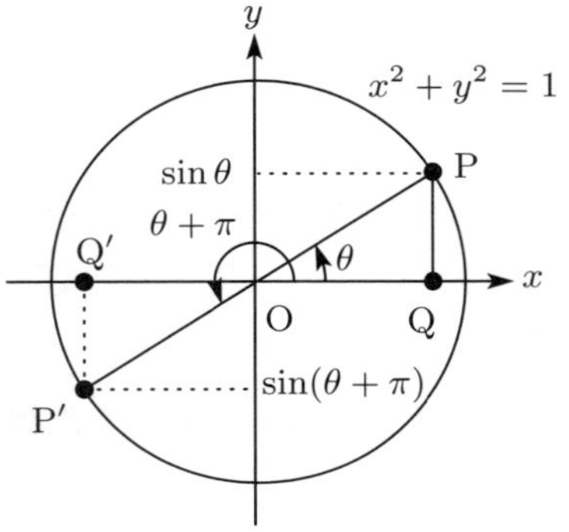

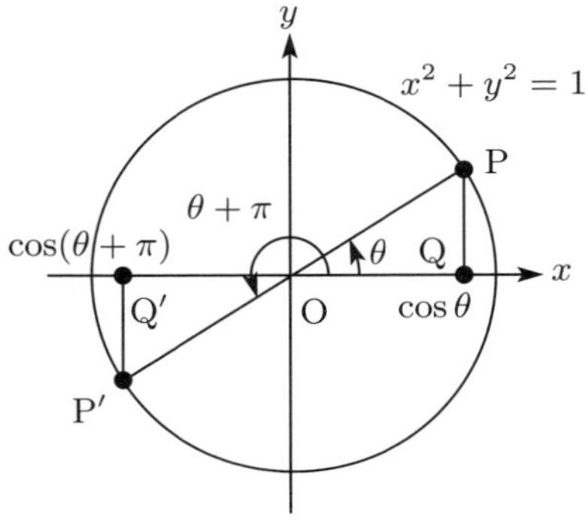

$\sin(\theta-\pi)=-\sin\theta$ も同様にして確かめることができる．$\cos(\theta\pm\pi)=-\cos\theta$ については前ページの右図を，その他の関係式については下図を参照せよ．

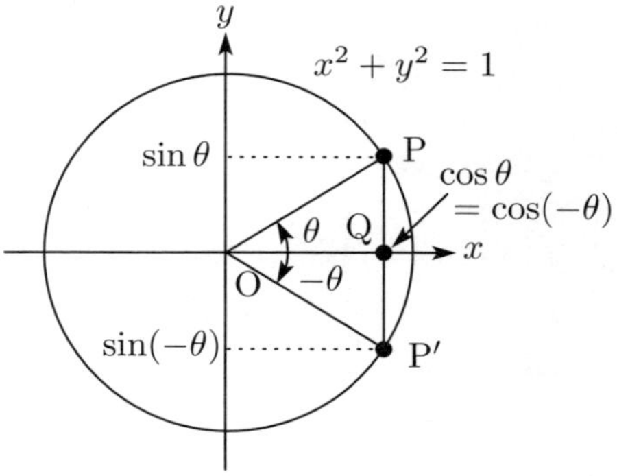

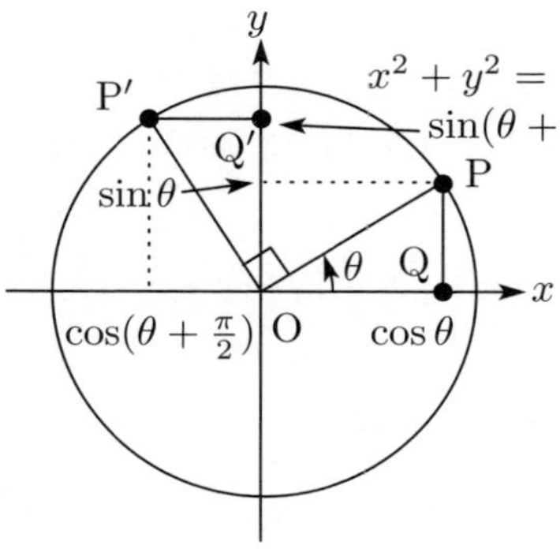

このようにして三角関数の多くの関係式は無意味に覚えなくとも，単位円と図形的な考察により案外簡単に導くことができるのである．正しいことがわかっている関係式は，具体的な例で確認することができる（しかし具体的な例で確かめたことは，一般的な場合の証明にはならないので注意が必要である）．

これら以外にも三角関数に関する重要な関係式は数多くある．しかし，それらすべてが単位円からすぐに求まる訳ではない．その典型的な例が三角関数の**加法定理** (➪ p.27) および**積和公式** (➪ p.28) であろう．これらについては，それぞれ例題 1.2.5 (p.27)，参考 1.2.1 (p.28) で学ぶ．

平面および空間上のベクトル $\boldsymbol{a}, \boldsymbol{b}$ の内積 $\boldsymbol{a}\cdot\boldsymbol{b}$ は三角関数を用いて表すこともできる．

三角関数を用いた内積の表示

平面（空間）上の 2 つのベクトル $\boldsymbol{a}, \boldsymbol{b}$ $(\boldsymbol{a},\boldsymbol{b}\neq\boldsymbol{0})$ のなす角を θ $(0\leqq\theta\leqq\pi)$ とするとき

$$\boldsymbol{a}\cdot\boldsymbol{b}=|\boldsymbol{a}|\,|\boldsymbol{b}|\cos\theta$$

となる．

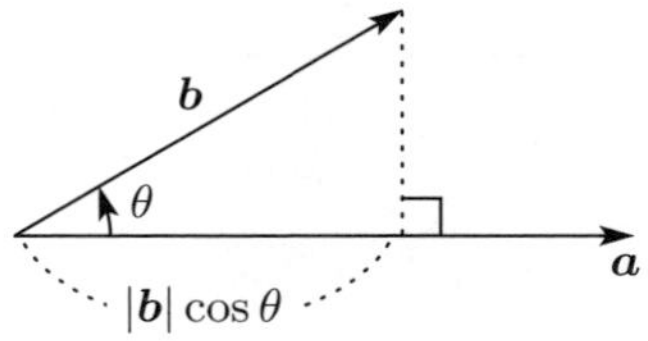

問題 1.0 【略解 p.188】

1. 単位円と図形的考察により次の関係式を示せ．

$$\begin{cases}\sin(\theta\pm2\pi)=\sin\theta\\ \cos(\theta\pm2\pi)=\cos\theta\end{cases}\qquad\begin{cases}\sin(\pi-\theta)=\sin\theta\\ \cos(\pi-\theta)=-\cos\theta\end{cases}\qquad\begin{cases}\sin\left(\dfrac{\pi}{2}-\theta\right)=\cos\theta\\ \cos\left(\dfrac{\pi}{2}-\theta\right)=\sin\theta\end{cases}$$

1.1 複素数の導入

数直線 $\mathbb{R}$ 上の点 a, b に対しては自由に和 $a+b$，差 $a-b$，積 ab を考えることができて，$a+b, a-b, ab$ もまた数直線 $\mathbb{R}$ の１つの点となる．特に $b \neq 0$ ならば，さらに商 $\dfrac{a}{b}$ も１つの実数となる．同様に xy 平面上の点 $(a,b), (c,d)$ に対しても和，差が定められる（平面上のベクトルの和・差・実数倍（➪ p.10）参照）．それでは xy 平面上の点に対しても，数直線上の点に対して成り立つ性質を保つような積や商は考えられないのだろうか．

xy 平面上の点に次の積を導入したとき，平面上の各点を**複素数**と呼ぶ．つまり複素数とは平面上の点に特別な積が与えられたものである [*1]．このとき，この平面を**複素平面**という．

複素数の積

xy 平面上の点 $(a,b), (c,d)$ に対して**積**を

$$(a,b) \times (c,d) = (ac-bd, ad+bc) \tag{1.1.1}$$

により定める．

例題 1.1.1 次の積を求めよ．

(1) $(a,0) \times (c,0)$　(2) $(0,1) \times (0,1)$　(3) $(0,1) \times (b,0)$　(4) $(a,b) \times (a,-b)$

解　複素数の積の定義 (1.1.1) にしたがって計算すればよい [*2]．

(1) $(a,0) \times (c,0) = (a \cdot c - 0 \cdot 0, a \cdot 0 + 0 \cdot c) = (ac, 0)$

(2) $(0,1) \times (0,1) = (0 \cdot 0 - 1 \cdot 1, 0 \cdot 1 + 1 \cdot 0) = (-1, 0)$

(3) $(0,1) \times (b,0) = (0 \cdot b - 1 \cdot 0, 0 \cdot 0 + 1 \cdot b) = (0, b)$

(4) $(a,b) \times (a,-b) = (a \cdot a - b \cdot (-b), a \cdot (-b) + b \cdot a) = (a^2+b^2, 0)$ ■

例題 1.1.1 の (3) より $(0,b) = (0,1) \times (b,0)$ なので，$(a,b) = (a,0) + (0,b)$ とあわせて $(a,b) = (a,0) + (0,1) \times (b,0)$ が成り立つ．以上をまとめて次のように述べることができる．

複素数の積の基本的性質

(1) $(a,0) \times (c,0) = (ac, 0)$

(2) $(0,1) \times (0,1) = (-1, 0)$

(3) $(a,b) = (a,0) + (0,1) \times (b,0)$

(4) $(a,b) \times (a,-b) = (a^2+b^2, 0)$

[*1] すでに複素数を知っている読者は特に注意してもらいたい．**複素数とは平面上の点**である．したがって，「平面上には点がない」と思う読者を除けば，複素数は誰にでも思い描くことができるはずである．

[*2] 複素数の積 “×”と区別するため，実数の通常の積を “·”で表している．

$(0,1)$ を i と書くことにすれば，複素数 (a,b) は複素数の積の基本的性質の (3) より

$$(a,b) = (a,0) + i \times (b,0)$$

と表すことができる．さらに実数 a と平面上の点 $(a,0)$ を同一視して $a = (a,0)$ と書き，積の記号 "×"を省略すれば，複素数 (a,b) は次のように表される．

複素数の記法

複素数 (a,b) を $a+ib$ と表す [*3]．このとき a を $a+ib$ の**実部**，b を $a+ib$ の**虚部**という．

この記号の約束にしたがうと $-1 = (-1,0)$ であるから，複素数の積の基本的性質の (2) より

$$i^2 = (0,1)^2 = (-1,0) = -1$$

となる．平面上の点 $i = (0,1)$ は**虚数単位**と呼ばれる．

虚数単位

平面上の点 $i = (0,1)$ を**虚数単位**という．このとき $i^2 = -1$ が成り立つ．

☞ **注意 1.1.1** 複素数の積の基本的性質は次のことを述べている．

(1) $a \times c = ac$：新しい積 "×"を実数に限定して考えれば，実数の通常の積と同じである．
(2) $i^2 = -1$：2 乗して -1 になる**平面上の点**がある．
(4) $(a+ib) \times (a-ib) = a^2 + b^2$：$(a,b) \times (a,-b)$ はベクトル (a,b) の長さの 2 乗となる．✍

複素数は z, w などの文字で表すことも多い．たとえば $z = a+ib,\ w = c+id$ などである．また $a+ib$ を $a+bi$ と書くこともある．

☆ **参考 1.1.1** 「$i^2 = -1$ となる "数 i" と実数 a, b に対して $a+ib$ の形の "数"を複素数という」と学んだ読者もいるであろう．しかし実数の世界に $i^2 = -1$ となる数 i は存在しない．存在しない "数"i と実数の積 ib および a との和によって表された $a+ib$ は "数"と呼べるものなのだろうか．実はこのような疑問は，ガウス（C. F. Gauss, 1777～1855）が複素数を平面上の点として表示し，虚数単位 i の存在を確立するまでの 200 年もの間，数学者を悩ませ続けた．その名残は虚数（むなしい数）という言葉にも，また文字 i (imaginary number；想像上の数，の頭文字）にも表れている．複素数は実数を含む新しい数の世界なので，実数に対して成り立つ性質が複素数でも成り立つとは限らない．たとえば「$i^2 = -1$ なので $i = \sqrt{-1}$ と表すことができる．このとき

$$-1 = i^2 = \sqrt{-1} \times \sqrt{-1} \overset{*}{=} \sqrt{(-1) \times (-1)} = \sqrt{1} = 1$$

であるから $-1 = 1$ となる」のような間違いはよくある（これは正しそうに思えるが，実は $\overset{*}{=}$ が成り立たないことがわかっている）．しかし本書で扱う範囲では神経質になる必要はない．✍

[*3] 特に断らない限り，$a+ib$ と書けば a, b は実数を表すものとする．

複素数 $a+ib$ は平面上の点 (a,b) に積を考えたものであるから，平面上のベクトルとしての和，差と実数倍を自然に考えることができる（平面上のベクトルの和・差・実数倍 (➪ p.10) 参照）．平面上のベクトル (a,b), (c,d) と実数 t に対して

$$(a,b)\pm(c,d)=(a\pm c, b\pm d), \qquad t(a,b)=(ta,tb)$$

であったから，複素数の和，差，実数倍，積を虚数単位 i を用いた形で書くと次のようになる．

複素数の和・差・実数倍・積

$z=a+ib$, $w=c+id$ とする．

(1) $z+w=(a+ib)+(c+id)=(a+c)+i(b+d)$

(2) $z-w=(a+ib)-(c+id)=(a-c)+i(b-d)$

特に $z=w \iff z-w=0 \iff a=c,\ b=d$ **【複素数の相等】**

(3) $tz=t(a+ib)=ta+itb \qquad (t\in\mathbb{R})$

(4) $zw=(a+ib)(c+id)=(ac-bd)+i(ad+bc)$

特に $w=a-ib$ のとき $(a+ib)(a-ib)=a^2+b^2$

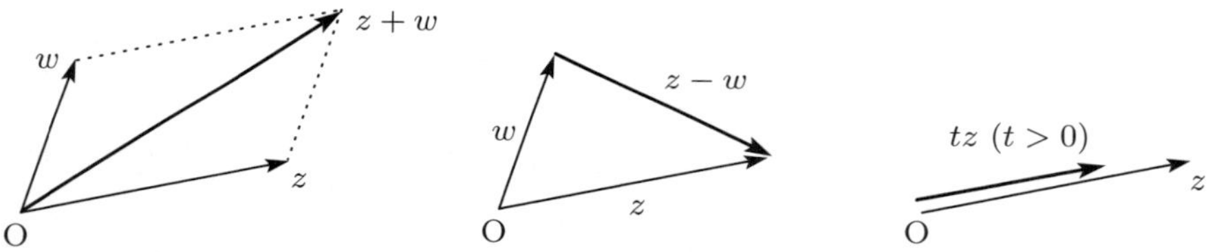

☞ **注意 1.1.2** $(a+ib)(c+id)$ を形式的に展開し，$i^2=-1$ を用いると

$$(a+ib)(c+id)=ac+iad+ibc+i^2bd=(ac-bd)+i(ad+bc)$$

となる．非常に複雑に思えた複素数の積 (1.1.1) (p.16) は，これまでと同様の演算ができるように導入されたものなのである．実際，複素数 α, β, γ に対しても，実数と同様に次の性質が成り立つことがわかる：

(1) $\alpha+\beta=\beta+\alpha$　(2) $(\alpha+\beta)+\gamma=\alpha+(\beta+\gamma)$　(3) $\alpha+(-\alpha)=0$

(4) $\alpha\beta=\beta\alpha$　(5) $(\alpha\beta)\gamma=\alpha(\beta\gamma)$　(6) $\alpha(\beta+\gamma)=\alpha\beta+\alpha\gamma$

複素数を平面上の点として認識し，その存在が疑いないものとなったとき，(a,b) を $a+ib$ と表す1つの利点は，演算がこれまで通り行えることにある．✍

例題 1.1.2 次の計算をせよ．

(1) $(-2+3i)+(4-i)$　(2) $(5+2i)-(6+4i)$　(3) $3(-1-2i)$　(4) $(1+2i)(2-i)$

解 (1) $(-2+3i)+(4-i)=(-2+4)+(3-1)i=2+2i$

(2) $(5+2i)-(6+4i)=(5-6)+(2-4)i=-1-2i$

(3) $3(-1-2i)=-3-6i$

(4) 複素数の積の定義 (1.1.1) (p.16) にしたがえば次のようになる．

$$(1+2i)(2-i)=(1,2)\times(2,-1)=(2+2,-1+4)=(4,3)=4+3i$$

あるいは注意 1.1.2 で述べたように，$(1+2i)(2-i)$ を展開し $i^2=-1$ としてもよい．

$$(1+2i)(2-i)=2-i+4i-2i^2=2+3i-2\times(-1)=4+3i$$

■

複素数 $w\neq 0$ に対しては，実数の場合と同様に自由に割り算ができる．より具体的には次のように計算すればよい．

複素数の商

$z=a+ib,\ w=c+id,\ w\neq 0$ のとき

$$\frac{z}{w}=\frac{a+ib}{c+id}=\frac{(a+ib)(c-id)}{(c+id)(c-id)}=\frac{ac+bd}{c^2+d^2}+i\,\frac{bc-ad}{c^2+d^2}$$

例題 1.1.3 次の複素数を $x+iy$ の形で表せ．

(1) $\dfrac{1}{2-\sqrt{3}\,i}$　(2) $\dfrac{-1+i}{-1-i}$　(3) $\dfrac{i}{\sqrt{2}+i}$　(4) $\dfrac{1-2i}{2i}$

解 (1) $\dfrac{1}{2-\sqrt{3}\,i}=\dfrac{1\times(2+\sqrt{3}\,i)}{(2-\sqrt{3}\,i)(2+\sqrt{3}\,i)}=\dfrac{2+\sqrt{3}\,i}{4+3}=\dfrac{2}{7}+\dfrac{\sqrt{3}}{7}i$

(2) $\dfrac{-1+i}{-1-i}=\dfrac{(-1+i)(-1+i)}{(-1-i)(-1+i)}=\dfrac{-2i}{1+1}=-i$

(3) $\dfrac{i}{\sqrt{2}+i}=\dfrac{i(\sqrt{2}-i)}{(\sqrt{2}+i)(\sqrt{2}-i)}=\dfrac{\sqrt{2}\,i+1}{2+1}=\dfrac{1}{3}+\dfrac{\sqrt{2}}{3}i$

(4) $\dfrac{1-2i}{2i}=\dfrac{(1-2i)(-2i)}{(2i)(-2i)}=\dfrac{-2i-4}{4}=-1-\dfrac{1}{2}i$ ■

☞ **注意 1.1.3** 例題 1.1.3 の (4) では (1), (2), (3) とまったく同様に考えて，分母・分子に $(-2i)$ を掛けた．しかし $x+iy$ の形で表すためには，分母にある i を消去すればよいだけなので，$(-2i)$ の代わりに i を掛けて

$$\frac{1-2i}{2i}=\frac{(1-2i)i}{(2i)i}=\frac{i+2}{-2}=-1-\frac{1}{2}i$$

としてもよい．✍

複素数の商 $\dfrac{z}{w}$ は，$w = c + id$ に対して $c - id$ を分母・分子に掛けることにより求めることができた．この複素数 $c - id$ を w の**複素共役**といい $\overline{c + id}$ で表す．

複素共役

$z = a + ib$ に対して，複素数 $a - ib$ を z の**複素共役**といい $\overline{a + ib}$ で表す．

$$\overline{z} = \overline{a + ib} = a - ib$$

このとき $\overline{\overline{z}} = z$ である．

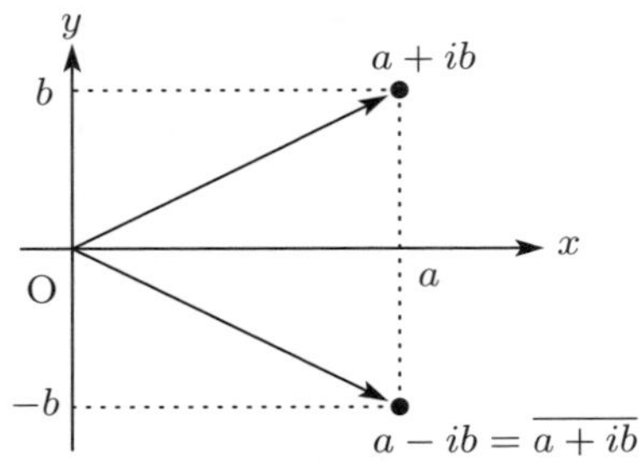

例題 1.1.4 次の複素数を $x + iy$ の形で表せ．

(1) $\overline{(-2+3i)+(4-i)}$　(2) $\overline{(5+2i)-(6+4i)}$　(3) $\overline{(1+2i)(2-i)}$　(4) $\overline{\left(\dfrac{2-i}{1-2i}\right)}$

解　(1) $\overline{(-2+3i)+(4-i)} = \overline{2+2i} = 2 - 2i$

(2) $\overline{(5+2i)-(6+4i)} = \overline{-1-2i} = \overline{-1+(-2)i} = -1-(-2)i = -1+2i$

(3) $\overline{(1+2i)(2-i)} = \overline{4+3i} = 4 - 3i$

(4) $\overline{\left(\dfrac{2-i}{1-2i}\right)} = \overline{\left\{\dfrac{(2-i)(1+2i)}{(1-2i)(1+2i)}\right\}} = \overline{\left(\dfrac{4+3i}{5}\right)} = \dfrac{4-3i}{5}$ ■

複素共役の性質

複素数 z, w に対して次が成り立つ．

$$\overline{z+w} = \overline{z} + \overline{w}, \qquad \overline{z-w} = \overline{z} - \overline{w}, \qquad \overline{zw} = \overline{z}\,\overline{w}$$

特に $w \neq 0$ ならば

$$\overline{\left(\frac{z}{w}\right)} = \frac{\overline{z}}{\overline{w}}$$

☞ **注意 1.1.4** $\overline{z+w} = \overline{z} + \overline{w}$ の左辺は，まず $z + w$ を求めてから複素共役を考えたものであり，右辺は先に z と w の複素共役を考え，次にその和を求めたものである．このように複素共役の性質は，複素共役と演算の順序を交換しても結果が変わらないことを述べている．✍

例題 1.1.5 どんな複素数 z に対しても，$z\overline{z}$ は 0 以上の実数となることを示せ．

解　$z=a+ib$ とすると，$\overline{z}=a-ib$ であるから

$$z\overline{z}=(a+ib)(a-ib)=a^2+b^2$$

となる（複素数の和・差・実数倍・積 (➪p.18) の (4) 参照)．ここで a, b は実数なので（複素数の記法 (➪p.17) の脚注参照）a^2, b^2 は 0 以上の実数である [*4]．よって $z\overline{z}$ は 0 以上の実数となることが示された．■

複素数 $z=a+ib$ と $w=c+id$ の距離を考えよう．まず複素数の記法 (➪p.17) を思い出すと $(a,b)=a+ib$, $(c,d)=c+id$ であった．ここで xy 平面上の点 (a,b) と (c,d) との距離は $\sqrt{(a-c)^2+(b-d)^2}$ であるから，$z=a+ib$ と $w=c+id$ との距離は $\sqrt{(a-c)^2+(b-d)^2}$ となる．この値を $|z-w|$ で表し，$z-w$ の**絶対値**という．

複素数の絶対値

複素数 $z=a+ib$, $w=c+id$ に対して

$$|z-w|=|(a-c)+i(b-d)|=\sqrt{(a-c)^2+(b-d)^2}$$

を $z-w$ の**絶対値**という．特に z と 0 との距離 $|z-0|=|z|$ は

$$|z|=|a+ib|=\sqrt{a^2+b^2}, \qquad |z|\geqq 0$$

である．さらに z が実数のときは，$|z|$ は実数の絶対値と一致する．

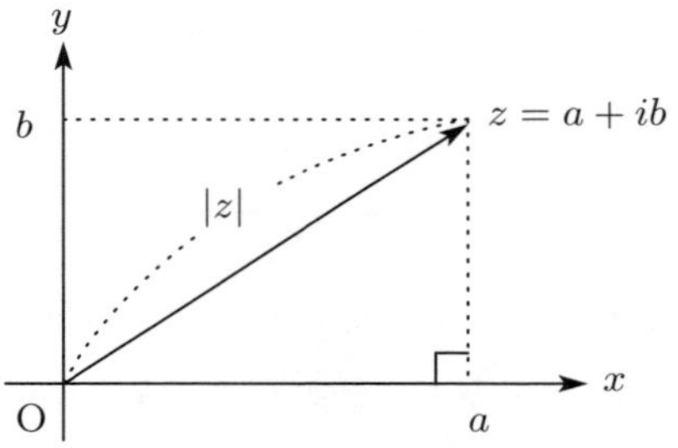

☞ **注意 1.1.5** 例題 1.1.5 (p.21) で求めたように，$z=a+ib$ に対して $z\overline{z}=a^2+b^2$ となるので，$|z|=\sqrt{a^2+b^2}=\sqrt{z\overline{z}}$ と表すこともできる．また z の複素共役 $\overline{z}$ (➪p.20) に対しては

$$|\overline{z}|=|a-ib|=|a+i(-b)|=\sqrt{a^2+(-b)^2}=\sqrt{a^2+b^2}=|z|$$

なので $|\overline{z}|=|z|$ である．✍

*4　a, b が複素数であれば a^2, $b^2\geqq 0$ とは限らない．実際 $i^2=-1<0$ である．

例題 1.1.6 次の絶対値を求めよ．

(1) $|-8|$　(2) $|(1+2i)(2-i)|$　(3) $\left|\dfrac{2-i}{1+2i}\right|$　(4) $\left|\dfrac{1+2i}{2i}\right|$

解　(1) $|-8| = |-8+0i| = \sqrt{(-8)^2+0^2} = \sqrt{64} = 8$

(2) $|(1+2i)(2-i)| = |4+3i| = \sqrt{4^2+3^2} = \sqrt{25} = 5$

(3) $\left|\dfrac{2-i}{1+2i}\right| = \left|\dfrac{(2-i)(1-2i)}{(1+2i)(1-2i)}\right| = \left|\dfrac{-5i}{5}\right| = |-i| = \sqrt{0^2+(-1)^2} = 1$

(4) $\left|\dfrac{1+2i}{2i}\right| = \left|\dfrac{(1+2i)i}{(2i)i}\right| = \left|\dfrac{-2+i}{-2}\right| = \sqrt{1^2+\left(-\dfrac{1}{2}\right)^2} = \sqrt{\dfrac{5}{4}} = \dfrac{\sqrt{5}}{2}$ ■

☞ **注意 1.1.6** $|1+2i| = \sqrt{5} = |2-i|$, $|2i| = \sqrt{0^2+2^2} = 2$ なので，例題 1.1.6 の (2), (3), (4) とあわせて

$$|(1+2i)(2-i)| = 5 = \sqrt{5}^{\,2} = |1+2i|\,|2-i|,$$

$$\left|\frac{2-i}{1+2i}\right| = 1 = \frac{\sqrt{5}}{\sqrt{5}} = \frac{|2-i|}{|1+2i|}, \qquad \left|\frac{1+2i}{2i}\right| = \frac{\sqrt{5}}{2} = \frac{|1+2i|}{|2i|}$$

を得る．✍

例題 1.1.6，注意 1.1.6 と同様にして，一般に次が成り立つことがわかる．

絶対値の性質

複素数 z, w に対して，次が成り立つ．

(1) $|zw| = |z|\,|w|$　(2) $w \neq 0$ のとき $\left|\dfrac{z}{w}\right| = \dfrac{|z|}{|w|}$

☞ **注意 1.1.7** 絶対値の性質 $|zw| = |z|\,|w|$ は，積 zw を求めてから絶対値を考えた $|zw|$ と，絶対値を考えてから積を求めた $|z|\,|w|$ が等しいことを述べている．$\left|\dfrac{z}{w}\right| = \dfrac{|z|}{|w|}$ に対しても同様である．しかし和・差に対しても同様の関係が成り立つ訳ではない．実際，$|1+2i| = \sqrt{5} = |1-2i|$ であるが $|1|+|2i| = 3$, $|1|-|2i| = -1$ となるから $|1+2i| = \sqrt{5} \neq 3 = |1|+|2i|$ であり，さらに $|1-2i| = \sqrt{5} \neq -1 = |1|-|2i|$ である．✍

xy 平面上の図形 $(x-a)^2+(y-b)^2 = r^2$ は，点 (a, b) を中心とする半径 r の円である．ここで $z = x+iy$, $\alpha = a+ib$ とおけば

$$|z-\alpha| = |(x-a)+i(y-b)| = \sqrt{(x-a)^2+(y-b)^2}$$

なので，複素平面における**円の方程式**は絶対値 (➪ p.21) を用いて $|z-\alpha|^2 = r^2$，あるいは $|z-\alpha| = r$ と表すことができる．

円の方程式

複素平面において，点 α を中心とする半径 r の**円の方程式**は

$$|z-\alpha| = r$$

で与えられる．同様に $|z-\alpha| \leqq r$ は円とその内部からなる閉円板を表す．

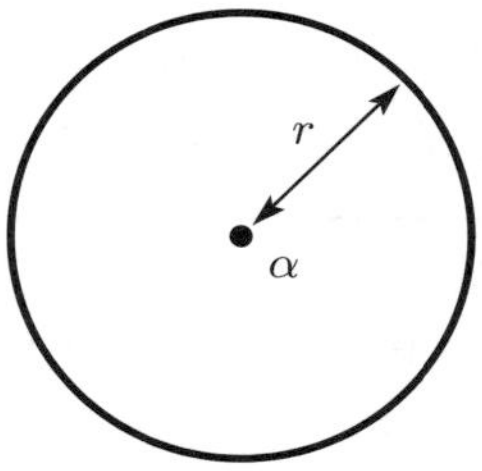

$|z-\alpha| = r$

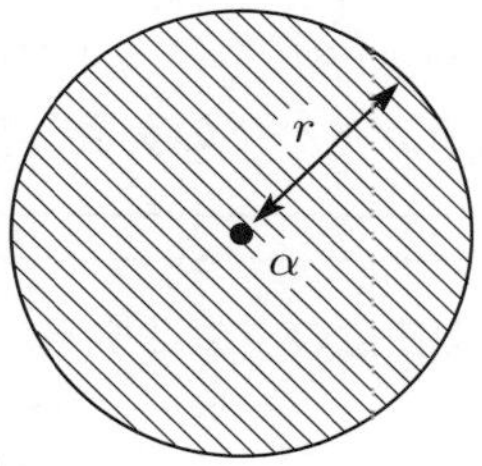

$|z-\alpha| \leqq r$

例題 1.1.7　(1) 点 $1+2i$ を中心とする半径 2 の円の方程式を求めよ．
(2) $|z+2-3i| = \sqrt{2}$ で表される円の中心と半径を求めよ．

解　(1) 中心 α が $1+2i$，半径 r が 2 なので，求める円の方程式は $|z-1-2i| = 2$ である．
(2) $|z+2-3i| = |z-(-2+3i)|$ であるから，中心は $-2+3i$，半径は $\sqrt{2}$ である．■

問題 1.1 【略解 p.188 ～ p.189】

1. 次の計算をせよ．

   (1) $(3+2i)+(5+4i)$　(2) $(6-4i)-(-2+3i)$　(3) $(1-3i)(2-4i)$

   (4) $\dfrac{-5-2i}{2-i}$　(5) $(-4-7i)+(6+8i)$　(6) $(-8-5i)-(1+2i)$

   (7) $(2+3i)^2$　(8) $\dfrac{1+4i}{1-2i}$

2. 次の複素数を $x+iy$ の形で表せ．

   (1) $\overline{(4-i)-(3+i)}$　(2) $\overline{(3+i)(1+2i)}$　(3) $\overline{\left(\dfrac{5+10i}{3-4i}\right)}$

3. 次の絶対値を求めよ．

   (1) $|(1+2i)+(-1+i)|$　(2) $|(3+4i)-2i|$　(3) $|-3(1-2i)|$

   (4) $\left|\dfrac{1-i}{-3i}\right|$　(5) $|(-1-2i)(3+i)|$　(6) $\left|\dfrac{\sqrt{2}+i}{-1+\sqrt{2}\,i}\right|$

4. (1) 点 $1-4i$ を中心とする半径 $\sqrt{3}$ の円の方程式を求めよ．

   (2) $|z-i| = 1$ で表される円の中心と半径を求めよ．

   (3) $|z+1+\sqrt{2}\,i| \leqq \sqrt{3}$ で表される閉円板を複素平面に図示せよ．

1.2 オイラーの公式

微分積分の基本的な関係式から，オイラーの公式と呼ばれる驚くべき結果が得られる．

微分積分からの準備

(1) $\{f(x)g(x)\}' = f'(x)g(x) + f(x)g'(x)$ 【積の微分法】

(2) $(e^{-kx})' = -ke^{-kx}, \qquad (\cos x)' = -\sin x, \qquad (\sin x)' = \cos x$

(3) $f'(x) = 0$ が**すべての実数** x に対して成り立てば，$f(x)$ は定数関数である．

例題 1.2.1 k を任意の定数とする．このとき $f(x) = e^{-kx}(\cos x + k\sin x)$ に対して

$$f'(x) = -e^{-kx}(k^2+1)\sin x \tag{1.2.1}$$

がすべての実数 x に対して成り立つことを示し，さらに $f(0)$ を求めよ．

解 微分積分からの準備 (1), (2) より，すべての実数 x に対して

$$\begin{aligned} f'(x) &= \left\{e^{-kx}(\cos x + k\sin x)\right\}' \\ &= \left(e^{-kx}\right)'(\cos x + k\sin x) + e^{-kx}(\cos x + k\sin x)' && (\because\ (1)\ より) \\ &= -ke^{-kx}(\underset{\sim\sim}{\cos x} + k\sin x) + e^{-kx}(-\sin x + \underset{\sim\sim}{k\cos x}) && (\because\ (2)\ より) \\ &= -e^{-kx}(k^2+1)\sin x \qquad (\because\ \sim\sim が打ち消しあう) \end{aligned}$$

となり (1.2.1) が示された．また $f(0) = e^0(\cos 0 + k\sin 0) = 1$ より $f(0) = 1$ である． ■

☞ **注意 1.2.1** (1.2.1) において k は**任意の定数**なので，特に k を虚数単位 i (➪ p.17) とすると

$$f'(x) = -e^{-ix}(i^2+1)\sin x = 0 \qquad (\because\ i^2 = -1) \tag{1.2.2}$$

が**すべての実数** x に対して成り立つ [*5]．よって微分積分からの準備 (3) より $f(x)$ は定数関数でなければならない．$f(0) = 1$ なので，すべての実数 x に対して $f(x) = 1$ である．つまり

$$f(x) = e^{-ix}(\cos x + i\sin x) = 1 \qquad \therefore \quad \cos x + i\sin x = e^{ix}$$

を得る．この関係式を**オイラーの公式**という．オイラーの公式は，これまで何の関係もなさそうに思われた指数関数 e^x と三角関数 $\sin x, \cos x$ が，複素数の世界では等号で結ばれていたことを示している．✍

[*5] この議論は厳密には不完全である．なぜならば $k = i$ としたとき e^{-ix} とは何かが定義されていないからである．ここでは細部を気にせずに，全体の流れを捉えてもらえれば十分であるが，あえていうとすれば「e^{-ix} が何らかの意味で定まり，さらに通常の計算が成り立つとして」の話となる．

オイラーの公式

すべての実数 θ に対して

$$e^{i\theta} = \cos\theta + i\sin\theta$$

が成り立つ．この関係式を**オイラーの公式**と呼ぶ．

ここで i は虚数単位であるが，もとの e^{kx} に関する指数法則から，次の**指数法則**が成り立つことが納得できるであろう：

指数法則

すべての実数 α, β に対して

$$e^{i\alpha}e^{i\beta} = e^{i\alpha+i\beta} \left(= e^{i(\alpha+\beta)}\right)$$

が成り立つ．これを**指数法則**という．

☞ **注意 1.2.2** $\beta = -\alpha$ として指数法則を適用すれば，$e^{i\alpha}e^{-i\alpha} = e^{i(\alpha-\alpha)} = e^0 = 1$ となる．つまり $e^{i\alpha}e^{-i\alpha} = 1$ である．よって

$$e^{-i\alpha} = \frac{1}{e^{i\alpha}} = (e^{i\alpha})^{-1} \tag{1.2.3}$$

となる．✍

例題 1.2.2 次の複素数をオイラーの公式を用いて書き直せ．

(1) $\cos\frac{\pi}{3} + i\sin\frac{\pi}{3}$　(2) $\frac{\sqrt{3}-i}{2}$　(3) $\frac{-1-i}{\sqrt{2}}$　(4) $\frac{\sqrt{3}-i}{2} \times \frac{-1-i}{\sqrt{2}}$

解　(1) オイラーの公式より $\cos\frac{\pi}{3} + i\sin\frac{\pi}{3} = e^{\frac{\pi}{3}i}$

(2) $\frac{\sqrt{3}-i}{2} = \cos\left(-\frac{\pi}{6}\right) + i\sin\left(-\frac{\pi}{6}\right)$ なので，オイラーの公式より $\frac{\sqrt{3}-i}{2} = e^{-\frac{\pi}{6}i}$

(3) $\frac{-1-i}{\sqrt{2}} = \cos\frac{5\pi}{4} + i\sin\frac{5\pi}{4}$ にオイラーの公式を適用して $\frac{-1-i}{\sqrt{2}} = e^{\frac{5\pi}{4}i}$

(4) (2), (3) および指数法則より

$$\frac{\sqrt{3}-i}{2} \times \frac{-1-i}{\sqrt{2}} = e^{-\frac{\pi}{6}i}e^{\frac{5\pi}{4}i} = e^{(-\frac{\pi}{6}+\frac{5\pi}{4})i} = e^{\frac{13\pi}{12}i}$$ ■

☞ **注意 1.2.3** $\frac{\sqrt{3}-i}{2} = \cos\frac{11\pi}{6} + i\sin\frac{11\pi}{6}$ なので，例題 1.2.2 の (2) では $\frac{\sqrt{3}-i}{2} = e^{\frac{11\pi}{6}i}$ と表すこともできる．同様に (1) $e^{-\frac{5\pi}{3}i}$ (3) $e^{-\frac{3\pi}{4}i}$ (4) $e^{-\frac{11\pi}{12}i}$ などとしてもよい（注意 1.3.1 (p.30) 参照）．✍

次の当たり前にみえる関係式は，実は指数法則 (➪ p.25) の特別な場合といえる．

例題 1.2.3 すべての実数 θ に対して

$$(e^{i\theta})^n = e^{in\theta} \qquad (n = 0, \pm 1, \pm 2, \pm 3, \cdots) \tag{1.2.4}$$

が成り立つことを示せ．

解 $n = 0,\ n \geqq 1,\ n \leqq -1$ の場合に分けて考える．

$n = 0$ (1.2.4) の左辺$= 1 =$右辺なので (1.2.4) は成り立つ．

$n \geqq 1$ $\alpha = \beta = \theta$ として指数法則 (➪ p.25) を用いれば

$$(e^{i\theta})^2 = e^{i\theta}e^{i\theta} = e^{2i\theta}$$

$$\therefore \quad (e^{i\theta})^3 = e^{i\theta}\underset{\sim\sim\sim}{(e^{i\theta})^2} = e^{i\theta}\underset{\sim\sim\sim}{e^{2i\theta}} = e^{i(\theta+2\theta)} = e^{3i\theta}$$

となる．この操作を繰り返して $(e^{i\theta})^k = e^{ik\theta}$ $(k = 1, 2, 3, \cdots)$ を得る．

$n \leqq -1$ $k = 1, 2, 3, \cdots$ とする．(1.2.3) (p.25) より $(e^{i\theta})^{-1} = e^{i(-\theta)}$ の両辺を k 乗して $(e^{i\theta})^{-k} = (e^{i(-\theta)})^k$ となる．$n \geqq 1$ の結果より $(e^{i(-\theta)})^k = e^{i(-k\theta)}$ なので $(e^{i\theta})^{-k} = e^{i(-k\theta)}$ である．これは $(e^{i\theta})^n = e^{in\theta}$ が $n = -1, -2, -3, \cdots$ に対して成り立つことを示している． ■

オイラーの公式 (➪ p.25) より

$$\begin{cases} (e^{i\theta})^n = (\cos\theta + i\sin\theta)^n \\ e^{in\theta} = e^{i(n\theta)} = \cos n\theta + i\sin n\theta \end{cases}$$

であり，(1.2.4) より両式は一致する．よって次の関係が得られる：

ド・モアブルの定理

$$(\cos\theta + i\sin\theta)^n = \cos n\theta + i\sin n\theta \qquad (n = 0, \pm 1, \pm 2, \pm 3, \cdots)$$

例題 1.2.4 次の計算をせよ．

(1) $\left(\dfrac{\sqrt{3}+i}{2}\right)^6$ (2) $\left(\dfrac{\sqrt{3}+i}{2}\right)^{-9}$

解 $\dfrac{\sqrt{3}+i}{2} = \cos\dfrac{\pi}{6} + i\sin\dfrac{\pi}{6}$ であるから，ド・モアブルの定理より

(1) $\left(\dfrac{\sqrt{3}+i}{2}\right)^6 = \left(\cos\dfrac{\pi}{6} + i\sin\dfrac{\pi}{6}\right)^6 = \cos\dfrac{6\pi}{6} + i\sin\dfrac{6\pi}{6} = -1$

(2) $\left(\dfrac{\sqrt{3}+i}{2}\right)^{-9} = \left(\cos\dfrac{\pi}{6} + i\sin\dfrac{\pi}{6}\right)^{-9} = \cos\dfrac{-9\pi}{6} + i\sin\dfrac{-9\pi}{6} = i$ ■

指数法則から簡単に得られる関係は，ド・モアブルの定理だけではない．

例題 1.2.5 オイラーの公式と指数法則を用いて，次の三角関数の**加法定理**を導け．

$$\begin{cases} \cos(\alpha+\beta) = \cos\alpha\cos\beta - \sin\alpha\sin\beta \\ \sin(\alpha+\beta) = \sin\alpha\cos\beta + \cos\alpha\sin\beta \end{cases}$$

ただし α, β は定数である．

解 まず $e^{i(\alpha+\beta)}$ にオイラーの公式 (➪ p.25) を用いると

$$e^{i(\alpha+\beta)} = \cos(\alpha+\beta) + i\sin(\alpha+\beta) \tag{1.2.5}$$

である．他方で $e^{i\alpha}e^{i\beta}$ をオイラーの公式を用いて書き換えると

$$\begin{aligned} e^{i\alpha}e^{i\beta} &= (\cos\alpha + i\sin\alpha)(\cos\beta + i\sin\beta) \\ &= (\cos\alpha\cos\beta - \sin\alpha\sin\beta) + i(\sin\alpha\cos\beta + \cos\alpha\sin\beta) \end{aligned} \tag{1.2.6}$$

である．ここで指数法則 (➪ p.25) より $e^{i(\alpha+\beta)} = e^{i\alpha}e^{i\beta}$ なので，(1.2.5) と (1.2.6) より

$$\begin{aligned} &\cos(\alpha+\beta) + i\sin(\alpha+\beta) \\ &\qquad = (\cos\alpha\cos\beta - \sin\alpha\sin\beta) + i(\sin\alpha\cos\beta + \cos\alpha\sin\beta) \end{aligned}$$

となる．両辺の実部と虚部 (➪ p.17) を比較して（複素数の相等 (➪ p.18) 参照）

$$\begin{cases} \cos(\alpha+\beta) = \cos\alpha\cos\beta - \sin\alpha\sin\beta \\ \sin(\alpha+\beta) = \sin\alpha\cos\beta + \cos\alpha\sin\beta \end{cases}$$

を得るが，これが求める三角関数の加法定理である． ■

☞ **注意 1.2.4** $\cos(-\theta) = \cos\theta$, $\sin(-\theta) = -\sin\theta$ (➪ p.14) であることを用いれば

$$\begin{cases} \cos(\alpha-\beta) = \cos\alpha\cos\beta + \sin\alpha\sin\beta \\ \sin(\alpha-\beta) = \sin\alpha\cos\beta - \cos\alpha\sin\beta \end{cases}$$

も直ちにわかる．実際 $\cos(\alpha-\beta) = \cos(\alpha+(-\beta))$, $\sin(\alpha-\beta) = \sin(\alpha+(-\beta))$ に例題 1.2.5 の結果を適用すればよい． ✍

☞ **注意 1.2.5** ド・モアブルの定理は例題 1.2.3 の (1.2.4) にオイラーの公式 (➪ p.25) を用いて書き直したものであるから，指数法則 (➪ p.25) の特別な場合であるといえる．さらに三角関数の加法定理も，指数法則をオイラーの公式により言い換えたに過ぎない．ここで注目すべきは，三角関数の加法定理は非常に複雑であるのに対し，指数法則は非常に単純な点である．加法定理を簡単に記述できることだけでも，オイラーの公式を考える意味があるといえる． ✍

☆ **参考 1.2.1** 三角関数の加法定理 (➪ p.27) の応用として，三角関数の積を和に直す公式（**積和公式**）がある．これらは，たとえばフーリエ解析を学ぶ際に必要になる関係式である．

$$\begin{cases} \cos\alpha\cos\beta = \dfrac{\cos(\alpha+\beta)+\cos(\alpha-\beta)}{2} \\ \sin\alpha\cos\beta = \dfrac{\sin(\alpha+\beta)+\sin(\alpha-\beta)}{2} \\ \sin\alpha\sin\beta = \dfrac{\cos(\alpha-\beta)-\cos(\alpha+\beta)}{2} \end{cases}$$

三角関数の積和公式を導く前に，積和公式がどのように使われるかをみてみよう．フーリエ解析では積分 $\displaystyle\int_0^{2\pi}\cos x\cos 2x\,dx$ などを計算する必要があるが，一般に関数の積を積分することは難しい（微分して $\cos x\cos 2x$ となる関数を見つければよいが，簡単には見つからないであろう）．ところが積和公式を用いて積を和に直せば

$$\int_0^{2\pi}\cos x\cos 2x\,dx = \int_0^{2\pi}\frac{\cos(x+2x)+\cos(x-2x)}{2}\,dx = \frac{1}{2}\int_0^{2\pi}(\cos 3x+\cos x)\,dx$$

であるから，右辺の積分は簡単に求まるのである．

積和公式を $+$, $-$ まで正確に暗記して使えればそれでも問題はないが，次のように覚えておくと便利である．**積和公式は加法定理の組み合わせ！**

実際，次のようにすればよい．$\cos\alpha\cos\beta$ を和に直したければ，加法定理 (➪ p.27) を思い出して $\cos\alpha\cos\beta$ がでてくるものを探す．たとえば

$$\cos(\alpha+\beta) = \underset{\sim\sim\sim}{\cos\alpha\cos\beta} - \sin\alpha\sin\beta$$

であるから，これがその1つである．これだけでは不十分であるが，$\alpha+\beta$ を $\alpha-\beta$ に置き換えた加法定理 [*6]

$$\cos(\alpha-\beta) = \underset{\sim\sim\sim}{\cos\alpha\cos\beta} + \sin\alpha\sin\beta$$

を考えて，この2つを“うまく”組み合わせればよい．必要なのは右辺の $\cos\alpha\cos\beta$ であるから，上の2式を加えれば不要な $\sin\alpha\sin\beta$ が消えてくれる：

$$\begin{array}{rrl} & \cos(\alpha+\beta) &= \underset{\sim\sim\sim}{\cos\alpha\cos\beta} - \sin\alpha\sin\beta \\ +) & \cos(\alpha-\beta) &= \underset{\sim\sim\sim}{\cos\alpha\cos\beta} + \sin\alpha\sin\beta \\ \hline & \cos(\alpha+\beta)+\cos(\alpha-\beta) &= 2\underset{\sim\sim\sim}{\cos\alpha\cos\beta} \end{array}$$

残り2つの積和公式についても同様で，加法定理を2つ思い出し，それらをうまく組み合わせることで積を和に直すことができる．結局，積和公式も加法定理，つまりオイラーの公式 (➪ p.25) と指数法則 (➪ p.25) から簡単に導くことができるのである．✍

*6　$\cos(\alpha-\beta)=\cos(\alpha+(-\beta))=\cos\alpha\cos(-\beta)-\sin\alpha\sin(-\beta)=\cos\alpha\cos\beta+\sin\alpha\sin\beta$
（$\because$ $\cos(-\beta)=\cos\beta$, $\sin(-\beta)=-\sin\beta$）

問題 1.2 【略解 p.189 ～ p.191】

1. 次の複素数を $x+iy$ の形で表し，複素平面上に図示せよ．
   (1) $e^{\frac{\pi}{2}i}$, $e^{\pi i}$, $e^{\frac{3\pi}{2}i}$, $e^{2\pi i}$　(2) $e^{\frac{\pi}{3}i}$, $e^{\frac{2\pi}{3}i}$, $e^{\frac{4\pi}{3}i}$, $e^{\frac{5\pi}{3}i}$
   (3) $e^{\frac{\pi}{4}i}$, $e^{\frac{3\pi}{4}i}$, $e^{\frac{5\pi}{4}i}$, $e^{\frac{7\pi}{4}i}$　(4) $e^{\frac{\pi}{6}i}$, $e^{\frac{5\pi}{6}i}$, $e^{\frac{7\pi}{6}i}$, $e^{\frac{11\pi}{6}i}$

2. 次の複素数を $x+iy$ の形で表し，複素平面上に図示せよ．
   (1) $e^{-\frac{\pi}{2}i}$, $e^{-\pi i}$, $e^{-\frac{3\pi}{2}i}$, $e^{-2\pi i}$　(2) $e^{-\frac{\pi}{3}i}$, $e^{-\frac{2\pi}{3}i}$, $e^{-\frac{4\pi}{3}i}$, $e^{-\frac{5\pi}{3}i}$
   (3) $e^{-\frac{\pi}{4}i}$, $e^{-\frac{3\pi}{4}i}$, $e^{-\frac{5\pi}{4}i}$, $e^{-\frac{7\pi}{4}i}$　(4) $e^{-\frac{\pi}{6}i}$, $e^{-\frac{5\pi}{6}i}$, $e^{-\frac{7\pi}{6}i}$, $e^{-\frac{11\pi}{6}i}$

3. 次の複素数をオイラーの公式を用いて書き直せ．
   (1) $\cos\dfrac{2\pi}{7}+i\sin\dfrac{2\pi}{7}$　(2) $\dfrac{-\sqrt{3}+i}{2}$　(3) $\dfrac{-1-\sqrt{3}i}{2}$
   (4) $\dfrac{-\sqrt{3}+i}{2}\times\dfrac{-1-\sqrt{3}i}{2}$　(5) $\cos 3t+i\sin 3t$　$(t\in\mathbb{R})$
   (6) $\dfrac{1-i}{\sqrt{2}}$　(7) $\dfrac{-1+i}{\sqrt{2}}$　(8) $\dfrac{1-i}{\sqrt{2}}\times\dfrac{-1+i}{\sqrt{2}}$

4. $e^{-\frac{\pi}{6}i}=\dfrac{\sqrt{3}-i}{2}$, $e^{\frac{\pi}{6}i}=\dfrac{\sqrt{3}+i}{2}$, $e^{\frac{\pi}{4}i}=\dfrac{1+i}{\sqrt{2}}$, $e^{\frac{\pi}{3}i}=\dfrac{1+\sqrt{3}i}{2}$, $e^{\frac{2\pi}{3}i}=\dfrac{-1+\sqrt{3}i}{2}$ であることと指数法則を用いて，次の複素数を $x+iy$ の形で表せ．
   (1) $e^{\frac{\pi}{12}i}$　(2) $e^{\frac{5\pi}{12}i}$　(3) $e^{\frac{7\pi}{12}i}$　(4) $e^{\frac{11\pi}{12}i}$

5. 次の複素数を $x+iy$ の形で表せ．
   (1) $\left(e^{\pi i}\right)^2$　(2) $\left(e^{\frac{2\pi}{3}i}\right)^4$　(3) $\left(e^{\frac{\pi}{6}i}\right)^{-3}$　(4) $\left(e^{-\frac{3\pi}{32}i}\right)^{-8}$　(5) $\left(e^{-\frac{\pi}{10}i}\right)^{-30}$

6. 次の計算をせよ．
   (1) $\left(\dfrac{1-\sqrt{3}i}{2}\right)^{10}$　(2) $\left(\dfrac{1-\sqrt{3}i}{2}\right)^{-6}$　(3) $\left(\dfrac{-1+i}{\sqrt{2}}\right)^{5}$　(4) $\left(\dfrac{-1+i}{\sqrt{2}}\right)^{-7}$

7. ド・モアブルの定理を用いて次の関係式を導け．ただし $\theta\in\mathbb{R}$ である．

$$(1)\ \begin{cases}\cos 2\theta=\cos^2\theta-\sin^2\theta\\ \sin 2\theta=2\sin\theta\cos\theta\end{cases}\qquad(2)\ \begin{cases}\cos 3\theta=4\cos^3\theta-3\cos\theta\\ \sin 3\theta=3\sin\theta-4\sin^3\theta\end{cases}$$

8. 次の三角関数の積を，加法定理を用いて和に直せ [*7]．
   (1) $2\cos^2 x$　(2) $2\sin^2 3x$　(3) $2\cos 4x\cos x$　(4) $2\sin 2x\cos 3x$
   (5) $2\sin 4x\sin 3x$　(6) $4\cos^3 2x$　(7) $4\sin^3 3x$

[*7] 本問は本文には直接関係しないが，積分を求める際に有効であるので，是非習得してもらいたい．

1.3　複素数の極形式

複素数 z は xy 平面上の点のことであった．z の x 成分が a, y 成分が b であるとき $z = a + ib$ と書くことができる（左下図参照）．

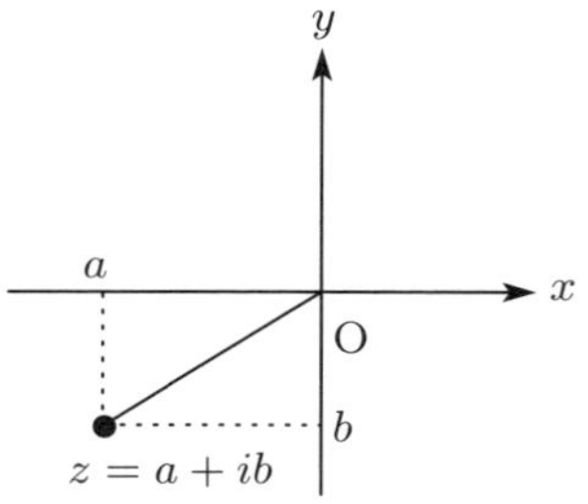

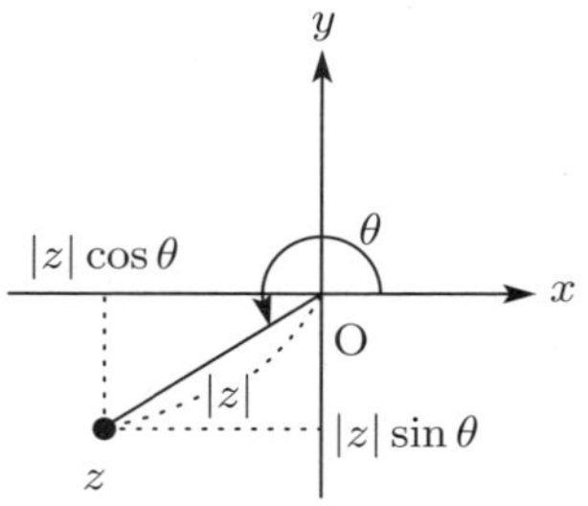

一方で，原点 O から z までの距離 $|z|$ と，x 軸の正の部分とのなす角 θ がわかれば，x 成分は $a = |z|\cos\theta$, y 成分は $b = |z|\sin\theta$ となるから（右上図参照），$z = |z|(\cos\theta + i\sin\theta)$ と表すこともできる．後者のような複素数の表し方を**極形式**または**極形式表示**という．

複素数の極形式表示

複素数 $z \neq 0$ に対して

$$z = |z|(\cos\theta + i\sin\theta) = |z|\,e^{i\theta} \text{ *8} \tag{1.3.1}$$

を z の**極形式表示**といい，(1.3.1) をみたす実数 θ を z の**偏角**という．

☞ **注意 1.3.1** $\cos(\theta_0 + 2n\pi) = \cos\theta_0$, $\sin(\theta_0 + 2n\pi) = \sin\theta_0$ なので，$z = |z|e^{i\theta_0}$ のとき

$$\begin{aligned} e^{i(\theta_0+2n\pi)} &= \cos(\theta_0 + 2n\pi) + i\sin(\theta_0 + 2n\pi) \\ &= \cos\theta_0 + i\sin\theta_0 = e^{i\theta_0} \qquad (n = 0, \pm1, \pm2, \pm3, \cdots) \end{aligned}$$

となる．つまり複素数 z を極形式で表す θ は無数にあるが，その 1 つ θ_0 がわかれば，偏角は $\theta = \theta_0 + 2n\pi$ $(n = 0, \pm1, \pm2, \pm3, \cdots)$ となる．また $z = 0$ に対しては偏角を定義しない．✍

任意の実数 θ に対して $\cos^2\theta + \sin^2\theta = 1$ であるから，$e^{i\theta} = \cos\theta + i\sin\theta$ の絶対値 (➪ p.21) は次をみたす．

$e^{i\theta}$ の絶対値

どんな実数 θ に対しても次が成り立つ．

$$|e^{i\theta}| = 1 \tag{1.3.2}$$

*8　ここでは，さらにオイラーの公式 (➪ p.25) を用いている．

例題 1.3.1 $z=-1+i$ を極形式表示し，偏角を求めよ．

解　z の絶対値 (➪ p.21) は $|z|=\sqrt{(-1)^2+1^2}=\sqrt{2}$ なので

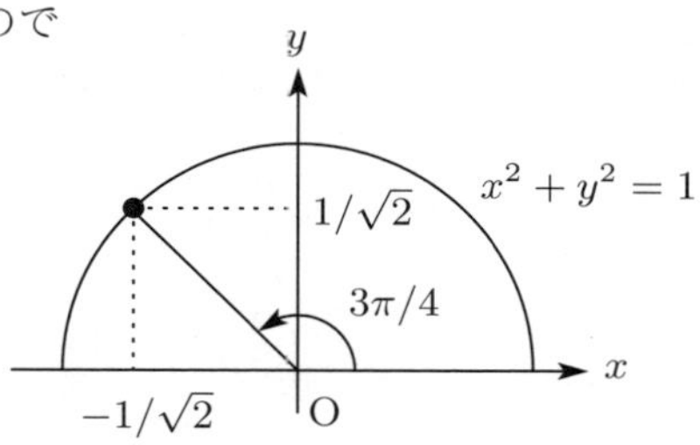

$$\frac{z}{|z|}=-\frac{1}{\sqrt{2}}+\frac{1}{\sqrt{2}}i=\cos\frac{3\pi}{4}+i\sin\frac{3\pi}{4}=e^{\frac{3\pi}{4}i}$$

となるから，$z=-1+i$ の極形式は

$$z=|z|e^{\frac{3\pi}{4}i}=\sqrt{2}\,e^{\frac{3\pi}{4}i}$$

である．一方で，注意 1.3.1 (p.30) より

$$z=\sqrt{2}\,e^{\frac{3\pi}{4}i}=\sqrt{2}\,e^{(\frac{3\pi}{4}+2n\pi)i}$$

となるから $z=-1+i$ の偏角は $\theta=\dfrac{3\pi}{4}+2n\pi$ $(n=0,\pm1,\pm2,\pm3,\cdots)$ である．■

例題 1.3.2 複素数 $z=|z|\,e^{i\theta}$, $w=|w|\,e^{i\varphi}$ の積 zw を極形式表示せよ．

解　絶対値の性質 $|zw|=|z||w|$ (➪ p.22) と指数法則 (➪ p.25) より

$$zw=|z|\,e^{i\theta}|w|\,e^{i\varphi}=|zw|\,e^{i(\theta+\varphi)} \tag{1.3.3}$$

となる．よって zw の極形式は $|zw|\,e^{i(\theta+\varphi)}$ である．■

☞ **注意 1.3.2** (1.3.3) において $w=e^{i\varphi}$ の場合を考えると，$|w|=1$ なので $zw=|z|e^{i(\theta+\varphi)}$ は z を原点 O のまわりに φ だけ回転した複素数を表す．一般に $w=|w|e^{i\varphi}$ に対して zw は，z を φ だけ回転し，さらに絶対値を $|w|$ 倍した複素数となる．

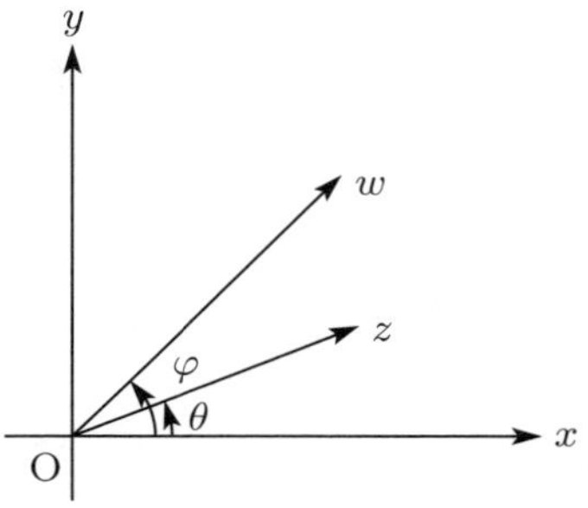

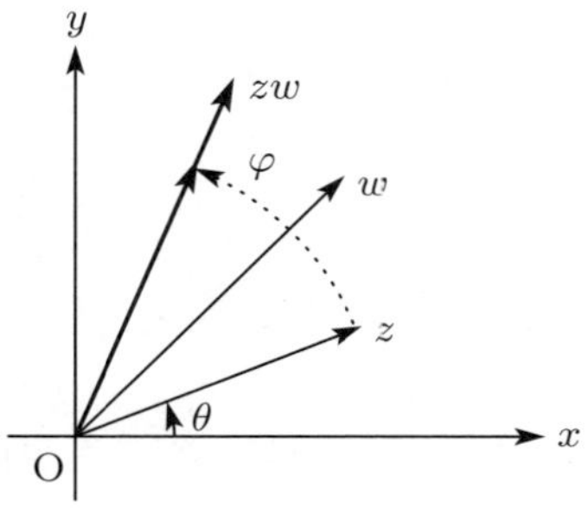

このように複素数の積は回転と伸縮の合成である．✍

例題 1.3.3 複素数 $w = |w|\,e^{i\varphi}$, $w \neq 0$ に対して $\dfrac{1}{w}$ を極形式表示せよ．

解　注意 1.2.2 の (1.2.3) (p.25) より $\dfrac{1}{e^{i\varphi}} = e^{-i\varphi}$ であるから，$\dfrac{1}{w}$ の極形式は

$$\frac{1}{w} = \frac{1}{|w|\,e^{i\varphi}} = \left|\frac{1}{w}\right| e^{-i\varphi}$$

となる．ここで絶対値の性質 $\dfrac{1}{|w|} = \left|\dfrac{1}{w}\right|$ (➩ p.22) を用いた．■

☞ **注意 1.3.3** 複素数 $z = |z|\,e^{i\theta}$ と $w = |w|\,e^{i\varphi}$, $w \neq 0$ の商 $\dfrac{z}{w}$ を，z と $\dfrac{1}{w}$ の積 $z\dfrac{1}{w}$ と考えれば，例題 1.3.2 (p.31) と例題 1.3.3 より

$$\frac{z}{w} = z\,\frac{1}{w} = |z|\,e^{i\theta}\,\frac{1}{|w|}\,e^{-i\varphi} = \left|\frac{z}{w}\right| e^{i(\theta-\varphi)}$$

と極形式表示できる．ここで絶対値の性質 $\dfrac{|z|}{|w|} = \left|\dfrac{z}{w}\right|$ (➩ p.22) および指数法則 (➩ p.25) を用いた．よって z を w で割ると絶対値は $\dfrac{1}{|w|}$ 倍され，偏角は φ だけ減る．また，例題 1.3.3 の解答でも用いたように $\dfrac{1}{e^{i\theta}} = e^{-i\theta}$ であるから，$\dfrac{z}{e^{i\theta}} = e^{-i\theta}z$ は複素数 z を $(-\theta)$ だけ回転した複素数を表す．✍

例題 1.3.4 $z^3 = -1 - i$ をみたす複素数 z をすべて求め極形式表示せよ．

解　STEP 1　$-1-i$ を極形式表示 (➩ p.30) する．$|-1-i| = \sqrt{2}$ より

$$-1 - i = \sqrt{2}\left(-\frac{1}{\sqrt{2}} - i\frac{1}{\sqrt{2}}\right) = \sqrt{2}\left\{\cos\left(-\frac{3\pi}{4}\right) + i\sin\left(-\frac{3\pi}{4}\right)\right\} = \sqrt{2}\,e^{-\frac{3\pi}{4}i}$$

である．

STEP 2　求める複素数を $z = |z|\,e^{i\theta}$ とする．$z^3 = -1-i$ であるから両辺を極形式で表して

$$|z^3|\;e^{3\theta i} = \sqrt{2}\,e^{-\frac{3\pi}{4}i} \tag{1.3.4}$$

となる．(1.3.4) の両辺の絶対値を考えると，(1.3.2) (p.30) より任意の実数 θ に対して $|e^{i\theta}| = 1$ なので

$$\left||z^3|\;e^{3\theta i}\right| = |z^3|\;\left|e^{3\theta i}\right| = |z|^3, \qquad \left|\sqrt{2}\,e^{-\frac{3\pi}{4}i}\right| = \left|\sqrt{2}\right|\;\left|e^{-\frac{3\pi}{4}i}\right| = \sqrt{2}$$

を得る．よって

$$|z|^3 = \sqrt{2} \qquad \therefore \quad |z| = (\sqrt{2}\,)^{\frac{1}{3}} = \sqrt[6]{2}$$

となり $|z| = \sqrt[6]{2}$ を得る．

次に θ を求めるため $|z^3| = |z|^3 = \sqrt{2}$ を (1.3.4) に代入すると，$\sqrt{2}\,e^{3\theta i} = \sqrt{2}\,e^{-\frac{3\pi}{4}i}$ より $e^{3\theta i} = e^{-\frac{3\pi}{4}i}$ を得る．よって $e^{3\theta i} = e^{-\frac{3\pi}{4}i} = e^{(-\frac{3\pi}{4}+2k\pi)i}$ （注意 1.3.1 (p.30) 参照）となるので

$$3\theta = -\frac{3\pi}{4} + 2k\pi \qquad \therefore \quad \theta = -\frac{\pi}{4} + \frac{2k\pi}{3} \qquad (k = 0, \pm1, \pm2, \pm3, \cdots)$$

を得る．そこで

$$z_k = \sqrt[6]{2}\,e^{\left(-\frac{\pi}{4}+\frac{2k\pi}{3}\right)i} \qquad (k = 0, \pm1, \pm2, \pm3, \cdots) \tag{1.3.5}$$

とおけば，どんな k に対しても ${z_k}^3 = -1 - i$ をみたす．

STEP 3　最後に $k = 0,\ 1,\ 2$ の場合を図示する．

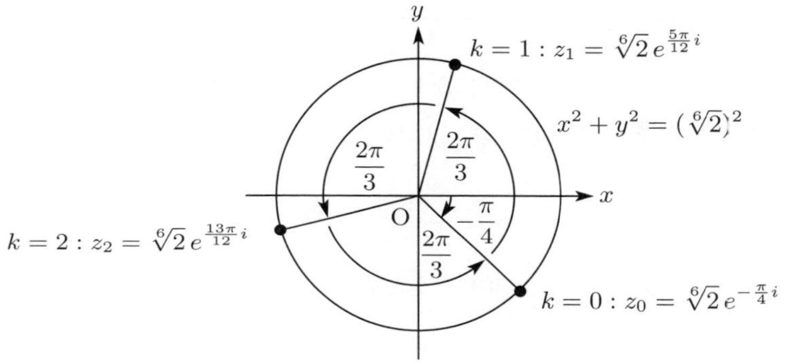

このとき上図より

$$\begin{cases} \cdots = z_{-6} = z_{-3} = z_0 = z_3 = z_6 = \cdots \\ \cdots = z_{-5} = z_{-2} = z_1 = z_4 = z_7 = \cdots \\ \cdots = z_{-4} = z_{-1} = z_2 = z_5 = z_8 = \cdots \end{cases}$$

となることがわかる．よって求める複素数は $z_0 = \sqrt[6]{2}\,e^{-\frac{\pi}{4}i}$, $z_1 = \sqrt[6]{2}\,e^{(-\frac{\pi}{4}+\frac{2\pi}{3})i} = \sqrt[6]{2}\,e^{\frac{5\pi}{12}i}$, $z_2 = \sqrt[6]{2}\,e^{(-\frac{\pi}{4}+\frac{4\pi}{3})i} = \sqrt[6]{2}\,e^{\frac{13\pi}{12}i}$ である．■

例題 1.3.4 (p.32) と同様にして，複素数 $\alpha \neq 0$ と自然数 n が与えられたとき $z^n = \alpha$ をみたす複素数 z が求められる．この z を α の $\boldsymbol{n}$ **乗根**という．

複素数 $\boldsymbol{\alpha}$ の $\boldsymbol{n}$ 乗根

$\alpha = |\alpha|\,e^{i\theta}$, $n \in \mathbb{N}$ とする．このとき $z^n = \alpha$ をみたす複素数 z は

$$z = \sqrt[n]{|\alpha|}\,e^{\left(\frac{\theta}{n}+\frac{2k\pi}{n}\right)i} \qquad (k = 0, 1, 2, \cdots, n-1)$$

である．これら n 個の z を α の $\boldsymbol{n}$ **乗根**という．

☞ **注意 1.3.4** 複素数 $\alpha = |\alpha|e^{i\theta}$ の n 乗根の偏角 (⇨p.30) は $\dfrac{\theta}{n} + \dfrac{2k\pi}{n}$ ($k = 0,\ \pm1,\ \pm2,\ \pm3, \cdots$) である．そのうち 0 と 2π の間にある偏角は $k = 0,\ 1,\ 2, \cdots, n-1$ の場合である．よって α の n 乗根は $\dfrac{2\pi}{n}$ 間隔に並ぶ n 個の複素数となることがわかる．✍

点 α を中心とする半径 r の円 C の方程式 (➪ p.23) は $|z-\alpha|=r$ で与えられた．$z-\alpha$ を極形式表示 (➪ p.30) すると

$$z-\alpha=|z-\alpha|e^{i\theta}=re^{i\theta}$$

であるから，円 C 上の点 z は次のように表されることがわかる．

円周上の複素数の表示

点 α を中心とする半径 r の円周上の複素数 z は

$$z=\alpha+re^{i\theta} \qquad (0 \leqq \theta < 2\pi) \tag{1.3.6}$$

と表される．

☆ **参考 1.3.1** 複素数の極形式は非常に便利なものであるが万能ではない．極形式が力を発揮するのは積・商に関してであって，和・差に対してはむしろ無力であるといえる．たとえば $z_1=e^{i\theta_1}$, $z_2=e^{i\theta_2}$ とすると

$$z_1+z_2=e^{i\theta_1}+e^{i\theta_2}$$

であるから，z_1+z_2 を極形式表示 (➪ p.30) するためには

$$z_1+z_2=|e^{i\theta_1}+e^{i\theta_2}|\,e^{i\varphi}$$

となる実数 φ を求めなければならない．このような φ が存在することは図を描けば明らかであるが，φ の値を具体的に求めることは一般に不可能である．✍

問題 1.3 【略解 p.191 ～ p.192】

1. 次の複素数を極形式表示し，偏角を求めよ．
   (1) $1-i$　(2) $2\sqrt{3}+2i$　(3) $-3\sqrt{2}-3\sqrt{2}\,i$　(4) $-\dfrac{1}{4}+\dfrac{1}{4}i$　(5) -3
2. 次の複素数を極形式表示せよ．
   (1) $(1-i)(2\sqrt{3}+2i)$　(2) $\dfrac{1}{2\sqrt{3}+2i}$　(3) $\dfrac{-3\sqrt{2}-3\sqrt{2}\,i}{2\sqrt{3}+2i}$
3. 次の複素数を極形式表示し，さらに $x+iy$ の形で表せ．
   (1) $(1+i)^4$　(2) $(\sqrt{3}+i)^5$　(3) $(1-\sqrt{3}\,i)^6$　(4) $\left(\dfrac{-1-i}{\sqrt{2}}\right)^7$　(5) i^{50}
4. 次をみたす複素数 z をすべて求め，極形式表示せよ．
   (1) $z^3=1+\sqrt{3}\,i$　(2) $z^5=1-i$　(3) $z^4=-3\sqrt{3}+3i$　(4) $z^6=i$
5. 次で与えられる円周上の複素数を，円周上の複素数の表示 (➪ p.34) の (1.3.6) の形で表せ．
   (1) 点 1 を中心として半径 1 の円　(2) 点 $4+3i$ を中心として半径 3 の円
   (3) $|z|=2$　(4) $|z-i|=\sqrt{2}$　(5) $|z-3+i|=\dfrac{1}{2}$　(6) $|z+2-2i|=2$

2

連立1次方程式と行列

第2章のキーワード

2.1 行列と連立1次方程式
正方行列 (⇨ p.36), 対角成分 (⇨ p.36), 単位行列 (⇨ p.36), (拡大) 係数行列 (⇨ p.38), 行基本変形 (⇨ p.39), ガウスの消去法 (⇨ p.39)

2.2 行列の簡約化と階数
簡約化 (⇨ p.44), 主成分 (⇨ p.44), 階数 (⇨ p.45)

2.3 連立1次方程式の解の分類
主成分に対応しない変数 (⇨ p.48), 解の記述 (⇨ p.49)

2.4 2次正方行列の演算
2次正方行列の和と差 (⇨ p.52), 2次正方行列の積 (⇨ p.54)

2.5 2次正方行列の応用
逆行列 (⇨ p.57), 対角行列 (⇨ p.60)

2.6 1次変換
移動を表す行列 (⇨ p.62), 回転移動 (⇨ p.64), 移動の合成 (⇨ p.64)

2.7 行列の演算
和と差 (⇨ p.66), 定数倍 (⇨ p.66), 行ベクトルと列ベクトルの積 (⇨ p.67), 行列の列ベクトル型表示 (⇨ p.67), 行列と列ベクトルの積 (⇨ p.68), 行列の行ベクトル型表示 (⇨ p.68), 行列の積 (⇨ p.68)

2.8 正則行列とその逆行列
正則行列 (⇨ p.71), 逆行列 (⇨ p.71)

2.9 行列式の導入
2次行列式 (⇨ p.76), クラーメルの公式 (特別な場合) (⇨ p.76), 3次行列式 (⇨ p.78), サルスの方法 (⇨ p.79), 4次行列式 (⇨ p.80), $\boldsymbol{n}$ 次行列式 (⇨ p.81)

2.10 行列式の性質
2次行列式の性質 (⇨ p.84), 3次行列式の性質 (⇨ p.84), 転置行列 (⇨ p.85), $\boldsymbol{n}$ 次行列式の性質 (⇨ p.86)

2.11 クラーメルの公式
クラーメルの公式 (⇨ p.88), 余因子行列 (⇨ p.90), 逆行列の公式 (⇨ p.91)

2.1 行列と連立1次方程式

行列とは数あるいは文字を長方形に並べたものである．行列を構成する数あるいは文字を**成分**という [*1]．行列の横の並びを上から第1行，第2行，$\cdots$ と呼び，縦の並びを左から第1列，第2列，$\cdots$ と呼ぶ．

例 2.1.1 行列 $\begin{pmatrix} 1 & -2 & 3 \\ -4 & 5 & -6 \end{pmatrix}$ に対しては，

$$\begin{pmatrix} 1 & -2 & 3 \end{pmatrix} \text{ が第1行，} \begin{pmatrix} -4 & 5 & -6 \end{pmatrix} \text{ が第2行}$$

$$\begin{pmatrix} 1 \\ -4 \end{pmatrix} \text{ が第1列，} \begin{pmatrix} -2 \\ 5 \end{pmatrix} \text{ が第2列，} \begin{pmatrix} 3 \\ -6 \end{pmatrix} \text{ が第3列}$$

である．この行列は2つの行と3つの列からなるので，2行3列の行列または 2×3 行列，あるいは $(2,3)$ 型行列などと呼ぶ．さらに，

$$\begin{pmatrix} 1 & -2 & 3 \end{pmatrix}, \begin{pmatrix} -4 & 5 & -6 \end{pmatrix} \text{ を（3次）}\textbf{行ベクトル}$$

$$\begin{pmatrix} 1 \\ -4 \end{pmatrix}, \begin{pmatrix} -2 \\ 5 \end{pmatrix}, \begin{pmatrix} 3 \\ -6 \end{pmatrix} \text{ を（2次）}\textbf{列ベクトル}$$

と呼ぶ．特に，成分1はこの行列の第1行第1列にあるので，$(1,1)$ 成分と呼ぶ．同様に $(1,2)$ 成分は -2，$(2,3)$ 成分は -6 である．

$1 \times n$ 行列を $\boldsymbol{n}$ **次行ベクトル**，$m \times 1$ 行列を $\boldsymbol{m}$ **次列ベクトル**という．行と列の数が同じ行列を**正方行列**という．特に n 行 n 列の正方行列を $\boldsymbol{n}$ **次正方行列**と呼び，その $(1,1), (2,2), \cdots, (n,n)$ 成分を**対角成分**と呼ぶ．対角成分が1で，それ以外の成分がすべて0である n 次正方行列を E_n で表し，n 次**単位行列**と呼ぶ．

$$E_2 = \begin{pmatrix} 1 & 0 \\ 0 & 1 \end{pmatrix}, \quad E_3 = \begin{pmatrix} 1 & 0 & 0 \\ 0 & 1 & 0 \\ 0 & 0 & 1 \end{pmatrix}, \quad E_4 = \begin{pmatrix} 1 & 0 & 0 & 0 \\ 0 & 1 & 0 & 0 \\ 0 & 0 & 1 & 0 \\ 0 & 0 & 0 & 1 \end{pmatrix}, \quad \cdots$$

すべての成分が0である行列を**零行列**という．同様に，成分がすべて0である行ベクトル，列ベクトルをそれぞれ**行零ベクトル**，**列零ベクトル**という．

行列は連立1次方程式の解法と密接な関係がある．そのことをみるために，まず次の連立1次方程式を考えてみよう．

[*1] 成分が「時刻 t の関数」である行列なども考えられるが，本書では主に実数を成分とする行列を扱う．関数を成分とする行列については例題 4.5.4 (p.163)，例題 4.5.5 (p.164) を，複素数を成分とする行列については複素ベクトル空間 (➪ p.179) を参照せよ．

例題 2.1.1 連立 1 次方程式

$$\begin{cases} 3x + 4y = -1 \\ \ \ x - 2y = \ \ 3 \end{cases}$$

を解け.

ここでは，この連立 1 次方程式を解くことが目的ではなく，どのように解くかが重要である．そこで，遠回りをしているように思われるかもしれないが，次のような方法を用いる．この方法を理解することにより，次に学ぶ行列の行基本変形 (➪ p.39) の意味が明確になるであろう．

解 与えられた連立 1 次方程式に番号を付け

$$\begin{cases} 3x + 4y = -1 & \cdots ① \\ \ \ x - 2y = \ \ 3 & \cdots ② \end{cases}$$

とする． ① と ② を入れ替え ても解は変わらないので

$$\begin{cases} \ \ x - 2y = \ \ 3 & \cdots ② \\ 3x + 4y = -1 & \cdots ① \end{cases}$$

を考えてよい．次に ① から文字 x を消去するために ① から ② の 3 倍を引いて

$$\begin{cases} x - 2y = \ \ 3 & \cdots ② \\ \quad 10y = -10 & \cdots ③ \end{cases}$$

となる．そこで ③ に 1/10 を掛けて

$$\begin{cases} x - 2y = \ \ 3 & \cdots ② \\ \qquad y = -1 & \cdots ④ \end{cases}$$

となる．最後に ② から文字 y を消去するために ② に ④ の 2 倍を加え

$$\begin{cases} x \qquad = \ \ 1 & \cdots ⑤ \\ \qquad y = -1 & \cdots ④ \end{cases}$$

を得る．よって ④, ⑤ より

$$\begin{cases} x = \ \ 1 \\ y = -1 \end{cases}$$

が求める連立 1 次方程式の解である． ■

例題 2.1.1 (p.37) の解法をみると，文字 x, y の左右の位置関係は変わらないまま，係数だけが変わっていることがわかる．つまり連立1次方程式を解くときに重要なのは**文字 $\boldsymbol{x}, \boldsymbol{y}$ ではなく，その係数**である．そこで係数だけを取り出して，連立1次方程式

$$\begin{cases} 3x + 4y = -1 \\ \ \ x - 2y = \ \ 3 \end{cases}$$

を行列を用いて次のように表すことにしよう．

$$\begin{pmatrix} 3 & 4 \\ 1 & -2 \end{pmatrix} \begin{pmatrix} x \\ y \end{pmatrix} = \begin{pmatrix} -1 \\ 3 \end{pmatrix}$$

このように連立1次方程式は $A\boldsymbol{x} = \boldsymbol{b}$ の形に書くことができる．ここで A は係数を表す行列，$\boldsymbol{x}$ は変数を表す列ベクトル，$\boldsymbol{b}$ は右辺の値を表す列ベクトルである．

係数行列と拡大係数行列

$A\boldsymbol{x} = \boldsymbol{b}$ の形の連立1次方程式に対して，行列 A を**係数行列**と呼び，係数行列 A に列ベクトル $\boldsymbol{b}$ を付け加えて得られる $\begin{pmatrix} A & \boldsymbol{b} \end{pmatrix}$ の形の行列を**拡大係数行列**と呼ぶ．$\begin{pmatrix} A & \boldsymbol{b} \end{pmatrix}$ を A の拡大係数行列と呼ぶこともある．

別解　**【拡大係数行列による例題 2.1.1 (p.37) の解法】**

係数行列は $\begin{pmatrix} 3 & 4 \\ 1 & -2 \end{pmatrix}$ なので，拡大係数行列は $\begin{pmatrix} 3 & 4 & -1 \\ 1 & -2 & 3 \end{pmatrix}$ である．

$$\begin{pmatrix} 3 & 4 & -1 \\ 1 & -2 & 3 \end{pmatrix} \to \begin{pmatrix} 1 & -2 & 3 \\ 3 & 4 & -1 \end{pmatrix} \quad ① \leftrightarrow ②$$

$$\to \begin{pmatrix} 1 & -2 & 3 \\ 0 & 10 & -10 \end{pmatrix} \quad ② - ① \times 3 \to \begin{pmatrix} 1 & -2 & 3 \\ 0 & 1 & -1 \end{pmatrix} \quad ② \times \frac{1}{10}$$

$$\to \begin{pmatrix} 1 & 0 & 1 \\ 0 & 1 & -1 \end{pmatrix} \quad ① + ② \times 2$$

ただし ①, ② はその1つ前の行列の第1行，第2行を表し，① ↔ ② は ① と ② を入れ替えたことを表す．ここで最後の行列 $\begin{pmatrix} 1 & 0 & 1 \\ 0 & 1 & -1 \end{pmatrix}$ の意味を思い出すと，これは連立1次方程式

$$\begin{pmatrix} 1 & 0 \\ 0 & 1 \end{pmatrix} \begin{pmatrix} x \\ y \end{pmatrix} = \begin{pmatrix} 1 \\ -1 \end{pmatrix}, \qquad \text{つまり} \qquad \begin{cases} 1x + 0y = \ \ 1 \\ 0x + 1y = -1 \end{cases}$$

のことであったから，結局 $\begin{cases} x = \ \ 1 \\ y = -1 \end{cases}$ が求める連立1次方程式の解である．■

例題 2.1.1 の拡大係数行列による解法では次の3つの変形だけを用いた：この3つの変形を行列の**行基本変形**と呼ぶ．

行列の行基本変形

(1) 2 つの行を入れ替える．

(2) 1 つの行に他の行の何倍かを加える，または引く．

(3) 1 つの行を何倍か（$\neq 0$ 倍）する．

拡大係数行列に行列の行基本変形を施して連立 1 次方程式を解く方法を，**ガウスの消去法**あるいは**掃き出し法**という．

☞ **注意 2.1.1** 行列の行基本変形の (1) により

$$\begin{pmatrix} 3 & 4 & -1 \\ 1 & -2 & 3 \end{pmatrix} \to \begin{pmatrix} 1 & -2 & 3 \\ 3 & 4 & -1 \end{pmatrix} \ ① \leftrightarrow ②$$

のように 2 つの**行の入れ替え**が許された．これに対して，2 つの**列を入れ替える**ことは自由にはできないので注意が必要である．実際，例題 2.1.1 (p.37) の拡大係数行列 $\begin{pmatrix} 3 & 4 & -1 \\ 1 & -2 & 3 \end{pmatrix}$ の第 1 列と第 2 列を入れ替えると $\begin{pmatrix} 4 & 3 & -1 \\ -2 & 1 & 3 \end{pmatrix}$ である．この行列を連立 1 次方程式で表すと $\begin{cases} 4x + 3y = -1 \\ -2x + \ \ y = \ \ 3 \end{cases}$ となるが，これはもとの拡大係数行列の表す連立 1 次方程式 $\begin{cases} 3x + 4y = -1 \\ \ \ x - 2y = \ \ 3 \end{cases}$ とは異なり，変数 x, y が入れ替わったものになっている．よって 2 つの列を入れ替えて得られた行列 $\begin{pmatrix} 4 & 3 & -1 \\ -2 & 1 & 3 \end{pmatrix}$ に行基本変形を施しても，そこから得られるのはもとの連立 1 次方程式の解ではなく，変数の入れ替わった連立 1 次方程式の解である．このように**列の入れ替えは変数の位置を入れ替える**ことになるので，どの変数とどの変数が入れ替わっているかに神経を使うことになる．このような理由から，列の入れ替えはよほどのことがない限り用いない方がよいであろう．✍

例題 2.1.1 の 別解 を思い出すと，拡大係数行列 $\begin{pmatrix} 3 & 4 & -1 \\ 1 & -2 & 3 \end{pmatrix}$ に行基本変形を施して $\begin{pmatrix} 1 & 0 & 1 \\ 0 & 1 & -1 \end{pmatrix}$ を得た．実はここで用いた行基本変形は，係数行列 $\begin{pmatrix} 3 & 4 \\ 1 & -2 \end{pmatrix}$ を 2 次の単位行列 $\begin{pmatrix} 1 & 0 \\ 0 & 1 \end{pmatrix}$ にすることが目的であった．実際 2 次の単位行列が得られた時点で，x, y が求まっていることをすでにみた．そこで今後は

ガウスの消去法の目標

行基本変形により，係数行列を単位行列にする!!!

このことを明確に意識することが重要である．この点に注意すれば未知数が 3 つ以上の場合でも，連立 1 次方程式はガウスの消去法によって確実に解くことが可能となる．

ガウスの消去法による連立1次方程式の解法

(1) 拡大係数行列の $(1,1)$ 成分を，行基本変形により1にする．
(2) 第1行の何倍かを加えることにより，$(1,1)$ 成分を除く第1列すべての成分を0にする．
(3) $(2,2)$ 成分を，第1列が変わらないように，行基本変形により1にする．
(4) 第2行の何倍かを加えることにより，$(2,2)$ 成分を除く第2列すべての成分を0にする．
(5) $(3,3)$ 成分を，第1列，第2列が変わらないように，行基本変形により1にする．
(6) 第3行の何倍かを加えることにより，$(3,3)$ 成分を除く第3列すべての成分を0にする．
(7) 第4列以降も，必要があれば同様にして，係数行列を単位行列にする．

それでは，今述べた方法を実際の問題に適用することで，ガウスの消去法による連立1次方程式の解法を習得しよう．

例題 2.1.2 連立1次方程式

$$\begin{cases} x - y - 2z = 2 \\ 3x - y + 2z = 8 \\ x - y + 2z = 6 \end{cases}$$

をガウスの消去法によって解け．

解 拡大係数行列 (➪ p.38) に行基本変形 (➪ p.39) を施して

$$\begin{pmatrix} 1 & -1 & -2 & 2 \\ 3 & -1 & 2 & 8 \\ 1 & -1 & 2 & 6 \end{pmatrix} \to \begin{pmatrix} 1 & -1 & -2 & 2 \\ 0 & 2 & 8 & 2 \\ 0 & 0 & 4 & 4 \end{pmatrix} \begin{matrix} \\ ② - ① \times 3 \\ ③ - ① \end{matrix}$$

$$\to \begin{pmatrix} 1 & -1 & -2 & 2 \\ 0 & 1 & 4 & 1 \\ 0 & 0 & 4 & 4 \end{pmatrix} ② \times \frac{1}{2} \to \begin{pmatrix} 1 & 0 & 2 & 3 \\ 0 & 1 & 4 & 1 \\ 0 & 0 & 4 & 4 \end{pmatrix} \begin{matrix} ① + ② \\ \\ \\ \end{matrix}$$

$$\to \begin{pmatrix} 1 & 0 & 2 & 3 \\ 0 & 1 & 4 & 1 \\ 0 & 0 & 1 & 1 \end{pmatrix} ③ \times \frac{1}{4} \to \begin{pmatrix} 1 & 0 & 0 & 1 \\ 0 & 1 & 0 & -3 \\ 0 & 0 & 1 & 1 \end{pmatrix} \begin{matrix} ① - ③ \times 2 \\ ② - ③ \times 4 \\ \\ \end{matrix}$$

となる．得られた行列を連立1次方程式で表すと $\begin{cases} 1x + 0y + 0z = 1 \\ 0x + 1y + 0z = -3 \\ 0x + 0y + 1z = 1 \end{cases}$ である．よって求める

連立1次方程式の解は $\begin{cases} x = 1 \\ y = -3 \\ z = 1 \end{cases}$ である． ■

例題 2.1.3 次の連立 1 次方程式を解け．

$$\begin{cases} x + 2y - z + w = 1 \\ 2x + 5y - 3z + 4w = 3 \\ 2x + 5y - 5z + 7w = 2 \\ 3x + 7y - 3z + 4w = 5 \end{cases}$$

解　まず拡大係数行列 (➪ p.38) に行基本変形 (➪ p.39) を施して

$$\begin{pmatrix} 1 & 2 & -1 & 1 & 1 \\ 2 & 5 & -3 & 4 & 3 \\ 2 & 5 & -5 & 7 & 2 \\ 3 & 7 & -3 & 4 & 5 \end{pmatrix} \to \begin{pmatrix} 1 & 2 & -1 & 1 & 1 \\ 0 & 1 & -1 & 2 & 1 \\ 0 & 1 & -3 & 5 & 0 \\ 0 & 1 & 0 & 1 & 2 \end{pmatrix} \begin{matrix} \\ ② - ① \times 2 \\ ③ - ① \times 2 \\ ④ - ① \times 3 \end{matrix}$$

$$\to \begin{pmatrix} 1 & 0 & 1 & -3 & -1 \\ 0 & 1 & -1 & 2 & 1 \\ 0 & 0 & -2 & 3 & -1 \\ 0 & 0 & 1 & -1 & 1 \end{pmatrix} \begin{matrix} ① - ② \times 2 \\ \\ ③ - ② \\ ④ - ② \end{matrix} \to \begin{pmatrix} 1 & 0 & 1 & -3 & -1 \\ 0 & 1 & -1 & 2 & 1 \\ 0 & 0 & 1 & -1 & 1 \\ 0 & 0 & -2 & 3 & -1 \end{pmatrix} ③ \leftrightarrow ④$$

$$\to \begin{pmatrix} 1 & 0 & 0 & -2 & -2 \\ 0 & 1 & 0 & 1 & 2 \\ 0 & 0 & 1 & -1 & 1 \\ 0 & 0 & 0 & 1 & 1 \end{pmatrix} \begin{matrix} ① - ③ \\ ② + ③ \\ \\ ④ + ③ \times 2 \end{matrix} \to \begin{pmatrix} 1 & 0 & 0 & 0 & 0 \\ 0 & 1 & 0 & 0 & 1 \\ 0 & 0 & 1 & 0 & 2 \\ 0 & 0 & 0 & 1 & 1 \end{pmatrix} \begin{matrix} ① + ④ \times 2 \\ ② - ④ \\ ③ + ④ \\ \end{matrix}$$

となる．最後に得られた行列を連立 1 次方程式で表すと $\begin{cases} 1x + 0y + 0z + 0w = 0 \\ 0x + 1y + 0z + 0w = 1 \\ 0x + 0y + 1z + 0w = 2 \\ 0x + 0y + 0z + 1w = 1 \end{cases}$ である．

よって求める連立 1 次方程式の解は $\begin{cases} x = 0 \\ y = 1 \\ z = 2 \\ w = 1 \end{cases}$ である．■

☞ **注意 2.1.2** ガウスの消去法 (➪ p.39) により求めた値をもとの関係式に代入し，等号が成り立てば結果が正しいことがわかる．行基本変形 (➪ p.39) をすべてチェックするのは大変な作業であるが，単なる代入であれば簡単にできるので，確認のために是非とも行ってもらいたい．✍

☞ **注意 2.1.3** これまでは未知数が 2 個，3 個または 4 個の場合を扱ったが，一般に未知数が n 個の場合でもガウスの消去法により，拡大係数行列に行基本変形を施すことで解を求めることができる．✍

問題 2.1 【略解 p.193】

1. 次の連立 1 次方程式をガウスの消去法を用いて解け.

(1) $\begin{cases} x + y = 2 \\ x - 2y = -1 \end{cases}$　(2) $\begin{cases} 3x + 4y = 6 \\ x + 2y = 4 \end{cases}$　(3) $\begin{cases} 2x + 7y = 6 \\ x + 3y = 2 \end{cases}$

(4) $\begin{cases} x + 2y = 1 \\ 4x + 3y = -6 \end{cases}$　(5) $\begin{cases} x + 3y = 2 \\ 3x + 8y = 5 \end{cases}$　(6) $\begin{cases} 3x + y = 2 \\ 5x + 2y = 5 \end{cases}$

2. 次の連立 1 次方程式をガウスの消去法を用いて解け.

(1) $\begin{cases} x + 3y + 3z = -1 \\ -x - 2y - z = -1 \\ -2x + y + 2z = 0 \end{cases}$　(2) $\begin{cases} x - 3y - 4z = 5 \\ -2x + y - 3z = 2 \\ x - 2y - z = 1 \end{cases}$

(3) $\begin{cases} x - y = 4 \\ -3x + 3y - 4z = -4 \\ -x + 2y - 3z = 0 \end{cases}$　(4) $\begin{cases} x + 3y + z = 6 \\ 2x + 7y - 4z = 1 \\ x + 3y + 2z = 8 \end{cases}$

(5) $\begin{cases} x + 4y + 2z = 1 \\ 3x + 7y + z = 8 \\ x + 3y + 3z = -4 \end{cases}$　(6) $\begin{cases} x - 2y + 3z = -3 \\ 2x + 3y + z = -3 \\ 3x - 5y + 7z = -6 \end{cases}$

3. 次の連立 1 次方程式をガウスの消去法を用いて解け.

(1) $\begin{cases} x + 2y - z + w = 0 \\ x + y - 2z - 3w = 0 \\ x + 2y - 3z - w = -4 \\ 2x - 3y + z + w = 3 \end{cases}$　(2) $\begin{cases} x - 3y + 4z + 8w = -5 \\ x - 2y + 3z + 7w = -3 \\ x - 6y + 8z + 14w = -9 \\ x + 5y + 2z - 3w = 2 \end{cases}$

(3) $\begin{cases} x + 2y + z - 2w = 3 \\ x + 3y + 2z - 4w = -1 \\ x + 4y + 4z - 7w = -8 \\ x + 3y + z - 2w = 8 \end{cases}$　(4) $\begin{cases} x + 2y + 3z + 2w = 6 \\ x + 3y + 4z + 3w = 5 \\ x + y + 3z = 12 \\ 2x + 3y + 6z + 5w = 6 \end{cases}$

2.2 行列の簡約化と階数

例題 2.2.1 次の連立 1 次方程式を解け.

(1) $\begin{cases} x + 2z = 1 \\ 2x + y + z = 0 \\ x - y + 2z = 0 \end{cases}$ (2) $\begin{cases} x + 2z = 1 \\ 2x + y + 3z = 3 \\ x - y + 3z = 0 \end{cases}$

解 (1) 拡大係数行列 (➪ p.38) に行基本変形 (➪ p.39) を施して

$$\begin{pmatrix} 1 & 0 & 2 & 1 \\ 2 & 1 & 1 & 0 \\ 1 & -1 & 2 & 0 \end{pmatrix} \to \begin{pmatrix} 1 & 0 & 2 & 1 \\ 0 & 1 & -3 & -2 \\ 0 & -1 & 0 & -1 \end{pmatrix} \begin{matrix} \\ ② - ① \times 2 \\ ③ - ① \end{matrix}$$

$$\to \begin{pmatrix} 1 & 0 & 2 & 1 \\ 0 & 1 & -3 & -2 \\ 0 & 0 & -3 & -3 \end{pmatrix} ③ + ② \quad \to \begin{pmatrix} 1 & 0 & 2 & 1 \\ 0 & 1 & -3 & -2 \\ 0 & 0 & 1 & 1 \end{pmatrix} ③ \times \left(-\frac{1}{3}\right)$$

$$\to \begin{pmatrix} 1 & 0 & 0 & -1 \\ 0 & 1 & 0 & 1 \\ 0 & 0 & 1 & 1 \end{pmatrix} \begin{matrix} ① - ③ \times 2 \\ ② + ③ \times 3 \\ \end{matrix} \qquad \therefore \begin{cases} x = -1 \\ y = 1 \\ z = 1 \end{cases}$$

(2) (1) と同様にガウスの消去法 (➪ p.39) を用いる.

$$\begin{pmatrix} 1 & 0 & 2 & 1 \\ 2 & 1 & 3 & 3 \\ 1 & -1 & 3 & 0 \end{pmatrix} \to \begin{pmatrix} 1 & 0 & 2 & 1 \\ 0 & 1 & -1 & 1 \\ 0 & -1 & 1 & -1 \end{pmatrix} \begin{matrix} \\ ② - ① \times 2 \\ ③ - ① \end{matrix}$$

$$\to \begin{pmatrix} 1 & 0 & 2 & 1 \\ 0 & 1 & -1 & 1 \\ 0 & 0 & 0 & 0 \end{pmatrix} ③ + ②$$

得られた行列を連立 1 次方程式で書き直せば

$$\begin{cases} 1x + 0y + 2z = 1 \\ 0x + 1y - 1z = 1 \\ 0x + 0y + 0z = 0 \end{cases} \quad \therefore \quad \begin{cases} x + 2z = 1 \\ y - z = 1 \\ 0 = 0 \end{cases}$$

である. 第 3 式はなくても同じなので, 結局 $\begin{cases} x = 1 - 2z \\ y = 1 + z \end{cases}$ となる. このとき z はどんな値でもよいから, $z = c$ とすると求める連立 1 次方程式の解は $\begin{cases} x = 1 - 2c \\ y = 1 + c \\ z = c \end{cases}$ となる. ただし c は任意の実数である. ■

例題 2.2.1 (p.43) では，与えられた連立 1 次方程式の係数行列 (➪ p.38) がガウスの消去法 (➪ p.39) によって単位行列 (➪ p.36) になる場合と，ならない場合を扱った．このように行列によっては行基本変形 (➪ p.39) では目的とする形にならないこともあるが，可能な限り単位行列に近い形にしよう，というのが行列の**簡約化**である．

行列の簡約化

行列 A に対して，ガウスの消去法が終了したときに得られる行列を A の**簡約化**という．

行列の簡約化を正確に述べるためには若干の準備が必要である．

行ベクトルの主成分

行ベクトルの 0 でない成分の中で，もっとも左にあるものを**主成分**という．ただし行零ベクトル (➪ p.36) に対しては主成分は考えない．

例 2.2.1 5 次の行ベクトル

$$\begin{pmatrix} \underset{\sim}{1} & 0 & -2 & 5 & 3 \end{pmatrix},\quad \begin{pmatrix} 0 & 0 & \underset{\sim}{4} & -1 & 2 \end{pmatrix},\quad \begin{pmatrix} 0 & 0 & 0 & 0 & \underset{\sim}{-1} \end{pmatrix}$$

の主成分はそれぞれ 1, 4, −1 である．

☞ **注意 2.2.1** 行列の簡約化とは，正確には次をみたすものである（下の例 2.2.2 と比較せよ）．

(1) 行零ベクトル (➪ p.36) は下に置く．
(2) 各行ベクトルの**主成分**は 1 である．
(3) 主成分は下の行ほど右にある．
(4) 主成分の上下は 0 だけである．

行基本変形の順序によらず，行列の簡約化はただ 1 つに定まることが知られている．✍

例 2.2.2 以下の (a), (b), (c), (d) はそれぞれ注意 2.2.1 の条件 (1), (2), (3), (4) をみたしていない．

$$\text{(a)}\begin{pmatrix} 0 & 0 \\ 1 & 2 \end{pmatrix}\quad \text{(b)}\begin{pmatrix} 1 & 0 & 0 \\ 0 & 2 & 4 \end{pmatrix}\quad \text{(c)}\begin{pmatrix} 0 & 0 & 1 & 0 \\ 0 & 1 & 0 & 5 \end{pmatrix}\quad \text{(d)}\begin{pmatrix} 1 & 0 & 1 & 3 \\ 0 & 1 & 0 & 1 \\ 0 & 1 & 0 & 1 \\ 0 & 1 & 0 & 1 \end{pmatrix}$$

(a), (b), (c), (d) の簡約化はそれぞれ (a′), (b′), (c′), (d′) である．

$$\text{(a}'\text{)}\begin{pmatrix} 1 & 2 \\ 0 & 0 \end{pmatrix}\quad \text{(b}'\text{)}\begin{pmatrix} 1 & 0 & 0 \\ 0 & 1 & 2 \end{pmatrix}\quad \text{(c}'\text{)}\begin{pmatrix} 0 & 1 & 0 & 5 \\ 0 & 0 & 1 & 0 \end{pmatrix}\quad \text{(d}'\text{)}\begin{pmatrix} 1 & 0 & 1 & 3 \\ 0 & 1 & 0 & 1 \\ 0 & 0 & 0 & 0 \\ 0 & 0 & 0 & 0 \end{pmatrix}$$

行列の階数

行列 A の簡約化を B とするとき，B に含まれる主成分の個数（正確には，主成分を含む B の行ベクトルの個数）を A の**階数**といい $\mathrm{rank}(A)$ で表す．

例題 2.2.2 次の行列を簡約化し，階数を求めよ．

(1) $A_1 = \begin{pmatrix} 1 & 2 & 0 \\ 3 & 7 & 0 \\ 2 & -1 & 0 \end{pmatrix}$ (2) $A_2 = \begin{pmatrix} 1 & 2 & -2 \\ 3 & 7 & -7 \\ 2 & -1 & 1 \end{pmatrix}$ (3) $A_3 = \begin{pmatrix} 1 & 2 & -1 \\ 3 & 7 & -5 \\ 2 & -1 & 9 \end{pmatrix}$

解　(1) $\begin{pmatrix} 1 & 2 & 0 \\ 3 & 7 & 0 \\ 2 & -1 & 0 \end{pmatrix} \to \begin{pmatrix} 1 & 2 & 0 \\ 0 & 1 & 0 \\ 0 & -5 & 0 \end{pmatrix} \begin{matrix} \\ ② - ① \times 3 \\ ③ - ① \times 2 \end{matrix} \to \begin{pmatrix} 1 & 0 & 0 \\ 0 & 1 & 0 \\ 0 & 0 & 0 \end{pmatrix} \begin{matrix} ① - ② \times 2 \\ \\ ③ + ② \times 5 \end{matrix}$

より A_1 の簡約化は $\begin{pmatrix} 1 & 0 & 0 \\ 0 & 1 & 0 \\ 0 & 0 & 0 \end{pmatrix}$ で，$\mathrm{rank}(A_1) = 2$ である．

(2) $\begin{pmatrix} 1 & 2 & -2 \\ 3 & 7 & -7 \\ 2 & -1 & 1 \end{pmatrix} \to \begin{pmatrix} 1 & 2 & -2 \\ 0 & 1 & -1 \\ 0 & -5 & 5 \end{pmatrix} \begin{matrix} \\ ② - ① \times 3 \\ ③ - ① \times 2 \end{matrix} \to \begin{pmatrix} 1 & 0 & 0 \\ 0 & 1 & -1 \\ 0 & 0 & 0 \end{pmatrix} \begin{matrix} ① - ② \times 2 \\ \\ ③ + ② \times 5 \end{matrix}$

より A_2 の簡約化は $\begin{pmatrix} 1 & 0 & 0 \\ 0 & 1 & -1 \\ 0 & 0 & 0 \end{pmatrix}$ で，$\mathrm{rank}(A_2) = 2$ である．

(3) $\begin{pmatrix} 1 & 2 & -1 \\ 3 & 7 & -5 \\ 2 & -1 & 9 \end{pmatrix} \to \begin{pmatrix} 1 & 2 & -1 \\ 0 & 1 & -2 \\ 0 & -5 & 11 \end{pmatrix} \begin{matrix} \\ ② - ① \times 3 \\ ③ - ① \times 2 \end{matrix}$

$\to \begin{pmatrix} 1 & 0 & 3 \\ 0 & 1 & -2 \\ 0 & 0 & 1 \end{pmatrix} \begin{matrix} ① - ② \times 2 \\ \\ ③ + ② \times 5 \end{matrix} \to \begin{pmatrix} 1 & 0 & 0 \\ 0 & 1 & 0 \\ 0 & 0 & 1 \end{pmatrix} \begin{matrix} ① - ③ \times 3 \\ ② + ③ \times 2 \\ \\ \end{matrix}$

より A_3 の簡約化は $\begin{pmatrix} 1 & 0 & 0 \\ 0 & 1 & 0 \\ 0 & 0 & 1 \end{pmatrix}$ で，$\mathrm{rank}(A_3) = 3$ である．　■

☞ **注意 2.2.2** 例題 2.2.2 の A_1, A_2, A_3 は $\begin{pmatrix} 1 & 2 \\ 3 & 7 \\ 2 & -1 \end{pmatrix}$ に $\begin{pmatrix} 0 \\ 0 \\ 0 \end{pmatrix}$, $\begin{pmatrix} -2 \\ -7 \\ 1 \end{pmatrix}$, $\begin{pmatrix} -1 \\ -5 \\ 9 \end{pmatrix}$ を付け加えて得られる行列である．例題 2.2.2 の解法をよくみればわかるように，A_1, A_2, A_3 の行基本変形は基本的に同じである（異なるのは A_3 の最後の変形だけである）．このことは同じ係数行列からなる連立 1 次方程式を解く際に有効であり，たとえば逆行列 (➪ p.71) を求める際の計算量を減らすことを可能にする．✍

例題 2.2.3 係数行列に着目し，次の連立 1 次方程式を解け．

(1) $\begin{cases} x+2y=0 \\ 3x+7y=0 \\ 2x-\ \ y=0 \end{cases}$ (2) $\begin{cases} x+2y=-2 \\ 3x+7y=-7 \\ 2x-\ \ y=\ \ 1 \end{cases}$ (3) $\begin{cases} x+2y=-1 \\ 3x+7y=-5 \\ 2x-\ \ y=\ \ 9 \end{cases}$

解　係数行列はいずれも同じなので，$\begin{pmatrix} 1 & 2 \\ 3 & 7 \\ 2 & -1 \end{pmatrix}$ に右辺の列ベクトル $\begin{pmatrix} 0 \\ 0 \\ 0 \end{pmatrix}$, $\begin{pmatrix} -2 \\ -7 \\ 1 \end{pmatrix}$, $\begin{pmatrix} -1 \\ -5 \\ 9 \end{pmatrix}$ を付け加えて得られる行列 $\begin{pmatrix} 1 & 2 & 0 & -2 & -1 \\ 3 & 7 & 0 & -7 & -5 \\ 2 & -1 & 0 & 1 & 9 \end{pmatrix}$ を簡約化することにより，(1), (2), (3) の拡大係数行列の簡約化を**同時**に求めることができる [*2]．

$$\begin{pmatrix} 1 & 2 & 0 & -2 & -1 \\ 3 & 7 & 0 & -7 & -5 \\ 2 & -1 & 0 & 1 & 9 \end{pmatrix} \to \begin{pmatrix} 1 & 2 & 0 & -2 & -1 \\ 0 & 1 & 0 & -1 & -2 \\ 0 & -5 & 0 & 5 & 11 \end{pmatrix} \begin{matrix} \\ ②-①\times 3 \\ ③-①\times 2 \end{matrix}$$

$$\to \begin{pmatrix} 1 & 0 & 0 & 0 & 3 \\ 0 & 1 & 0 & -1 & -2 \\ 0 & 0 & 0 & 0 & 1 \end{pmatrix} \begin{matrix} ①-②\times 2 \\ \\ ③+②\times 5 \end{matrix} \to \begin{pmatrix} 1 & 0 & 0 & 0 & 0 \\ 0 & 1 & 0 & -1 & 0 \\ 0 & 0 & 0 & 0 & 1 \end{pmatrix} \begin{matrix} ①-③\times 3 \\ ②+③\times 2 \\ \\ \end{matrix}$$

この行列は，次の 3 つの拡大係数行列を同時に表したものである．

$$\begin{pmatrix} 1 & 0 & 0 \\ 0 & 1 & 0 \\ 0 & 0 & 0 \end{pmatrix}, \quad \begin{pmatrix} 1 & 0 & 0 \\ 0 & 1 & -1 \\ 0 & 0 & 0 \end{pmatrix}, \quad \begin{pmatrix} 1 & 0 & 0 \\ 0 & 1 & 0 \\ 0 & 0 & 1 \end{pmatrix} \tag{2.2.1}$$

これらの拡大係数行列を連立 1 次方程式に戻すと

$$\begin{cases} x \quad\ = 0 \\ \quad y = 0 \\ \quad 0 = 0 \end{cases}, \quad \begin{cases} x \quad\ = \ \ 0 \\ \quad y = -1 \\ \quad 0 = \ \ 0 \end{cases}, \quad \begin{cases} x \quad\ = 0 \\ \quad y = 0 \\ \quad 0 = 1 \qquad \cdots (\bigstar) \end{cases}$$

となる．ここで，どんな x, y に対しても ($\bigstar$) は成り立たないので，連立 1 次方程式の解は

(1) $\begin{cases} x=0 \\ y=0 \end{cases}$ (2) $\begin{cases} x=\ \ 0 \\ y=-1 \end{cases}$ (3) 解なし

である．■

☞ **注意 2.2.3** 例題 2.2.3 の係数行列を A とするとき，A の階数 (➪ p.45) は $\mathrm{rank}(A)=2$ であることがわかる．さらに連立 1 次方程式 (1), (2), (3) の拡大係数行列 (➪ p.38) を A_1, A_2, A_3 とすると，(2.2.1) より $\mathrm{rank}(A_1)=2=\mathrm{rank}(A_2)$, $\mathrm{rank}(A_3)=3$ である．✍

*2 (1), (2), (3) の拡大係数行列は例題 2.2.2 (p.45) の A_1, A_2, A_3 であり，例題 2.2.2 (p.45) で用いた行基本変形がそのまま用いられている．

☆ **参考 2.2.1** 行列の階数 (➪ p.45) は連立 1 次方程式 $A\boldsymbol{x} = \boldsymbol{b}$ の解と密接な関連がある．実際，例題 2.2.3 の (1), (2) は解をもち，(3) は解をもたないことを確かめたが，この違いは $\mathrm{rank}(A) = \mathrm{rank}(A_1) = \mathrm{rank}(A_2)$ と $\mathrm{rank}(A) < \mathrm{rank}(A_3)$ にある．より一般に $\mathrm{rank}(A) = \mathrm{rank}(A\ \boldsymbol{b})$ のとき連立 1 次方程式 $A\boldsymbol{x} = \boldsymbol{b}$ は解をもち，$\mathrm{rank}(A) < \mathrm{rank}(A\ \boldsymbol{b})$ のときは解がないことがわかる．ただし $(A\ \boldsymbol{b})$ は行列 A にベクトル $\boldsymbol{b}$ を付け加えて得られる A の拡大係数行列 (➪ p.38) である．言い換えると連立 1 次方程式 $A\boldsymbol{x} = \boldsymbol{b}$ が解をもつための必要十分条件は $\mathrm{rank}(A) = \mathrm{rank}(A\ \boldsymbol{b})$ である．詳細は省略するが，計算の中でこの事実を感じ取ってもらいたい．✍

問題 2.2 【略解 p.193】

1. 次の行列を簡約化せよ．

(1) $\begin{pmatrix} 0 & 2 & -4 \\ 0 & 0 & 3 \end{pmatrix}$　(2) $\begin{pmatrix} 0 & 1 & 3 \\ 0 & 0 & 1 \\ 1 & 3 & 2 \end{pmatrix}$　(3) $\begin{pmatrix} 1 & 2 & 1 \\ 0 & 1 & 0 \\ 0 & -3 & 0 \end{pmatrix}$

(4) $\begin{pmatrix} 2 & 3 & -1 & -4 \\ 1 & -2 & 3 & 5 \\ 3 & -1 & 2 & -1 \end{pmatrix}$　(5) $\begin{pmatrix} 1 & 2 & 0 & -1 & 1 \\ -1 & 1 & 2 & 0 & 3 \\ 2 & 1 & 0 & 1 & 8 \end{pmatrix}$

2. 次の行列を簡約化し，階数を求めよ．

(1) $\begin{pmatrix} 1 & -1 & 8 \\ 2 & 1 & 7 \\ 3 & 2 & 9 \end{pmatrix}$　(2) $\begin{pmatrix} 1 & -1 & 4 \\ 2 & 1 & -1 \\ 3 & 2 & -3 \end{pmatrix}$　(3) $\begin{pmatrix} 1 & -1 & -2 \\ 2 & 1 & -1 \\ 3 & 2 & 5 \end{pmatrix}$

(4) $\begin{pmatrix} 1 & -1 & 8 & 4 & -2 \\ 2 & 1 & 7 & -1 & -1 \\ 3 & 2 & 9 & -3 & 5 \end{pmatrix}$　(5) $\begin{pmatrix} 3 & -5 & 2 & 5 & 0 \\ -1 & 3 & 2 & -6 & 4 \\ -1 & 4 & 4 & -3 & 7 \end{pmatrix}$

3. 係数行列に着目し，次の連立 1 次方程式を解け．

(1) $\begin{cases} x - y = 8 \\ 2x + y = 7 \\ 3x + 2y = 9 \end{cases}$　(2) $\begin{cases} x - y = 4 \\ 2x + y = -1 \\ 3x + 2y = -3 \end{cases}$　(3) $\begin{cases} x - y = -2 \\ 2x + y = -1 \\ 3x + 2y = 5 \end{cases}$

4. 係数行列に着目し，次の連立 1 次方程式を解け．

(1) $\begin{cases} 3x - 5y = 2 \\ -x + 3y = 2 \\ -x + 4y = 4 \end{cases}$　(2) $\begin{cases} 3x - 5y = 5 \\ -x + 3y = -6 \\ -x + 4y = -3 \end{cases}$　(3) $\begin{cases} 3x - 5y = 0 \\ -x + 3y = 4 \\ -x + 4y = 7 \end{cases}$

2.3　連立1次方程式の解の分類

例題 2.3.1 次の連立1次方程式を解け．

$$\begin{pmatrix} 1 & -1 & 0 \\ 2 & -2 & 0 \\ -1 & 1 & 0 \end{pmatrix}\begin{pmatrix} x_1 \\ x_2 \\ x_3 \end{pmatrix} = \begin{pmatrix} 1 \\ 2 \\ -1 \end{pmatrix}$$

解　拡大係数行列 (➪ p.38) に行基本変形 (➪ p.39) を施し簡約化 (➪ p.44) すると

$$\begin{pmatrix} 1 & -1 & 0 & 1 \\ 2 & -2 & 0 & 2 \\ -1 & 1 & 0 & -1 \end{pmatrix} \to \begin{pmatrix} 1 & -1 & 0 & 1 \\ 0 & 0 & 0 & 0 \\ 0 & 0 & 0 & 0 \end{pmatrix} \begin{matrix} \\ ② - ① \times 2 \\ ③ + ① \end{matrix}$$

となる．この行列を連立1次方程式で書くと

$$\begin{cases} x_1 - x_2 = 1 \\ \quad\quad 0 = 0 \\ \quad\quad 0 = 0 \end{cases} \qquad \therefore \quad x_1 = 1 + x_2 \tag{2.3.1}$$

である．ここで x_2, x_3 はどんな値でもよいので，$x_2 = s, x_3 = t$ とすれば求める連立1次方程式の解は

$$\begin{pmatrix} x_1 \\ x_2 \\ x_3 \end{pmatrix} = \begin{pmatrix} 1+s & & \\ & s & \\ & & t \end{pmatrix} = \begin{pmatrix} 1 \\ 0 \\ 0 \end{pmatrix} + \begin{pmatrix} s \\ s \\ 0 \end{pmatrix} + \begin{pmatrix} 0 \\ 0 \\ t \end{pmatrix}$$
$$= \begin{pmatrix} 1 \\ 0 \\ 0 \end{pmatrix} + s\begin{pmatrix} 1 \\ 1 \\ 0 \end{pmatrix} + t\begin{pmatrix} 0 \\ 0 \\ 1 \end{pmatrix}$$

となる [*3]．ただし s, t は任意の実数である． ■

☞ **注意 2.3.1** 例題 2.3.1 の (2.3.1) で "$x_1 = 1 + x_2$" はどんな実数 x_2, x_3 に対しても成り立つ．よって特に x_3 **は任意の実数**でよい．文字 "x_3" を含む式がないからといって "$x_3 = 0$" とは結論できないことに注意せよ．✍

簡約化から連立1次方程式の解を得るには，主成分 (➪ p.44) が目印になる．

主成分に対応しない変数

拡大係数行列を簡約化し，得られた行列を連立1次方程式で書き直したとき，主成分が係数となる変数を**主成分に対応する変数**，そうでない変数を**主成分に対応しない変数**と呼ぶ．

[*3] 正確には列ベクトルの演算を定義しなければならないが，ここでは s, t について整理するために，このように書き直したと思えばよい．より一般に，行列の演算については 2.7 節 (p.66) で学ぶ．

例 2.3.1 (2.3.1) では，主成分が係数となる変数は x_1 だけである．よって「x_1 は主成分に対応する変数」，「x_2, x_3 は主成分に対応しない変数」である．

例題 2.3.1 では x_2, x_3 に任意の実数を与えることにより，(2.3.1) から解が求まった．一般には次のようにすればよい．

解の記述

簡約化により係数行列が単位行列にならないとき，**主成分に対応しない変数**すべてに任意の実数を与えることで連立 1 次方程式の解を記述できる．

例題 2.3.2 次の連立 1 次方程式を解け．

$$\begin{pmatrix} 1 & 2 & 2 & 6 & 10 \\ -1 & 1 & -1 & -2 & -1 \\ -1 & 1 & 0 & -1 & 2 \end{pmatrix}\begin{pmatrix} x_1 \\ x_2 \\ x_3 \\ x_4 \\ x_5 \end{pmatrix} = \begin{pmatrix} 7 \\ -3 \\ -2 \end{pmatrix}$$

解　拡大係数行列に行基本変形を施し簡約化すると次のようになる．

$$\begin{pmatrix} 1 & 2 & 2 & 6 & 10 & 7 \\ -1 & 1 & -1 & -2 & -1 & -3 \\ -1 & 1 & 0 & -1 & 2 & -2 \end{pmatrix} \to \begin{pmatrix} 1 & 2 & 2 & 6 & 10 & 7 \\ 0 & 3 & 1 & 4 & 9 & 4 \\ 0 & 3 & 2 & 5 & 12 & 5 \end{pmatrix} \begin{matrix} \\ ②+① \\ ③+① \end{matrix}$$

$$\to \begin{pmatrix} 1 & 2 & 2 & 6 & 10 & 7 \\ 0 & 3 & 1 & 4 & 9 & 4 \\ 0 & 0 & 1 & 1 & 3 & 1 \end{pmatrix} \begin{matrix} \\ \\ ③-② \end{matrix} \to \begin{pmatrix} 1 & 2 & 0 & 4 & 4 & 5 \\ 0 & 3 & 0 & 3 & 6 & 3 \\ 0 & 0 & 1 & 1 & 3 & 1 \end{pmatrix} \begin{matrix} ①-③\times 2 \\ ②-③ \\ \end{matrix}$$

$$\to \begin{pmatrix} 1 & 2 & 0 & 4 & 4 & 5 \\ 0 & 1 & 0 & 1 & 2 & 1 \\ 0 & 0 & 1 & 1 & 3 & 1 \end{pmatrix} ②\times\frac{1}{3} \to \begin{pmatrix} 1 & 0 & 0 & 2 & 0 & 3 \\ 0 & 1 & 0 & 1 & 2 & 1 \\ 0 & 0 & 1 & 1 & 3 & 1 \end{pmatrix} \begin{matrix} ①-②\times 2 \\ \\ \end{matrix}$$

得られた行列を連立 1 次方程式で表すと

$$\begin{cases} x_1 \quad\quad\quad + 2x_4 \quad\quad = 3 \\ \quad x_2 \quad\quad + x_4 + 2x_5 = 1 \\ \quad\quad x_3 + x_4 + 3x_5 = 1 \end{cases} \qquad \therefore \begin{cases} x_1 = 3 - 2x_4 \\ x_2 = 1 - x_4 - 2x_5 \\ x_3 = 1 - x_4 - 3x_5 \end{cases} \tag{2.3.2}$$

となる．主成分に対応しない変数 (➪ p.48) は x_4, x_5 なので，$x_4 = s$, $x_5 = t$ とすれば

$$\begin{pmatrix} x_1 \\ x_2 \\ x_3 \\ x_4 \\ x_5 \end{pmatrix} = \begin{pmatrix} 3 - 2s \\ 1 - s - 2t \\ 1 - s - 3t \\ s \\ t \end{pmatrix} = \begin{pmatrix} 3 \\ 1 \\ 1 \\ 0 \\ 0 \end{pmatrix} + s\begin{pmatrix} -2 \\ -1 \\ -1 \\ 1 \\ 0 \end{pmatrix} + t\begin{pmatrix} 0 \\ -2 \\ -3 \\ 0 \\ 1 \end{pmatrix}$$

が求める連立 1 次方程式の解である．ただし s, t は任意の実数である． ■

☞ **注意 2.3.2** これまで簡約化を行う際は，**係数行列を単位行列にする**ことを目標にしてきた(➪ p.39)．しかし，これはあくまでも**原則**であって，例題 2.3.2 (p.49) のように例外もある．実際，例題 2.3.2 では前ページの ～～～ 部分で $(2,2)$ 成分の "3" をしばらく残したまま，第 2 列よりも先に第 3 列を処理した．簡約化する際は「1 をつくる」ことよりも「0 を増やす」ことを重視し，分数は可能な限り後回しにした方が，計算を早く正確に行うことができる．✍

例題 2.3.3 次の連立 1 次方程式を解け．

$$\begin{pmatrix} 1 & -2 & 5 & 0 & -7 \\ -1 & 3 & -7 & 1 & 10 \\ 2 & -1 & 4 & 3 & -5 \end{pmatrix}\begin{pmatrix} x_1 \\ x_2 \\ x_3 \\ x_4 \\ x_5 \end{pmatrix} = \begin{pmatrix} 1 \\ -1 \\ 3 \end{pmatrix}$$

解 拡大係数行列を簡約化する．

$$\begin{pmatrix} 1 & -2 & 5 & 0 & -7 & 1 \\ -1 & 3 & -7 & 1 & 10 & -1 \\ 2 & -1 & 4 & 3 & -5 & 3 \end{pmatrix} \to \begin{pmatrix} 1 & -2 & 5 & 0 & -7 & 1 \\ 0 & 1 & -2 & 1 & 3 & 0 \\ 0 & 3 & -6 & 3 & 9 & 1 \end{pmatrix} \begin{matrix} \\ ②+① \\ ③-①\times 2 \end{matrix}$$

$$\to \begin{pmatrix} 1 & 0 & 1 & 2 & -1 & 1 \\ 0 & 1 & -2 & 1 & 3 & 0 \\ 0 & 0 & 0 & 0 & 0 & 1 \end{pmatrix} \begin{matrix} ①+②\times 2 \\ \\ ③-②\times 3 \end{matrix} \to \begin{pmatrix} 1 & 0 & 1 & 2 & -1 & 0 \\ 0 & 1 & -2 & 1 & 3 & 0 \\ 0 & 0 & 0 & 0 & 0 & 1 \end{pmatrix} \begin{matrix} ①-③ \\ \\ \\ \end{matrix}$$

これを連立 1 次方程式で表すと

$$\begin{cases} x_1 \quad + x_3 + 2x_4 - x_5 = 0 \\ \quad x_2 - 2x_3 + x_4 + 3x_5 = 0 \\ \qquad\qquad\qquad 0 = 1 \qquad \cdots (\bigstar) \end{cases}$$

である．ところが，どのように x_1, x_2, x_3, x_4, x_5 を選んでも $(\bigstar)$ は成り立たない [*4]．よって，この連立 1 次方程式は解をもたない． ■

連立 1 次方程式の解は，図形の幾何学的性質と関連していることが次の例からもわかる．

例 2.3.2 a, b を実数の定数とするとき，連立 1 次方程式 $\begin{cases} x - y = 0 \\ ax - y = b \end{cases}$ の解は，a, b の値によって次の 3 通りの場合がある（問題 2.3 の 1 (p.51) 参照）．

$$\begin{cases} \text{解は 1 つだけ} & (a \neq 1) \\ \text{解は無数にある} & (a = 1, b = 0) \\ \text{解はない} & (a = 1, b \neq 0) \end{cases}$$

*4 主成分に対応しない変数 (➪ p.48) x_3, x_4, x_5 に任意の実数を与えてもよい．しかし $(\bigstar)$ は成り立たないので，この連立 1 次方程式は解をもたない．

問題 2.3　【略解 p.194 ～ p.195】

1. 例 2.3.2 (p.50) の 3 通りの場合を，xy 平面上に 2 直線 $y = x$ および $y = ax - b$ のグラフを考えることにより確かめ，さらに解があるときは解を求めよ．
2. 次の連立 1 次方程式を解け．

(1) $\begin{pmatrix} 1 & 2 & 0 \\ 3 & 6 & 0 \\ 2 & 4 & 0 \end{pmatrix} \begin{pmatrix} x_1 \\ x_2 \\ x_3 \end{pmatrix} = \begin{pmatrix} 2 \\ 6 \\ 4 \end{pmatrix}$　　(2) $\begin{pmatrix} 1 & -2 & -2 \\ 3 & -5 & -7 \\ 2 & -1 & -7 \end{pmatrix} \begin{pmatrix} x_1 \\ x_2 \\ x_3 \end{pmatrix} = \begin{pmatrix} 4 \\ 11 \\ 5 \end{pmatrix}$

(3) $\begin{pmatrix} 1 & 3 & 4 \\ 0 & 1 & 1 \\ 3 & 1 & 4 \end{pmatrix} \begin{pmatrix} x_1 \\ x_2 \\ x_3 \end{pmatrix} = \begin{pmatrix} 1 \\ 0 \\ 1 \end{pmatrix}$　　(4) $\begin{pmatrix} 1 & 3 & 1 \\ 2 & 1 & 1 \\ -1 & 2 & 1 \end{pmatrix} \begin{pmatrix} x_1 \\ x_2 \\ x_3 \end{pmatrix} = \begin{pmatrix} 2 \\ -3 \\ 7 \end{pmatrix}$

(5) $\begin{pmatrix} 1 & 1 & 3 & 2 \\ 2 & 3 & 5 & 1 \end{pmatrix} \begin{pmatrix} x_1 \\ x_2 \\ x_3 \\ x_4 \end{pmatrix} = \begin{pmatrix} 4 \\ 6 \end{pmatrix}$

(6) $\begin{pmatrix} 1 & -3 & -4 & 5 & -1 \\ 1 & 0 & -1 & 2 & 2 \\ 2 & 1 & -1 & 3 & -1 \end{pmatrix} \begin{pmatrix} x_1 \\ x_2 \\ x_3 \\ x_4 \\ x_5 \end{pmatrix} = \begin{pmatrix} 6 \\ 3 \\ -1 \end{pmatrix}$

(7) $\begin{pmatrix} 1 & -2 & 0 & -2 & 1 \\ 4 & -3 & 3 & -6 & 1 \\ 1 & 4 & 2 & 2 & -1 \end{pmatrix} \begin{pmatrix} x_1 \\ x_2 \\ x_3 \\ x_4 \\ x_5 \end{pmatrix} = \begin{pmatrix} 0 \\ 0 \\ 0 \end{pmatrix}$

(8) $\begin{pmatrix} 1 & -4 & 5 & -2 & -5 \\ 1 & -2 & 3 & 0 & -3 \\ 2 & -2 & 4 & 2 & -4 \end{pmatrix} \begin{pmatrix} x_1 \\ x_2 \\ x_3 \\ x_4 \\ x_5 \end{pmatrix} = \begin{pmatrix} 1 \\ 1 \\ 3 \end{pmatrix}$

(9) $\begin{pmatrix} 1 & 1 & -2 & 1 & 3 \\ 2 & -1 & 2 & 2 & 6 \\ 3 & 2 & -4 & -3 & -9 \end{pmatrix} \begin{pmatrix} x_1 \\ x_2 \\ x_3 \\ x_4 \\ x_5 \end{pmatrix} = \begin{pmatrix} 1 \\ 2 \\ 3 \end{pmatrix}$

2.4　2次正方行列の演算

この節では2次正方行列の演算（和，差，積）について学ぶ．2次正方行列 (➪ p.36) の演算は，$m \times n$ 行列の演算を理解する上で非常に重要である．

2次正方行列の和

$$\begin{pmatrix} a & b \\ c & d \end{pmatrix} + \begin{pmatrix} p & q \\ r & s \end{pmatrix} = \begin{pmatrix} a+p & b+q \\ c+r & d+s \end{pmatrix}$$

例題 2.4.1 $\begin{pmatrix} 3 & 2 \\ 4 & -1 \end{pmatrix} + \begin{pmatrix} -6 & 1 \\ -2 & -4 \end{pmatrix}$ を求めよ．

解 $\begin{pmatrix} 3 & 2 \\ 4 & -1 \end{pmatrix} + \begin{pmatrix} -6 & 1 \\ -2 & -4 \end{pmatrix} = \begin{pmatrix} 3+(-6) & 2+1 \\ 4+(-2) & -1+(-4) \end{pmatrix} = \begin{pmatrix} -3 & 3 \\ 2 & -5 \end{pmatrix}$ ■

2×2 の零行列 $O = \begin{pmatrix} 0 & 0 \\ 0 & 0 \end{pmatrix}$ (➪ p.36) に対して，2次正方行列の和の定め方から

$$\begin{pmatrix} a & b \\ c & d \end{pmatrix} + \begin{pmatrix} 0 & 0 \\ 0 & 0 \end{pmatrix} = \begin{pmatrix} a & b \\ c & d \end{pmatrix} \qquad \therefore \quad A + O = A$$

が成り立つ．また $A = \begin{pmatrix} a & b \\ c & d \end{pmatrix}$ に対して $\begin{pmatrix} -a & -b \\ -c & -d \end{pmatrix}$ を $-A$ で表すと，$A + (-A) = O$ が成り立つこともわかる．2次正方行列に対しては，実数や複素数と同様に次の性質が成り立つ．

2次正方行列の和の性質

2次正方行列 A, B, C に対して次が成り立つ．

(1) $A + B = B + A$ 【交換法則】

(2) $(A + B) + C = A + (B + C)$ 【結合法則】

(3) $A + (-A) = O, \qquad A + O = A$

結合法則により，2次正方行列 A, B, C の和を $A + B + C$ と書いてよい．

2次正方行列 A, B に対して $A + (-B)$ を単に $A - B$ と書き，行列 A と B の差という．このとき次が成り立つ．

$$A - A = O, \qquad A - B = A + (-B)$$

2次正方行列の差

$$\begin{pmatrix} a & b \\ c & d \end{pmatrix} - \begin{pmatrix} p & q \\ r & s \end{pmatrix} = \begin{pmatrix} a-p & b-q \\ c-r & d-s \end{pmatrix}$$

例題 2.4.2 $\begin{pmatrix} 6 & -8 \\ 7 & -5 \end{pmatrix} - \begin{pmatrix} 3 & 1 \\ 2 & -4 \end{pmatrix}$ を求めよ．

解 $\begin{pmatrix} 6 & -8 \\ 7 & -5 \end{pmatrix} - \begin{pmatrix} 3 & 1 \\ 2 & -4 \end{pmatrix} = \begin{pmatrix} 6-3 & -8-\ \ 1 \\ 7-2 & -5-(-4) \end{pmatrix} = \begin{pmatrix} 3 & -9 \\ 5 & -1 \end{pmatrix}$ ■

2 次正方行列の実数倍

$$k\begin{pmatrix} a & b \\ c & d \end{pmatrix} = \begin{pmatrix} ka & kb \\ kc & kd \end{pmatrix}$$
(ただし k は実数)

実数倍の定義から，2 次正方行列 A に対して次が成り立つことがわかる．

$$1A = A, \qquad (-1)A = -A, \qquad 0A = O, \qquad kO = O$$

2 次正方行列の実数倍の性質

実数 k, l に対して次が成り立つ．

(1) $k(lA) = (kl)A$　【(係数の) 結合法則】

(2) $(k+l)A = kA + lA$　【(係数の) 分配法則】

(3) $k(A+B) = kA + kB$　【(係数の) 分配法則】

例題 2.4.3 $A = \begin{pmatrix} 3 & -2 \\ 5 & -7 \end{pmatrix}$, $B = \begin{pmatrix} 4 & -3 \\ -4 & 6 \end{pmatrix}$ に対して次を求めよ．

(1) $2A + B$　　(2) $3(A-B) + 2B$

解　(1) $2A + B = 2\begin{pmatrix} 3 & -2 \\ 5 & -7 \end{pmatrix} + \begin{pmatrix} 4 & -3 \\ -4 & 6 \end{pmatrix} = \begin{pmatrix} 10 & -7 \\ 6 & -8 \end{pmatrix}$

(2) $3(A-B) + 2B = 3A - B = 3\begin{pmatrix} 3 & -2 \\ 5 & -7 \end{pmatrix} - \begin{pmatrix} 4 & -3 \\ -4 & 6 \end{pmatrix} = \begin{pmatrix} 5 & -3 \\ 19 & -27 \end{pmatrix}$ ■

例題 2.4.4 $A = \begin{pmatrix} 1 & 3 \\ -2 & 6 \end{pmatrix}$, $B = \begin{pmatrix} 1 & 1 \\ 2 & 4 \end{pmatrix}$ に対して，$3A - 2X = 5B$ をみたす 2 次正方行列 X を求めよ．

解 $3A - 2X = 5B$ より $X = \dfrac{1}{2}(3A - 5B)$ である．よって

$$X = \frac{1}{2}\left\{3\begin{pmatrix} 1 & 3 \\ -2 & 6 \end{pmatrix} - 5\begin{pmatrix} 1 & 1 \\ 2 & 4 \end{pmatrix}\right\} = \frac{1}{2}\begin{pmatrix} 3-5 & 9-5 \\ -6-10 & 18-20 \end{pmatrix} = \begin{pmatrix} -1 & 2 \\ -8 & -1 \end{pmatrix}$$ ■

2次の行ベクトルと列ベクトルの積

$$\begin{pmatrix} a & b \end{pmatrix}\begin{pmatrix} p \\ r \end{pmatrix} = ap + br$$

例題 2.4.5 $\begin{pmatrix} 2 & 1 \end{pmatrix}\begin{pmatrix} 3 \\ 2 \end{pmatrix}$, $\begin{pmatrix} 1 & 2 \end{pmatrix}\begin{pmatrix} 4 \\ -2 \end{pmatrix}$ を求めよ.

解 $\begin{pmatrix} 2 & 1 \end{pmatrix}\begin{pmatrix} 3 \\ 2 \end{pmatrix} = 2\cdot 3 + 1\cdot 2 = 8,\quad \begin{pmatrix} 1 & 2 \end{pmatrix}\begin{pmatrix} 4 \\ -2 \end{pmatrix} = 1\cdot 4 + 2\cdot(-2) = 0$ ■

2次正方行列と列ベクトルの積

$$\begin{pmatrix} a & b \\ c & d \end{pmatrix}\begin{pmatrix} p \\ r \end{pmatrix} = \begin{pmatrix} ap + br \\ cp + dr \end{pmatrix}$$

☞ **注意 2.4.1** $\begin{pmatrix} a & b \\ c & d \end{pmatrix}\begin{pmatrix} p \\ r \end{pmatrix} = \begin{pmatrix} ap + br \\ cp + dr \end{pmatrix}$ の右辺は, $\begin{pmatrix} a & b \end{pmatrix}\begin{pmatrix} p \\ r \end{pmatrix}$ と $\begin{pmatrix} c & d \end{pmatrix}\begin{pmatrix} p \\ r \end{pmatrix}$ の値 $ap + br$, $cp + dr$ を「縦に」並べたものである. ✍

例題 2.4.6 $\begin{pmatrix} 2 & 1 \\ 5 & -4 \end{pmatrix}\begin{pmatrix} 3 \\ -2 \end{pmatrix}$, $\begin{pmatrix} 2 & 1 \\ 5 & -4 \end{pmatrix}\begin{pmatrix} -2 \\ 4 \end{pmatrix}$ を求めよ.

解 $$\left(\begin{array}{cc} 2 & 1 \\ \hline 5 & -4 \end{array}\right)\begin{pmatrix} 3 \\ -2 \end{pmatrix} = \begin{pmatrix} 2\cdot 3 + 1\cdot(-2) \\ 5\cdot 3 - 4\cdot(-2) \end{pmatrix} = \begin{pmatrix} 4 \\ 23 \end{pmatrix}$$

$$\left(\begin{array}{cc} 2 & 1 \\ \hline 5 & -4 \end{array}\right)\begin{pmatrix} -2 \\ 4 \end{pmatrix} = \begin{pmatrix} 2\cdot(-2) + 1\cdot 4 \\ 5\cdot(-2) - 4\cdot 4 \end{pmatrix} = \begin{pmatrix} 0 \\ -26 \end{pmatrix}$$ ■

2次正方行列の積は次のように定義される.

2次正方行列の積

$$\begin{pmatrix} a & b \\ c & d \end{pmatrix}\begin{pmatrix} p & q \\ r & s \end{pmatrix} = \begin{pmatrix} ap + br & aq + bs \\ cp + dr & cq + ds \end{pmatrix}$$

☞ **注意 2.4.2** 2次正方行列の積は, 2次行ベクトルと列ベクトルの積を次のように並べたものである.

$$\left(\begin{array}{cc} a & b \\ \hline c & d \end{array}\right)\left(\begin{array}{c|c} p & q \\ r & s \end{array}\right) = \begin{pmatrix} \boxed{a\ b}\boxed{\begin{matrix} p \\ r \end{matrix}} & \boxed{a\ b}\boxed{\begin{matrix} q \\ s \end{matrix}} \\ \boxed{c\ d}\boxed{\begin{matrix} p \\ r \end{matrix}} & \boxed{c\ d}\boxed{\begin{matrix} q \\ s \end{matrix}} \end{pmatrix} = \left(\begin{array}{c|c} ap + br & aq + bs \\ cp + dr & cq + ds \end{array}\right)$$

$m \times n$ 行列と $n \times l$ 行列に対しても, 同様の計算規則によって積 (➪ p.68) が定められる. ✍

2次正方行列の積の性質

(1) $(kA)B = A(kB) = k(AB)$ (ただし k は実数)

(2) $(AB)C = A(BC)$ 【結合法則】

(3) $(A+B)C = AC + BC,\quad A(B+C) = AB + AC$ 【分配法則】

2次正方行列の積の性質 (1) から，実数 k に対して $(kA)B$, $A(kB)$, $k(AB)$ を区別せずに kAB と書くことができる．また行列 A, B, C の積を単に ABC と書く．

$E_2 = \begin{pmatrix} 1 & 0 \\ 0 & 1 \end{pmatrix}$ を2次単位行列 (➪ p.36) という．E_2 と零行列 $O = \begin{pmatrix} 0 & 0 \\ 0 & 0 \end{pmatrix}$ (➪ p.36) はそれぞれ実数の 1, 0 の役割を果たす．

単位行列，零行列

すべての2次正方行列 A に対して次が成り立つ．

(1) $AE_2 = A = E_2 A$

(2) $AO = O = OA$

行列には実数と類似の性質があるが，積に関しては実数と異なる性質もある．

例題 2.4.7 $\begin{pmatrix} 1 & -2 \\ 2 & -4 \end{pmatrix}\begin{pmatrix} 2 & 4 \\ 1 & 2 \end{pmatrix}$ を求めよ．

解 $\begin{pmatrix} 1 & -2 \\ 2 & -4 \end{pmatrix}\begin{pmatrix} 2 & 4 \\ 1 & 2 \end{pmatrix} = \begin{pmatrix} 0 & 0 \\ 0 & 0 \end{pmatrix} = O$ ■

☞ **注意 2.4.3** 2次正方行列 $\begin{pmatrix} a & b \\ c & d \end{pmatrix}$, $\begin{pmatrix} p & q \\ r & s \end{pmatrix}$ に対して $\begin{pmatrix} a & b \\ c & d \end{pmatrix} = \begin{pmatrix} p & q \\ r & s \end{pmatrix}$ であるとは，対応する成分がそれぞれ等しいこと，つまり $a = p$, $b = q$, $c = r$, $d = s$ となることをいう．例題 2.4.7 は $A \neq O$, $B \neq O$ であっても $AB = O$ となることがあることを述べている．✍

行列 A の n 個の積を A^n で表し A の n 乗という．

例題 2.4.8 $A = \begin{pmatrix} 1 & -1 \\ 3 & -2 \end{pmatrix}$ に対して A^2, A^3, A^4 を求めよ．

解 $A^2 = AA = \begin{pmatrix} 1 & -1 \\ 3 & -2 \end{pmatrix}\begin{pmatrix} 1 & -1 \\ 3 & -2 \end{pmatrix} = \begin{pmatrix} -2 & 1 \\ -3 & 1 \end{pmatrix}$

$A^3 = A^2 A = \begin{pmatrix} -2 & 1 \\ -3 & 1 \end{pmatrix}\begin{pmatrix} -2 & 1 \\ -3 & 1 \end{pmatrix} = \begin{pmatrix} 1 & -1 \\ 3 & -2 \end{pmatrix}$

$A^4 = A^3 A = \begin{pmatrix} 1 & -1 \\ 3 & -2 \end{pmatrix}\begin{pmatrix} 1 & -1 \\ 3 & -2 \end{pmatrix} = \begin{pmatrix} -2 & 1 \\ -3 & 1 \end{pmatrix}$ ■

例題 2.4.9 $A = \begin{pmatrix} 2 & 0 \\ 1 & 3 \end{pmatrix}$, $B = \begin{pmatrix} 1 & 2 \\ 0 & 1 \end{pmatrix}$, $C = \begin{pmatrix} 1 & 0 \\ 1 & 2 \end{pmatrix}$ に対して AB, BA, AC, CA を求めよ．

解 $AB = \begin{pmatrix} 2 & 0 \\ 1 & 3 \end{pmatrix}\begin{pmatrix} 1 & 2 \\ 0 & 1 \end{pmatrix} = \begin{pmatrix} 2 & 4 \\ 1 & 5 \end{pmatrix}$, $BA = \begin{pmatrix} 1 & 2 \\ 0 & 1 \end{pmatrix}\begin{pmatrix} 2 & 0 \\ 1 & 3 \end{pmatrix} = \begin{pmatrix} 4 & 6 \\ 1 & 3 \end{pmatrix}$

$AC = \begin{pmatrix} 2 & 0 \\ 1 & 3 \end{pmatrix}\begin{pmatrix} 1 & 0 \\ 1 & 2 \end{pmatrix} = \begin{pmatrix} 2 & 0 \\ 4 & 6 \end{pmatrix}$, $CA = \begin{pmatrix} 1 & 0 \\ 1 & 2 \end{pmatrix}\begin{pmatrix} 2 & 0 \\ 1 & 3 \end{pmatrix} = \begin{pmatrix} 2 & 0 \\ 4 & 6 \end{pmatrix}$ ■

☞ **注意 2.4.4** 例題 2.4.9 は，行列の世界では $AB \neq BA$ となることも $AC = CA$ となることも起こりえることを述べている．一般に $AB = BA$ が成り立たないことを「行列の積は順序交換ができない」ということがある．結合律 $(AB)C = A(BC)$ の意味で積の順序を変えることは可能である．「順序交換」の意味を明確に使い分けなければならない．✍

問題 2.4 【略解 p.195】

1. $A = \begin{pmatrix} 2 & 1 \\ 3 & 5 \end{pmatrix}$, $B = \begin{pmatrix} -3 & 2 \\ -1 & -4 \end{pmatrix}$, $C = \begin{pmatrix} 4 & -3 \\ 2 & 0 \end{pmatrix}$ に対して次を求めよ．

   (1) $A + B$　(2) $A - B$　(3) $2A - 3C$　(4) $3A + 2(B - C) + 4(C - A)$

2. 次の行列の積を求めよ．

   (1) $\begin{pmatrix} 3 & -2 \\ 4 & 1 \end{pmatrix}\begin{pmatrix} 1 & 4 \\ 3 & 2 \end{pmatrix}$　(2) $\begin{pmatrix} 2 & 3 \\ 5 & -1 \end{pmatrix}\begin{pmatrix} -2 & -4 \\ 3 & 1 \end{pmatrix}$

   (3) $\begin{pmatrix} 1 & -1 \\ 2 & 3 \end{pmatrix}\begin{pmatrix} 4 & 3 \\ 2 & 5 \end{pmatrix}$　(4) $\begin{pmatrix} 1 & 2 \\ 2 & 4 \end{pmatrix}\begin{pmatrix} -2 & 4 \\ 1 & -2 \end{pmatrix}$

3. $A = \begin{pmatrix} 7 & 1 \\ 3 & 4 \end{pmatrix}$, $B = \begin{pmatrix} 7 & 9 \\ 9 & 5 \end{pmatrix}$, $C = \begin{pmatrix} 3 & 1 \\ 2 & 4 \end{pmatrix}$ に対して，$AC - 2X = B$ をみたす 2 次正方行列 X を求めよ．

4. $A = \begin{pmatrix} a & b \\ c & d \end{pmatrix}$ に対して

$$A^2 - (a + d)A + (ad - bc)E = O$$

   が成り立つことを示せ（この関係式をケーリー・ハミルトンの定理という）．

5. $A = \begin{pmatrix} 1 & -2 \\ 1 & -1 \end{pmatrix}$ に対して，A^2, A^3, A^4, A^5 を求めよ．

2.5　2次正方行列の応用

2次正方行列 A (➪ p.36) と単位行列 E_2 (➪ p.36) に対して

$$AX = E_2 = XA$$

をみたす2次正方行列 X が存在するとき，X を A の**逆行列**といい $X = A^{-1}$ で表す．つまり A の逆行列が存在すれば

$$AA^{-1} = E_2 = A^{-1}A$$

が成り立つ．このとき $A^{-1}A = E_2 = AA^{-1}$ であるから，A は A^{-1} の逆行列となり

$$(A^{-1})^{-1} = A$$

である．逆行列は実数の世界の逆数の役割を果たすが，実数とは異なり「$A \neq O$ ならば A^{-1} が存在する」とは限らない．

例題 2.5.1 $ad - bc \neq 0$ のとき

$$\begin{pmatrix} a & b \\ c & d \end{pmatrix}^{-1} = \frac{1}{ad-bc}\begin{pmatrix} d & -b \\ -c & a \end{pmatrix}$$

であることを示せ．

[解] $A = \begin{pmatrix} a & b \\ c & d \end{pmatrix}$ とし，$AX = E_2$ をみたす行列 $X = \begin{pmatrix} x & z \\ y & w \end{pmatrix}$ を求める．$AX = E_2$ より

$$\begin{pmatrix} a & b \\ c & d \end{pmatrix}\begin{pmatrix} x & z \\ y & w \end{pmatrix} = \begin{pmatrix} 1 & 0 \\ 0 & 1 \end{pmatrix} \qquad \therefore \quad \begin{cases} ax + by = 1 \\ cx + dy = 0 \end{cases} \quad \begin{cases} az + bw = 0 \\ cz + dw = 1 \end{cases}$$

である．$\begin{cases} ax + by = 1 & \cdots ① \\ cx + dy = 0 & \cdots ② \end{cases}$ とおき，y, x を消去するため $\begin{cases} ① \times d - ② \times b \\ ① \times c - ② \times a \end{cases}$ を考え $\begin{cases} (ad-bc)x = d \\ (bc-ad)y = c \end{cases}$ を得る．同様にして $\begin{cases} az + bw = 0 & \cdots ③ \\ cz + dw = 1 & \cdots ④ \end{cases}$ から w, z を消去するため $\begin{cases} ③ \times d - ④ \times b \\ ③ \times c - ④ \times a \end{cases}$ を考えて $\begin{cases} (ad-bc)z = -b \\ (bc-ad)w = -a \end{cases}$ を得る．ここで $ad - bc \neq 0$ なので

$$x = \frac{d}{ad-bc},\ y = \frac{-c}{ad-bc},\ z = \frac{-b}{ad-bc},\ w = \frac{a}{ad-bc} \qquad \therefore\ X = \frac{1}{ad-bc}\begin{pmatrix} d & -b \\ -c & a \end{pmatrix}$$

この X に対して $AX = E_2 = XA$ が成り立つことが計算により確かめられる．よって求める逆行列は $\begin{pmatrix} a & b \\ c & d \end{pmatrix}^{-1} = \frac{1}{ad-bc}\begin{pmatrix} d & -b \\ -c & a \end{pmatrix}$ である．■

☞ **注意 2.5.1** 例題 2.5.1 の [解] で得られた関係式 $\begin{cases} (ad-bc)x = d \\ (bc-ad)y = c \end{cases}$, $\begin{cases} (ad-bc)z = -b \\ (bc-ad)w = -a \end{cases}$ は $ad - bc = 0$ のときも成り立つ．このとき $a = b = c = d = 0$ であり，$A = O$ となるので $AX = E_2$ をみたす行列 X は存在しない（もし存在すれば $O = OX = AX = E_2$ となるが $O \neq E_2$ なので矛盾である）．つまり $ad - bc = 0$ のとき逆行列は存在しない．✍

2次正方行列の逆行列

$A = \begin{pmatrix} a & b \\ c & d \end{pmatrix}$ に対して，$\Delta = ad - bc$ とおく．このとき次が成り立つ．

(1) $\Delta \neq 0$ のとき A^{-1} が存在して　$A^{-1} = \dfrac{1}{ad-bc}\begin{pmatrix} d & -b \\ -c & a \end{pmatrix}$

(2) $\Delta = 0$ のとき A の逆行列は存在しない．

☞ **注意 2.5.2** Δ は行列 A に対して定まる「行列式」と呼ばれる値である．n 次正方行列に対する行列式は 2.9 節 (p.75) で学ぶ．✍

特に断らなくとも，Δ は行列式を表すものとする．

例題 2.5.2 次の行列に対して，逆行列が存在するときはそれを求めよ．

(1) $A = \begin{pmatrix} 3 & 1 \\ 1 & 2 \end{pmatrix}$　　(2) $B = \begin{pmatrix} 3 & 1 \\ 6 & 2 \end{pmatrix}$

解　(1) $\Delta = 3\cdot 2 - 1\cdot 1 = 5 \neq 0$ より逆行列 (➪ p.57) が存在して $A^{-1} = \dfrac{1}{5}\begin{pmatrix} 2 & -1 \\ -1 & 3 \end{pmatrix}$

(2) $\Delta = 3\cdot 2 - 1\cdot 6 = 0$ より B の逆行列は存在しない．■

例題 2.5.3 A, B がともに逆行列をもつとき，AB も逆行列をもち

$$(AB)^{-1} = B^{-1}A^{-1}$$

が成り立つことを示せ．

解　積の結合法則 $(AB)C = A(BC)$ (➪ p.55) を適用して

$$(AB)(B^{-1}A^{-1}) = A(BB^{-1})A^{-1} = AE_2A^{-1} = AA^{-1} = E_2 \qquad \therefore\ (AB)(B^{-1}A^{-1}) = E_2$$

$$(B^{-1}A^{-1})(AB) = B^{-1}(A^{-1}A)B = B^{-1}E_2B = B^{-1}B = E_2 \qquad \therefore\ (B^{-1}A^{-1})(AB) = E_2$$

よって $B^{-1}A^{-1}$ は AB の逆行列であるから，$(AB)^{-1} = B^{-1}A^{-1}$ である．■

例題 2.5.4 $A = \begin{pmatrix} 1 & 2 \\ 2 & 3 \end{pmatrix}$, $B = \begin{pmatrix} 5 & 4 \\ 8 & 6 \end{pmatrix}$ に対して，$AX = B$ をみたす2次正方行列 X を求めよ．

解　行列 A に対して $\Delta = 3 - 4 = -1 \neq 0$ であるから，A は逆行列 (➪ p.57) をもつ．このとき $AX = B$ の両辺に左から A^{-1} を掛けて，$A^{-1}AX = A^{-1}B$ を得る．ここで $A^{-1}AX = E_2X = X$ であるから $X = A^{-1}B$ となる．よって

$$X = A^{-1}B = \frac{1}{-1}\begin{pmatrix} 3 & -2 \\ -2 & 1 \end{pmatrix}\begin{pmatrix} 5 & 4 \\ 8 & 6 \end{pmatrix} = \begin{pmatrix} 1 & 0 \\ 2 & 2 \end{pmatrix}$$ ■

☞ **注意 2.5.3** 例題 2.5.4 のように，$AX = B$ の両辺に左から A^{-1} を掛けると $A^{-1}(AX) = A^{-1}B$ となる．ここで $A^{-1}A = E_2$ であり，さらに $E_2X = X$ であるから $X = A^{-1}B$ が得られる．$AX = B$ なので $(AX)A^{-1} = BA^{-1}$ は成り立つが，実数の場合とは異なりこの式から $X = BA^{-1}$ とはいえない．行列の場合，左右どちらから掛けるのかは重要である．✍

例題 2.5.5 $A = \begin{pmatrix} 1 & 3 \\ 3 & 1 \end{pmatrix}$，$P = \begin{pmatrix} 1 & -1 \\ 1 & 1 \end{pmatrix}$ に対して，$P^{-1}AP$ を求めよ．

解 P に対して $\Delta = 1 + 1 = 2 \neq 0$ であるから P は逆行列をもち，$P^{-1} = \frac{1}{2}\begin{pmatrix} 1 & 1 \\ -1 & 1 \end{pmatrix}$ である．このとき $P^{-1}A = \frac{1}{2}\begin{pmatrix} 1 & 1 \\ -1 & 1 \end{pmatrix}\begin{pmatrix} 1 & 3 \\ 3 & 1 \end{pmatrix} = \frac{1}{2}\begin{pmatrix} 4 & 4 \\ 2 & -2 \end{pmatrix} = \begin{pmatrix} 2 & 2 \\ 1 & -1 \end{pmatrix}$ なので

$$P^{-1}AP = \begin{pmatrix} 2 & 2 \\ 1 & -1 \end{pmatrix}\begin{pmatrix} 1 & -1 \\ 1 & 1 \end{pmatrix} = \begin{pmatrix} 4 & 0 \\ 0 & -2 \end{pmatrix}$$ ■

☞ **注意 2.5.4** 例題 2.5.5 で得られた行列 $B = \begin{pmatrix} 4 & 0 \\ 0 & -2 \end{pmatrix}$ のように $\begin{pmatrix} \alpha & 0 \\ 0 & \beta \end{pmatrix}$ の形をした行列を**対角行列**という．B^n を $n = 2, 3, 4$ の場合に計算すれば容易に想像できるように，すべての自然数 n に対して $B^n = \begin{pmatrix} 4^n & 0 \\ 0 & (-2)^n \end{pmatrix}$ が成り立つ（正確には数学的帰納法により示される）．さらに $B = P^{-1}AP$ であることから

$$B^2 = (P^{-1}AP)(P^{-1}AP) = P^{-1}A(PP^{-1})AP = P^{-1}A^2P$$
$$B^3 = B^2B = (P^{-1}A^2P)(P^{-1}AP) = P^{-1}A^2(PP^{-1})AP = P^{-1}A^3P$$

となる．これも容易に想像できるように，すべての自然数 n に対して $B^n = P^{-1}A^nP$ が成り立つことも示される．両辺に左から P を，右から P^{-1} を掛けると $PB^nP^{-1} = A^n$ となるので

$$\begin{aligned} A^n = PB^nP^{-1} &= \frac{1}{2}\begin{pmatrix} 1 & -1 \\ 1 & 1 \end{pmatrix}\begin{pmatrix} 4^n & 0 \\ 0 & (-2)^n \end{pmatrix}\begin{pmatrix} 1 & 1 \\ -1 & 1 \end{pmatrix} \\ &= \frac{1}{2}\begin{pmatrix} 4^n + (-2)^n & 4^n - (-2)^n \\ 4^n - (-2)^n & 4^n + (-2)^n \end{pmatrix} \end{aligned}$$

を得る．一方で計算により $A^2 = \begin{pmatrix} 10 & 6 \\ 6 & 10 \end{pmatrix}$，$A^3 = \begin{pmatrix} 28 & 36 \\ 36 & 28 \end{pmatrix}$，$\cdots$ を求めても，A^n の形を予想することは困難である．このように対角行列を用いると，行列に関する問題が簡単になることがある．しかし対角行列を求めるためには，自分で行列 P を見つけなければならない．そのための方法は 4.5 節 (p.158) で学ぶ．✍

連立1次方程式 $\begin{pmatrix} a & b \\ c & d \end{pmatrix}\begin{pmatrix} x \\ y \end{pmatrix} = \begin{pmatrix} p \\ q \end{pmatrix}$ の解は $\Delta \neq 0$ ならば，前ページの例題 2.5.4 と同様に両辺に左から $\begin{pmatrix} a & b \\ c & d \end{pmatrix}^{-1}$ を掛けて $\begin{pmatrix} x \\ y \end{pmatrix} = \begin{pmatrix} a & b \\ c & d \end{pmatrix}^{-1}\begin{pmatrix} p \\ q \end{pmatrix}$ となる．

連立1次方程式の解（係数行列が逆行列をもつ場合）

$A = \begin{pmatrix} a & b \\ c & d \end{pmatrix}$，$\boldsymbol{x} = \begin{pmatrix} x \\ y \end{pmatrix}$，$\boldsymbol{b} = \begin{pmatrix} p \\ q \end{pmatrix}$，$\Delta = ad - bc \neq 0$ のとき連立1次方程式 $A\boldsymbol{x} = \boldsymbol{b}$ の解は $\boldsymbol{x} = A^{-1}\boldsymbol{b}$ である．つまり

$$\begin{pmatrix} x \\ y \end{pmatrix} = \frac{1}{ad-bc}\begin{pmatrix} d & -b \\ -c & a \end{pmatrix}\begin{pmatrix} p \\ q \end{pmatrix} = \frac{1}{ad-bc}\begin{pmatrix} dp-bq \\ -cp+aq \end{pmatrix}$$

例題 2.5.6 連立1次方程式 $\begin{pmatrix} 3 & 4 \\ 1 & -2 \end{pmatrix}\begin{pmatrix} x \\ y \end{pmatrix} = \begin{pmatrix} -1 \\ 3 \end{pmatrix}$ を逆行列を用いて解け．

解 $\Delta = 3\cdot(-2) - 4\cdot 1 = -10 \neq 0$ なので $\begin{pmatrix} 3 & 4 \\ 1 & -2 \end{pmatrix}$ は逆行列 (➪ p.57) をもつ．よって

$$\begin{pmatrix} x \\ y \end{pmatrix} = \begin{pmatrix} 3 & 4 \\ 1 & -2 \end{pmatrix}^{-1}\begin{pmatrix} -1 \\ 3 \end{pmatrix} = \frac{1}{-10}\begin{pmatrix} -2 & -4 \\ -1 & 3 \end{pmatrix}\begin{pmatrix} -1 \\ 3 \end{pmatrix}$$
$$= \frac{1}{-10}\begin{pmatrix} -10 \\ 10 \end{pmatrix} = \begin{pmatrix} 1 \\ -1 \end{pmatrix}$$ ■

例題 2.5.6 のような解法は，係数行列の行列式が $\Delta \neq 0$ である場合には有効であるが，$\Delta = 0$ の場合には連立1次方程式の解についていろいろな場合がある．

例 2.5.1 $A = \begin{pmatrix} 1 & 2 \\ 3 & 6 \end{pmatrix}$ に対して $\Delta = 6 - 6 = 0$ である．

(1) 任意の実数 c に対して

$$\begin{pmatrix} 1 & 2 \\ 3 & 6 \end{pmatrix}\begin{pmatrix} -2c \\ c \end{pmatrix} = \begin{pmatrix} -2c+2c \\ -6c+6c \end{pmatrix} = \begin{pmatrix} 0 \\ 0 \end{pmatrix}$$

であるから，$c\begin{pmatrix} -2 \\ 1 \end{pmatrix}$ は連立1次方程式 $A\boldsymbol{x} = \boldsymbol{0}$ の解である．よって $\Delta = 0$ であるが $A\boldsymbol{x} = \boldsymbol{0}$ は解をもつ．

(2) $\begin{pmatrix} 1 & 2 \\ 3 & 6 \end{pmatrix}\begin{pmatrix} x \\ y \end{pmatrix} = \begin{pmatrix} 1 \\ 0 \end{pmatrix}$ は解をもたない．実際，$\begin{cases} x + 2y = 1 & \cdots ① \\ 3x + 6y = 0 & \cdots ② \end{cases}$ とすると，もし解が存在すれば ① × 3 − ② より $3 = 0$ でなければならない．

☆ **参考 2.5.1** $A=\begin{pmatrix} a & b \\ c & d \end{pmatrix}$，$\boldsymbol{x}=\begin{pmatrix} x \\ y \end{pmatrix}$ とする．$\boldsymbol{a}_1=\begin{pmatrix} a \\ c \end{pmatrix}$，$\boldsymbol{a}_2=\begin{pmatrix} b \\ d \end{pmatrix}$ とおくと

$$A\boldsymbol{x}=\begin{pmatrix} a & b \\ c & d \end{pmatrix}\begin{pmatrix} x \\ y \end{pmatrix}=\begin{pmatrix} ax+by \\ cx+dy \end{pmatrix}=x\begin{pmatrix} a \\ c \end{pmatrix}+y\begin{pmatrix} b \\ d \end{pmatrix}=x\boldsymbol{a}_1+y\boldsymbol{a}_2$$

と表される．もし $\boldsymbol{a}_1\neq\boldsymbol{0}$，$\boldsymbol{a}_2\neq\boldsymbol{0}$ で，さらに $\boldsymbol{a}_1$ と $\boldsymbol{a}_2$ が平行でなければ，x，y を動かすことによって $x\boldsymbol{a}_1+y\boldsymbol{a}_2$ は平面のすべての点を表せることが想像できるだろう（左下図参照）．これはどんな $\boldsymbol{b}$ に対しても $A\boldsymbol{x}=\boldsymbol{b}$ は解をもつことを意味する．

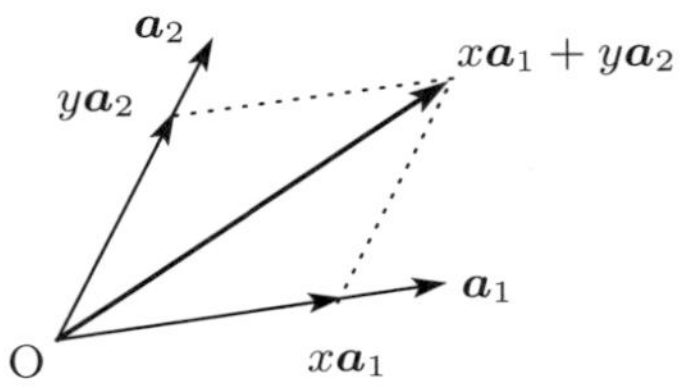

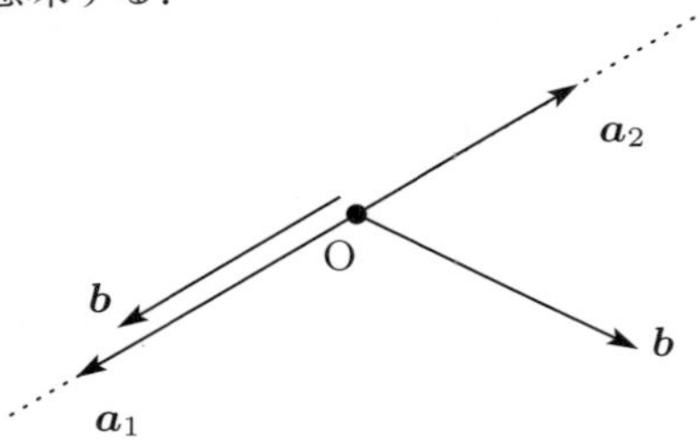

一方で $\boldsymbol{a}_1$ と $\boldsymbol{a}_2$ が平行ならば，$\boldsymbol{a}_2=t\boldsymbol{a}_1$ をみたす実数 t が存在する．このとき

$$A\boldsymbol{x}=x\boldsymbol{a}_1+y\boldsymbol{a}_2=x\boldsymbol{a}_1+yt\boldsymbol{a}_1=(x+ty)\boldsymbol{a}_1$$

となるから，x，y がすべての実数を動いたとしてもベクトル $A\boldsymbol{x}$ は $\boldsymbol{a}_1$ に平行なベクトルにしかなれない．よって $\boldsymbol{b}$ と $\boldsymbol{a}_1$ が平行で $\boldsymbol{b}=s\boldsymbol{a}_1$ と表されるときは，$A\boldsymbol{x}=\boldsymbol{b}$ は $(x+ty)\boldsymbol{a}_1=s\boldsymbol{a}_1$ と書けるので，$x+ty=s$ をみたす x，y が $A\boldsymbol{x}=\boldsymbol{b}$ の解となる．しかし $\boldsymbol{b}$ と $\boldsymbol{a}_1$ が平行でなければ $A\boldsymbol{x}=\boldsymbol{b}$ は解をもたない（$A\boldsymbol{x}$ は $\boldsymbol{a}_1$ と平行であるが $\boldsymbol{b}$ は $\boldsymbol{a}_1$ と平行でなく，しかし $A\boldsymbol{x}=\boldsymbol{b}$ となることはない）．このように連立 1 次方程式の解の存在は図形的性質が反映されている．✍

問題 2.5　【略解 p.195】

1. 次の行列 A に対して，逆行列 A^{-1} が存在するときはそれを求めよ．

   (1) $\begin{pmatrix} 2 & 3 \\ 3 & 4 \end{pmatrix}$　　(2) $\begin{pmatrix} 3 & -9 \\ 1 & -3 \end{pmatrix}$　　(3) $\begin{pmatrix} 0 & -1 \\ 1 & 0 \end{pmatrix}$

2. $A=\begin{pmatrix} 3 & 4 \\ 2 & 3 \end{pmatrix}$，$B=\begin{pmatrix} 3 & 4 \\ 4 & 5 \end{pmatrix}$ に対して，$AX=B$，$BY=A$，$ZB=A$ をみたす 2 次正方行列 X，Y，Z を求めよ．

3. $\begin{pmatrix} a & b \\ c & d \end{pmatrix}$ に対して，$|\Delta|=|ad-bc|$ は 4 点 O$(0,0)$, A(a,c), B(b,d), C$(a+b,c+d)$ を頂点とする平行四辺形の面積であることを示せ．

4. $A=\begin{pmatrix} 1 & 2 \\ 3 & 6 \end{pmatrix}$，$\boldsymbol{x}=\begin{pmatrix} x \\ y \end{pmatrix}$，$\boldsymbol{b}=\begin{pmatrix} p \\ q \end{pmatrix}$ に対して，連立 1 次方程式 $A\boldsymbol{x}=\boldsymbol{b}$ が解をもつように p，q の関係を定めよ．

2.6　1 次変換

平面上の各点 (x, y) を点 (x', y') に移す移動が

$$\begin{pmatrix} x' \\ y' \end{pmatrix} = \begin{pmatrix} a & b \\ c & d \end{pmatrix} \begin{pmatrix} x \\ y \end{pmatrix} \qquad \text{つまり} \quad \begin{cases} x' = ax + by \\ y' = cx + dy \end{cases}$$

をみたすとき，この移動を **1 次変換**といい，行列 $\begin{pmatrix} a & b \\ c & d \end{pmatrix}$ を，この移動を表す行列という．

例 2.6.1　(1) y 軸に関する対称移動は $\begin{cases} x' = -x \\ y' = y \end{cases}$ で与えられるから，$\begin{pmatrix} -1 & 0 \\ 0 & 1 \end{pmatrix}$ が y 軸に関する対称移動を表す行列である．

(2) 原点に関する対称移動は $\begin{cases} x' = -x \\ y' = -y \end{cases}$ で与えられるから，$\begin{pmatrix} -1 & 0 \\ 0 & -1 \end{pmatrix}$ が原点に関する対称移動を表す行列である．

(3) 直線 $y = x$ に関する対称移動は $\begin{cases} x' = y \\ y' = x \end{cases}$ で与えられるから，$\begin{pmatrix} 0 & 1 \\ 1 & 0 \end{pmatrix}$ が直線 $y = x$ に関する対称移動を表す行列である．

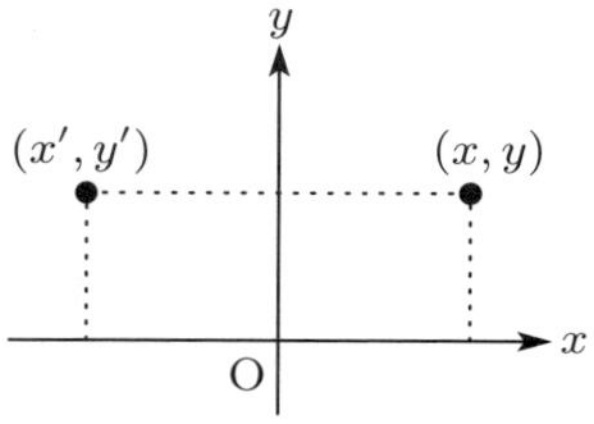

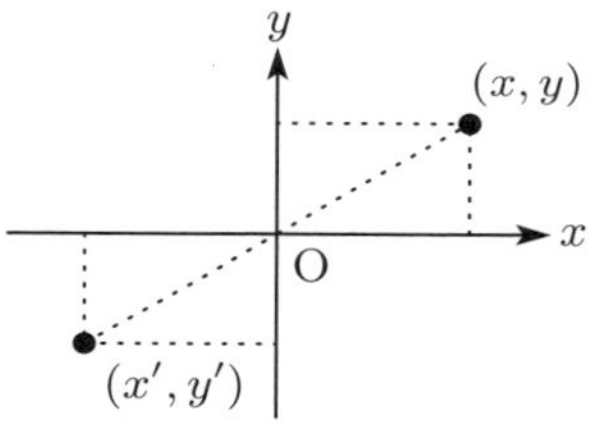

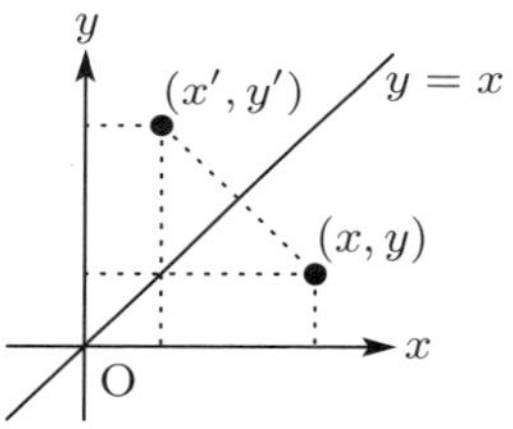

例題 2.6.1 点 $(1, 2)$，$(2, 3)$ をそれぞれ $(0, -2)$，$(1, -2)$ に移す移動を表す行列を求めよ．

解　求める行列を $\begin{pmatrix} a & b \\ c & d \end{pmatrix}$ とおくと，条件より次が成り立つ：

$$\begin{pmatrix} 0 \\ -2 \end{pmatrix} = \begin{pmatrix} a & b \\ c & d \end{pmatrix} \begin{pmatrix} 1 \\ 2 \end{pmatrix}, \qquad \begin{pmatrix} 1 \\ -2 \end{pmatrix} = \begin{pmatrix} a & b \\ c & d \end{pmatrix} \begin{pmatrix} 2 \\ 3 \end{pmatrix}$$

上の 2 式をまとめて $\begin{pmatrix} 0 & 1 \\ -2 & -2 \end{pmatrix} = \begin{pmatrix} a & b \\ c & d \end{pmatrix} \begin{pmatrix} 1 & 2 \\ 2 & 3 \end{pmatrix}$ と表すことができる（注意 2.4.2 (p.54) 参照）．この式の両辺に $\begin{pmatrix} 1 & 2 \\ 2 & 3 \end{pmatrix}$ の逆行列 $\begin{pmatrix} 1 & 2 \\ 2 & 3 \end{pmatrix}^{-1} = \begin{pmatrix} -3 & 2 \\ 2 & -1 \end{pmatrix}$ (➪ p.57) を右から掛けて，求める行列は

$$\begin{pmatrix} a & b \\ c & d \end{pmatrix} = \begin{pmatrix} 0 & 1 \\ -2 & -2 \end{pmatrix} \begin{pmatrix} -3 & 2 \\ 2 & -1 \end{pmatrix} = \begin{pmatrix} 2 & -1 \\ 2 & -2 \end{pmatrix}$$

■

☞ **注意 2.6.1** 行列 $\begin{pmatrix} a & b \\ c & d \end{pmatrix}$ によって表される移動に対して

$$\begin{pmatrix} x' \\ y' \end{pmatrix} = \begin{pmatrix} a & b \\ c & d \end{pmatrix}\begin{pmatrix} x \\ y \end{pmatrix} = \begin{pmatrix} ax+by \\ cx+dy \end{pmatrix} = x\begin{pmatrix} a \\ c \end{pmatrix} + y\begin{pmatrix} b \\ d \end{pmatrix}$$

である．$\mathrm{A}(a,c)$, $\mathrm{B}(b,d)$ とすると，OA と OB が平行でないとき，点 (x',y') は OA を x 倍し OB を y 倍した 2 辺からなる平行四辺形の頂点となっている．

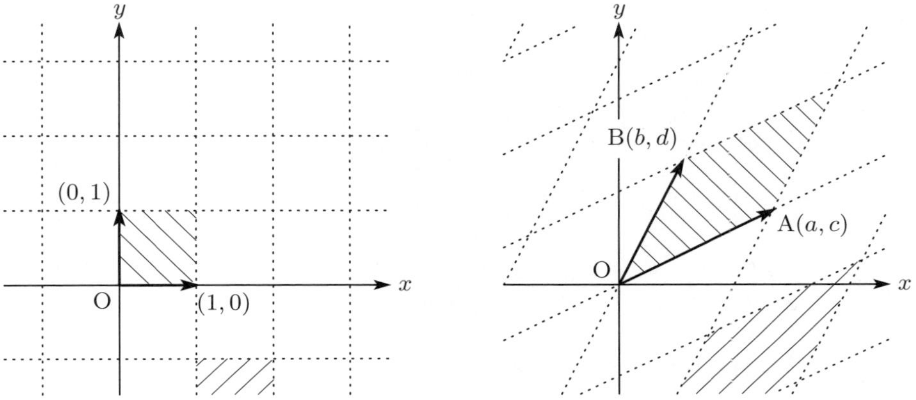

OA と OB が平行ならば，点 (x',y') は 2 点 O, A を通る直線上の点となる．✍

例題 2.6.2 原点を中心とする角 θ の回転移動を表す行列を求めよ．

解　$x = r\cos\alpha$, $y = r\sin\alpha$ とおくと，点 (x,y) は原点を中心とする角 θ の回転移動によって $(x',y') = (r\cos(\alpha+\theta), r\sin(\alpha+\theta))$ に移される．三角関数の加法定理（例題 1.2.5 (p.27) 参照）より

$$\cos(\alpha+\theta) = \cos\alpha\cos\theta - \sin\alpha\sin\theta,\ \sin(\alpha+\theta) = \sin\alpha\cos\theta + \cos\alpha\sin\theta$$

であるから

$$x' = r\cos\alpha\cos\theta - r\sin\alpha\sin\theta = x\cos\theta - y\sin\theta$$
$$y' = r\sin\alpha\cos\theta + r\cos\alpha\sin\theta = y\cos\theta + x\sin\theta$$

を得る．これを行列を用いて表せば

$$\begin{pmatrix} x' \\ y' \end{pmatrix} = \begin{pmatrix} x\cos\theta - y\sin\theta \\ y\cos\theta + x\sin\theta \end{pmatrix} = \begin{pmatrix} \cos\theta & -\sin\theta \\ \sin\theta & \cos\theta \end{pmatrix}\begin{pmatrix} x \\ y \end{pmatrix}$$

となる．よって原点を中心とする角 θ の回転移動を表す行列は $\begin{pmatrix} \cos\theta & -\sin\theta \\ \sin\theta & \cos\theta \end{pmatrix}$ である．■

原点を中心とする回転移動

原点を中心とする角 θ の回転移動は次で表される：

$$\begin{pmatrix} x' \\ y' \end{pmatrix} = \begin{pmatrix} \cos\theta & -\sin\theta \\ \sin\theta & \cos\theta \end{pmatrix} \begin{pmatrix} x \\ y \end{pmatrix}$$

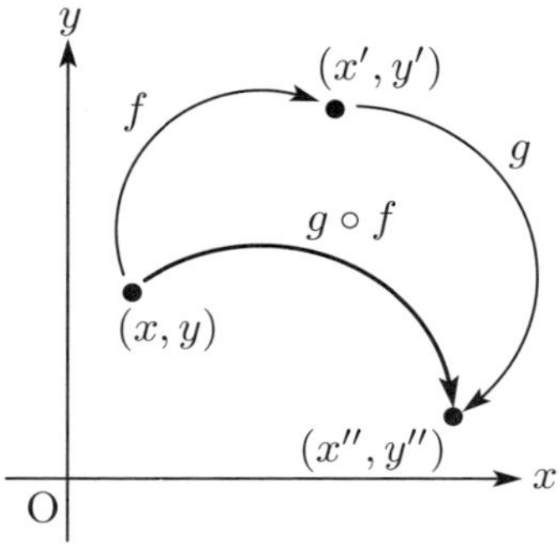

1 次変換 f を表す行列を $A = \begin{pmatrix} a_1 & b_1 \\ c_1 & d_1 \end{pmatrix}$ とし，g を表す行列を $B = \begin{pmatrix} a_2 & b_2 \\ c_2 & d_2 \end{pmatrix}$ とする．点 (x, y) は移動 f によって

$$\begin{pmatrix} x' \\ y' \end{pmatrix} = \begin{pmatrix} a_1 & b_1 \\ c_1 & d_1 \end{pmatrix} \begin{pmatrix} x \\ y \end{pmatrix} = \begin{pmatrix} a_1x + b_1y \\ c_1x + d_1y \end{pmatrix}$$

に移される．これより点 (x', y') は移動 g によって

$$\begin{pmatrix} x'' \\ y'' \end{pmatrix} = \begin{pmatrix} a_2 & b_2 \\ c_2 & d_2 \end{pmatrix} \begin{pmatrix} x' \\ y' \end{pmatrix} = \begin{pmatrix} a_2x' + b_2y' \\ c_2x' + d_2y' \end{pmatrix} = \underset{\sim\sim\sim}{\begin{pmatrix} a_2(a_1x + b_1y) + b_2(c_1x + d_1y) \\ c_2(a_1x + b_1y) + d_2(c_1x + d_1y) \end{pmatrix}}$$

に移される．ここで得られた行列 $\sim\sim$ の各成分を x, y でまとめて次を得る：

$$= \begin{pmatrix} (a_2a_1 + b_2c_1)x + (a_2b_1 + b_2d_1)y \\ (c_2a_1 + d_2c_1)x + (c_2b_1 + d_2d_1)y \end{pmatrix} = \begin{pmatrix} a_2a_1 + b_2c_1 & a_2b_1 + b_2d_1 \\ c_2a_1 + d_2c_1 & c_2b_1 + d_2d_1 \end{pmatrix} \begin{pmatrix} x \\ y \end{pmatrix}$$

$$= \begin{pmatrix} a_2 & b_2 \\ c_2 & d_2 \end{pmatrix} \begin{pmatrix} a_1 & b_1 \\ c_1 & d_1 \end{pmatrix} \begin{pmatrix} x \\ y \end{pmatrix}$$

ここで合成写像 $g \circ f$ は点 (x, y) を (x'', y'') に移す写像であるから，$g \circ f$ を表す行列は $\begin{pmatrix} a_2 & b_2 \\ c_2 & d_2 \end{pmatrix} \begin{pmatrix} a_1 & b_1 \\ c_1 & d_1 \end{pmatrix} = BA$ である．

移動の合成

移動 f, g を表す行列を A, B とするとき，f と g の合成移動 $g \circ f$ は行列 BA で表される．

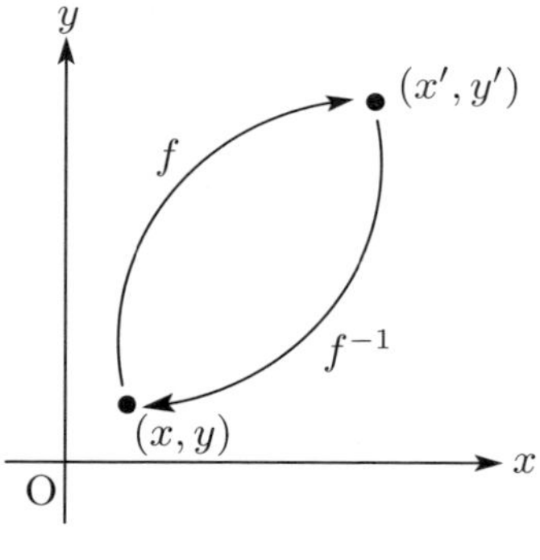

移動 f を表す行列を A とする．A が逆行列 A^{-1} (➪ p.57) をもつとき，A^{-1} によって表される移動が定まる．この移動を f の**逆の移動**といい f^{-1} で表す．A の逆行列 A^{-1} は

$$AA^{-1} = E_2 = A^{-1}A$$

をみたす行列であった．ここで AA^{-1} は移動 $f \circ f^{-1}$ を表す行列であり（移動の合成参照），$A^{-1}A$ は $f^{-1} \circ f$ を表す行列である．さらに 2 次単位行列 E_2 (➪ p.36) の表す移動は点 (x, y) を (x, y) 自身に移す．以上より $f \circ f^{-1}$ も $f^{-1} \circ f$ も点をそれ自身に移す 1 次変換である．

逆の移動

移動 f を表す行列 A が逆行列 A^{-1} をもつとき，f の逆の移動 f^{-1} は行列 A^{-1} で表される．

例題 2.6.3 直線 $y=\tan\theta\cdot x$ に関する対称移動を表す行列を求めよ．

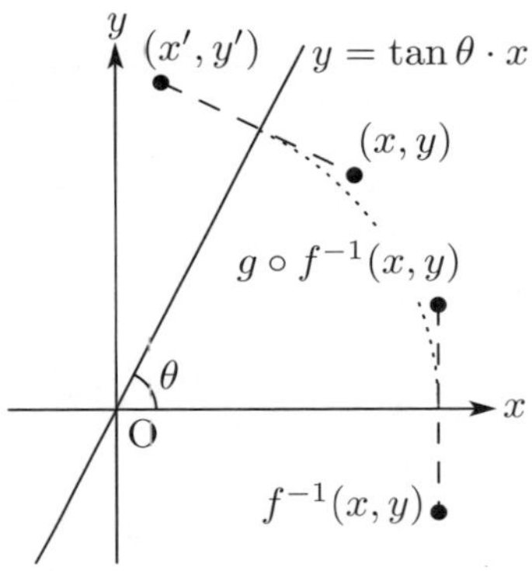

解　直線 $y=\tan\theta\cdot x$ に関する対称移動は，次の1次変換の合成変換 $f\circ g\circ f^{-1}$ である（右図参照）：

f: 原点を中心とする角 θ の回転移動，

g: x 軸に関する対称移動

1次変換 f を表す行列は $\begin{pmatrix}\cos\theta & -\sin\theta\\ \sin\theta & \cos\theta\end{pmatrix}$ である．x 軸に関する対称移動 g は，点 (x,y) を $\begin{cases}x'=x\\ y'=-y\end{cases}$ に移すので，g を表す行列は $\begin{pmatrix}1 & 0\\ 0 & -1\end{pmatrix}$ である．よって $f\circ g\circ f^{-1}$ を表す行列は

$$\underbrace{\begin{pmatrix}\cos\theta & -\sin\theta\\ \sin\theta & \cos\theta\end{pmatrix}\begin{pmatrix}1 & 0\\ 0 & -1\end{pmatrix}}\begin{pmatrix}\cos(-\theta) & -\sin(-\theta)\\ \sin(-\theta) & \cos(-\theta)\end{pmatrix}$$

$$=\underbrace{\begin{pmatrix}\cos\theta & \sin\theta\\ \sin\theta & -\cos\theta\end{pmatrix}}\begin{pmatrix}\cos\theta & \sin\theta\\ -\sin\theta & \cos\theta\end{pmatrix}=\begin{pmatrix}\cos^2\theta-\sin^2\theta & 2\sin\theta\cos\theta\\ 2\sin\theta\cos\theta & \sin^2\theta-\cos^2\theta\end{pmatrix}$$

$$=\begin{pmatrix}\cos 2\theta & \sin 2\theta\\ \sin 2\theta & -\cos 2\theta\end{pmatrix}$$

■

問題 2.6 【略解 p.196】

1. 点 $(1,0)$, $(0,1)$ をそれぞれ $(1,2)$, $(-2,-3)$ に移す1次変換を f とする．
   (1) f を表す行列を求めよ．
   (2) 点 $(-3,-2)$ の f による像を求めよ．
   (3) 1次変換 f によって $(-1,-4)$ に移される点を求めよ．
2. 原点を中心とする角 α, β の回転移動をそれぞれ f, g とする．
   (1) $f\circ g$ を表す行列を求めよ．
   (2) f^{-1} を表す行列を求めよ．
3. 1次変換 f は xy 平面上の点 (a,b) を，直線 $y=\tan\theta\cdot x$ 上の点で (a,b) との距離が最小である点 (a',b') へ移す．このとき f を表す行列を求めよ．

2.7 行列の演算

2.4 節では 2 次正方行列の演算を学んだ．この節では $m \times n$ 行列の演算（和，差，積）について学ぶ [*5]．

行列の和と差

$m \times n$ 行列 A, B の和，差は各成分 (➪ p.36) ごとの和，差である．

例題 2.7.1 $A = \begin{pmatrix} 0 & 2 & 1 \\ 1 & 0 & 3 \end{pmatrix}$, $B = \begin{pmatrix} -2 & 1 & 1 \\ -1 & 3 & 6 \end{pmatrix}$ に対して $A+B$, $A-B$ を求めよ．

解 $A+B = \begin{pmatrix} 0+(-2) & 2+1 & 1+1 \\ 1+(-1) & 0+3 & 3+6 \end{pmatrix} = \begin{pmatrix} -2 & 3 & 2 \\ 0 & 3 & 9 \end{pmatrix}$

$A-B = \begin{pmatrix} 0-(-2) & 2-1 & 1-1 \\ 1-(-1) & 0-3 & 3-6 \end{pmatrix} = \begin{pmatrix} 2 & 1 & 0 \\ 2 & -3 & -3 \end{pmatrix}$ ■

☞ **注意 2.7.1** 行列の和，差は同じ型 (➪ p.36) の行列でしか考えない．たとえば 2×3 行列 A と 3×4 行列 B に対しては $A+B$ も $A-B$ も考えないのである．このことは行列の積 (➪ p.68) と大きく異なる点である．✍

行列の定数倍

行列 A の c 倍 cA は，A の各成分を c 倍した行列である．ただし c は定数である．

例題 2.7.2 $A = \begin{pmatrix} 5 & -1 \\ 2 & 8 \\ -2 & 1 \end{pmatrix}$ に対して cA, $-2A$ を求めよ．

解 $cA = \begin{pmatrix} 5c & -c \\ 2c & 8c \\ -2c & c \end{pmatrix}$ である．$c=-2$ として $-2A = \begin{pmatrix} -10 & 2 \\ -4 & -16 \\ 4 & -2 \end{pmatrix}$ となる． ■

☞ **注意 2.7.2** 行列の定数倍は和，差，積とは異なり，どんな行列に対しても考えることができるのである．✍

行列の積を定義する前に，まず行ベクトルと列ベクトル (➪ p.36) の積を考えよう．これは内積 (➪ p.169) に他ならない．

---

*5 行列には“商”という概念はないが，それに対応するのが 2.8 節 (p.71) で学ぶ逆行列である．

行ベクトルと列ベクトルの積

n 次行ベクトル (➪p.36) $\boldsymbol{a} = \begin{pmatrix} a_1 & a_2 & \cdots & a_n \end{pmatrix}$ と n 次列ベクトル $\boldsymbol{b} = \begin{pmatrix} b_1 \\ b_2 \\ \vdots \\ b_n \end{pmatrix}$ に対して，積 $\boldsymbol{ab}$ を次で定義する．

$$\boldsymbol{ab} = \begin{pmatrix} a_1 & a_2 & \cdots & a_n \end{pmatrix} \begin{pmatrix} b_1 \\ b_2 \\ \vdots \\ b_n \end{pmatrix} = a_1b_1 + a_2b_2 + \cdots + a_nb_n$$

例 2.7.1 4 次行ベクトル $\boldsymbol{a} = \begin{pmatrix} 1 & 3 & -1 & -2 \end{pmatrix}$ と 4 次列ベクトル $\boldsymbol{b} = \begin{pmatrix} 4 \\ 2 \\ 1 \\ 3 \end{pmatrix}$ に対して

$$\boldsymbol{ab} = \begin{pmatrix} 1 & 3 & -1 & -2 \end{pmatrix} \begin{pmatrix} 4 \\ 2 \\ 1 \\ 3 \end{pmatrix} = (1 \times 4) + (3 \times 2) + ((-1) \times 1) + ((-2) \times 3)$$
$$= 4 + 6 - 1 - 6 = 3$$

☞ **注意 2.7.3** 行ベクトル $\boldsymbol{a}$ と列ベクトルの $\boldsymbol{b}$ の積 $\boldsymbol{ab}$ は，行ベクトルでも列ベクトルでもなく，1 つの**実数**であることに注意しよう．また行ベクトル $\boldsymbol{a}$ と列ベクトル $\boldsymbol{b}$ の積は次数が同じとき，つまり $\boldsymbol{a}$ と $\boldsymbol{b}$ の成分が同じ数のときだけ考えられるのである．✍

行列の列ベクトル型表示

$m \times n$ 行列 A を m 個の行ベクトル $\boldsymbol{a}_1, \boldsymbol{a}_2, \cdots, \boldsymbol{a}_m$ に分け $A = \begin{pmatrix} \boldsymbol{a}_1 \\ \boldsymbol{a}_2 \\ \vdots \\ \boldsymbol{a}_m \end{pmatrix}$ と表すとき，これを A の**列ベクトル型表示**という．

☞ **注意 2.7.4** 行列の「列ベクトル型表示」は通常「行ベクトル表示」と呼ばれる．その理由は行列を “行ベクトルを用いて表している” ためである．しかし本書では視覚的感覚を優先することとし，行列を “列ベクトルの形” に表したものを「列ベクトル型表示」と呼んでいる．✍

例 2.7.2 $A = \begin{pmatrix} 3 & 2 & -1 \\ 0 & -3 & 4 \end{pmatrix}$ に対して，A の列ベクトル型表示は次のようになる．

$$A = \begin{pmatrix} \boldsymbol{a}_1 \\ \boldsymbol{a}_2 \end{pmatrix}, \quad \boldsymbol{a}_1 = \begin{pmatrix} 3 & 2 & -1 \end{pmatrix}, \quad \boldsymbol{a}_2 = \begin{pmatrix} 0 & -3 & 4 \end{pmatrix}$$

行列と列ベクトルの積

$m \times n$ 行列 $A = \begin{pmatrix} \boldsymbol{a}_1 \\ \boldsymbol{a}_2 \\ \vdots \\ \boldsymbol{a}_m \end{pmatrix}$ と n 次列ベクトル $\boldsymbol{x} = \begin{pmatrix} x_1 \\ x_2 \\ \vdots \\ x_n \end{pmatrix}$ の積 $A\boldsymbol{x}$ を $A\boldsymbol{x} = \begin{pmatrix} \boldsymbol{a}_1\boldsymbol{x} \\ \boldsymbol{a}_2\boldsymbol{x} \\ \vdots \\ \boldsymbol{a}_m\boldsymbol{x} \end{pmatrix}$

により定義する．ここで $\boldsymbol{a}_i\boldsymbol{x}$ は行ベクトルと列ベクトルの積である $(i = 1, 2, \cdots, m)$.

☞ **注意 2.7.5** 行列 A と列ベクトル $\boldsymbol{x}$ の積 $A\boldsymbol{x}$ は，A を係数行列とし $\boldsymbol{x}$ を変数とする連立1次方程式に対応している．たとえば $A = \begin{pmatrix} a_1 & a_2 & a_3 \\ b_1 & b_2 & b_3 \end{pmatrix} = \begin{pmatrix} \boldsymbol{a}_1 \\ \boldsymbol{a}_2 \end{pmatrix}$, $\boldsymbol{x} = \begin{pmatrix} x_1 \\ x_2 \\ x_3 \end{pmatrix}$ の場合を考えると

$$A\boldsymbol{x} = \begin{pmatrix} \boldsymbol{a}_1\boldsymbol{x} \\ \boldsymbol{a}_2\boldsymbol{x} \end{pmatrix} = \begin{pmatrix} a_1x_1 + a_2x_2 + a_3x_3 \\ b_1x_1 + b_2x_2 + b_3x_3 \end{pmatrix}$$

である．これは連立1次方程式を，行列を用いて表したときの記号そのものである．✍

行列の行ベクトル型表示

$n \times l$ 行列 B を l 個の列ベクトル $\boldsymbol{b}_1, \boldsymbol{b}_2, \cdots, \boldsymbol{b}_l$ に分け $B = \begin{pmatrix} \boldsymbol{b}_1 & \boldsymbol{b}_2 & \cdots & \boldsymbol{b}_l \end{pmatrix}$ と表すとき，これを B の**行ベクトル型表示**という．

例 2.7.3 $B = \begin{pmatrix} 2 & 0 & -2 \\ 3 & 1 & 4 \\ 5 & 4 & 1 \end{pmatrix}$ に対して，B の行ベクトル型表示は次のようになる．

$$B = \begin{pmatrix} \boldsymbol{b}_1 & \boldsymbol{b}_2 & \boldsymbol{b}_3 \end{pmatrix}, \quad \boldsymbol{b}_1 = \begin{pmatrix} 2 \\ 3 \\ 5 \end{pmatrix}, \quad \boldsymbol{b}_2 = \begin{pmatrix} 0 \\ 1 \\ 4 \end{pmatrix}, \quad \boldsymbol{b}_3 = \begin{pmatrix} -2 \\ 4 \\ 1 \end{pmatrix}$$

行列の積

$m \times n$ 行列 A と $n \times l$ 行列 $B = \begin{pmatrix} \boldsymbol{b}_1 & \boldsymbol{b}_2 & \cdots & \boldsymbol{b}_l \end{pmatrix}$ に対して，行列の積 AB を

$$AB = \begin{pmatrix} A\boldsymbol{b}_1 & A\boldsymbol{b}_2 & \cdots & A\boldsymbol{b}_l \end{pmatrix}$$

により定義する．ここで $A\boldsymbol{b}_1, A\boldsymbol{b}_2, \cdots, A\boldsymbol{b}_l$ は行列と列ベクトルの積である．

☞ **注意 2.7.6** $m \times n$ 行列 A と $n \times l$ 行列 B に対して，積 AB は $m \times l$ 行列となる．また A の列の数と B の行の数が等しいときだけ，積 AB が定義できることにも注意が必要である．特に

実数や複素数などと異なり，行列に対しては AB が定義できても BA を考えることができないことがある．さらに，もし BA を考えられたとしても $AB = BA$ とは限らないのである．✍

例題 2.7.3 $A = \begin{pmatrix} 1 & -4 & -2 \\ 2 & 1 & 1 \end{pmatrix}$, $B = \begin{pmatrix} 2 & -3 \\ 1 & -1 \\ -2 & 1 \end{pmatrix}$ に対して AB と BA を求めよ．

A は 2×3 行列，B は 3×2 行列なので AB, BA とも考えられることに注意しよう．行列の積は行列と列ベクトルの積 (➪ p.68) を用いて定義したが，実際に計算する際には下のように計算した方が便利である．

解

$$AB = \begin{pmatrix} 1 & -4 & -2 \\ \hline 2 & 1 & 1 \end{pmatrix} \left(\begin{array}{c|c} 2 & -3 \\ 1 & -1 \\ -2 & 1 \end{array}\right) = \begin{pmatrix} \boxed{1\ \ -4\ \ -2}\boxed{\begin{matrix} 2 \\ 1 \\ -2 \end{matrix}} & \boxed{1\ \ -4\ \ -2}\boxed{\begin{matrix} -3 \\ -1 \\ 1 \end{matrix}} \\ \boxed{2\ \ 1\ \ 1}\boxed{\begin{matrix} 2 \\ 1 \\ -2 \end{matrix}} & \boxed{2\ \ 1\ \ 1}\boxed{\begin{matrix} -3 \\ -1 \\ 1 \end{matrix}} \end{pmatrix}$$

$$= \begin{pmatrix} 1 \cdot 2 + (-4) \cdot 1 + (-2) \cdot (-2) & 1 \cdot (-3) + (-4) \cdot (-1) + (-2) \cdot 1 \\ 2 \cdot 2 + 1 \cdot 1 + 1 \cdot (-2) & 2 \cdot (-3) + 1 \cdot (-1) + 1 \cdot 1 \end{pmatrix} = \begin{pmatrix} 2 & -1 \\ 3 & -6 \end{pmatrix}$$

$$BA = \begin{pmatrix} 2 & -3 \\ \hline 1 & -1 \\ \hline -2 & 1 \end{pmatrix} \left(\begin{array}{c|c|c} 1 & -4 & -2 \\ 2 & 1 & 1 \end{array}\right) = \begin{pmatrix} \boxed{2\ \ -3}\boxed{\begin{matrix} 1 \\ 2 \end{matrix}} & \boxed{2\ \ -3}\boxed{\begin{matrix} -4 \\ 1 \end{matrix}} & \boxed{2\ \ -3}\boxed{\begin{matrix} -2 \\ 1 \end{matrix}} \\ \boxed{1\ \ -1}\boxed{\begin{matrix} 1 \\ 2 \end{matrix}} & \boxed{1\ \ -1}\boxed{\begin{matrix} -4 \\ 1 \end{matrix}} & \boxed{1\ \ -1}\boxed{\begin{matrix} -2 \\ 1 \end{matrix}} \\ \boxed{-2\ \ 1}\boxed{\begin{matrix} 1 \\ 2 \end{matrix}} & \boxed{-2\ \ 1}\boxed{\begin{matrix} -4 \\ 1 \end{matrix}} & \boxed{-2\ \ 1}\boxed{\begin{matrix} -2 \\ 1 \end{matrix}} \end{pmatrix}$$

$$= \begin{pmatrix} 2-6 & -8-3 & -4-3 \\ 1-2 & -4-1 & -2-1 \\ -2+2 & 8+1 & 4+1 \end{pmatrix} = \begin{pmatrix} -4 & -11 & -7 \\ -1 & -5 & -3 \\ 0 & 9 & 5 \end{pmatrix}$$ ■

☞ **注意 2.7.7** 行列 A, B, C に対して和，積などの演算が定義できるときには，2 次正方行列と同様に次の計算法則が成り立つ．

(1) $A + B = B + A$　(2) $(A+B)+C = A+(B+C)$　(3) $A + (-A) = O$

(4) $A + O = A$　(5) $k(lA) = (kl)A$　(6) $(k + l)A = kA + lA$

(7) $k(A + B) = kA + kB$　(8) $(kA)B = A(kB) = k(AB)$　(9) $(AB)C = A(BC)$

(10) $(A + B)C = AC + BC$　(11) $A(B + C) = AB + AC$　(12) $AO = O = OA$

ただし O は零行列 (➪ p.36)，k, l は実数である．

特に A が n 次正方行列 (➪ p.36) のとき，単位行列 (➪ p.36) E_n に対して $AE_n = A = E_nA$ が成り立つ．✍

問題 2.7　【略解 p.197】

1. 次の行列の積を求めよ．

(1) $\begin{pmatrix} 2 & 3 & 1 \end{pmatrix}\begin{pmatrix} -1 \\ 2 \\ -3 \end{pmatrix}$　　(2) $\begin{pmatrix} 2 & 1 & 4 & 5 \end{pmatrix}\begin{pmatrix} 3 \\ -3 \\ -2 \\ 1 \end{pmatrix}$

(3) $\begin{pmatrix} 2 & -1 & 3 \\ 1 & 8 & -1 \end{pmatrix}\begin{pmatrix} -4 \\ 1 \\ 3 \end{pmatrix}$　　(4) $\begin{pmatrix} 2 & 4 & 1 & 6 \\ 1 & 2 & 5 & 3 \end{pmatrix}\begin{pmatrix} 1 \\ 2 \\ -4 \\ 2 \end{pmatrix}$

(5) $\begin{pmatrix} 2 & 1 & -3 \\ -2 & 5 & 4 \end{pmatrix}\begin{pmatrix} 1 & -4 \\ 2 & 1 \\ 1 & -3 \end{pmatrix}$　　(6) $\begin{pmatrix} 1 & -4 & -2 & 1 \\ 2 & 1 & 1 & 3 \end{pmatrix}\begin{pmatrix} 2 & 1 \\ 1 & 0 \\ 0 & 1 \\ -2 & 2 \end{pmatrix}$

(7) $\begin{pmatrix} -1 \\ 2 \\ -3 \end{pmatrix}\begin{pmatrix} 2 & 3 & 1 \end{pmatrix}$　　(8) $\begin{pmatrix} 3 \\ -3 \\ -2 \\ 1 \end{pmatrix}\begin{pmatrix} 2 & 1 & 4 & 5 \end{pmatrix}$

(9) $\begin{pmatrix} 1 & -4 \\ 2 & 1 \\ 1 & -3 \end{pmatrix}\begin{pmatrix} 2 & 1 & -3 \\ -2 & 5 & 4 \end{pmatrix}$　　(10) $\begin{pmatrix} 2 & 1 \\ 1 & 0 \\ 0 & 1 \\ -2 & 2 \end{pmatrix}\begin{pmatrix} 1 & -4 & -2 & 1 \\ 2 & 1 & 1 & 3 \end{pmatrix}$

2. 次の行列の計算をせよ．

(1) $\begin{pmatrix} 3 & -1 \\ -1 & 2 \end{pmatrix}\left\{3\begin{pmatrix} 1 & -1 \\ 2 & 3 \end{pmatrix} - 2\begin{pmatrix} 1 & -2 \\ -1 & 2 \end{pmatrix}\right\}$

(2) $\begin{pmatrix} 1 & 1 & 0 \\ -1 & 0 & 1 \end{pmatrix}\left\{\begin{pmatrix} 1 \\ 3 \\ 1 \end{pmatrix} + \begin{pmatrix} 5 \\ -3 \\ -2 \end{pmatrix}\right\}$

(3) $\begin{pmatrix} -2 \\ 1 \\ 3 \end{pmatrix}\left\{\begin{pmatrix} 3 & -2 & 1 \end{pmatrix} - 3\begin{pmatrix} 2 & -1 & 1 \end{pmatrix}\right\}$

(4) $\left\{\begin{pmatrix} 3 & -2 & 1 \end{pmatrix} - 3\begin{pmatrix} 2 & -1 & 1 \end{pmatrix}\right\}\begin{pmatrix} -2 \\ 1 \\ 3 \end{pmatrix}$

3. 次の行列のうち，2つの行列の積が定義されるものすべてについて積を計算せよ．

$$A = \begin{pmatrix} 3 & -1 & 2 \end{pmatrix},\ B = \begin{pmatrix} 2 & 1 \\ -3 & 4 \end{pmatrix},\ C = \begin{pmatrix} -2 \\ 1 \\ 5 \end{pmatrix},\ D = \begin{pmatrix} 2 & 1 \\ -1 & 0 \\ 2 & -3 \end{pmatrix}$$

2.8　正則行列とその逆行列

実数の世界では，$\alpha\beta = 1$ となるとき $\beta = 1/\alpha$ あるいは $\beta = \alpha^{-1}$ と書き，β を α の逆数と呼んだ．行列の世界でも逆数に対応するものを考えよう．

正則行列と逆行列

> n 次正方行列 (➪ p.36)A に対して
>
> $$AB = E_n \qquad (E_n \text{ は } n \text{ 次単位行列 (➪ p.36)})$$
>
> をみたす n 次正方行列 B が存在するとき A は**正則**，または A を**正則行列**という．このとき B を A の**逆行列**といい A^{-1} と書く．

☞ **注意 2.8.1** 通常は $AB = E_n = BA$ をみたす n 次正方行列 B を A の逆行列と呼ぶ．一般に $AB \neq BA$ であるが（例題 2.7.3 (p.69) 参照），もし $AB = E_n$ ならば必ず $BA = E_n$ となることが知られている．よって $AB = E_n$ となる B を A の逆行列と呼ぶことができる．✍

次の例題は逆行列 (➪ p.57) を用いれば簡単に解けるが，3 次以上の正方行列の逆行列を求める手法を理解するため，遠回りに思えるかもしれないが連立 1 次方程式を利用しよう．

> **例題 2.8.1** $\begin{pmatrix} 1 & 3 \\ 2 & 7 \end{pmatrix}\begin{pmatrix} x & z \\ y & w \end{pmatrix} = \begin{pmatrix} 1 & 0 \\ 0 & 1 \end{pmatrix}$ をみたす行列 $\begin{pmatrix} x & z \\ y & w \end{pmatrix}$ を，連立 1 次方程式を解くことにより求めよ．

[解] $\begin{pmatrix} x+3y & z+3w \\ 2x+7y & 2z+7w \end{pmatrix} = \begin{pmatrix} 1 & 0 \\ 0 & 1 \end{pmatrix}$ より $\begin{cases} x+3y=1 \\ 2x+7y=0 \end{cases}$, $\begin{cases} z+3w=0 \\ 2z+7w=1 \end{cases}$ の拡大係数行列 (➪ p.38) を簡約化 (➪ p.44) して

$$\begin{pmatrix} 1 & 3 & 1 \\ 2 & 7 & 0 \end{pmatrix} \to \begin{pmatrix} 1 & 3 & 1 \\ 0 & 1 & -2 \end{pmatrix} \text{②}-\text{①}\times 2 \to \begin{pmatrix} 1 & 0 & 7 \\ 0 & 1 & -2 \end{pmatrix} \text{①}-\text{②}\times 3$$

$$\begin{pmatrix} 1 & 3 & 0 \\ 2 & 7 & 1 \end{pmatrix} \to \begin{pmatrix} 1 & 3 & 0 \\ 0 & 1 & 1 \end{pmatrix} \text{②}-\text{①}\times 2 \to \begin{pmatrix} 1 & 0 & -3 \\ 0 & 1 & 1 \end{pmatrix} \text{①}-\text{②}\times 3$$

を得る．よって $\begin{cases} x=7 \\ y=-2 \end{cases}$, $\begin{cases} z=-3 \\ w=1 \end{cases}$ となるので $\begin{pmatrix} x & z \\ y & w \end{pmatrix} = \begin{pmatrix} 7 & -3 \\ -2 & 1 \end{pmatrix}$ である．■

☞ **注意 2.8.2** 例題 2.8.1 の [解] の簡約化は “②−①×2”，“①−②×3” と同じ操作を行っている．そこで次のようにすれば簡約化を 1 度で済ますことができる．

$$\begin{pmatrix} 1 & 3 & 1 & 0 \\ 2 & 7 & 0 & 1 \end{pmatrix} \to \begin{pmatrix} 1 & 3 & 1 & 0 \\ 0 & 1 & -2 & 1 \end{pmatrix} \text{②}-\text{①}\times 2 \to \begin{pmatrix} 1 & 0 & 7 & -3 \\ 0 & 1 & -2 & 1 \end{pmatrix} \text{①}-\text{②}\times 3$$

これは係数行列が同じときに有効である（例題 2.2.3 (p.46)，例題 2.8.2 (p.72) 参照）．✍

例題 2.8.2 $A = \begin{pmatrix} 1 & 1 & 2 \\ 1 & 2 & 1 \\ 2 & 3 & 4 \end{pmatrix}$ の逆行列を求めよ．

解 $AB = E_3 = \begin{pmatrix} 1 & 0 & 0 \\ 0 & 1 & 0 \\ 0 & 0 & 1 \end{pmatrix}$ となる行列 $B = \begin{pmatrix} x_1 & x_2 & x_3 \\ y_1 & y_2 & y_3 \\ z_1 & z_2 & z_3 \end{pmatrix}$ を求める．このとき

$$\begin{pmatrix} 1 & 0 & 0 \\ 0 & 1 & 0 \\ 0 & 0 & 1 \end{pmatrix} = E_3 = AB = \begin{pmatrix} 1 & 1 & 2 \\ 1 & 2 & 1 \\ 2 & 3 & 4 \end{pmatrix} \begin{pmatrix} x_1 & x_2 & x_3 \\ y_1 & y_2 & y_3 \\ z_1 & z_2 & z_3 \end{pmatrix}$$
$$= \begin{pmatrix} x_1 + y_1 + 2z_1 & x_2 + y_2 + 2z_2 & x_3 + y_3 + 2z_3 \\ x_1 + 2y_1 + z_1 & x_2 + 2y_2 + z_2 & x_3 + 2y_3 + z_3 \\ 2x_1 + 3y_1 + 4z_1 & 2x_2 + 3y_2 + 4z_2 & 2x_3 + 3y_3 + 4z_3 \end{pmatrix}$$

となる．よって $AB = E_3$ となる B を求めるためには，次の連立 1 次方程式を解けばよい．

$$\begin{cases} x_1 + y_1 + 2z_1 = 1 \\ x_1 + 2y_1 + z_1 = 0 \\ 2x_1 + 3y_1 + 4z_1 = 0 \end{cases}, \quad \begin{cases} x_2 + y_2 + 2z_2 = 0 \\ x_2 + 2y_2 + z_2 = 1 \\ 2x_2 + 3y_2 + 4z_2 = 0 \end{cases}, \quad \begin{cases} x_3 + y_3 + 2z_3 = 0 \\ x_3 + 2y_3 + z_3 = 0 \\ 2x_3 + 3y_3 + 4z_3 = 1 \end{cases}$$

ところで，これらの連立 1 次方程式の係数行列はいずれも A なので，A に 3 つの列ベクトル $\begin{pmatrix} 1 \\ 0 \\ 0 \end{pmatrix}, \begin{pmatrix} 0 \\ 1 \\ 0 \end{pmatrix}, \begin{pmatrix} 0 \\ 0 \\ 1 \end{pmatrix}$ を付け加えて得られる行列 $\begin{pmatrix} 1 & 1 & 2 & 1 & 0 & 0 \\ 1 & 2 & 1 & 0 & 1 & 0 \\ 2 & 3 & 4 & 0 & 0 & 1 \end{pmatrix}$ を簡約化することにより，3 つの連立 1 次方程式を同時に解くことができる（例題 2.2.3 (p.46) 参照）．

$$\begin{pmatrix} 1 & 1 & 2 & 1 & 0 & 0 \\ 1 & 2 & 1 & 0 & 1 & 0 \\ 2 & 3 & 4 & 0 & 0 & 1 \end{pmatrix} \xrightarrow{\text{簡約化}} \cdots \rightarrow \begin{pmatrix} 1 & 0 & 0 & 5 & 2 & -3 \\ 0 & 1 & 0 & -2 & 0 & 1 \\ 0 & 0 & 1 & -1 & -1 & 1 \end{pmatrix}$$

最後に得られた行列は，3 つの拡大係数行列

$$\begin{pmatrix} 1 & 0 & 0 & 5 \\ 0 & 1 & 0 & -2 \\ 0 & 0 & 1 & -1 \end{pmatrix}, \quad \begin{pmatrix} 1 & 0 & 0 & 2 \\ 0 & 1 & 0 & 0 \\ 0 & 0 & 1 & -1 \end{pmatrix}, \quad \begin{pmatrix} 1 & 0 & 0 & -3 \\ 0 & 1 & 0 & 1 \\ 0 & 0 & 1 & 1 \end{pmatrix}$$

を同時に表したものであるから，これらを連立 1 次方程式で表して

$$\begin{cases} x_1 = 5 \\ y_1 = -2 \\ z_1 = -1 \end{cases}, \quad \begin{cases} x_2 = 2 \\ y_2 = 0 \\ z_2 = -1 \end{cases}, \quad \begin{cases} x_3 = -3 \\ y_3 = 1 \\ z_3 = 1 \end{cases}$$

を得る．以上より連立 1 次方程式の解は

$$\begin{pmatrix} x_1 \\ y_1 \\ z_1 \end{pmatrix} = \begin{pmatrix} 5 \\ -2 \\ -1 \end{pmatrix}, \quad \begin{pmatrix} x_2 \\ y_2 \\ z_2 \end{pmatrix} = \begin{pmatrix} 2 \\ 0 \\ -1 \end{pmatrix}, \quad \begin{pmatrix} x_3 \\ y_3 \\ z_3 \end{pmatrix} = \begin{pmatrix} -3 \\ 1 \\ 1 \end{pmatrix}$$

である．したがって，求める逆行列は $A^{-1} = B = \begin{pmatrix} 5 & 2 & -3 \\ -2 & 0 & 1 \\ -1 & -1 & 1 \end{pmatrix}$ である． ■

☞ **注意 2.8.3** 得られた行列 B が A の逆行列であることを確かめるには，簡約化 (➪ p.44) に用いた行基本変形 (➪ p.39) をすべて確認してもよいが，行列の積 AB を計算し単位行列 (➪ p.36) になることをチェックした方が簡単なことが多い．✍

☞ **注意 2.8.4** 例題 2.8.2 (p.72) の解法を形式的に述べれば，n 次正方行列 A の逆行列を求めるためには，A と E_n を並べた行列 $\begin{pmatrix} A & E_n \end{pmatrix}$ を簡約化し $\begin{pmatrix} E_n & B \end{pmatrix}$ の形が得られれば，B が A の逆行列 (➪ p.71) となる．計算方法だけ暗記しても意味がないので「何故そうなるのか」を含めて理解してもらいたい．✍

☆ **参考 2.8.1** 例題 2.8.2 (p.72) の行列 A に対して，A の階数 (➪ p.45) は $\mathrm{rank}(A) = 3$ であることがわかる．このことは A が正則 (➪ p.71) であることと密接な関連がある（参考 2.8.2 (p.74) 参照）．✍

例題 2.8.3 $A = \begin{pmatrix} 1 & 0 & 1 \\ 0 & 1 & 0 \\ -1 & 0 & -1 \end{pmatrix}$ の逆行列を求めよ．

解　$AB = E_3$ となる行列 $B = \begin{pmatrix} x_1 & x_2 & x_3 \\ y_1 & y_2 & y_3 \\ z_1 & z_2 & z_3 \end{pmatrix}$ を求めればよい．例題 2.8.2 (p.72) の解法と同様にして A と単位行列 E_3 を並べた行列を簡約化すると

$$\begin{pmatrix} 1 & 0 & 1 & 1 & 0 & 0 \\ 0 & 1 & 0 & 0 & 1 & 0 \\ -1 & 0 & -1 & 0 & 0 & 1 \end{pmatrix} \to \begin{pmatrix} 1 & 0 & 1 & 1 & 0 & 0 \\ 0 & 1 & 0 & 0 & 1 & 0 \\ 0 & 0 & 0 & 1 & 0 & 1 \end{pmatrix} \ ③+①$$

$$\to \begin{pmatrix} 1 & 0 & 1 & 0 & 0 & -1 \\ 0 & 1 & 0 & 0 & 1 & 0 \\ 0 & 0 & 0 & 1 & 0 & 1 \end{pmatrix} \ ①-③$$

を得る．最後の行列は 3 つの拡大係数行列

$$\begin{pmatrix} 1 & 0 & 1 & 0 \\ 0 & 1 & 0 & 0 \\ 0 & 0 & 0 & 1 \end{pmatrix}, \quad \begin{pmatrix} 1 & 0 & 1 & 0 \\ 0 & 1 & 0 & 1 \\ 0 & 0 & 0 & 0 \end{pmatrix}, \quad \begin{pmatrix} 1 & 0 & 1 & -1 \\ 0 & 1 & 0 & 0 \\ 0 & 0 & 0 & 1 \end{pmatrix}$$

を同時に表したものである．これを連立 1 次方程式で表せば

$$\begin{cases} x_1 \quad + z_1 = 0 \\ \quad y_1 \quad = 0 \\ \quad\quad 0 = 1 \ \cdots(\bigstar) \end{cases}, \quad \begin{cases} x_2 \quad + z_2 = 0 \\ \quad y_2 \quad = 1 \\ \quad\quad 0 = 0 \end{cases}, \quad \begin{cases} x_3 \quad + z_3 = -1 \\ \quad y_3 \quad = 0 \\ \quad\quad 0 = 1 \ \cdots(\bigstar) \end{cases}$$

となる．このとき第 1 および第 3 の連立 1 次方程式は ($\bigstar$) より解をもたない．つまり $AB = E_3$ となる B は存在しない．以上より行列 A は逆行列をもたない． ■

☞ **注意 2.8.5** 例題 2.8.3 の行列 A に対して，$\mathrm{rank}(A) = 2$ であることがわかる．✍

☆ **参考 2.8.2** 例題 2.8.2 (p.72) の行列 A は正則 (➪ p.71) で, 参考 2.8.1 (p.73) より $\mathrm{rank}(A) = 3$ となる．また例題 2.8.3 (p.73) の行列 A は正則ではなく，注意 2.8.5 より $\mathrm{rank}(A) < 3$ である．より一般に，n 次正方行列 A に対して次が同値であることが知られている．

(1) A は正則である．
(2) $\mathrm{rank}(A) = n$ である．
(3) A の簡約化は E_n である．

ここでも詳細は省略するが，$\mathrm{rank}(A) = n$ のとき $AB = E_n$ をみたす行列 B が連立 1 次方程式を解くことにより求まり，$\mathrm{rank}(A) < n$ のとき $AB = E_n$ に対応する連立 1 次方程式は解をもたないことを実感してもらいたい．✍

☞ **注意 2.8.6** n 次正方行列 A が正則のとき，連立 1 次方程式 $A\boldsymbol{x} = \boldsymbol{b}$ の解は $\boldsymbol{x} = A^{-1}\boldsymbol{b}$ と表される．実際，$A^{-1}A = E_n$, $E_n\boldsymbol{x} = \boldsymbol{x}$ なので

$$\boldsymbol{x} = E_n\boldsymbol{x} = (A^{-1}A)\boldsymbol{x} = A^{-1}(A\boldsymbol{x}) = A^{-1}\boldsymbol{b} \qquad \therefore \quad \boldsymbol{x} = A^{-1}\boldsymbol{b}$$

である．ところが A が逆行列をもたないときは，連立 1 次方程式 $A\boldsymbol{x} = \boldsymbol{b}$ が解をもつ場合も，もたない場合もある．たとえば A を例題 2.8.3 (p.73) の行列とすると，A は逆行列をもたない．このとき $\boldsymbol{b}_1 = \begin{pmatrix} 0 \\ 0 \\ 0 \end{pmatrix}$, $\boldsymbol{b}_2 = \begin{pmatrix} 0 \\ 0 \\ 1 \end{pmatrix}$ に対して $A\boldsymbol{x} = \boldsymbol{b}_1$ は（無数の）解をもち，$A\boldsymbol{x} = \boldsymbol{b}_2$ は解をもたないことがわかる（問題 2.8 の 2 参照）．✍

問題 2.8 【略解 p.197】

1. 次の行列の逆行列を求めよ．

(1) $\begin{pmatrix} 1 & 2 \\ 3 & 7 \end{pmatrix}$　(2) $\begin{pmatrix} 4 & 5 \\ 7 & 8 \end{pmatrix}$　(3) $\begin{pmatrix} 4 & 2 \\ 16 & 8 \end{pmatrix}$

(4) $\begin{pmatrix} 1 & 3 & -3 \\ 3 & 5 & -6 \\ -1 & -2 & 2 \end{pmatrix}$　(5) $\begin{pmatrix} 1 & 2 & 2 \\ 0 & 1 & 1 \\ 1 & 0 & 0 \end{pmatrix}$　(6) $\begin{pmatrix} 1 & -1 & -3 \\ -1 & 2 & 5 \\ -1 & 1 & 4 \end{pmatrix}$

(7) $\begin{pmatrix} 1 & 1 & -2 & -3 \\ 1 & 2 & -3 & -7 \\ -1 & -2 & 4 & 1 \\ 1 & 2 & -2 & -12 \end{pmatrix}$　(8) $\begin{pmatrix} 1 & 1 & 3 & 3 \\ 1 & 2 & 5 & 5 \\ 1 & 0 & 2 & 2 \\ 1 & 2 & 2 & 2 \end{pmatrix}$

2. 次の連立 1 次方程式を解け．

(1) $\begin{pmatrix} 1 & 0 & 1 \\ 0 & 1 & 0 \\ -1 & 0 & -1 \end{pmatrix}\begin{pmatrix} x_1 \\ x_2 \\ x_3 \end{pmatrix} = \begin{pmatrix} 0 \\ 0 \\ 0 \end{pmatrix}$　(2) $\begin{pmatrix} 1 & 0 & 1 \\ 0 & 1 & 0 \\ -1 & 0 & -1 \end{pmatrix}\begin{pmatrix} x_1 \\ x_2 \\ x_3 \end{pmatrix} = \begin{pmatrix} 0 \\ 0 \\ 1 \end{pmatrix}$

2.9 行列式の導入

例題 2.9.1 次の連立 1 次方程式を解け．ただし $a_1b_2 - a_2b_1 \neq 0$ とする．

$$\begin{pmatrix} a_1 & b_1 \\ a_2 & b_2 \end{pmatrix}\begin{pmatrix} x \\ y \end{pmatrix} = \begin{pmatrix} \alpha \\ \beta \end{pmatrix} \tag{2.9.1}$$

解 ここではガウスの消去法 (➪p.39) ではなく，直接の計算により解を求める [*6]．

$$\begin{cases} a_1x + b_1y = \alpha & \cdots ① \\ a_2x + b_2y = \beta & \cdots ② \end{cases}$$

とする．y, x を消去するため ① $\times b_2 -$ ② $\times b_1$ および ① $\times a_2 -$ ② $\times a_1$ を考えると

$$\begin{array}{rr} & a_1b_2x + b_1b_2y = \alpha b_2 \\ -) & a_2b_1x + b_1b_2y = \beta b_1 \\ \hline & (a_1b_2 - a_2b_1)x = \alpha b_2 - \beta b_1 \end{array} \qquad \begin{array}{rr} & a_1a_2x + a_2b_1y = \alpha a_2 \\ -) & a_1a_2x + a_1b_2y = \beta a_1 \\ \hline & (a_2b_1 - a_1b_2)y = \alpha a_2 - \beta a_1 \end{array}$$

となる．よって

$$\begin{pmatrix} x \\ y \end{pmatrix} = \frac{1}{a_1b_2 - a_2b_1}\begin{pmatrix} \alpha b_2 - \beta b_1 \\ a_1\beta - a_2\alpha \end{pmatrix} \tag{2.9.2}$$

が求める連立 1 次方程式の解である． ■

☞ **注意 2.9.1** 例題 2.9.1 は逆行列 (➪p.57) を用いても解ける．ここでは例題 2.9.2 (p.76) と同様の手法を用いた．✍

☞ **注意 2.9.2** 例題 2.9.1 の解 (2.9.2) に現れる "$a_1b_2 - a_2b_1$" を $\begin{vmatrix} a_1 & b_1 \\ a_2 & b_2 \end{vmatrix}$ と書くことにすると

$$b_2\alpha - b_1\beta = \begin{vmatrix} \alpha & b_1 \\ \beta & b_2 \end{vmatrix}, \qquad a_1\beta - a_2\alpha = \begin{vmatrix} a_1 & \alpha \\ a_2 & \beta \end{vmatrix}$$

であるから，(2.9.2) は

$$x = \frac{\begin{vmatrix} \alpha & b_1 \\ \beta & b_2 \end{vmatrix}}{\begin{vmatrix} a_1 & b_1 \\ a_2 & b_2 \end{vmatrix}}, \qquad y = \frac{\begin{vmatrix} a_1 & \alpha \\ a_2 & \beta \end{vmatrix}}{\begin{vmatrix} a_1 & b_1 \\ a_2 & b_2 \end{vmatrix}} \tag{2.9.3}$$

と表すことができる．ここで x の分子 $\begin{vmatrix} \alpha & b_1 \\ \beta & b_2 \end{vmatrix}$ と y の分子 $\begin{vmatrix} \alpha & b_1 \\ \beta & b_2 \end{vmatrix}$ は，分母 $\begin{vmatrix} a_1 & b_1 \\ a_2 & b_2 \end{vmatrix}$ において x の係数 $\boxed{\begin{matrix} a_1 \\ a_2 \end{matrix}}$ を $\boxed{\begin{matrix} \alpha \\ \beta \end{matrix}}$ に置き換えたものと，y の係数 $\boxed{\begin{matrix} b_1 \\ b_2 \end{matrix}}$ を $\boxed{\begin{matrix} \alpha \\ \beta \end{matrix}}$ に置き換えたものになっている．✍

[*6] この問題のように成分が文字である場合には，ガウスの消去法はむしろ扱いにくいことがある．たとえば $a_1 \neq 0$ ならば第 1 行に $1/a_1$ を掛けて (1,1) 成分を 1 にすることによりガウスの消去法を進めることができるが，$a_1 = 0$ の場合は別に扱う必要があり，$a_1 \neq 0$ と $a_1 = 0$ のときを別々に考えなければならないからである．

2次行列式

2次正方行列 $A = \begin{pmatrix} a_1 & b_1 \\ a_2 & b_2 \end{pmatrix}$ に対して

$$|A| = \begin{vmatrix} a_1 & b_1 \\ a_2 & b_2 \end{vmatrix}^{*7} = a_1b_2 - a_2b_1$$

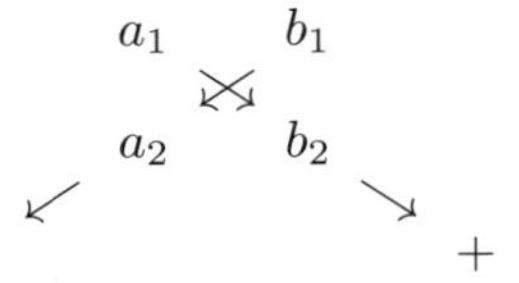

を A の**行列式**または**2次行列式**という.

注意 2.9.2 (p.75) は2次正方行列を係数行列とする連立1次方程式の解が，行列式で表されることを述べている．これを**クラーメルの公式**という（一般の場合は p.88 参照）.

クラーメルの公式（特別な場合）

連立1次方程式 $\begin{pmatrix} a_1 & b_1 \\ a_2 & b_2 \end{pmatrix}\begin{pmatrix} x \\ y \end{pmatrix} = \begin{pmatrix} \alpha \\ \beta \end{pmatrix}$ は $a_1b_2 - a_2b_1 \neq 0$ のとき解をもち

$$x = \frac{\begin{vmatrix} \alpha & b_1 \\ \beta & b_2 \end{vmatrix}}{\begin{vmatrix} a_1 & b_1 \\ a_2 & b_2 \end{vmatrix}}, \qquad y = \frac{\begin{vmatrix} a_1 & \alpha \\ a_2 & \beta \end{vmatrix}}{\begin{vmatrix} a_1 & b_1 \\ a_2 & b_2 \end{vmatrix}}$$

となる.

例題 2.9.2 次の連立1次方程式から z を消去し，クラーメルの公式を用いて x, y を求めよ.

$$\begin{pmatrix} a_1 & b_1 & c_1 \\ a_2 & b_2 & c_2 \\ a_3 & b_3 & c_3 \end{pmatrix}\begin{pmatrix} x \\ y \\ z \end{pmatrix} = \begin{pmatrix} \alpha \\ \beta \\ \gamma \end{pmatrix} \tag{2.9.4}$$

ただし $\Delta = \begin{vmatrix} a_1c_3 - a_3c_1 & b_1c_3 - b_3c_1 \\ a_2c_3 - a_3c_2 & b_2c_3 - b_3c_2 \end{vmatrix} \neq 0$ とする.

解　まず z を消去するため

$$\begin{cases} a_1x + b_1y + c_1z = \alpha & \cdots ① \\ a_2x + b_2y + c_2z = \beta & \cdots ② \\ a_3x + b_3y + c_3z = \gamma & \cdots ③ \end{cases}$$

とおいて，① $\times c_3 -$ ③ $\times c_1$ と ② $\times c_3 -$ ③ $\times c_2$ を考える.

$$① \times c_3 - ③ \times c_1 : \quad (a_1c_3 - a_3c_1)x + (b_1c_3 - b_3c_1)y = \alpha c_3 - \gamma c_1$$
$$② \times c_3 - ③ \times c_2 : \quad (a_2c_3 - a_3c_2)x + (b_2c_3 - b_3c_2)y = \beta c_3 - \gamma c_2$$

---

*7 正確には $\left|\begin{pmatrix} a_1 & b_1 \\ a_2 & b_2 \end{pmatrix}\right|$ と書くべきであるが，記号の簡略化のため（　）を省略して表すことにする.

このときクラーメルの公式 (➪ p.76) より

$$x = \frac{\begin{vmatrix} \alpha c_3 - \gamma c_1 & b_1c_3 - b_3c_1 \\ \beta c_3 - \gamma c_2 & b_2c_3 - b_3c_2 \end{vmatrix}}{\begin{vmatrix} a_1c_3 - a_3c_1 & b_1c_3 - b_3c_1 \\ a_2c_3 - a_3c_2 & b_2c_3 - b_3c_2 \end{vmatrix}}, \qquad y = \frac{\begin{vmatrix} a_1c_3 - a_3c_1 & \alpha c_3 - \gamma c_1 \\ a_2c_3 - a_3c_2 & \beta c_3 - \gamma c_2 \end{vmatrix}}{\begin{vmatrix} a_1c_3 - a_3c_1 & b_1c_3 - b_3c_1 \\ a_2c_3 - a_3c_2 & b_2c_3 - b_3c_2 \end{vmatrix}} \tag{2.9.5}$$

となる [*8]. ■

☞ **注意 2.9.3** 例題 2.9.2 の 2 次行列式 Δ を行列式の定義にしたがって展開すると

$$\begin{aligned} \Delta &= \begin{vmatrix} a_1c_3 - a_3c_1 & b_1c_3 - b_3c_1 \\ a_2c_3 - a_3c_2 & b_2c_3 - b_3c_2 \end{vmatrix} \\ &= (a_1c_3 - a_3c_1)(b_2c_3 - b_3c_2) - (a_2c_3 - a_3c_2)(b_1c_3 - b_3c_1) \\ &= (a_1b_2{c_3}^2 - a_1b_3c_2c_3 - a_3b_2c_1c_3 + \underset{\sim\sim\sim}{a_3b_3c_1c_2}) \\ &\qquad - (a_2b_1{c_3}^2 - a_2b_3c_1c_3 - a_3b_1c_2c_3 + \underset{\sim\sim\sim}{a_3b_3c_1c_2}) \end{aligned}$$

となる．このとき $\underset{\sim\sim\sim}{a_3b_3c_1c_2}$ は打ち消しあうので c_3 でくくることができる．よって (2.9.5) の分母の行列式 Δ は次のようになる．

$$\Delta = c_3(a_1b_2c_3 - a_1b_3c_2 - a_3b_2c_1 - a_2b_1c_3 + a_2b_3c_1 + \underline{\underline{a_3b_1c_2}})$$

これを a_1, a_2, a_3 でくくって

$$\Delta = c_3\{a_1(b_2c_3 - b_3c_2) + a_3(-b_2c_1 + \underline{\underline{b_1c_2}}) - a_2(b_1c_3 - b_3c_1)\}$$

を得る．さらに Δ を行列式 (➪ p.76) を用いて表すと

$$\Delta = c_3\left(a_1\begin{vmatrix} b_2 & c_2 \\ b_3 & c_3 \end{vmatrix} - a_2\begin{vmatrix} b_1 & c_1 \\ b_3 & c_3 \end{vmatrix} + a_3\begin{vmatrix} b_1 & c_1 \\ b_2 & c_2 \end{vmatrix}\right) \tag{2.9.6}$$

となる．(2.9.5) より x の分子は分母の a_1 を α に，a_2 を β に，a_3 を γ に置き換えたものなので

$$\begin{vmatrix} \alpha c_3 - \gamma c_1 & b_1c_3 - b_3c_1 \\ \beta c_3 - \gamma c_2 & b_2c_3 - b_3c_2 \end{vmatrix} = c_3\left(\alpha\begin{vmatrix} b_2 & c_2 \\ b_3 & c_3 \end{vmatrix} - \beta\begin{vmatrix} b_1 & c_1 \\ b_3 & c_3 \end{vmatrix} + \gamma\begin{vmatrix} b_1 & c_1 \\ b_2 & c_2 \end{vmatrix}\right)$$

と書けることがわかる．よって上式および (2.9.6) を (2.9.5) に代入して

$$x = \frac{\alpha\begin{vmatrix} b_2 & c_2 \\ b_3 & c_3 \end{vmatrix} - \beta\begin{vmatrix} b_1 & c_1 \\ b_3 & c_3 \end{vmatrix} + \gamma\begin{vmatrix} b_1 & c_1 \\ b_2 & c_2 \end{vmatrix}}{a_1\begin{vmatrix} b_2 & c_2 \\ b_3 & c_3 \end{vmatrix} - a_2\begin{vmatrix} b_1 & c_1 \\ b_3 & c_3 \end{vmatrix} + a_3\begin{vmatrix} b_1 & c_1 \\ b_2 & c_2 \end{vmatrix}} \tag{2.9.7}$$

である [*9]. ✍

---

*8 問題中の条件 $\Delta \neq 0$ よりクラーメルの公式が適用できる．

*9 $\Delta \neq 0$ なので (2.9.6) より $c_3 \neq 0$ となる．よって分母，分子の c_3 を約分することができる．

クラーメルの公式 (⇨ p.76) より，2 次正方行列を係数行列とする連立 1 次方程式の解は，行列式 (⇨ p.76) を用いて表すことができた．3 次正方行列を係数行列とする連立 1 次方程式 (2.9.4) (p.76) に対しても，その解を行列式で表すことを考えよう．このとき (2.9.1) (p.75) の解 (2.9.3) (p.75) の分母は係数行列の行列式であったから，(2.9.7) (p.77) の分母を 3 次正方行列の行列式と定義することが考えられる．つまり

$$\begin{vmatrix} a_1 & b_1 & c_1 \\ a_2 & b_2 & c_2 \\ a_3 & b_3 & c_3 \end{vmatrix} = a_1 \begin{vmatrix} b_2 & c_2 \\ b_3 & c_3 \end{vmatrix} - a_2 \begin{vmatrix} b_1 & c_1 \\ b_3 & c_3 \end{vmatrix} + a_3 \begin{vmatrix} b_1 & c_1 \\ b_2 & c_2 \end{vmatrix} \tag{2.9.8}$$

である．ここで $a_1\begin{vmatrix} b_2 & c_2 \\ b_3 & c_3 \end{vmatrix}$, $a_2\begin{vmatrix} b_1 & c_1 \\ b_3 & c_3 \end{vmatrix}$, $a_3\begin{vmatrix} b_1 & c_1 \\ b_2 & c_2 \end{vmatrix}$ は，それぞれ次のようにみるとよい．

$$\begin{vmatrix} a_1 & * & * \\ * & b_2 & c_2 \\ * & b_3 & c_3 \end{vmatrix}, \qquad \begin{vmatrix} * & b_1 & c_1 \\ a_2 & * & * \\ * & b_3 & c_3 \end{vmatrix}, \qquad \begin{vmatrix} * & b_1 & c_1 \\ * & b_2 & c_2 \\ a_3 & * & * \end{vmatrix}$$

たとえば第 1 項は，a_1 を含む行と列 (つまり第 1 行と第 1 列) を除いて得られる行列 $\begin{pmatrix} b_2 & c_2 \\ b_3 & c_3 \end{pmatrix}$ の行列式と a_1 の積，という意味である．ただし (2.9.8) の符号は順に +, −, + となっていることに注意が必要である．

3 次行列式

3 次正方行列 $A = \begin{pmatrix} a_1 & b_1 & c_1 \\ a_2 & b_2 & c_2 \\ a_3 & b_3 & c_3 \end{pmatrix}$ に対して

$$|A| = \begin{vmatrix} a_1 & b_1 & c_1 \\ a_2 & b_2 & c_2 \\ a_3 & b_3 & c_3 \end{vmatrix} = a_1 \begin{vmatrix} b_2 & c_2 \\ b_3 & c_3 \end{vmatrix} - a_2 \begin{vmatrix} b_1 & c_1 \\ b_3 & c_3 \end{vmatrix} + a_3 \begin{vmatrix} b_1 & c_1 \\ b_2 & c_2 \end{vmatrix}$$

を A の**行列式**または **3 次行列式**という．

上式右辺の 2 次行列式 (⇨ p.76) を展開すれば

$$\begin{aligned} \begin{vmatrix} a_1 & b_1 & c_1 \\ a_2 & b_2 & c_2 \\ a_3 & b_3 & c_3 \end{vmatrix} &= a_1 \begin{vmatrix} b_2 & c_2 \\ b_3 & c_3 \end{vmatrix} - a_2 \begin{vmatrix} b_1 & c_1 \\ b_3 & c_3 \end{vmatrix} + a_3 \begin{vmatrix} b_1 & c_1 \\ b_2 & c_2 \end{vmatrix} \qquad (2.9.9) \\ &= a_1(b_2c_3 - b_3c_2) - a_2(b_1c_3 - b_3c_1) + a_3(b_1c_2 - b_2c_1) \\ &= a_1b_2c_3 - a_1b_3c_2 - a_2b_1c_3 + a_2b_3c_1 + a_3b_1c_2 - a_3b_2c_1 \end{aligned}$$

となる．このように 3 次行列式は非常に複雑にみえるが，次のようにみるとわかりやすいであろう．この方法を**サルスの方法**という．

サルスの方法

$$\begin{vmatrix} a_1 & b_1 & c_1 \\ a_2 & b_2 & c_2 \\ a_3 & b_3 & c_3 \end{vmatrix} = a_1b_2c_3 + b_1c_2a_3 + c_1a_2b_3 - c_1b_2a_3 - a_1c_2b_3 - b_1a_2c_3$$

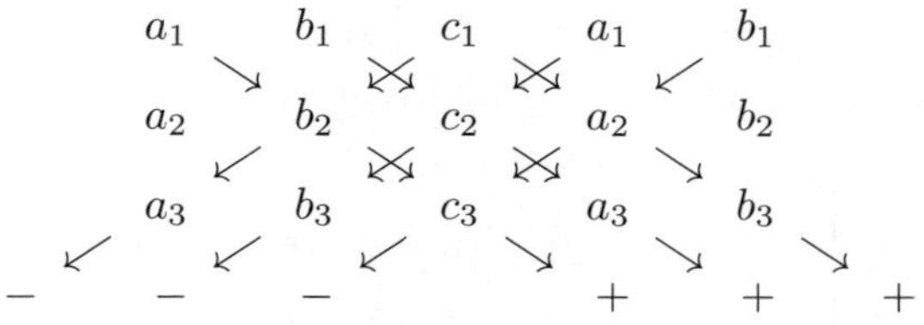

これまでに学んだ行列式の定義 (2.9.9) (p.78) とサルスの方法を用いて，実際に行列式を求めてみよう．行列式は行列の対角化 (➪ p.159)，特に固有値 (➪ p.151) を求める際に必要になる．

例題 2.9.3 次の行列式を求めよ．

(1) $\begin{vmatrix} 1 & 0 & 2 \\ 2 & 1 & 1 \\ 1 & -1 & 2 \end{vmatrix}$ (2) $\begin{vmatrix} 1 & 0 & 2 \\ 2 & 1 & 3 \\ 1 & -1 & 3 \end{vmatrix}$ (3) $\begin{vmatrix} 1 & 0 & 2 \\ 0 & 1 & 1 \\ 0 & -1 & 2 \end{vmatrix}$ (4) $\begin{vmatrix} t+1 & 0 & -3 \\ 2 & t-1 & 1 \\ 1 & 0 & t-2 \end{vmatrix}$

解　3 次行列式の定義 (2.9.9) (p.78) にしたがうと次のようになる．

(1) $$\begin{vmatrix} 1 & 0 & 2 \\ 2 & 1 & 1 \\ 1 & -1 & 2 \end{vmatrix} = 1\begin{vmatrix} 1 & 1 \\ -1 & 2 \end{vmatrix} - 2\begin{vmatrix} 0 & 2 \\ -1 & 2 \end{vmatrix} + 1\begin{vmatrix} 0 & 2 \\ 1 & 1 \end{vmatrix} = 3 - 4 - 2 = -3$$

(2) $$\begin{vmatrix} 1 & 0 & 2 \\ 2 & 1 & 3 \\ 1 & -1 & 3 \end{vmatrix} = 1\begin{vmatrix} 1 & 3 \\ -1 & 3 \end{vmatrix} - 2\begin{vmatrix} 0 & 2 \\ -1 & 3 \end{vmatrix} + 1\begin{vmatrix} 0 & 2 \\ 1 & 3 \end{vmatrix} = 6 - 4 - 2 = 0$$

(3) $$\begin{vmatrix} 1 & 0 & 2 \\ 0 & 1 & 1 \\ 0 & -1 & 2 \end{vmatrix} = 1\begin{vmatrix} 1 & 1 \\ -1 & 2 \end{vmatrix} - 0\begin{vmatrix} 0 & 2 \\ -1 & 2 \end{vmatrix} + 0\begin{vmatrix} 0 & 2 \\ 1 & 1 \end{vmatrix} = 3$$

(4) $$\begin{vmatrix} t+1 & 0 & -3 \\ 2 & t-1 & 1 \\ 1 & 0 & t-2 \end{vmatrix} = (t+1)\begin{vmatrix} t-1 & 1 \\ 0 & t-2 \end{vmatrix} - 2\begin{vmatrix} 0 & -3 \\ 0 & t-2 \end{vmatrix} + 1\begin{vmatrix} 0 & -3 \\ t-1 & 1 \end{vmatrix}$$
$$= (t+1)\underline{(t-1)}(t-2) + 3\underline{(t-1)} = \underline{(t-1)}(t^2 - t + 1)$$ ■

☞ **注意 2.9.4** 3 次行列式は (2.9.9) (p.78) にしたがい求めることも，またサルスの方法を用いて求めることもできる．サルスの方法は視覚的には捉えやすいが，一般には項の数が多くなるので計算が面倒になることもある．どちらを用いるかは問題ごとに判断する必要がある．✍

例題 2.9.4 例題 2.9.3 (p.79) の行列式をサルスの方法を用いて求めよ．

(1) $\begin{vmatrix} 1 & 0 & 2 \\ 2 & 1 & 1 \\ 1 & -1 & 2 \end{vmatrix}$ (2) $\begin{vmatrix} 1 & 0 & 2 \\ 2 & 1 & 3 \\ 1 & -1 & 3 \end{vmatrix}$ (3) $\begin{vmatrix} 1 & 0 & 2 \\ 0 & 1 & 1 \\ 0 & -1 & 2 \end{vmatrix}$ (4) $\begin{vmatrix} t+1 & 0 & -3 \\ 2 & t-1 & 1 \\ 1 & 0 & t-2 \end{vmatrix}$

解 (1)
$$\begin{vmatrix} 1 & 0 & 2 \\ 2 & 1 & 1 \\ 1 & -1 & 2 \end{vmatrix} = \{1\times1\times2\}+\{0\times1\times1\}+\{2\times2\times(-1)\} - \{2\times1\times1\}-\{1\times1\times(-1)\}-\{0\times2\times2\}$$
$$= 2-4-2+1=-3$$

(2)
$$\begin{vmatrix} 1 & 0 & 2 \\ 2 & 1 & 3 \\ 1 & -1 & 3 \end{vmatrix} = \{1\times1\times3\}+\{0\times3\times1\}+\{2\times2\times(-1)\} - \{2\times1\times1\}-\{1\times3\times(-1)\}-\{0\times2\times3\}$$
$$= 3-4-2+3=0$$

(3)
$$\begin{vmatrix} 1 & 0 & 2 \\ 0 & 1 & 1 \\ 0 & -1 & 2 \end{vmatrix} = \{1\times1\times2\}-\{1\times1\times(-1)\}=2+1=3$$

(4)
$$\begin{vmatrix} t+1 & 0 & -3 \\ 2 & t-1 & 1 \\ 1 & 0 & t-2 \end{vmatrix} = (t+1)(t-1)(t-2)-\{(-3)\times(t-1)\times1\}$$
$$= (t-1)(t^2-t+1)$$ ■

3次行列式は (2.9.9) (p.78) により，2次行列式 (➪p.76) を用いて定義された．4次以上の行列に対しても同様にして行列式を定義することができる（付録 B (p.227) 参照）．

4次行列式

4次正方行列 $A=\begin{pmatrix} a_1 & b_1 & c_1 & d_1 \\ a_2 & b_2 & c_2 & d_2 \\ a_3 & b_3 & c_3 & d_3 \\ a_4 & b_4 & c_4 & d_4 \end{pmatrix}$ に対して

$$\begin{vmatrix} a_1 & b_1 & c_1 & d_1 \\ a_2 & b_2 & c_2 & d_2 \\ a_3 & b_3 & c_3 & d_3 \\ a_4 & b_4 & c_4 & d_4 \end{vmatrix} = a_1\begin{vmatrix} b_2 & c_2 & d_2 \\ b_3 & c_3 & d_3 \\ b_4 & c_4 & d_4 \end{vmatrix} - a_2\begin{vmatrix} b_1 & c_1 & d_1 \\ b_3 & c_3 & d_3 \\ b_4 & c_4 & d_4 \end{vmatrix} + a_3\begin{vmatrix} b_1 & c_1 & d_1 \\ b_2 & c_2 & d_2 \\ b_4 & c_4 & d_4 \end{vmatrix} - a_4\begin{vmatrix} b_1 & c_1 & d_1 \\ b_2 & c_2 & d_2 \\ b_3 & c_3 & d_3 \end{vmatrix} \quad (2.9.10)$$

を A の**行列式**または**4次行列式**という．

n 次正方行列に対しても，$(n-1)$ 次行列式を用いて n 次行列式を定義することができる．

n 次行列式

n 次正方行列 A の第 1 列が $a_1, a_2, a_3, a_4, a_5, \cdots, a_n$ であるとき [*10]
$$|A| = a_1|A_1| - a_2|A_2| + a_3|A_3| - a_4|A_4| + a_5|A_5| - \cdots + (-1)^{n+1}a_n|A_n|$$
を A の**行列式**または **n 次行列式**という．ただし $|A_i|$ は行列 A の第 i 行および第 1 列を除いて得られる $(n-1)$ 次正方行列の $(n-1)$ 次行列式である $(i = 1, 2, \cdots, n)$.

例 2.9.1 5 次正方行列 $A = \begin{pmatrix} 1 & 2 & 3 & 4 & 5 \\ 6 & 7 & 8 & 9 & 10 \\ 11 & 12 & 13 & 14 & 15 \\ 16 & 17 & 18 & 19 & 20 \\ 21 & 22 & 23 & 24 & 25 \end{pmatrix}$ の行列式は，次で与えられる．

$$|A| = 1 \begin{vmatrix} 7 & 8 & 9 & 10 \\ 12 & 13 & 14 & 15 \\ 17 & 18 & 19 & 20 \\ 22 & 23 & 24 & 25 \end{vmatrix} - 6 \begin{vmatrix} 2 & 3 & 4 & 5 \\ 12 & 13 & 14 & 15 \\ 17 & 18 & 19 & 20 \\ 22 & 23 & 24 & 25 \end{vmatrix} + 11 \begin{vmatrix} 2 & 3 & 4 & 5 \\ 7 & 8 & 9 & 10 \\ 17 & 18 & 19 & 20 \\ 22 & 23 & 24 & 25 \end{vmatrix}$$
$$- 16 \begin{vmatrix} 2 & 3 & 4 & 5 \\ 7 & 8 & 9 & 10 \\ 12 & 13 & 14 & 15 \\ 22 & 23 & 24 & 25 \end{vmatrix} + 21 \begin{vmatrix} 2 & 3 & 4 & 5 \\ 7 & 8 & 9 & 10 \\ 12 & 13 & 14 & 15 \\ 17 & 18 & 19 & 20 \end{vmatrix}$$

☆ **参考 2.9.1** 4 次以上の行列に対しては，サルスの方法 (⇨p.79) のような「たすきがけ」では行列式は求まらない．実際 $A = \begin{pmatrix} 1 & 0 & 0 & 1 \\ 0 & 1 & 0 & 0 \\ 0 & 0 & 1 & 0 \\ 1 & 0 & 0 & 1 \end{pmatrix}$ とすると，4 次行列式の定義 (2.9.10) より

$$|A| = 1 \times \begin{vmatrix} 1 & 0 & 0 \\ 0 & 1 & 0 \\ 0 & 0 & 1 \end{vmatrix} - 1 \times \begin{vmatrix} 0 & 0 & 1 \\ 1 & 0 & 0 \\ 0 & 1 & 0 \end{vmatrix} = 1 - 1 = 0$$

である．しかしサルスの方法と同様に ↘ の積は符号を "+" とし ↙ の積は符号を "−" とすると，下図より「たすきがけ」の結果は 1 になってしまう．よってこの行列 A に対しては，サルスの方法を真似しても，正しい値が得られない．

```
1   0   0   1   1   0   0
 ↘   ↘   ↘  ↘✗  ↙  ↙   ↙
0   1   0   0   0   1   0
     ↘   ↘  ↘✗ ✗↙  ↙   ↙
0   0   1   0   0   0   1
 ↙   ↙  ↙✗ ✗↘   ↘   ↘   ↘
1   0   0   1   1   0   0
 ↙   ↙   ↙   ↙   ↘   ↘   ↘
 −   −   −   −   +   +   +   +
```

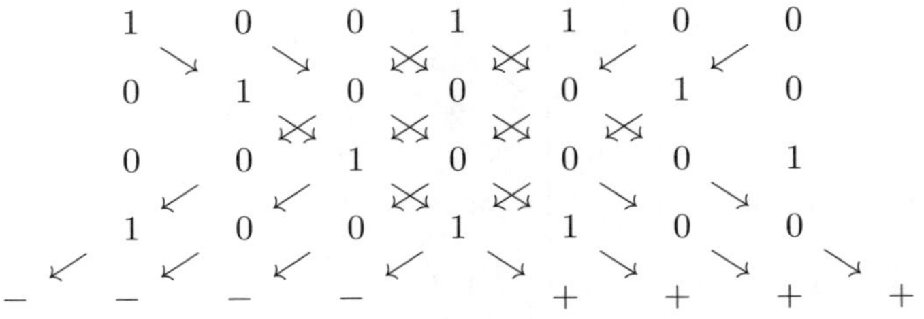

[*10] 正確には，A の $(i, 1)$ 成分が a_i $(i = 1, 2, 3, 4, 5, \cdots, n)$ の意味である．

まったく同様にして，サルスの方法のような「たすきがけ」では正しく行列式の値が求まらない n 次正方行列を考えることができる $(n \geqq 4)$．✍

☞ **注意 2.9.5** 例 2.9.1 (p.81) の行列式は，(2.9.10) (p.80) を用いて 4 個の 4 次行列式を計算すれば求まるが，計算が煩雑になることは容易に想像がつくであろう．次節ではこのような行列式を求める方法を学ぶ（例題 2.10.5 (p.87) 参照）．✍

☞ **注意 2.9.6** 複素数 z の絶対値 $|z|$ (➪ p.21) は $|z| \geqq 0$ であった．ところが

$$\begin{vmatrix} 1 & 2 \\ 1 & 1 \end{vmatrix} = 1 - 2 = -1$$

となるので，n 次正方行列 A の行列式は $|A| \geqq 0$ とは限らない．✍

問題 2.9 【略解 p.198】

1. 次の行列式を求めよ．

(1) $\begin{vmatrix} 1 & 4 \\ 3 & 2 \end{vmatrix}$　(2) $\begin{vmatrix} 5 & 6 \\ 8 & 9 \end{vmatrix}$　(3) $\begin{vmatrix} t+2 & -1 \\ 5 & t-4 \end{vmatrix}$

(4) $\begin{vmatrix} -1 & 3 & 3 \\ 1 & 2 & -1 \\ 1 & -2 & -2 \end{vmatrix}$　(5) $\begin{vmatrix} 1 & 2 & -1 \\ -1 & -1 & 2 \\ 2 & -1 & 1 \end{vmatrix}$　(6) $\begin{vmatrix} 1 & 1 & -1 \\ 3 & 3 & 2 \\ -2 & -1 & -1 \end{vmatrix}$

(7) $\begin{vmatrix} t-1 & 0 & 2 \\ -1 & t-2 & 2 \\ -1 & -1 & t+3 \end{vmatrix}$　(8) $\begin{vmatrix} 1 & 3 & 0 & -2 \\ -1 & 3 & -2 & -2 \\ 2 & -1 & 2 & 1 \\ -1 & 1 & -1 & -2 \end{vmatrix}$　(9) $\begin{vmatrix} 1 & 1 & -1 & 2 \\ 1 & 3 & 3 & 2 \\ 1 & 1 & 1 & 2 \\ 0 & 2 & 3 & -1 \end{vmatrix}$

2. 次の行列式を求めよ．

(1) $\begin{vmatrix} t-3 & -4 \\ -2 & t-1 \end{vmatrix}$　(2) $\begin{vmatrix} t-4 & 7 \\ -1 & t+1 \end{vmatrix}$　(3) $\begin{vmatrix} t-2 & 2 \\ -1 & t-5 \end{vmatrix}$

(4) $\begin{vmatrix} t-2 & -2 & -3 \\ 0 & t-3 & 0 \\ -3 & -8 & t+6 \end{vmatrix}$　(5) $\begin{vmatrix} t & 0 & 1 \\ -1 & t-1 & -1 \\ -1 & 0 & t \end{vmatrix}$

(6) $\begin{vmatrix} t-1 & 1 & 0 \\ -5 & t-6 & 5 \\ 1 & 2 & t+3 \end{vmatrix}$　(7) $\begin{vmatrix} t-1 & -1 & -1 \\ 1 & t-2 & 0 \\ 1 & 1 & t-1 \end{vmatrix}$

(8) $\begin{vmatrix} t-3 & 4 & 4 \\ 0 & t-1 & 0 \\ 0 & 0 & t-1 \end{vmatrix}$　(9) $\begin{vmatrix} t-2 & 0 & 0 \\ 1 & t-3 & 0 \\ 1 & 1 & t-4 \end{vmatrix}$

(10) $\begin{vmatrix} t-3 & 1 & 0 \\ -2 & t & 0 \\ 2 & -1 & t-1 \end{vmatrix}$　(11) $\begin{vmatrix} t+3 & -2 & 4 \\ -3 & t+1 & -3 \\ -5 & 2 & t-6 \end{vmatrix}$

2.10　行列式の性質

例題 2.10.1 t を実数とするとき $\begin{vmatrix} a_1 & b_1 \\ a_2+ta_1 & b_2+tb_1 \end{vmatrix} = \begin{vmatrix} a_1 & b_1 \\ a_2 & b_2 \end{vmatrix}$ を示せ.

解　2 次行列式の定義 (➪ p.76) より

$$\begin{vmatrix} a_1 & b_1 \\ a_2+ta_1 & b_2+tb_1 \end{vmatrix} = a_1(b_2+\underset{\sim\sim}{tb_1}) - (a_2+\underset{\sim\sim}{ta_1})b_1$$

$$= a_1b_2 - a_2b_1 = \begin{vmatrix} a_1 & b_1 \\ a_2 & b_2 \end{vmatrix} \qquad \blacksquare$$

例題 2.10.2 次の関係式を示せ.

(1) $\begin{vmatrix} a_2 & b_2 \\ a_1 & b_1 \end{vmatrix} = -\begin{vmatrix} a_1 & b_1 \\ a_2 & b_2 \end{vmatrix}$　　(2) $\begin{vmatrix} a_1 & a_2 \\ b_1 & b_2 \end{vmatrix} = \begin{vmatrix} a_1 & b_1 \\ a_2 & b_2 \end{vmatrix}$

解　(1) $\begin{vmatrix} a_2 & b_2 \\ a_1 & b_1 \end{vmatrix} = a_2b_1 - a_1b_2 = -(a_1b_2 - a_2b_1) = -\begin{vmatrix} a_1 & b_1 \\ a_2 & b_2 \end{vmatrix}$

(2) $\begin{vmatrix} a_1 & a_2 \\ b_1 & b_2 \end{vmatrix} = a_1b_2 - b_1a_2 = a_1b_2 - a_2b_1 = \begin{vmatrix} a_1 & b_1 \\ a_2 & b_2 \end{vmatrix}$ $\blacksquare$

☞ **注意 2.10.1** 例題 2.10.1 は「第 2 行に第 1 行の t 倍を加えても，行列式は変わらない」ことを述べている．例題 2.10.2 の (1) は「2 つの行を入れ替えると行列式は -1 倍になる」ことを述べている．また (2) は「第 1 行を第 1 列に，第 2 行を第 2 列にした行列の行列式は，もとの行列の行列式と変わらない」ことを述べている．✍

例題 2.10.3 次の関係式を示せ.

(1) $\begin{vmatrix} ta_1 & tb_1 \\ a_2 & b_2 \end{vmatrix} = t\begin{vmatrix} a_1 & b_1 \\ a_2 & b_2 \end{vmatrix}$　　(2) $\begin{vmatrix} a_1 & b_1 \\ a_2 & b_2 \end{vmatrix} + \begin{vmatrix} c_1 & b_1 \\ c_2 & b_2 \end{vmatrix} = \begin{vmatrix} a_1+c_1 & b_1 \\ a_2+c_2 & b_2 \end{vmatrix}$

解　(1) $\begin{vmatrix} ta_1 & tb_1 \\ a_2 & b_2 \end{vmatrix} = ta_1b_2 - ta_2b_1 = t(a_1b_2 - a_2b_1) = t\begin{vmatrix} a_1 & b_1 \\ a_2 & b_2 \end{vmatrix}$

(2) $\begin{vmatrix} a_1 & b_1 \\ a_2 & b_2 \end{vmatrix} + \begin{vmatrix} c_1 & b_1 \\ c_2 & b_2 \end{vmatrix} = (a_1b_2 - a_2b_1) + (c_1b_2 - c_2b_1)$

$$= (a_1+c_1)b_2 - (a_2+c_2)b_1 = \begin{vmatrix} a_1+c_1 & b_1 \\ a_2+c_2 & b_2 \end{vmatrix} \qquad \blacksquare$$

例題 2.10.1, 例題 2.10.2, 例題 2.10.3 などより，2 次行列式は次の性質をもつことがわかる．

2 次行列式の性質

(1) $\begin{vmatrix} a_1 & b_1 \\ 0 & b_2 \end{vmatrix} = a_1 b_2$　　(2) $\begin{vmatrix} a_1 & b_1 \\ a_1 & b_1 \end{vmatrix} = a_1 b_1 - a_1 b_1 = 0$

(3) $\begin{vmatrix} a_1 & b_1 \\ a_2 & b_2 \end{vmatrix} = \begin{vmatrix} a_1 & b_1 \\ a_2 + ta_1 & b_2 + tb_1 \end{vmatrix}$　　(4) $\begin{vmatrix} a_2 & b_2 \\ a_1 & b_1 \end{vmatrix} = -\begin{vmatrix} a_1 & b_1 \\ a_2 & b_2 \end{vmatrix}$

(5) $\begin{vmatrix} a_1 & a_2 \\ b_1 & b_2 \end{vmatrix} = \begin{vmatrix} a_1 & b_1 \\ a_2 & b_2 \end{vmatrix}$　　(6) $\begin{vmatrix} ta_1 & tb_1 \\ a_2 & b_2 \end{vmatrix} = t\begin{vmatrix} a_1 & b_1 \\ a_2 & b_2 \end{vmatrix}$

(7) $\begin{vmatrix} a_1 & b_1 \\ a_2 & b_2 \end{vmatrix} + \begin{vmatrix} c_1 & b_1 \\ c_2 & b_2 \end{vmatrix} = \begin{vmatrix} a_1 + c_1 & b_1 \\ a_2 + c_2 & b_2 \end{vmatrix}$

2 次行列式は簡単に求まるため，これらの性質は重要な意味をもたないと感じるかもしれないが，ここに述べた性質は，n 次行列式に対しても成り立つ普遍的な性質なのである．3 次行列式の性質は，3 次行列式の定義 (➪ p.78) および 2 次行列式の性質などを用いて示すことができる．

3 次行列式の性質

(1) $\begin{vmatrix} a_1 & b_1 & c_1 \\ 0 & b_2 & c_2 \\ 0 & b_3 & c_3 \end{vmatrix} = a_1\begin{vmatrix} b_2 & c_2 \\ b_3 & c_3 \end{vmatrix}$　　(2) $\begin{vmatrix} a_1 & b_1 & c_1 \\ a_2 & b_2 & c_2 \\ a_2 & b_2 & c_2 \end{vmatrix} = 0$

(3) $\begin{vmatrix} a_1 & b_1 & c_1 \\ a_2 & b_2 & c_2 \\ a_3 & b_3 & c_3 \end{vmatrix} = \begin{vmatrix} a_1 & b_1 & c_1 \\ a_2 + ta_1 & b_2 + tb_1 & c_2 + tc_1 \\ a_3 & b_3 & c_3 \end{vmatrix}$

(4) $\begin{vmatrix} a_1 & b_1 & c_1 \\ a_3 & b_3 & c_3 \\ a_2 & b_2 & c_2 \end{vmatrix} = -\begin{vmatrix} a_1 & b_1 & c_1 \\ a_2 & b_2 & c_2 \\ a_3 & b_3 & c_3 \end{vmatrix}$　　(5) $\begin{vmatrix} a_1 & a_2 & a_3 \\ b_1 & b_2 & b_3 \\ c_1 & c_2 & c_3 \end{vmatrix} = \begin{vmatrix} a_1 & b_1 & c_1 \\ a_2 & b_2 & c_2 \\ a_3 & b_3 & c_3 \end{vmatrix}$

(6) $\begin{vmatrix} ta_1 & tb_1 & tc_1 \\ a_2 & b_2 & c_2 \\ a_3 & b_3 & c_3 \end{vmatrix} = t\begin{vmatrix} a_1 & b_1 & c_1 \\ a_2 & b_2 & c_2 \\ a_3 & b_3 & c_3 \end{vmatrix}$

(7) $\begin{vmatrix} a_1 & b_1 & c_1 \\ a_2 & b_2 & c_2 \\ a_3 & b_3 & c_3 \end{vmatrix} + \begin{vmatrix} d_1 & b_1 & c_1 \\ d_2 & b_2 & c_2 \\ d_3 & b_3 & c_3 \end{vmatrix} = \begin{vmatrix} a_1 + d_1 & b_1 & c_1 \\ a_2 + d_2 & b_2 & c_2 \\ a_3 + d_3 & b_3 & c_3 \end{vmatrix}$

☞ **注意 2.10.2** 3 次行列式の性質 (5) でも「第 1 行を第 1 列に，第 2 行を第 2 列に，第 3 行を第 3 列にした行列の行列式は，もとの行列の行列式と変わらない」ことを述べている．行列 A の行と列をすべて入れ替えて得られる行列を A の**転置行列**という．つまり (5) は転置行列の行列式と元の行列の行列式は変わらないことを述べている．✍

転置行列

$m \times n$ 行列 A の第 1 行を第 1 列に，第 2 行を第 2 列に，$\cdots$，第 m 行を第 m 列にして得られる $n \times m$ 行列を A の**転置行列**といい ${}^tA$ で表す．

例 2.10.1 (1) $A = \begin{pmatrix} 1 & 2 & 3 \\ 4 & 5 & 6 \\ 7 & 8 & 9 \end{pmatrix}$ ならば ${}^tA = \begin{pmatrix} 1 & 4 & 7 \\ 2 & 5 & 8 \\ 3 & 6 & 9 \end{pmatrix}$

(2) $A = \begin{pmatrix} 1 & 2 & 3 & 4 \\ 5 & 6 & 7 & 8 \\ 9 & 10 & 11 & 12 \end{pmatrix}$ ならば ${}^tA = \begin{pmatrix} 1 & 5 & 9 \\ 2 & 6 & 10 \\ 3 & 7 & 11 \\ 4 & 8 & 12 \end{pmatrix}$

☞ **注意 2.10.3** 3 次行列式の性質 (3) (p.84) では，「第 2 行に第 1 行の t 倍を加えても行列式は変わらない」ことを述べたが，同様の操作はどの 2 つの行に対しても行うことができる．たとえば，第 3 行に第 1 行の t 倍を加えるには，3 次行列式の性質 (4) を用いて次のようにすればよい．

$$\begin{vmatrix} a_1 & b_1 & c_1 \\ a_2 & b_2 & c_2 \\ a_3 & b_3 & c_3 \end{vmatrix} = - \begin{vmatrix} a_1 & b_1 & c_1 \\ a_3 & b_3 & c_3 \\ a_2 & b_2 & c_2 \end{vmatrix} \quad ② \leftrightarrow ③$$

$$= - \begin{vmatrix} a_1 & b_1 & c_1 \\ a_3 + ta_1 & b_3 + tb_1 & c_3 + tc_1 \\ a_2 & b_2 & c_2 \end{vmatrix} \quad ② + ① \times t$$

$$= \begin{vmatrix} a_1 & b_1 & c_1 \\ a_2 & b_2 & c_2 \\ a_3 + ta_1 & b_3 + tb_1 & c_3 + tc_1 \end{vmatrix} \quad ② \leftrightarrow ③$$

同様にして，3 次行列式の性質 (2), (6) のように，ある行に対して成り立つ性質は，別のどの行に対しても成り立つことがわかる．たとえば (4) と (6) から次が得られる．

$$\begin{vmatrix} a_1 & b_1 & c_1 \\ ta_2 & tb_2 & tc_2 \\ a_3 & b_3 & c_3 \end{vmatrix} = t \begin{vmatrix} a_1 & b_1 & c_1 \\ a_2 & b_2 & c_2 \\ a_3 & b_3 & c_3 \end{vmatrix} = \begin{vmatrix} a_1 & b_1 & c_1 \\ a_2 & b_2 & c_2 \\ ta_3 & tb_3 & tc_3 \end{vmatrix}$$

さらに (5) より，3 次正方行列の行と列を入れ替えても行列式は変わらないので，行に対して成り立つ性質は列に対しても成り立つことがわかる． ✍

2 次および 3 次行列式の性質 (➪ p.84) は，n 次行列式に対しても成り立つことが知られている．行列式は行列式の定義 (➪ p.81) にしたがい計算してもよいが，特に 3 次以上の行列式を求めるには次に述べる行列式の性質を用いて第 1 列に 0 を並べ，次数の小さな行列の行列式に帰着させた方が計算が楽になることがある（例題 2.10.4 参照）．

n 次行列式の性質

(1) n 次正方行列 A の第1列が $a_1, 0, \cdots, 0$ ならば[*11]，$\boldsymbol{|A| = a_1|A_1|}$ である．ただし A_1 は A の第1行および第1列を除いて得られる $(n-1)$ 次正方行列である．

(2) **2つの行が等しい行列の行列式は0**である．

(3) 1つの行に他の行の何倍かを加えても行列式は**変わらない**．

(4) 2つの行を**入れ替える**と行列式は **(−1) 倍**になる．

(5) **転置行列**を考えても行列式は**変わらない**．

(6) 1つの行を t 倍すると**行列式は t 倍**になる．

(7) 1つの列が2つの和に分解されるとき，行列式も同じ和に分解される．

☞ **注意 2.10.4** 行列の行基本変形 (➪ p.39) と行列式の性質は，共通するものとまったく異なるものがあるので注意が必要である．これらをまとめると以下のようになる．

- 行基本変形でも行列式でも，1つの行に他の行の何倍かを加えることができる．
- 行基本変形では2つの行を入れ替えることができるが，行列式で2つの行を入れ替えると，行列式の値は -1 倍になる．
- 行基本変形では1つの行を何倍かすることができたが，行列式で1つの行を t 倍すると，行列式の値も t 倍になる．

✍

例題 2.10.4 行列式 $\begin{vmatrix} 3 & 1 & 1 & 5 \\ 0 & 1 & 0 & 1 \\ 1 & -1 & 1 & 3 \\ 2 & 0 & 1 & 2 \end{vmatrix}$ を求めよ．

解　n 次行列式の性質 (3), (4) を用いて第1列に0を並べ，(1) を適用して次数を下げると

$$\begin{vmatrix} 3 & 1 & 1 & 5 \\ 0 & 1 & 0 & 1 \\ 1 & -1 & 1 & 3 \\ 2 & 0 & 1 & 2 \end{vmatrix} = -\begin{vmatrix} 1 & -1 & 1 & 3 \\ 0 & 1 & 0 & 1 \\ 3 & 1 & 1 & 5 \\ 2 & 0 & 1 & 2 \end{vmatrix} \ \text{①} \leftrightarrow \text{③} \quad = -\begin{vmatrix} 1 & -1 & 1 & 3 \\ 0 & 1 & 0 & 1 \\ 0 & 4 & -2 & -4 \\ 0 & 2 & -1 & -4 \end{vmatrix} \begin{matrix} \\ \\ \text{③} - \text{①} \times 3 \\ \text{④} - \text{①} \times 2 \end{matrix}$$

$$\overset{(1)}{=} -\begin{vmatrix} 1 & 0 & 1 \\ 4 & -2 & -4 \\ 2 & -1 & -4 \end{vmatrix} = -\begin{vmatrix} 1 & 0 & 1 \\ 0 & -2 & -8 \\ 0 & -1 & -6 \end{vmatrix} \begin{matrix} \\ \text{②} - \text{①} \times 4 \\ \text{③} - \text{①} \times 2 \end{matrix}$$

$$\overset{(1)}{=} -\begin{vmatrix} -2 & -8 \\ -1 & -6 \end{vmatrix} = -(12-8) = -4$$

となる．ただし $\overset{(1)}{=}$ は，n 次行列式の性質 (1) を用いたことを表す．■

---

*11 正確には A の $(1,1)$ 成分が a_1，$(i,1)$ 成分がすべて 0 $(i = 2, 3, \cdots, n)$ の意味である．

例題 2.10.5 例 2.9.1 (p.81) の行列 $A = \begin{pmatrix} 1 & 2 & 3 & 4 & 5 \\ 6 & 7 & 8 & 9 & 10 \\ 11 & 12 & 13 & 14 & 15 \\ 16 & 17 & 18 & 19 & 20 \\ 21 & 22 & 23 & 24 & 25 \end{pmatrix}$ の行列式を求めよ．

解　n 次行列式の性質 (3) (p.86) を用いると

$$|A| = \begin{vmatrix} 1 & 2 & 3 & 4 & 5 \\ 6 & 7 & 8 & 9 & 10 \\ 11 & 12 & 13 & 14 & 15 \\ 16 & 17 & 18 & 19 & 20 \\ 21 & 22 & 23 & 24 & 25 \end{vmatrix} = \begin{vmatrix} 1 & 2 & 3 & 4 & 5 \\ 5 & 5 & 5 & 5 & 5 \\ 11 & 12 & 13 & 14 & 15 \\ 5 & 5 & 5 & 5 & 5 \\ 21 & 22 & 23 & 24 & 25 \end{vmatrix} \begin{matrix} \\ ②-① \\ \\ ④-③ \\ \\ \end{matrix}$$

となるが，このとき第 2 行と第 4 行は等しいので，n 次行列式の性質 (2) より求める行列式は $|A| = 0$ である． ■

☆ **参考 2.10.1** 3 次行列式には次の性質があった（3 次行列式の性質 (➪ p.84) 参照）．

$$(6) \quad \begin{vmatrix} ta_1 & tb_1 & tc_1 \\ a_2 & b_2 & c_2 \\ a_3 & b_3 & c_3 \end{vmatrix} = t \begin{vmatrix} a_1 & b_1 & c_1 \\ a_2 & b_2 & c_2 \\ a_3 & b_3 & c_3 \end{vmatrix}$$

$$(7) \quad \begin{vmatrix} a_1 & b_1 & c_1 \\ a_2 & b_2 & c_2 \\ a_3 & b_3 & c_3 \end{vmatrix} + \begin{vmatrix} d_1 & b_1 & c_1 \\ d_2 & b_2 & c_2 \\ d_3 & b_3 & c_3 \end{vmatrix} = \begin{vmatrix} a_1+d_1 & b_1 & c_1 \\ a_2+d_2 & b_2 & c_2 \\ a_3+d_3 & b_3 & c_3 \end{vmatrix}$$

これらの性質は，多重線型性と呼ばれる（線型写像 (➪ p.126) 参照）．n 次行列式の性質 (4), (5), (6), (7) と，さらに「単位行列の行列式は 1」をみたすものがただ 1 つ存在することが知られている（付録 B (p.227) 参照）．✍

問題 2.10 【略解 p.198 ∼ p.198】

1. 次の行列式の値を求めよ．

$$(1) \begin{vmatrix} 75 & 25 \\ 44 & 16 \end{vmatrix} \quad (2) \begin{vmatrix} 1 & 0 & 7 \\ 2 & 5 & -1 \\ 3 & 2 & 6 \end{vmatrix} \quad (3) \begin{vmatrix} 50 & 51 & 52 \\ 51 & 52 & 53 \\ 52 & 52 & 50 \end{vmatrix} \quad (4) \begin{vmatrix} 1 & 4 & 1 & 6 \\ 1 & 6 & 6 & 9 \\ 2 & 6 & -6 & 7 \\ 2 & 6 & -6 & 5 \end{vmatrix}$$

$$(5) \begin{vmatrix} 1 & -2 & 1 & 1 & -1 \\ 2 & -6 & -1 & 0 & 2 \\ 0 & 0 & 2 & 1 & 1 \\ 0 & 0 & 0 & 2 & 3 \\ 0 & 0 & 0 & 0 & 1 \end{vmatrix} \quad (6) \begin{vmatrix} 3 & 5 & 1 & 2 & -1 \\ 2 & 6 & 0 & 9 & 1 \\ 0 & 0 & 7 & 1 & 2 \\ 0 & 0 & 3 & 2 & 5 \\ 0 & 0 & 0 & 0 & -6 \end{vmatrix} \quad (7) \begin{vmatrix} 1 & 2 & 1 & 3 & 5 \\ 1 & 2 & 0 & 0 & 2 \\ 0 & 0 & 1 & 0 & 1 \\ 2 & 1 & 4 & 2 & 3 \\ 1 & 1 & 5 & 5 & 1 \end{vmatrix}$$

2.11　クラーメルの公式

n 次正方行列を係数行列とする連立 1 次方程式に対しても，クラーメルの公式（特別な場合）(➪ p.76) と同様な結果が成り立つことが知られている．

クラーメルの公式

n 次正方行列 A を係数行列とする連立 1 次方程式

$$Ax = \boldsymbol{b} \qquad \left(\text{ただし}\ \boldsymbol{x} = \begin{pmatrix} x_1 \\ x_2 \\ \vdots \\ x_n \end{pmatrix},\quad \boldsymbol{b} = \begin{pmatrix} b_1 \\ b_2 \\ \vdots \\ b_n \end{pmatrix} \right)$$

は行列式 $|A|$ (➪ p.81) が 0 でなければただ 1 つの解をもち

$$\begin{pmatrix} x_1 \\ x_2 \\ \vdots \\ x_n \end{pmatrix} = \frac{1}{|A|} \begin{pmatrix} |A_1| \\ |A_2| \\ \vdots \\ |A_n| \end{pmatrix} \quad \left(= \begin{pmatrix} |A_1|/|A| \\ |A_2|/|A| \\ \vdots \\ |A_n|/|A| \end{pmatrix} \right)$$

となる．ここに A_i は行列 A の第 i 列を $\boldsymbol{b}$ で置き換えた行列である $(1 \leqq i \leqq n)$.

☞ **注意 2.11.1** A の行ベクトル型表示 (➪ p.68) を $A = \begin{pmatrix} \boldsymbol{a}_1 & \boldsymbol{a}_2 & \cdots & \boldsymbol{a}_n \end{pmatrix}$ とすると，クラーメルの公式に現れる行列 $A_1, A_2, \cdots, A_n$ は

$$A_1 = \begin{pmatrix} \boldsymbol{b} & \boldsymbol{a}_2 & \cdots & \boldsymbol{a}_n \end{pmatrix},\ A_2 = \begin{pmatrix} \boldsymbol{a}_1 & \boldsymbol{b} & \cdots & \boldsymbol{a}_n \end{pmatrix},\ \cdots,\ A_n = \begin{pmatrix} \boldsymbol{a}_1 & \boldsymbol{a}_2 & \cdots & \boldsymbol{b} \end{pmatrix}$$

と行ベクトル型表示される行列のことである．✍

例 2.11.1 連立 1 次方程式 $\begin{pmatrix} 1 & -1 & -2 \\ 3 & -1 & 2 \\ 1 & -1 & 2 \end{pmatrix} \begin{pmatrix} x \\ y \\ z \end{pmatrix} = \begin{pmatrix} 2 \\ 8 \\ 6 \end{pmatrix}$ にクラーメルの公式を適用すると

$$x = \frac{\begin{vmatrix} 2 & -1 & -2 \\ 8 & -1 & 2 \\ 6 & -1 & 2 \end{vmatrix}}{\begin{vmatrix} 1 & -1 & -2 \\ 3 & -1 & 2 \\ 1 & -1 & 2 \end{vmatrix}} = 1,\quad y = \frac{\begin{vmatrix} 1 & 2 & -2 \\ 3 & 8 & 2 \\ 1 & 6 & 2 \end{vmatrix}}{\begin{vmatrix} 1 & -1 & -2 \\ 3 & -1 & 2 \\ 1 & -1 & 2 \end{vmatrix}} = -3,\quad z = \frac{\begin{vmatrix} 1 & -1 & 2 \\ 3 & -1 & 8 \\ 1 & -1 & 6 \end{vmatrix}}{\begin{vmatrix} 1 & -1 & -2 \\ 3 & -1 & 2 \\ 1 & -1 & 2 \end{vmatrix}} = 1$$

より $x = 1,\ y = -3,\ z = 1$ が解となる（例題 2.1.2 (p.40) 参照）．

例題 2.11.1 次の連立 1 次方程式の中から，クラーメルの公式を用いて解けるものを見つけ，解を求めよ．

(1) $\begin{cases} x_1 \qquad\ + 2x_3 = 1 \\ 2x_1 + x_2 + \ \ x_3 = 0 \\ x_1 - x_2 + 2x_3 = 0 \end{cases}$ (2) $\begin{cases} x_1 \qquad\ + 2x_3 = 1 \\ 2x_1 + x_2 + 3x_3 = 3 \\ x_1 - x_2 + 3x_3 = 0 \end{cases}$ (3) $\begin{cases} x_1 \qquad\ + 2x_3 = 1 \\ 2x_1 + x_2 + 3x_3 = 3 \\ x_1 - x_2 + 3x_3 = 1 \end{cases}$

解 (1) 例題 2.9.3 の (1) (p.79) より係数行列の行列式は $\begin{vmatrix} 1 & 0 & 2 \\ 2 & 1 & 1 \\ 1 & -1 & 2 \end{vmatrix} = -3$ となる．よってクラーメルの公式より

$$x_1 = \frac{\begin{vmatrix} 1 & 0 & 2 \\ 0 & 1 & 1 \\ 0 & -1 & 2 \end{vmatrix}}{-3}, \quad x_2 = \frac{\begin{vmatrix} 1 & 1 & 2 \\ 2 & 0 & 1 \\ 1 & 0 & 2 \end{vmatrix}}{-3}, \quad x_3 = \frac{\begin{vmatrix} 1 & 0 & 1 \\ 2 & 1 & 0 \\ 1 & -1 & 0 \end{vmatrix}}{-3}$$

となる．x_1, x_2, x_3 の分子の行列式をサルスの方法 (➪ p.79)，n 次行列式の性質 (➪ p.86) などを用いて求めれば，連立 1 次方程式の解は $\begin{pmatrix} x_1 \\ x_2 \\ x_3 \end{pmatrix} = \begin{pmatrix} -1 \\ 1 \\ 1 \end{pmatrix}$ である．

(2), (3) 例題 2.9.3 の (2) (p.79) より係数行列の行列式は $\begin{vmatrix} 1 & 0 & 2 \\ 2 & 1 & 3 \\ 1 & -1 & 3 \end{vmatrix} = 0$ となる．よってこの連立 1 次方程式は，クラーメルの公式では解を求めることができない． ■

☞ **注意 2.11.2** 例題 2.11.1 の (2), (3) は係数行列の行列式が 0 になり，クラーメルの公式では解を求めることができなかった．係数行列の行列式が 0 になったからといって「解がない」とはいえないことに注意しよう．実際 (2), (3) の拡大係数行列を簡約化すると

$$\begin{pmatrix} 1 & 0 & 2 & 1 \\ 2 & 1 & 3 & 3 \\ 1 & -1 & 3 & 0 \end{pmatrix} \xrightarrow{\text{簡約化}} \cdots \to \begin{pmatrix} 1 & 0 & 2 & 1 \\ 0 & 1 & -1 & 1 \\ 0 & 0 & 0 & 0 \end{pmatrix} \quad \therefore \begin{cases} x_1 \qquad + 2x_3 = 1 \\ \qquad x_2 - \ x_3 = 1 \\ \qquad\qquad\quad 0 = 0 \end{cases}$$

$$\begin{pmatrix} 1 & 0 & 2 & 1 \\ 2 & 1 & 3 & 3 \\ 1 & -1 & 3 & 1 \end{pmatrix} \xrightarrow{\text{簡約化}} \cdots \to \begin{pmatrix} 1 & 0 & 2 & 0 \\ 0 & 1 & -1 & 0 \\ 0 & 0 & 0 & 1 \end{pmatrix} \quad \therefore \begin{cases} x_1 \qquad + 2x_3 = 0 \\ \qquad x_2 - \ x_3 = 0 \\ \qquad\qquad\quad 0 = 1 \ \cdots (\bigstar) \end{cases}$$

となる．よって (2) の連立 1 次方程式の解は $\begin{pmatrix} x_1 \\ x_2 \\ x_3 \end{pmatrix} = \begin{pmatrix} 1 \\ 1 \\ 0 \end{pmatrix} + c \begin{pmatrix} -2 \\ 1 \\ 1 \end{pmatrix}$ である（解の記述 (➪ p.49) 参照）．ただし c は任意の実数である．しかし (3) の連立 1 次方程式は，(★) より解をもたない．このように係数行列の行列式が 0 になる場合は，無数に解をもつ場合もあれば，解をもたない場合もあり，クラーメルの公式からは判断できないのである．✍

☞ **注意 2.11.3** クラーメルの公式 (⇨ p.88) は実際に連立 1 次方程式を解くためというよりも，むしろ連立 1 次方程式の解を表示するために用いられる，といった方がよいかもしれない．実際，例題 2.11.1 (p.89) からもわかるように，クラーメルの公式は計算量が多くなるのに対して，ガウスの消去法 (⇨ p.39) は少ない計算で済む．このようにガウスの消去法は非常に実用的であるといえる．しかしながら，ガウスの消去法が万能である訳ではない．実際，抽象的な n 次正方行列を係数行列とする連立 1 次方程式の解を，ガウスの消去法で表示することは非常に困難である（100 次正方行列の簡約化を思い浮かべればその難しさが想像できるかもしれない）．この意味で，ガウスの消去法は具体的な場合に，クラーメルの公式は抽象的な場合に有効な手段であるといえる．✍

最後に，実用的ではないが，行列式 (⇨ p.81) と逆行列 (⇨ p.71) の関係について述べる．連立 1 次方程式の解がクラーメルの公式によって表されたように，逆行列も行列式を用いて表すことができるのである．

余因子行列

n 次正方行列 A に対して，A の第 i 行と第 j 列を除いて得られる $(n-1)$ 次正方行列を A_{ij} とするとき，(i,j) 成分が $(-1)^{i+j}|A_{ji}|$ である行列を A の**余因子行列**という．

☞ **注意 2.11.4** 余因子行列の (i,j) 成分 (⇨ p.36) は，$(-1)^{i+j}|A_{\boldsymbol{ij}}|$ ではなく $(-1)^{i+j}|A_{\boldsymbol{ji}}|$（$i$ と j の位置に注意せよ）である．A の余因子行列は (i,j) 成分が "$(-1)^{i+j}|A_{ij}|$" である行列の転置行列 (⇨ p.85) ということもできる（下記の例題 2.11.2 参照）．✍

例題 2.11.2 $A = \begin{pmatrix} 1 & 1 & 2 \\ 1 & 2 & 1 \\ 2 & 3 & 4 \end{pmatrix}$ に対して，A の余因子行列を求めよ．

解　$i, j = 1, 2, 3$ に対して，A_{ij} は A の i 行 j 列を除いて得られる行列である．よって

$$A_{11} = \begin{pmatrix} 1 & 1 & 2 \\ 1 & 2 & 1 \\ 2 & 3 & 4 \end{pmatrix} \qquad A_{12} = \begin{pmatrix} 1 & 1 & 2 \\ 1 & 2 & 1 \\ 2 & 3 & 4 \end{pmatrix} \qquad A_{13} = \begin{pmatrix} 1 & 1 & 2 \\ 1 & 2 & 1 \\ 2 & 3 & 4 \end{pmatrix}$$

$$A_{21} = \begin{pmatrix} 1 & 1 & 2 \\ 1 & 2 & 1 \\ 2 & 3 & 4 \end{pmatrix} \qquad A_{22} = \begin{pmatrix} 1 & 1 & 2 \\ 1 & 2 & 1 \\ 2 & 3 & 4 \end{pmatrix} \qquad A_{23} = \begin{pmatrix} 1 & 1 & 2 \\ 1 & 2 & 1 \\ 2 & 3 & 4 \end{pmatrix}$$

$$A_{31} = \begin{pmatrix} 1 & 1 & 2 \\ 1 & 2 & 1 \\ 2 & 3 & 4 \end{pmatrix} \qquad A_{32} = \begin{pmatrix} 1 & 1 & 2 \\ 1 & 2 & 1 \\ 2 & 3 & 4 \end{pmatrix} \qquad A_{33} = \begin{pmatrix} 1 & 1 & 2 \\ 1 & 2 & 1 \\ 2 & 3 & 4 \end{pmatrix}$$

である．これらより A_{ij} の行列式 $|A_{ij}|$ (➪ p.76) は次のようになる．

$$|A_{11}| = \begin{vmatrix} 2 & 1 \\ 3 & 4 \end{vmatrix} = 5 \qquad |A_{12}| = \begin{vmatrix} 1 & 1 \\ 2 & 4 \end{vmatrix} = 2 \qquad |A_{13}| = \begin{vmatrix} 1 & 2 \\ 2 & 3 \end{vmatrix} = -1$$

$$|A_{21}| = \begin{vmatrix} 1 & 2 \\ 3 & 4 \end{vmatrix} = -2 \qquad |A_{22}| = \begin{vmatrix} 1 & 2 \\ 2 & 4 \end{vmatrix} = 0 \qquad |A_{23}| = \begin{vmatrix} 1 & 1 \\ 2 & 3 \end{vmatrix} = 1$$

$$|A_{31}| = \begin{vmatrix} 1 & 2 \\ 2 & 1 \end{vmatrix} = -3 \qquad |A_{32}| = \begin{vmatrix} 1 & 2 \\ 1 & 1 \end{vmatrix} = -1 \qquad |A_{33}| = \begin{vmatrix} 1 & 1 \\ 1 & 2 \end{vmatrix} = 1$$

A の余因子行列の (i,j) 成分は $(-1)^{i+j}|A_{ji}|$ であることに注意して，求める行列は

$$\begin{pmatrix} (-1)^{1+1}|A_{11}| & (-1)^{1+2}|A_{21}| & (-1)^{1+3}|A_{31}| \\ (-1)^{2+1}|A_{12}| & (-1)^{2+2}|A_{22}| & (-1)^{2+3}|A_{32}| \\ (-1)^{3+1}|A_{13}| & (-1)^{3+2}|A_{23}| & (-1)^{3+3}|A_{33}| \end{pmatrix} = \begin{pmatrix} 5 & 2 & -3 \\ -2 & 0 & 1 \\ -1 & -1 & 1 \end{pmatrix}$$

である． ■

n 次正方行列 (➪ p.36) の逆行列 (➪ p.71) は，次の公式により求めることもできる．

逆行列の公式

n 次正方行列 A に対して，$|A| \neq 0$ ならば A は正則 (➪ p.71) で

$$A^{-1} = \frac{1}{|A|}\,\tilde{A} \tag{2.11.1}$$

となる．ただし $\tilde{A}$ は A の余因子行列である．

例題 2.11.3 例題 2.8.2 (p.72) の行列 $A = \begin{pmatrix} 1 & 1 & 2 \\ 1 & 2 & 1 \\ 2 & 3 & 4 \end{pmatrix}$ の逆行列を，逆行列の公式 (2.11.1) を用いて求めよ．

解 A の行列式を求めるため，たとえば 3 次行列式の定義 (2.9.9) (p.78) を用いると

$$\begin{aligned} |A| &= 1 \times \begin{vmatrix} 2 & 1 \\ 3 & 4 \end{vmatrix} - 1 \times \begin{vmatrix} 1 & 2 \\ 3 & 4 \end{vmatrix} + 2 \times \begin{vmatrix} 1 & 2 \\ 2 & 1 \end{vmatrix} \\ &= (8-3) - (4-6) + 2(1-4) = 1 \end{aligned}$$

となる．よって A の逆行列は，例題 2.11.2 で求めた余因子行列を用いて

$$A^{-1} = \frac{1}{|A|}\,\tilde{A} = \begin{pmatrix} 5 & 2 & -3 \\ -2 & 0 & 1 \\ -1 & -1 & 1 \end{pmatrix}$$ ■

☞ **注意 2.11.5** $A = \begin{pmatrix} 1 & 1 & -2 & -3 \\ 1 & 2 & -3 & -7 \\ -1 & -2 & 4 & 1 \\ 1 & 2 & -2 & -12 \end{pmatrix}$ とする．A の逆行列は例題 2.8.2 (p.72) と同様にして，次の計算で求めることができる：

$$\begin{pmatrix} 1 & 1 & -2 & -3 & 1 & 0 & 0 & 0 \\ 1 & 2 & -3 & -7 & 0 & 1 & 0 & 0 \\ -1 & -2 & 4 & 1 & 0 & 0 & 1 & 0 \\ 1 & 2 & -2 & -12 & 0 & 0 & 0 & 1 \end{pmatrix} \to \begin{pmatrix} 1 & 1 & -2 & -3 & 1 & 0 & 0 & 0 \\ 0 & 1 & -1 & -4 & -1 & 1 & 0 & 0 \\ 0 & -1 & 2 & -2 & 1 & 0 & 1 & 0 \\ 0 & 1 & 0 & -9 & -1 & 0 & 0 & 1 \end{pmatrix} \begin{matrix} \\ ② - ① \\ ③ + ① \\ ④ - ① \end{matrix}$$

$$\to \begin{pmatrix} 1 & 0 & -1 & 1 & 2 & -1 & 0 & 0 \\ 0 & 1 & -1 & -4 & -1 & 1 & 0 & 0 \\ 0 & 0 & 1 & -6 & 0 & 1 & 1 & 0 \\ 0 & 0 & 1 & -5 & 0 & -1 & 0 & 1 \end{pmatrix} \begin{matrix} ① - ② \\ \\ ③ + ② \\ ④ - ② \end{matrix}$$

$$\to \begin{pmatrix} 1 & 0 & 0 & -5 & 2 & 0 & 1 & 0 \\ 0 & 1 & 0 & -10 & -1 & 2 & 1 & 0 \\ 0 & 0 & 1 & -6 & 0 & 1 & 1 & 0 \\ 0 & 0 & 0 & 1 & 0 & -2 & -1 & 1 \end{pmatrix} \begin{matrix} ① + ③ \\ ② + ③ \\ \\ ④ - ③ \end{matrix}$$

$$\to \begin{pmatrix} 1 & 0 & 0 & 0 & 2 & -10 & -4 & 5 \\ 0 & 1 & 0 & 0 & -1 & -18 & -9 & 10 \\ 0 & 0 & 1 & 0 & 0 & -11 & -5 & 6 \\ 0 & 0 & 0 & 1 & 0 & -2 & -1 & 1 \end{pmatrix} \begin{matrix} ① + ④ \times 5 \\ ② + ④ \times 10 \\ ④ - ④ \times 6 \\ \\ \end{matrix}$$

一方で逆行列の公式 (2.11.1) を用いても A^{-1} は求められるが，そのためには A の余因子行列を求めるために 16 個の 3 次正方行列 A_{11}，A_{12}，A_{13}，A_{14}，A_{21}，A_{22}，$\cdots$，A_{43}，A_{44} の行列式と，4 次正方行列 A の行列式を求めなければならず実用的な方法とはいえない． ✍

問題 2.11 【**略解 p.198**】

1. 次の連立 1 次方程式を，クラーメルの公式を用いて解け．

(1) $\begin{cases} x + 3y + 3z = -1 \\ -x - 2y - z = -1 \\ -2x + y + 2z = 0 \end{cases}$　(2) $\begin{cases} x - 3y - 4z = 5 \\ -2x + y - 3z = 2 \\ x - 2y - z = 1 \end{cases}$

(3) $\begin{cases} x - y = 4 \\ -3x + 3y - 4z = -4 \\ -x + 2y - 3z = 0 \end{cases}$　(4) $\begin{cases} x + 3y + z = 6 \\ 2x + 7y - 4z = 1 \\ x + 3y + 2z = 8 \end{cases}$

(5) $\begin{cases} x + 4y + 2z = 1 \\ 3x + 7y + z = 8 \\ x + 3y + 3z = -4 \end{cases}$　(6) $\begin{cases} x - 2y + 3z = -3 \\ 2x + 3y + z = -3 \\ 3x - 5y + 7z = -6 \end{cases}$

2. 次の行列の逆行列を，逆行列の公式 (2.11.1) を用いて求めよ．

(1) $\begin{pmatrix} 1 & 3 & -3 \\ 3 & 5 & -6 \\ -1 & -2 & 2 \end{pmatrix}$　(2) $\begin{pmatrix} 1 & -1 & -3 \\ -1 & 2 & 5 \\ -1 & 1 & 4 \end{pmatrix}$　(3) $\begin{pmatrix} 1 & 1 & -2 & -3 \\ 1 & 2 & -3 & -7 \\ -1 & -2 & 4 & 1 \\ 1 & 2 & -2 & -12 \end{pmatrix}$

3

ベクトル空間

第3章のキーワード

3.1 ベクトル空間とベクトルの1次独立性

ベクトル空間 (➪ p.94), **ベクトル** (➪ p.94), **ベクトルの和** (➪ p.94), **ベクトルのスカラー倍** (➪ p.94), **零ベクトル** (➪ p.94), **ベクトル空間** $\mathbb{R}^{\boldsymbol{n}}$ (➪ p.95), **ベクトル空間** $\mathbb{R}[\boldsymbol{x}]_{\boldsymbol{n}}$ (➪ p.95), **ベクトル空間** $\mathbb{R}[\boldsymbol{x}]$ (➪ p.95), **1次結合** (➪ p.96), **1次独立** (➪ p.96), **基本ベクトル** (➪ p.96)

3.2 ベクトルの1次従属性

1次従属 (➪ p.100), **1次結合による表現の一意性** (➪ p.107)

3.3 ベクトル空間の生成

生成 (➪ p.110)

3.4 ベクトル空間の基底と次元

基底 (➪ p.120), **標準基底** (➪ p.120), **次元** (➪ p.122), **解空間** (➪ p.122)

3.1　ベクトル空間とベクトルの1次独立性

$\mathbb{R}$ を実数全体の集合とする．集合 V に対して

(a) どんな $\boldsymbol{u}, \boldsymbol{v} \in V$ および，どんな $c_1, c_2 \in \mathbb{R}$ に対しても $c_1\boldsymbol{u} + c_2\boldsymbol{v} \in V$

となるとき V を（$\mathbb{R}$ 上の）**ベクトル空間**といい [*1]，ベクトル空間 V に含まれる要素を**ベクトル**と呼ぶ．条件 (a) は，次の2つに分けて述べることができる．

ベクトル空間

(b) どんな $\boldsymbol{u}, \boldsymbol{v} \in V$ に対しても $\boldsymbol{u} + \boldsymbol{v} \in V$　**【ベクトルの和】**

(c) どんな $\boldsymbol{u} \in V$ および，どんな $c \in \mathbb{R}$ に対しても $c\boldsymbol{u} \in V$　**【ベクトルのスカラー倍】**

ベクトル空間 V は**零ベクトル** と呼ばれる要素 $\boldsymbol{0}$ を含み，零ベクトルは次の性質をみたす：どんな $\boldsymbol{u} \in V$ に対しても $\boldsymbol{u} + \boldsymbol{0} = \boldsymbol{0} + \boldsymbol{u} = \boldsymbol{u}$ となる．

☞ **注意 3.1.1** ベクトル空間は抽象的な概念なので，多くの読者（極端にいえば読者全員）が戸惑う概念である．そのように抽象的な概念を学ぶ必要はあるのであろうか．筆者は次のように考える．「具体論はわかりやすいけれど，他の場面でその理論が適用できるとは限らない（たとえば平面ベクトルに対して成り立つことが，空間ベクトルに対しても成り立つとは限らない）．したがって具体論は場面ごとに調べる必要があり，わかりやすさがある反面扱いにくさがある．これに対して抽象論はわかりにくいが，具体性がないため逆に多くの場面に適用することができる．この応用範囲の広さこそが抽象論を学ぶ理由である．」✍

☞ **注意 3.1.2** 「ベクトル」という言葉から，直ちに「矢印」のように向きと大きさをもつもの (1.0 節参照) を想像するかもしれないが，それは間違いである．ここで考えている「ベクトル」とは，条件 (b), (c) にある和とスカラー倍が考えられるものであれば何でもよく，向きや大きさをもった「矢印」だけに限定される訳ではない．実際，多項式もベクトルと考えることができるが（例 3.1.3 (p.95) 参照），もちろん多項式には矢印のような向きや大きさはない．✍

☞ **注意 3.1.3** ベクトル空間をたとえると次のように述べることができる：ベクトル空間 V は部品の入った箱で，箱の中の部品 $\boldsymbol{u}$, $\boldsymbol{v}$ を加工（ベクトルの和，スカラー倍）することができる．条件 (b) の $\boldsymbol{u} + \boldsymbol{v} \in V$ は，$\boldsymbol{u}$, $\boldsymbol{v}$ を加工してできた $\boldsymbol{u} + \boldsymbol{v}$ が箱 V にあることを述べている．また条件 (c) より $2\boldsymbol{u}$, $3\boldsymbol{u}$, $4\boldsymbol{u}, \cdots \in V$ なので，この箱には無数の部品が入っていると思ってよい．✍

[*1] 厳密にいうと，ベクトル空間はさらに次の性質をみたさなければならないが，特に初学者の場合はあまり気にせずに「**実数に対して成り立つ性質がベクトルに対しても成り立つ**」ことを認識していればよい．
V は零ベクトル $\boldsymbol{0}$ を含み，どんな $\boldsymbol{u}, \boldsymbol{v}, \boldsymbol{w} \in V$ と，どんな $c_1, c_2 \in \mathbb{R}$ に対しても次が成り立つ．

(1) $\boldsymbol{u} + \boldsymbol{v} = \boldsymbol{v} + \boldsymbol{u}$	(2) $(\boldsymbol{u} + \boldsymbol{v}) + \boldsymbol{w} = \boldsymbol{u} + (\boldsymbol{v} + \boldsymbol{w})$	(3) $c_1(c_2\boldsymbol{u}) = (c_1c_2)\boldsymbol{u}$
(4) $(c_1 + c_2)\boldsymbol{u} = c_1\boldsymbol{u} + c_2\boldsymbol{u}$	(5) $c_1(\boldsymbol{u} + \boldsymbol{v}) = c_1\boldsymbol{u} + c_1\boldsymbol{v}$	(6) $1\boldsymbol{u} = \boldsymbol{u}$
(7) $\boldsymbol{u} + \boldsymbol{0} = \boldsymbol{0} + \boldsymbol{u} = \boldsymbol{u}$	(8) $\boldsymbol{u} + \boldsymbol{u}' = \boldsymbol{0}$ となる $\boldsymbol{u}' \in V$ がある	

例 3.1.1　(1) O を奇数全体の集合とすると，O はベクトル空間の条件 (b), (c) ともみたさない．実際，どんな $k, l \in O$ に対しても $k+l$ は偶数となり，$k+l \in O$ とはならない．また $\pi \times 1 = \pi \notin O$ であるから O は (c) もみたさない．

(2) $\mathbb{N}$ を自然数全体，$\mathbb{Z}$ を整数全体とする．$\mathbb{N}, \mathbb{Z}$ はベクトル空間の条件 (b) はみたすが，O と同様に $\pi \notin \mathbb{N}, \pi \notin \mathbb{Z}$ であるから (c) をみたさないのでベクトル空間ではない．

このように，すべてがベクトル空間になる訳ではないが，以下に挙げる対象はベクトル空間となる．

例 3.1.2　(1) $\mathbb{R}$ は（通常の和と積によって）ベクトル空間となる．特に，$\mathbb{R}$ はスカラーともベクトル空間とも考えられるのである（注意 3.1.2 参照）．

(2) 自然数 n に対して，実数を成分とする n 次列ベクトル $\begin{pmatrix} a_1 \\ a_2 \\ \vdots \\ a_n \end{pmatrix}$ の全体を $\mathbb{R}^n$ とする（2.1 節 (p.36) 参照）．つまり

$$\mathbb{R}^n = \left\{ \begin{pmatrix} a_1 \\ a_2 \\ \vdots \\ a_n \end{pmatrix} : a_1, a_2, \cdots, a_n \in \mathbb{R} \right\}$$

である．このとき $\mathbb{R}^n$ は和とスカラー倍

$$c_1 \begin{pmatrix} a_1 \\ a_2 \\ \vdots \\ a_n \end{pmatrix} + c_2 \begin{pmatrix} b_1 \\ b_2 \\ \vdots \\ b_n \end{pmatrix} = \begin{pmatrix} c_1a_1 + c_2b_1 \\ c_1a_2 + c_2b_2 \\ \vdots \\ c_1a_n + c_2b_n \end{pmatrix}$$

$(c_1, c_2 \in \mathbb{R})$ によってベクトル空間となる．

(3) 自然数 m, n に対して，実数を成分とする $m \times n$ 行列 の全体 M は，行列の和と実数倍（2.7 節 (p.66) 参照）によってベクトル空間となる．

例 3.1.3　(1) 実数を係数とする n 次以下の多項式 $a_0 + a_1x + \cdots + a_{n-1}x^{n-1} + a_nx^n$ の全体を $\mathbb{R}[x]_n$ とする．つまり

$$\mathbb{R}[x]_n = \{a_0 + a_1x + \cdots + a_{n-1}x^{n-1} + a_nx^n : a_0, a_1, \cdots, a_n \in \mathbb{R}\}$$

である．このとき，$\mathbb{R}[x]_n$ は多項式の通常の和と定数倍によってベクトル空間となる．ただし $\mathbb{R}[x]_n$ の零ベクトル $\mathbf{0}$ は恒等的に 0 となる定数関数である．

(2) 実数を係数とする多項式の全体 $\mathbb{R}[x]$ は多項式の通常の和と定数倍によってベクトル空間となる．

1 次結合

ベクトル空間 V のベクトル $\boldsymbol{u}_1, \boldsymbol{u}_2, \cdots, \boldsymbol{u}_n$ と $c_1, c_2, \cdots, c_n \in \mathbb{R}$ に対して

$$c_1\boldsymbol{u}_1 + c_2\boldsymbol{u}_2 + \cdots + c_n\boldsymbol{u}_n$$

を $\boldsymbol{u}_1, \boldsymbol{u}_2, \cdots, \boldsymbol{u}_n$ の **1 次結合**という．

1 次結合において $c_1 = c_2 = \cdots = c_n = 0$ とすれば

$$c_1\boldsymbol{u}_1 + c_2\boldsymbol{u}_2 + \cdots + c_n\boldsymbol{u}_n = \boldsymbol{0} + \boldsymbol{0} + \cdots + \boldsymbol{0} = \boldsymbol{0}$$

となる．逆に $c_1 = c_2 = \cdots = c_n = 0$ **以外**には 1 次結合が $\boldsymbol{0}$ になるような実数 $c_1, c_2, \cdots, c_n$ がないとき $\boldsymbol{u}_1, \boldsymbol{u}_2, \cdots, \boldsymbol{u}_n$ は **1 次独立**であるという．

1 次独立性

ベクトル空間 V のベクトル $\boldsymbol{u}_1, \boldsymbol{u}_2, \cdots, \boldsymbol{u}_n$ に対して

$$c_1\boldsymbol{u}_1 + c_2\boldsymbol{u}_2 + \cdots + c_n\boldsymbol{u}_n = \boldsymbol{0} \tag{3.1.1}$$

とすると $c_1 = c_2 = \cdots = c_n = 0$ となるとき，$\boldsymbol{u}_1, \boldsymbol{u}_2, \cdots, \boldsymbol{u}_n$ は **1 次独立**であるという．

☞ **注意 3.1.4** ベクトル空間 (➪ p.94) ではベクトルの和とスカラー倍という 2 つの演算ができた．1 次結合はベクトル空間において $\boldsymbol{u}_1, \boldsymbol{u}_2, \cdots, \boldsymbol{u}_n$ を用いて表すことができるベクトルの全体である．✍

例 3.1.4　(1) $\mathbb{R}^2$(➪ p.95) のベクトル $\boldsymbol{e}_1 = \begin{pmatrix} 1 \\ 0 \end{pmatrix}$, $\boldsymbol{e}_2 = \begin{pmatrix} 0 \\ 1 \end{pmatrix}$ は 1 次独立である．

実際 $c_1\boldsymbol{e}_1 + c_2\boldsymbol{e}_2 = \boldsymbol{0}$ とすると

$$c_1\boldsymbol{e}_1 + c_2\boldsymbol{e}_2 = c_1\begin{pmatrix} 1 \\ 0 \end{pmatrix} + c_2\begin{pmatrix} 0 \\ 1 \end{pmatrix} = \begin{pmatrix} c_1 \\ c_2 \end{pmatrix}$$

であるが，他方で $\boldsymbol{0} = \begin{pmatrix} 0 \\ 0 \end{pmatrix}$ であるから，結局 $\begin{pmatrix} c_1 \\ c_2 \end{pmatrix} = \begin{pmatrix} 0 \\ 0 \end{pmatrix}$ となる．よって $c_1 = c_2 = 0$ となるので $\boldsymbol{e}_1, \boldsymbol{e}_2$ が 1 次独立であることが示された．

(2) $\mathbb{R}^n$(➪ p.95) の n 次列ベクトル (➪ p.36)

$$\boldsymbol{e}_1 = \begin{pmatrix} 1 \\ 0 \\ \vdots \\ 0 \end{pmatrix}, \quad \boldsymbol{e}_2 = \begin{pmatrix} 0 \\ 1 \\ \vdots \\ 0 \end{pmatrix}, \quad \cdots, \quad \boldsymbol{e}_n = \begin{pmatrix} 0 \\ \vdots \\ 0 \\ 1 \end{pmatrix}$$

は 1 次独立である．より正確には $\boldsymbol{e}_i$ は第 i 行が 1 で，それ以外の成分はすべて 0 の n 次列ベクトルである．この $\boldsymbol{e}_1, \boldsymbol{e}_2, \cdots, \boldsymbol{e}_n$ を $\mathbb{R}^n$ の**基本ベクトル**という．

例 3.1.5 (1) $\mathbb{R}[x]_2$(➪p.95) のベクトル $1, x, x^2$ は1次独立である．

$c_0 \cdot 1 + c_1 x + c_2 x^2 = \mathbf{0}$（つまり，どんな実数 x に対しても $c_0 \cdot 1 + c_1 x + c_2 x^2 = 0$）とする *2．$x = 0$ を代入して $c_0 = 0$ を得る．よって $c_1 x + c_2 x^2 = 0$ であるが，両辺を x で微分すると $c_1 + 2c_2 x = 0$ となり，$x = 0$ を代入して $c_1 = 0$ が得られる．したがって，$2c_2 x = 0$ であるから，両辺を x で微分して $2c_2 = 0$ となるので $c_0 = c_1 = c_2 = 0$ である．よって $1, x, x^2$ は1次独立である．

(2) $1, x, x^2, \cdots, x^n \in \mathbb{R}[x]_n$(➪p.95) が1次独立であることも上と同様にしてわかる．

例題 3.1.1 $\mathbb{R}^3$ のベクトル $\boldsymbol{a}_1 = \begin{pmatrix} 1 \\ 1 \\ 2 \end{pmatrix}$, $\boldsymbol{a}_2 = \begin{pmatrix} 2 \\ 3 \\ 2 \end{pmatrix}$, $\boldsymbol{a}_3 = \begin{pmatrix} 1 \\ 2 \\ 1 \end{pmatrix}$ は1次独立か調べよ．

解 $c_1 \boldsymbol{a}_1 + c_2 \boldsymbol{a}_2 + c_3 \boldsymbol{a}_3 = \mathbf{0}$ とすると

$$c_1 \begin{pmatrix} 1 \\ 1 \\ 2 \end{pmatrix} + c_2 \begin{pmatrix} 2 \\ 3 \\ 2 \end{pmatrix} + c_3 \begin{pmatrix} 1 \\ 2 \\ 1 \end{pmatrix} = \begin{pmatrix} 0 \\ 0 \\ 0 \end{pmatrix}$$

$$\therefore \quad \begin{pmatrix} c_1 + 2c_2 + c_3 \\ c_1 + 3c_2 + 2c_3 \\ 2c_1 + 2c_2 + c_3 \end{pmatrix} = \begin{pmatrix} 0 \\ 0 \\ 0 \end{pmatrix} \qquad \therefore \quad \begin{cases} c_1 + 2c_2 + c_3 = 0 \\ c_1 + 3c_2 + 2c_3 = 0 \\ 2c_1 + 2c_2 + c_3 = 0 \end{cases}$$

となる．上式をみたす c_1, c_2, c_3 を求めることは，次の連立1次方程式を解くことと同じである．

$$\begin{pmatrix} 1 & 2 & 1 \\ 1 & 3 & 2 \\ 2 & 2 & 1 \end{pmatrix} \begin{pmatrix} c_1 \\ c_2 \\ c_3 \end{pmatrix} = \begin{pmatrix} 0 \\ 0 \\ 0 \end{pmatrix} \tag{3.1.2}$$

そこでガウスの消去法 (➪p.39) により拡大係数行列 (➪p.38) を簡約化 (➪p.44) すると

$$\begin{pmatrix} 1 & 2 & 1 & 0 \\ 1 & 3 & 2 & 0 \\ 2 & 2 & 1 & 0 \end{pmatrix} \to \begin{pmatrix} 1 & 2 & 1 & 0 \\ 0 & 1 & 1 & 0 \\ 0 & -2 & -1 & 0 \end{pmatrix} \begin{matrix} \\ ② - ① \\ ③ - ① \times 2 \end{matrix}$$

$$\to \begin{pmatrix} 1 & 0 & -1 & 0 \\ 0 & 1 & 1 & 0 \\ 0 & 0 & 1 & 0 \end{pmatrix} \begin{matrix} ① - ② \times 2 \\ \\ ③ + ② \times 2 \end{matrix} \quad \to \begin{pmatrix} 1 & 0 & 0 & 0 \\ 0 & 1 & 0 & 0 \\ 0 & 0 & 1 & 0 \end{pmatrix} \begin{matrix} ① + ③ \\ ② - ③ \\ \\ \end{matrix}$$

となる．したがって，$c_1 = c_2 = c_3 = 0$ となるから $\boldsymbol{a}_1, \boldsymbol{a}_2, \boldsymbol{a}_3$ は1次独立である． ■

*2 すべての x に対して $c_0 + c_1 x + c_2 x^2 = 0$ なので，たとえば $x = 0, 1, 2$ を代入して得られる連立1次方程式 $\begin{cases} c_0 = 0 \\ c_0 + c_1 + c_2 = 0 \\ c_0 + 2c_1 + 4c_2 = 0 \end{cases}$ を解いてもよいが，この方法は一般に $1, x, x^2, \cdots, x^n \in \mathbb{R}[x]_n$ が1次独立であることを示すのには適さない．

例題 3.1.1 (p.97) の解法をみればわかるように，具体的に成分が与えられた列ベクトルの1次独立性を調べることは，連立1次方程式の解を調べることに帰着される．次に，多項式をベクトルとする場合を例に挙げて，より抽象的なベクトルの1次独立性を調べよう．

例題 3.1.2 $\mathbb{R}[x]_2$ のベクトル $f_1(x) = 1+x+2x^2$, $f_2(x) = 2+3x+2x^2$, $f_3(x) = 1+2x+x^2$ は1次独立か調べよ．

解　$c_1f_1(x) + c_2f_2(x) + c_3f_3(x) = \mathbf{0}$ とすると，すべての実数 x に対して

$$c_1(1 + x + 2x^2) + c_2(2 + 3x + 2x^2) + c_3(1 + 2x + x^2) = 0$$

となる．これを整理して

$$\underset{\sim\sim\sim}{(c_1 + 2c_2 + c_3)} + \underline{\underline{(c_1 + 3c_2 + 2c_3)}}x + (2c_1 + 2c_2 + c_3)x^2 = 0$$

を得る．ここで

$$a_0 = \underset{\sim\sim\sim}{c_1 + 2c_2 + c_3}, \qquad a_1 = \underline{\underline{c_1 + 3c_2 + 2c_3}}, \qquad a_2 = 2c_1 + 2c_2 + c_3$$

とおけば $a_0 + a_1x + a_2x^2 = 0$ となる．例 3.1.5 (p.97) でみたように，1, x, x^2 は1次独立 (➪ p.96) であるから，その1次結合 (➪ p.96) が 0 になるのは $a_0 = a_1 = a_2 = 0$ のときに限る．つまり

$$\begin{cases} c_1 + 2c_2 + \ \ c_3 = 0 \\ c_1 + 3c_2 + 2c_3 = 0 \\ 2c_1 + 2c_2 + \ \ c_3 = 0 \end{cases} \qquad \therefore \quad \begin{pmatrix} 1 & 2 & 1 \\ 1 & 3 & 2 \\ 2 & 2 & 1 \end{pmatrix} \begin{pmatrix} c_1 \\ c_2 \\ c_3 \end{pmatrix} = \begin{pmatrix} 0 \\ 0 \\ 0 \end{pmatrix}$$

でなければならない．よってこの連立1次方程式を解けばよいが，これは例題 3.1.1 (p.97) の (3.1.2) と同じであるから $c_1 = c_2 = c_3 = 0$ となることがわかる．よって $f_1(x)$, $f_2(x)$, $f_3(x)$ は1次独立である． ■

例題 3.1.2 では1次独立なベクトル $1, x, x^2$ の1次結合で表されるベクトル $f_1(x), f_2(x), f_3(x)$ が1次独立かを調べた．より一般に，ベクトル空間 V の1次独立なベクトル $\boldsymbol{u}_1, \boldsymbol{u}_2, \cdots, \boldsymbol{u}_n$ の1次結合で表されるベクトル $\boldsymbol{v}_1, \boldsymbol{v}_2, \cdots, \boldsymbol{v}_m$ の1次独立性は，例題 3.1.2 と同様にして連立1次方程式の解を調べることに帰着できる．

例題 3.1.3 ベクトル空間 V の1次独立なベクトル $\boldsymbol{u}_1, \boldsymbol{u}_2, \boldsymbol{u}_3$ に対して $\boldsymbol{v}_1 = \boldsymbol{u}_1+\boldsymbol{u}_2+2\boldsymbol{u}_3$, $\boldsymbol{v}_2 = 2\boldsymbol{u}_1 + 3\boldsymbol{u}_2 + 2\boldsymbol{u}_3$, $\boldsymbol{v}_3 = \boldsymbol{u}_1 + 2\boldsymbol{u}_2 + \boldsymbol{u}_3$ は1次独立か調べよ．

解　$c_1\boldsymbol{v}_1 + c_2\boldsymbol{v}_2 + c_3\boldsymbol{v}_3 = \mathbf{0}$ とすると，$\boldsymbol{v}_1$, $\boldsymbol{v}_2$, $\boldsymbol{v}_3$ の定め方より

$$c_1(\boldsymbol{u}_1 + \boldsymbol{u}_2 + 2\boldsymbol{u}_3) + c_2(2\boldsymbol{u}_1 + 3\boldsymbol{u}_2 + 2\boldsymbol{u}_3) + c_3(\boldsymbol{u}_1 + 2\boldsymbol{u}_2 + \boldsymbol{u}_3) = \mathbf{0}$$

となる．これを整理して

$$(c_1+2c_2+c_3)\boldsymbol{u}_1+(c_1+3c_2+2c_3)\boldsymbol{u}_2+(2c_1+2c_2+c_3)\boldsymbol{u}_3=\boldsymbol{0}$$

を得る．$\boldsymbol{u}_1, \boldsymbol{u}_2, \boldsymbol{u}_3$ は 1 次独立であるから $\begin{cases} c_1+2c_2+c_3=0 \\ c_1+3c_2+2c_3=0 \\ 2c_1+2c_2+c_3=0 \end{cases}$ となるが，例題 3.1.1 (p.97) で求めたように，この連立 1 次方程式の解は $c_1=c_2=c_3=0$ である．よって $\boldsymbol{v}_1, \boldsymbol{v}_2, \boldsymbol{v}_3$ は 1 次独立である．■

問題 3.1 【略解 p.199】

1. $\mathbb{R}^3$ の基本ベクトル $\boldsymbol{e}_1=\begin{pmatrix}1\\0\\0\end{pmatrix}$, $\boldsymbol{e}_2=\begin{pmatrix}0\\1\\0\end{pmatrix}$, $\boldsymbol{e}_3=\begin{pmatrix}0\\0\\1\end{pmatrix}$ は 1 次独立であることを確かめよ．
2. $\mathbb{R}[x]_3$ のベクトル $1, x, x^2, x^3$ は 1 次独立であることを確かめよ．
3. $\mathbb{R}^3$ のベクトル $\boldsymbol{a}_1=\begin{pmatrix}1\\-1\\-1\end{pmatrix}$, $\boldsymbol{a}_2=\begin{pmatrix}-3\\6\\3\end{pmatrix}$, $\boldsymbol{a}_3=\begin{pmatrix}6\\-8\\4\end{pmatrix}$ は 1 次独立か調べよ．
4. $\mathbb{R}[x]_2$ のベクトル $f_1(x)=1-x-x^2$, $f_2(x)=-3+6x+3x^2$, $f_3(x)=6-8x+4x^2$ は 1 次独立か調べよ．
5. ベクトル空間 V の 1 次独立なベクトル $\boldsymbol{u}_1, \boldsymbol{u}_2, \boldsymbol{u}_3$ に対して，$\boldsymbol{v}_1=\boldsymbol{u}_1-\boldsymbol{u}_2-\boldsymbol{u}_3$, $\boldsymbol{v}_2=-3\boldsymbol{u}_1+6\boldsymbol{u}_2+3\boldsymbol{u}_3$, $\boldsymbol{v}_3=6\boldsymbol{u}_1-8\boldsymbol{u}_2+4\boldsymbol{u}_3$ は 1 次独立か調べよ．
6. $\mathbb{R}^4$ のベクトル $\boldsymbol{a}_1=\begin{pmatrix}1\\1\\-1\\-1\end{pmatrix}$, $\boldsymbol{a}_2=\begin{pmatrix}1\\2\\-2\\2\end{pmatrix}$, $\boldsymbol{a}_3=\begin{pmatrix}-2\\-3\\4\\-2\end{pmatrix}$, $\boldsymbol{a}_4=\begin{pmatrix}-3\\-7\\1\\-12\end{pmatrix}$ は 1 次独立か調べよ．
7. $\mathbb{R}[x]_3$ のベクトル $f_1(x)=1+x-x^2-x^3$, $f_2(x)=1+2x-2x^2+2x^3$, $f_3(x)=-2-3x+4x^2-2x^3$, $f_4(x)=-3-7x+x^2-12x^3$ は 1 次独立か調べよ．
8. ベクトル空間 V の 1 次独立なベクトル $\boldsymbol{u}_1, \boldsymbol{u}_2, \boldsymbol{u}_3, \boldsymbol{u}_4$ に対して，$\boldsymbol{v}_1=\boldsymbol{u}_1+\boldsymbol{u}_2-\boldsymbol{u}_3-\boldsymbol{u}_4$, $\boldsymbol{v}_2=\boldsymbol{u}_1+2\boldsymbol{u}_2-2\boldsymbol{u}_3+2\boldsymbol{u}_4$, $\boldsymbol{v}_3=-2\boldsymbol{u}_1-3\boldsymbol{u}_2+4\boldsymbol{u}_3-2\boldsymbol{u}_4$, $\boldsymbol{v}_4=-3\boldsymbol{u}_1-7\boldsymbol{u}_2+\boldsymbol{u}_3-12\boldsymbol{u}_4$ は 1 次独立か調べよ．

3.2　ベクトルの1次従属性

3.1節では1次独立 (➪p.96) なベクトルだけを扱った．ところが，すべてのベクトルが1次独立になるとは限らない．むしろ1次独立なベクトルは非常に厳しい条件をみたしているといえる．この節では1次独立でないベクトルを考えよう．1次独立でないベクトルを**1次従属**であるという．このことは次のように述べることができる．

1次従属性

ベクトル空間 V のベクトル $\boldsymbol{u}_1, \boldsymbol{u}_2, \cdots, \boldsymbol{u}_n$ が**1次従属**であるとは，$c_1 = c_2 = \cdots = c_n = 0$ 以外に $c_1\boldsymbol{u}_1 + c_2\boldsymbol{u}_2 + \cdots + c_n\boldsymbol{u}_n = \boldsymbol{0}$ となる定数 $c_1, c_2, \cdots, c_n$ を選べることである．

例題 3.2.1 $\mathbb{R}^3$ のベクトル

$$\boldsymbol{a}_1 = \begin{pmatrix} 1 \\ -1 \\ -1 \end{pmatrix},\ \boldsymbol{a}_2 = \begin{pmatrix} 2 \\ 1 \\ 1 \end{pmatrix},\ \boldsymbol{a}_3 = \begin{pmatrix} 2 \\ -1 \\ 0 \end{pmatrix},\ \boldsymbol{a}_4 = \begin{pmatrix} 6 \\ -2 \\ -1 \end{pmatrix},\ \boldsymbol{a}_5 = \begin{pmatrix} 10 \\ -1 \\ 2 \end{pmatrix}$$

に対して以下の問に答えよ．

(1) $\boldsymbol{a}_1, \boldsymbol{a}_2, \boldsymbol{a}_3, \boldsymbol{a}_4, \boldsymbol{a}_5$ は1次従属であることを示せ．

(2) $\boldsymbol{a}_1, \boldsymbol{a}_2, \boldsymbol{a}_3$ は1次独立であることを示せ．

(3) $\boldsymbol{a}_4, \boldsymbol{a}_5$ を $\boldsymbol{a}_1, \boldsymbol{a}_2, \boldsymbol{a}_3$ の1次結合で表せ．

解　(1) 実数 c_1, c_2, c_3, c_4, c_5 に対して

$$c_1\boldsymbol{a}_1 + c_2\boldsymbol{a}_2 + c_3\boldsymbol{a}_3 + c_4\boldsymbol{a}_4 + c_5\boldsymbol{a}_5 = \boldsymbol{0} \tag{3.2.1}$$

とする．これを行列で表せば

$$\begin{pmatrix} 1 & 2 & 2 & 6 & 10 \\ -1 & 1 & -1 & -2 & -1 \\ -1 & 1 & 0 & -1 & 2 \end{pmatrix} \begin{pmatrix} c_1 \\ c_2 \\ c_3 \\ c_4 \\ c_5 \end{pmatrix} = \begin{pmatrix} 0 \\ 0 \\ 0 \end{pmatrix} \tag{3.2.2}$$

となる．この係数行列 (➪p.38) は例題 2.3.2 (p.49) で扱ったものと同じであるから，同様の計算により拡大係数行列 (➪p.38) の簡約化 (➪p.44) は次のようになることがわかる（詳細は例題 2.3.2 (p.49) の簡約化を参照せよ）．

$$\begin{pmatrix} 1 & 2 & 2 & 6 & 10 & 0 \\ -1 & 1 & -1 & -2 & -1 & 0 \\ -1 & 1 & 0 & -1 & 2 & 0 \end{pmatrix} \xrightarrow{\text{簡約化}} \cdots \to \begin{pmatrix} 1 & 0 & 0 & 2 & 0 & 0 \\ 0 & 1 & 0 & 1 & 2 & 0 \\ 0 & 0 & 1 & 1 & 3 & 0 \end{pmatrix} \tag{3.2.3}$$

この行列を連立 1 次方程式で書けば

$$\begin{cases} c_1 + 2c_4 = 0 \\ c_2 + c_4 + 2c_5 = 0 \\ c_3 + c_4 + 3c_5 = 0 \end{cases} \qquad \therefore \quad \begin{cases} c_1 = -2c_4 \\ c_2 = -c_4 - 2c_5 \\ c_3 = -c_4 - 3c_5 \end{cases}$$

である．主成分に対応しない変数 c_4, c_5(➪ p.48) に任意の実数 s, t を与えて

$$\begin{pmatrix} c_1 \\ c_2 \\ c_3 \\ c_4 \\ c_5 \end{pmatrix} = \begin{pmatrix} -2s \\ -\ s - 2t \\ -\ s - 3t \\ s \\ t \end{pmatrix} \quad \left(= s\begin{pmatrix} -2 \\ -1 \\ -1 \\ 1 \\ 0 \end{pmatrix} + t\begin{pmatrix} 0 \\ -2 \\ -3 \\ 0 \\ 1 \end{pmatrix} \right) \tag{3.2.4}$$

となる（解の記述 (➪ p.49) 参照)．ここで連立 1 次方程式の「解」の意味を思い出そう．(3.2.4) が連立 1 次方程式 (3.2.1) (p.100) の解であるから，(3.2.4) を (3.2.1) に代入すれば，どんな実数 s, t に対しても

$$-2s\boldsymbol{a}_1 + (-s-2t)\boldsymbol{a}_2 + (-s-3t)\boldsymbol{a}_3 + s\boldsymbol{a}_4 + t\boldsymbol{a}_5 = \boldsymbol{0} \tag{3.2.5}$$

が成り立つのである（納得のいかない読者は (3.2.5) の左辺を計算してみるとよい)．ここで s, t はどんな実数でもよいので，(3.2.5) でたとえば $s = t = 1$ とすれば

$$-2\boldsymbol{a}_1 - 3\boldsymbol{a}_2 - 4\boldsymbol{a}_3 + \boldsymbol{a}_4 + \boldsymbol{a}_5 = \boldsymbol{0}$$

となる．つまり $c_1 = -2$, $c_2 = -3$, $c_3 = -4$, $c_4 = 1$, $c_5 = 1$ とおけば c_1, c_2, c_3, c_4, $c_5 \neq 0$ で，しかも $c_1\boldsymbol{a}_1 + c_2\boldsymbol{a}_2 + c_3\boldsymbol{a}_3 + c_4\boldsymbol{a}_4 + c_5\boldsymbol{a}_5 = \boldsymbol{0}$ が成り立つから，$\boldsymbol{a}_1$, $\boldsymbol{a}_2$, $\boldsymbol{a}_3$, $\boldsymbol{a}_4$, $\boldsymbol{a}_5$ は 1 次従属である．

(2) $c_1\boldsymbol{a}_1 + c_2\boldsymbol{a}_2 + c_3\boldsymbol{a}_3 = \boldsymbol{0}$ とする．拡大係数行列 (➪ p.38) の簡約化 (➪ p.44) は (3.2.3) と同様にできて（例題 2.3.2 (p.49) の簡約化を参照）

$$\begin{pmatrix} 1 & 2 & 2 & 0 \\ -1 & 1 & -1 & 0 \\ -1 & 1 & 0 & 0 \end{pmatrix} \xrightarrow{\text{簡約化}} \cdots \rightarrow \begin{pmatrix} 1 & 0 & 0 & 0 \\ 0 & 1 & 0 & 0 \\ 0 & 0 & 1 & 0 \end{pmatrix} \tag{3.2.6}$$

となるので $c_1 = c_2 = c_3 = 0$ を得る．よって $\boldsymbol{a}_1$, $\boldsymbol{a}_2$, $\boldsymbol{a}_3$ は 1 次独立 (➪ p.96) である．

(3) まず $\boldsymbol{a}_4$ を $\boldsymbol{a}_1$, $\boldsymbol{a}_2$, $\boldsymbol{a}_3$ の 1 次結合で表そう．そこで (3.2.5) で $t = 0$ とおいて $\boldsymbol{a}_5$ を消去すると

$$-2s\boldsymbol{a}_1 - s\boldsymbol{a}_2 - s\boldsymbol{a}_3 + s\boldsymbol{a}_4 = \boldsymbol{0}$$

となる．さらに $s = 1$ として

$$-2\boldsymbol{a}_1 - \boldsymbol{a}_2 - \boldsymbol{a}_3 + \boldsymbol{a}_4 = \boldsymbol{0} \qquad \therefore \quad \boldsymbol{a}_4 = 2\boldsymbol{a}_1 + \boldsymbol{a}_2 + \boldsymbol{a}_3$$

を得る．同様にして，$\boldsymbol{a}_5$ を $\boldsymbol{a}_1$, $\boldsymbol{a}_2$, $\boldsymbol{a}_3$ の 1 次結合で表すため (3.2.5) において $s = 0$, $t = 1$ とおけば

$$-2\boldsymbol{a}_2 - 3\boldsymbol{a}_3 + \boldsymbol{a}_5 = \boldsymbol{0} \qquad \therefore \quad \boldsymbol{a}_5 = 2\boldsymbol{a}_2 + 3\boldsymbol{a}_3$$

となる． ■

☞ **注意 3.2.1** 例題 3.2.1 (p.100) では $\boldsymbol{a}_1$, $\boldsymbol{a}_2$, $\boldsymbol{a}_3$, $\boldsymbol{a}_4$, $\boldsymbol{a}_5$ の 1 次従属性を示すために (3.2.5) で $s = t = 1$ としたが，$s = t = 0$ の場合を除けば，実数 s, t をどのように選んでもよい．たとえば $s = 1, t = 0$ とすれば

$$-2\boldsymbol{a}_1 - \boldsymbol{a}_2 - \boldsymbol{a}_3 + \boldsymbol{a}_4 = \boldsymbol{0} \tag{3.2.7}$$

となるから，$\boldsymbol{a}_1, \boldsymbol{a}_2, \boldsymbol{a}_3, \boldsymbol{a}_4$ は 1 次従属である．

このとき (3.2.7) は「$\boldsymbol{a}_1, \boldsymbol{a}_2, \boldsymbol{a}_3, \boldsymbol{a}_4$, $\boldsymbol{a}_5$ も 1 次従属である」ことを示している．実際 $c_1 = -2$, $c_2 = -1$, $c_3 = -1$, $c_4 = 1$, $c_5 = 0$ とすれば (3.2.7) より

$$c_1\boldsymbol{a}_1 + c_2\boldsymbol{a}_2 + c_3\boldsymbol{a}_3 + c_4\boldsymbol{a}_4 + c_5\boldsymbol{a}_5 = (-2\boldsymbol{a}_1 - \boldsymbol{a}_2 - \boldsymbol{a}_3 + \boldsymbol{a}_4) + 0\boldsymbol{a}_5 = \boldsymbol{0} + \boldsymbol{0} = \boldsymbol{0}$$

であり，しかも $c_1 = c_2 = c_3 = c_4 = c_5 = 0$ ではないからである．✍

☞ **注意 3.2.2** $\boldsymbol{u}_1, \boldsymbol{u}_2, \cdots, \boldsymbol{u}_n$ が 1 次従属 (➪ p.100) ならば，$c_1\boldsymbol{u}_1 + c_2\boldsymbol{u}_2 + \cdots + c_n\boldsymbol{u}_n = \boldsymbol{0}$ となる実数 $c_1, c_2, \cdots, c_n$ が $c_1 = c_2 = \cdots = c_n = 0$ 以外にある．たとえば $c_1 \neq 0$ ならば，上式の両辺に $1/c_1$ を掛けて

$$\boldsymbol{u}_1 + \frac{c_2}{c_1}\boldsymbol{u}_2 + \cdots + \frac{c_n}{c_1}\boldsymbol{u}_n = \boldsymbol{0} \qquad \therefore \quad \boldsymbol{u}_1 = \left(-\frac{c_2}{c_1}\right)\boldsymbol{u}_2 + \cdots + \left(-\frac{c_n}{c_1}\right)\boldsymbol{u}_n$$

と表すことができる．これは $\boldsymbol{u}_1$ が $\boldsymbol{u}_2, \cdots, \boldsymbol{u}_n$ の **1 次結合** (➪ p.96) **で表される**ことを意味する．$\boldsymbol{u}_1$ は $\boldsymbol{u}_2, \cdots, \boldsymbol{u}_n$ で表されるのだから，1 次結合を考える際に $\boldsymbol{u}_1$ は必要がないといえる．この意味でいうと $\boldsymbol{u}_1, \boldsymbol{u}_2, \cdots, \boldsymbol{u}_n$ が 1 次従属であることは，1 次結合を考える際に無駄なものがあることになる．逆に 1 次独立とは，1 次結合を考える際に無駄なベクトルが 1 つもないことを述べている．✍

☆ **参考 3.2.1** 平面ベクトル・空間ベクトルに対して 1 次独立性，1 次従属性の幾何学的意味を考えてみよう．ここでは平面および空間ベクトル $\boldsymbol{a}$ を「原点を始点とする矢印」の意味で考えることにする．

(1) $\boldsymbol{a}_1, \boldsymbol{a}_2$ を平面のベクトルで $\boldsymbol{a}_1 \neq \boldsymbol{0}, \boldsymbol{a}_2 \neq \boldsymbol{0}$ とする．このとき $\boldsymbol{a}_1, \boldsymbol{a}_2$ が平行でなければ $\boldsymbol{a}_1, \boldsymbol{a}_2$ は 1 次独立である．実際 $c_1\boldsymbol{a}_1, c_2\boldsymbol{a}_2$ は $\boldsymbol{a}_1, \boldsymbol{a}_2$ に平行なので，$c_1 = c_2 = 0$ でなければ $c_1\boldsymbol{a}_1 + c_2\boldsymbol{a}_2 = \boldsymbol{0}$ とはなり得ない（左下図参照）．

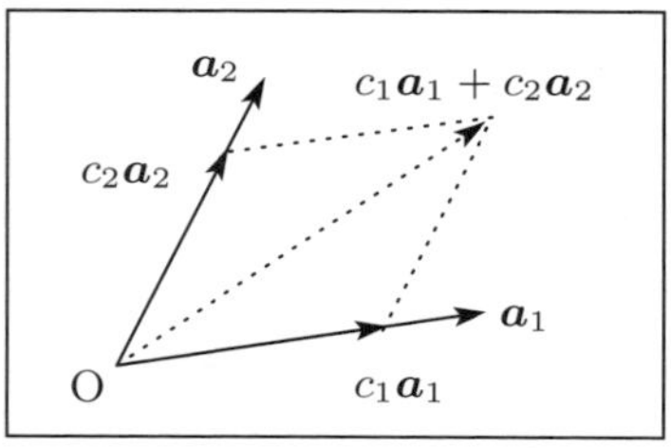

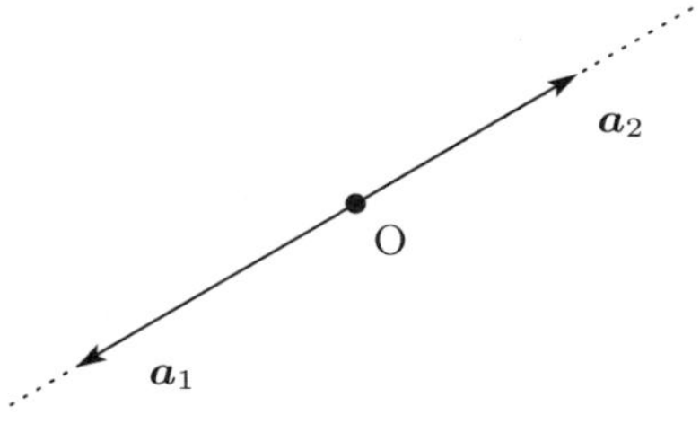

逆に $\boldsymbol{a}_1, \boldsymbol{a}_2$ が平行ならば $\boldsymbol{a}_1 = c\boldsymbol{a}_2$（$c$ は実数）と表せるので，$\boldsymbol{a}_1, \boldsymbol{a}_2$ は 1 次従属である（前ページ右図参照）．つまり平面ベクトル $\boldsymbol{a}_1, \boldsymbol{a}_2\ (\neq \boldsymbol{0})$ に対して

「$\boldsymbol{a}_1, \boldsymbol{a}_2$ が **1 次独立**であることは，$\boldsymbol{a}_1, \boldsymbol{a}_2$ が**平行でない**こと」

であり，したがって，

「$\boldsymbol{a}_1, \boldsymbol{a}_2$ が **1 次従属**であることは，$\boldsymbol{a}_1, \boldsymbol{a}_2$ が**平行である**こと」

といえる．

(2) $\boldsymbol{a}_1, \boldsymbol{a}_2, \boldsymbol{a}_3$ を空間のベクトルで $\boldsymbol{a}_1 \neq \boldsymbol{0}, \boldsymbol{a}_2 \neq \boldsymbol{0}, \boldsymbol{a}_3 \neq \boldsymbol{0}$ とする．$\boldsymbol{a}_1, \boldsymbol{a}_2, \boldsymbol{a}_3$ が同一平面上になければ，$\boldsymbol{a}_1, \boldsymbol{a}_2, \boldsymbol{a}_3$ は 1 次独立である．実際 c_1, c_2 が実数のとき，$c_1\boldsymbol{a}_1 + c_2\boldsymbol{a}_2$ は $\boldsymbol{a}_1, \boldsymbol{a}_2$ を含む平面上のベクトルとなるので，$\boldsymbol{a}_3$ がこの平面上になければ $c_1 = c_2 = c_3 = 0$ を除いて $c_1\boldsymbol{a}_1 + c_2\boldsymbol{a}_2 + c_3\boldsymbol{a}_3 = \boldsymbol{0}$ とはなり得ないからである（下図参照）．

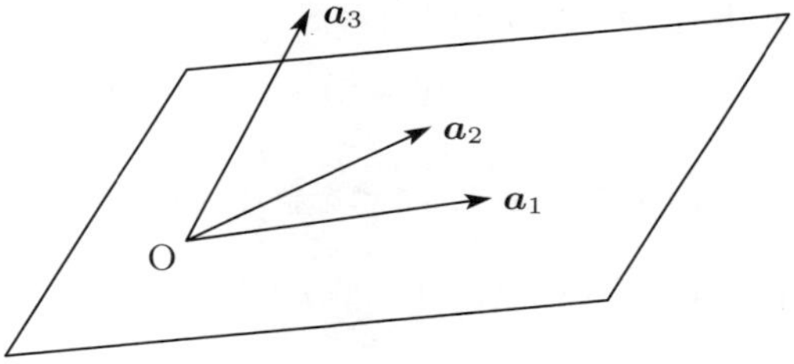

逆に $\boldsymbol{a}_1, \boldsymbol{a}_2, \boldsymbol{a}_3$ が同一平面上にあれば，$\boldsymbol{a}_1, \boldsymbol{a}_2, \boldsymbol{a}_3$ は 1 次従属であることがわかる（下図参照）．

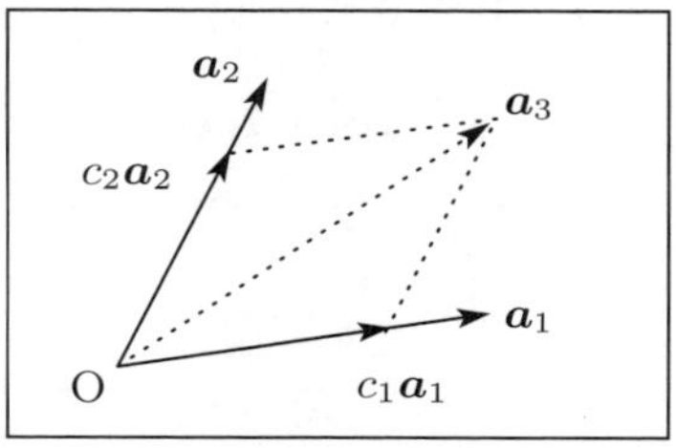

つまり空間ベクトル $\boldsymbol{a}_1, \boldsymbol{a}_2, \boldsymbol{a}_3\ (\neq \boldsymbol{0})$ に対して

「$\boldsymbol{a}_1, \boldsymbol{a}_2, \boldsymbol{a}_3$ が **1 次独立**であることは，$\boldsymbol{a}_1, \boldsymbol{a}_2, \boldsymbol{a}_3$ が**同一平面上にない**こと」

であり，したがって，

「$\boldsymbol{a}_1, \boldsymbol{a}_2, \boldsymbol{a}_3$ が **1 次従属**であることは，$\boldsymbol{a}_1, \boldsymbol{a}_2, \boldsymbol{a}_3$ が**同一平面上にある**こと」

である．

このような幾何学的イメージがすべてのベクトル空間に対して意味をもつ訳ではないが，ベクトルの 1 次独立性や 1 次従属性を理解する助けにはなるであろう．✍

例題 3.2.2 $\mathbb{R}[x]_2$ のベクトル $f_1(x) = 1 - x - x^2$, $f_2(x) = 2 + x + x^2$, $f_3(x) = 2 - x$, $f_4(x) = 6 - 2x - x^2$, $f_5(x) = 10 - x + 2x^2$ に対して以下の問に答えよ．

(1) $f_1(x)$, $f_2(x)$, $f_3(x)$, $f_4(x)$, $f_5(x)$ は1次従属であることを示せ．

(2) $f_1(x)$, $f_2(x)$, $f_3(x)$ は1次独立であることを示せ．

(3) $f_4(x)$, $f_5(x)$ を $f_1(x)$, $f_2(x)$, $f_3(x)$ の1次結合で表せ．

解　(1) 実数 c_1, c_2, c_3, c_4, c_5 に対して

$$c_1 f_1(x) + c_2 f_2(x) + c_3 f_3(x) + c_4 f_4(x) + c_5 f_5(x) = \mathbf{0} \tag{3.2.8}$$

とすると，すべての実数 x に対して

$$\begin{aligned} c_1(1 - x - x^2) + c_2(2 + x + x^2) + c_3(2 - x) \\ + c_4(6 - 2x - x^2) + c_5(10 - x + 2x^2) = 0 \end{aligned}$$

が成り立つ（例 3.1.3 (p.95) 参照）．これを整理して

$$\begin{aligned} (c_1 + 2c_2 + 2c_3 + 6c_4 + 10c_5) + (-c_1 + c_2 - c_3 - 2c_4 - c_5)x \\ + (-c_1 + c_2 - c_4 + 2c_5)x^2 = 0 \end{aligned}$$

を得る．ここで，例 3.1.5 (p.97) でみたように，$1, x, x^2$ は1次独立 (➪p.96) であるから，これらの1次結合 (➪p.96) が0になるのは，係数がすべて0のときに限る．つまり

$$\begin{cases} c_1 + 2c_2 + 2c_3 + 6c_4 + 10c_5 = 0 \\ -c_1 + c_2 - c_3 - 2c_4 - c_5 = 0 \\ -c_1 + c_2 - c_4 + 2c_5 = 0 \end{cases} \tag{3.2.9}$$

$$\therefore \quad \begin{pmatrix} 1 & 2 & 2 & 6 & 10 \\ -1 & 1 & -1 & -2 & -1 \\ -1 & 1 & 0 & -1 & 2 \end{pmatrix} \begin{pmatrix} c_1 \\ c_2 \\ c_3 \\ c_4 \\ c_5 \end{pmatrix} = \begin{pmatrix} 0 \\ 0 \\ 0 \end{pmatrix}$$

となる．この連立1次方程式は，例題 3.2.1 の 解 (p.100) の (3.2.2) と同じであるから，(3.2.4) より任意の実数 s, t に対して

$$\begin{pmatrix} c_1 \\ c_2 \\ c_3 \\ c_4 \\ c_5 \end{pmatrix} = \begin{pmatrix} -2s \\ -s - 2t \\ -s - 3t \\ s \\ t \end{pmatrix} \tag{3.2.10}$$

となる．これを (3.2.8) (p.104) に代入すれば，どんな実数 s, t に対しても

$$-2sf_1(x) + (-s-2t)f_2(x) + (-s-3t)f_3(x) + sf_4(x) + tf_5(x) = \mathbf{0} \qquad (3.2.11)$$

が成り立つ．ここで $s = t = 1$ とすれば

$$-2f_1(x) - 3f_2(x) - 4f_3(x) + f_4(x) + f_5(x) = \mathbf{0}$$

となるので，$f_1(x)$, $f_2(x)$, $f_3(x)$, $f_4(x)$, $f_5(x)$ は 1 次従属 (➪ p.100) である．

(2) $c_1 f_1(x) + c_2 f_2(x) + c_3 f_3(x) = \mathbf{0}$ とすると，すべての実数 x に対して

$$c_1(1 - x - x^2) + c_2(2 + x + x^2) + c_3(2 - x) = 0$$

$$\therefore \quad (c_1 + 2c_2 + 2c_3) + (-c_1 + c_2 - c_3)x + (-c_1 + c_2)x^2 = 0$$

となる．ここで 1, x, x^2 は 1 次独立であるから（例 3.1.5 (p.97) 参照），これらの係数はいずれも 0 でなければならない．つまり

$$\begin{cases} c_1 + 2c_2 + 2c_3 = 0 \\ -c_1 + c_2 - c_3 = 0 \\ -c_1 + c_2 \qquad = 0 \end{cases} \qquad \therefore \quad \begin{pmatrix} 1 & 2 & 2 \\ -1 & 1 & -1 \\ -1 & 1 & 0 \end{pmatrix} \begin{pmatrix} c_1 \\ c_2 \\ c_3 \end{pmatrix} = \begin{pmatrix} 0 \\ 0 \\ 0 \end{pmatrix}$$

である．この連立 1 次方程式を例題 3.2.1 の (3.2.6) (p.101) と同様にして解くと $c_1 = c_2 = c_3 = 0$ となるので $f_1(x)$, $f_2(x)$, $f_3(x)$ が 1 次独立 (➪ p.96) であることが示された．

(3) (3.2.11) において $s = 1$, $t = 0$ とすれば

$$-2f_1(x) - f_2(x) - f_3(x) + f_4(x) = \mathbf{0} \qquad \therefore \quad f_4(x) = 2f_1(x) + f_2(x) + f_3(x)$$

となる．また (3.2.11) において $s = 0$, $t = 1$ とすれば

$$-2f_2(x) - 3f_3(x) + f_5(x) = \mathbf{0} \qquad \therefore \quad f_5(x) = 2f_2(x) + 3f_3(x)$$

となる．■

☆ **参考 3.2.2** $f_1(x)$, $f_2(x)$, $f_3(x)$, $f_4(x)$, $f_5(x)$ を例題 3.2.2 (p.104) のベクトルとする．このとき $f_1(x)$, $f_2(x)$, $f_4(x)$ も 1 次独立であり，$f_3(x)$, $f_5(x)$ は $f_1(x)$, $f_2(x)$, $f_4(x)$ の 1 次結合で表されることがわかる（問題 3.2 の 7 (p.109) 参照）．例題 3.2.2 で確かめたように $f_1(x)$, $f_2(x)$, $f_3(x)$ も 1 次独立であったから，1 次独立なベクトルは 1 通りに決まる訳ではない．ところが $f_1(x)$, $f_2(x)$, $f_3(x)$, $f_4(x)$, $f_5(x)$ からどのようにベクトルを選んだとしても，1 次独立なベクトルの個数は最大で 3 個であることがわかる．同様のことが例題 3.2.1 (p.100) および例題 3.2.3 (p.106) のベクトルに対しても成り立つ（問題 3.2 の 6 (p.108) および 8 (p.109) 参照）．これらの事実は，ベクトル空間の次元 (➪ p.122) と密接な関連がある（注意 3.4.2 (p.122) 参照）．✍

例題 3.2.3 ベクトル空間 V の1次独立なベクトル $\boldsymbol{u}_1, \boldsymbol{u}_2, \boldsymbol{u}_3$ に対して $\boldsymbol{v}_1 = \boldsymbol{u}_1 - \boldsymbol{u}_2 - \boldsymbol{u}_3$, $\boldsymbol{v}_2 = 2\boldsymbol{u}_1 + \boldsymbol{u}_2 + \boldsymbol{u}_3$, $\boldsymbol{v}_3 = 2\boldsymbol{u}_1 - \boldsymbol{u}_2$, $\boldsymbol{v}_4 = 6\boldsymbol{u}_1 - 2\boldsymbol{u}_2 - \boldsymbol{u}_3$, $\boldsymbol{v}_5 = 10\boldsymbol{u}_1 - \boldsymbol{u}_2 + 2\boldsymbol{u}_3$ を考える．このとき以下の問に答えよ．

(1) $\boldsymbol{v}_1, \boldsymbol{v}_2, \boldsymbol{v}_3, \boldsymbol{v}_4, \boldsymbol{v}_5$ は1次従属であることを示せ．

(2) $\boldsymbol{v}_1, \boldsymbol{v}_2, \boldsymbol{v}_3, \boldsymbol{v}_4, \boldsymbol{v}_5$ から1次独立なベクトルを見つけ，他のベクトルを1次結合で表せ．

解 (1) $c_1\boldsymbol{v}_1 + c_2\boldsymbol{v}_2 + c_3\boldsymbol{v}_3 + c_4\boldsymbol{v}_4 + c_5\boldsymbol{v}_5 = \boldsymbol{0}$ とすると

$$\begin{aligned} &c_1(\boldsymbol{u}_1 - \boldsymbol{u}_2 - \boldsymbol{u}_3) + c_2(2\boldsymbol{u}_1 + \boldsymbol{u}_2 + \boldsymbol{u}_3) + c_3(2\boldsymbol{u}_1 - \boldsymbol{u}_2) \\ &\qquad + c_4(6\boldsymbol{u}_1 - 2\boldsymbol{u}_2 - \boldsymbol{u}_3) + c_5(10\boldsymbol{u}_1 - \boldsymbol{u}_2 + 2\boldsymbol{u}_3) = \boldsymbol{0} \end{aligned}$$

となる．これを整理して

$$\begin{aligned} &(c_1 + 2c_2 + 2c_3 + 6c_4 + 10c_5)\boldsymbol{u}_1 + (-c_1 + c_2 - c_3 - 2c_4 - c_5)\boldsymbol{u}_2 \\ &\qquad + (-c_1 + c_2 - c_4 + 2c_5)\boldsymbol{u}_3 = \boldsymbol{0} \end{aligned}$$

を得る．ここで $\boldsymbol{u}_1, \boldsymbol{u}_2, \boldsymbol{u}_3$ は1次独立 (➪ p.96) であるから，これらの係数はすべて0でなければならない．つまり

$$\begin{cases} c_1 + 2c_2 + 2c_3 + 6c_4 + 10c_5 = 0 \\ -c_1 + c_2 - c_3 - 2c_4 - c_5 = 0 \\ -c_1 + c_2 - c_4 + 2c_5 = 0 \end{cases} \tag{3.2.12}$$

である．この連立1次方程式は例題 3.2.2 の (3.2.9) (p.104) と同じなので，(3.2.10) より，どんな実数 s, t に対しても

$$-2s\boldsymbol{v}_1 + (-s - 2t)\boldsymbol{v}_2 + (-s - 3t)\boldsymbol{v}_3 + s\boldsymbol{v}_4 + t\boldsymbol{v}_5 = \boldsymbol{0} \tag{3.2.13}$$

が成り立つ．ここで $s = t = 1$ とすれば

$$-2\boldsymbol{v}_1 - 3\boldsymbol{v}_2 - 4\boldsymbol{v}_3 + \boldsymbol{v}_4 + \boldsymbol{v}_5 = \boldsymbol{0}$$

となるので，$\boldsymbol{v}_1, \boldsymbol{v}_2, \boldsymbol{v}_3, \boldsymbol{v}_4, \boldsymbol{v}_5$, は1次従属である．

(2) $\boldsymbol{v}_1, \boldsymbol{v}_2, \boldsymbol{v}_3$ は1次独立であることを示す．$c_1\boldsymbol{v}_1 + c_2\boldsymbol{v}_2 + c_3\boldsymbol{v}_3 = \boldsymbol{0}$ とすると

$$c_1(\boldsymbol{u}_1 - \boldsymbol{u}_2 - \boldsymbol{u}_3) + c_2(2\boldsymbol{u}_1 + \boldsymbol{u}_2 + \boldsymbol{u}_3) + c_3(2\boldsymbol{u}_1 - \boldsymbol{u}_2) = \boldsymbol{0}$$

$$\therefore \quad (c_1 + 2c_2 + 2c_3)\boldsymbol{u}_1 + (-c_1 + c_2 - c_3)\boldsymbol{u}_2 + (-c_1 + c_2)\boldsymbol{u}_3 = \boldsymbol{0}$$

となる．ここで $\boldsymbol{u}_1, \boldsymbol{u}_2, \boldsymbol{u}_3$ は1次独立であるから，これらの係数はいずれも0でなければならない．つまり

$$\begin{cases} c_1 + 2c_2 + 2c_3 = 0 \\ -c_1 + c_2 - c_3 = 0 \\ -c_1 + c_2 \qquad = 0 \end{cases} \qquad \therefore \quad \begin{pmatrix} 1 & 2 & 2 \\ -1 & 1 & -1 \\ -1 & 1 & 0 \end{pmatrix} \begin{pmatrix} c_1 \\ c_2 \\ c_3 \end{pmatrix} = \begin{pmatrix} 0 \\ 0 \\ 0 \end{pmatrix}$$

である．例題 3.2.1 の (3.2.6) (p.101) と同様にしてこの連立1次方程式を解いて $c_1 = c_2 = c_3 = 0$ を得る．よって $\boldsymbol{v}_1, \boldsymbol{v}_2, \boldsymbol{v}_3$ が1次独立であることが示された．

最後に (3.2.13) (p.106) において $s = 1,\ t = 0$ とすれば

$$-2\boldsymbol{v}_1 - \boldsymbol{v}_2 - \boldsymbol{v}_3 + \boldsymbol{v}_4 = \boldsymbol{0} \qquad \therefore \quad \boldsymbol{v}_4 = 2\boldsymbol{v}_1 + \boldsymbol{v}_2 + \boldsymbol{v}_3 \tag{3.2.14}$$

となる．また (3.2.13) において $s = 0,\ t = 1$ とすれば

$$-2\boldsymbol{v}_2 - 3\boldsymbol{v}_3 + \boldsymbol{v}_5 = \boldsymbol{0} \qquad \therefore \quad \boldsymbol{v}_5 = 2\boldsymbol{v}_2 + 3\boldsymbol{v}_3 \tag{3.2.15}$$

となる． ■

☞ **注意 3.2.3** 例題 3.2.1 (p.100)，例題 3.2.2 (p.104) では１次独立なベクトルが与えられているのに対し，例題 3.2.3 では１次独立なベクトルを自分で見つけなければならなかった．例題 3.2.3 の 解 で１次独立なベクトルの候補として $\boldsymbol{v}_1, \boldsymbol{v}_2, \boldsymbol{v}_3$ を選んだ「目印」は，連立１次方程式 (3.2.12) の拡大係数行列の簡約化 (3.2.3) (p.100) にある．実際 (3.2.3) の簡約化において，主成分に対応する変数 (➪ p.48) が c_1, c_2, c_3 であり，これらを係数とするベクトルが $\boldsymbol{v}_1, \boldsymbol{v}_2, \boldsymbol{v}_3$ となっている．このように簡約化の主成分に着目すれば，１次独立なベクトルを見つけることが可能である． ✍

☞ **注意 3.2.4** 例題 3.2.3 の 解 より $\boldsymbol{v}_1, \boldsymbol{v}_2, \boldsymbol{v}_3$ は１次独立であるが，$\boldsymbol{v}_1, \boldsymbol{v}_2, \boldsymbol{v}_3, \boldsymbol{v}_4$ も $\boldsymbol{v}_1, \boldsymbol{v}_2, \boldsymbol{v}_3, \boldsymbol{v}_5$ も１次従属であることがわかる．実際，(3.2.14), (3.2.15) より

$$-2\boldsymbol{v}_1 - \boldsymbol{v}_2 - \boldsymbol{v}_3 + \boldsymbol{v}_4 = \boldsymbol{0}, \qquad -2\boldsymbol{v}_2 - 3\boldsymbol{v}_3 + \boldsymbol{v}_5 = \boldsymbol{0}$$

なので $c_1 = -2,\ c_2 = -1,\ c_3 = -1,\ c_4 = 1$ とし，$d_1 = 0,\ d_2 = -2,\ d_3 = -3,\ d_5 = 1$ とすれば

$$c_1\boldsymbol{v}_1 + c_2\boldsymbol{v}_2 + c_3\boldsymbol{v}_3 + c_4\boldsymbol{v}_4 = \boldsymbol{0}, \qquad d_1\boldsymbol{v}_1 + d_2\boldsymbol{v}_2 + d_3\boldsymbol{v}_3 + d_5\boldsymbol{v}_5 = \boldsymbol{0}$$

であり，しかも $c_1 = c_2 = c_3 = c_4 = 0$ でも $d_1 = d_2 = d_3 = d_5 = 0$ でもないからである．このように，$\boldsymbol{v}_1, \boldsymbol{v}_2, \boldsymbol{v}_3$ は１次独立であるが，$\boldsymbol{v}_1, \boldsymbol{v}_2, \boldsymbol{v}_3$ に $\boldsymbol{v}_4$ を付け加えても，$\boldsymbol{v}_5$ を付け加えても１次独立にはできないのである． ✍

注意 3.2.2 (p.102) で述べたように１次独立性の１つの意味は，１次結合を考えるときに無駄なベクトルが１つもないことであったが，もう１つの意味は１次結合による表現の**一意性**にある．

１次結合による表現の一意性

ベクトル $\boldsymbol{u}_1, \boldsymbol{u}_2, \cdots, \boldsymbol{u}_n$ が１次独立であるとき，$\boldsymbol{u}_1, \boldsymbol{u}_2, \cdots, \boldsymbol{u}_n$ の１次結合で表されるベクトル $\boldsymbol{u}$ の表し方（係数の選び方）は１通りしかない．

☞ **注意 3.2.5** 実際，$\boldsymbol{u}$ が次のように２通りに

$$c_1\boldsymbol{u}_1 + c_2\boldsymbol{u}_2 + \cdots + c_n\boldsymbol{u}_n = \boldsymbol{u} = d_1\boldsymbol{u}_1 + d_2\boldsymbol{u}_2 + \cdots + d_n\boldsymbol{u}_n$$

と表せたとする．移項して整理すると

$$(c_1 - d_1)\boldsymbol{u}_1 + (c_2 - d_2)\boldsymbol{u}_2 + \cdots + (c_n - d_n)\boldsymbol{u}_n = \boldsymbol{u} - \boldsymbol{u} = \boldsymbol{0}$$

であるから，$\boldsymbol{u}_1, \boldsymbol{u}_2, \cdots, \boldsymbol{u}_n$ の１次独立性より $c_1 - d_1 = c_2 - d_2 = \cdots = c_n - d_n = 0$ となる．よって $c_1 = d_1,\ c_2 = d_2,\ \cdots,\ c_n = d_n$ となり，$\boldsymbol{u}$ の表し方は１通りしかないことが示された． ✍

☆ **参考 3.2.3** ベクトル空間 V のベクトル $\boldsymbol{a}_1, \boldsymbol{a}_2, \cdots, \boldsymbol{a}_n$ が 1 次従属 (➪ p.100) ならば，どんなベクトル $\boldsymbol{u} \in V$ に対しても $\boldsymbol{u}, \boldsymbol{a}_1, \boldsymbol{a}_2, \cdots, \boldsymbol{a}_n$ は 1 次従属となる（問題 3.2 の 12 (p.109) 参照）．しかし $\boldsymbol{a}_1, \boldsymbol{a}_2, \cdots, \boldsymbol{a}_n$ が 1 次独立 (➪ p.96) であるからといって $\boldsymbol{u}, \boldsymbol{a}_1, \boldsymbol{a}_2, \cdots, \boldsymbol{a}_n$ も 1 次独立になるとは限らない（注意 3.2.4 (p.107) 参照）．✍

問題 3.2 【略解 p.199 ～ p.202】

1. $\mathbb{R}^2$ のベクトル $\boldsymbol{a}_1 = \begin{pmatrix} 1 \\ -2 \end{pmatrix}, \boldsymbol{a}_2 = \begin{pmatrix} -2 \\ 4 \end{pmatrix}$ を xy 平面に図示し，さらに 1 次従属であることを示せ．

2. $\mathbb{R}^2$ のベクトル $\boldsymbol{a}_1 = \begin{pmatrix} 1 \\ -2 \end{pmatrix}, \boldsymbol{a}_2 = \begin{pmatrix} -2 \\ 4 \end{pmatrix}, \boldsymbol{a}_3 = \begin{pmatrix} 2 \\ 1 \end{pmatrix}$ を xy 平面に図示し，さらに 1 次従属であることを示せ．

3. $\mathbb{R}^3$ のベクトル $\boldsymbol{a}_1 = \begin{pmatrix} 1 \\ 2 \\ 1 \end{pmatrix}, \ \boldsymbol{a}_2 = \begin{pmatrix} 0 \\ 1 \\ -1 \end{pmatrix}, \ \boldsymbol{a}_3 = \begin{pmatrix} 2 \\ 3 \\ 3 \end{pmatrix}, \ \boldsymbol{a}_4 = \begin{pmatrix} 1 \\ 3 \\ 0 \end{pmatrix}$ に対して以下の問に答えよ．
   (1) $\boldsymbol{a}_1, \boldsymbol{a}_2, \boldsymbol{a}_3, \boldsymbol{a}_4$ は 1 次従属であることを示せ．
   (2) $\boldsymbol{a}_1, \boldsymbol{a}_2$ は 1 次独立であることを示せ．
   (3) $\boldsymbol{a}_3, \boldsymbol{a}_4$ を $\boldsymbol{a}_1, \boldsymbol{a}_2$ の 1 次結合で表せ．

4. $\mathbb{R}[x]_2$ のベクトル $f_1(x) = 1+2x+x^2$, $f_2(x) = x-x^2$, $f_3(x) = 2+3x+3x^2$, $f_4(x) = 1+3x$ に対して以下の問に答えよ．
   (1) $f_1(x), f_2(x), f_3(x), f_4(x)$ は 1 次従属であることを示せ．
   (2) $f_1(x), f_2(x)$ は 1 次独立であることを示せ．
   (3) $f_3(x), f_4(x)$ を $f_1(x), f_2(x)$ の 1 次結合で表せ．

5. ベクトル空間 V の 1 次独立なベクトル $\boldsymbol{u}_1, \boldsymbol{u}_2, \boldsymbol{u}_3$ に対して $\boldsymbol{v}_1 = \boldsymbol{u}_1 + 2\boldsymbol{u}_2 + \boldsymbol{u}_3$, $\boldsymbol{v}_2 = \boldsymbol{u}_2 - \boldsymbol{u}_3$, $\boldsymbol{v}_3 = 2\boldsymbol{u}_1 + 3\boldsymbol{u}_2 + 3\boldsymbol{u}_3$, $\boldsymbol{v}_4 = \boldsymbol{u}_1 + 3\boldsymbol{u}_2$ を考える．以下の問に答えよ．
   (1) $\boldsymbol{v}_1, \boldsymbol{v}_2, \boldsymbol{v}_3, \boldsymbol{v}_4$ は 1 次従属であることを示せ．
   (2) $\boldsymbol{v}_1, \boldsymbol{v}_2$ は 1 次独立であることを示せ．
   (3) $\boldsymbol{v}_3, \boldsymbol{v}_4$ を $\boldsymbol{v}_1, \boldsymbol{v}_2$ の 1 次結合で表せ．

6. $\mathbb{R}^3$ のベクトル

$$\boldsymbol{a}_1 = \begin{pmatrix} 1 \\ -1 \\ -1 \end{pmatrix}, \ \boldsymbol{a}_2 = \begin{pmatrix} 2 \\ 1 \\ 1 \end{pmatrix}, \ \boldsymbol{a}_3 = \begin{pmatrix} 6 \\ -2 \\ -1 \end{pmatrix}, \ \boldsymbol{a}_4 = \begin{pmatrix} 2 \\ -1 \\ 0 \end{pmatrix}, \ \boldsymbol{a}_5 = \begin{pmatrix} 10 \\ -1 \\ 2 \end{pmatrix}$$

   に対して以下の問に答えよ．
   (1) $\boldsymbol{a}_1, \boldsymbol{a}_2, \boldsymbol{a}_3, \boldsymbol{a}_4, \boldsymbol{a}_5$ は 1 次従属であることを示せ．
   (2) $\boldsymbol{a}_1, \boldsymbol{a}_2, \boldsymbol{a}_3$ は 1 次独立であることを示せ．
   (3) $\boldsymbol{a}_4, \boldsymbol{a}_5$ を $\boldsymbol{a}_1, \boldsymbol{a}_2, \boldsymbol{a}_3$ の 1 次結合で表せ．

7. $\mathbb{R}[x]_2$ のベクトル $f_1(x) = 1 - x - x^2$, $f_2(x) = 2 + x + x^2$, $f_3(x) = 6 - 2x - x^2$, $f_4(x) = 2 - x$, $f_5(x) = 10 - x + 2x^2$ に対して以下の問に答えよ．
(1) $f_1(x)$, $f_2(x)$, $f_3(x)$, $f_4(x)$, $f_5(x)$ は 1 次従属であることを示せ．
(2) $f_1(x)$, $f_2(x)$, $f_3(x)$ は 1 次独立であることを示せ．
(3) $f_4(x)$, $f_5(x)$ を $f_1(x)$, $f_2(x)$, $f_3(x)$ の 1 次結合で表せ．

8. ベクトル空間 V の 1 次独立なベクトル $\boldsymbol{u}_1$, $\boldsymbol{u}_2$, $\boldsymbol{u}_3$ に対して $\boldsymbol{v}_1 = \boldsymbol{u}_1 - \boldsymbol{u}_2 - \boldsymbol{u}_3$, $\boldsymbol{v}_2 = 2\boldsymbol{u}_1 + \boldsymbol{u}_2 + \boldsymbol{u}_3$, $\boldsymbol{v}_3 = 6\boldsymbol{u}_1 - 2\boldsymbol{u}_2 - \boldsymbol{u}_3$, $\boldsymbol{v}_4 = 2\boldsymbol{u}_1 - \boldsymbol{u}_2$, $\boldsymbol{v}_5 = 10\boldsymbol{u}_1 - \boldsymbol{u}_2 + 2\boldsymbol{u}_3$ を考える．このとき以下の問に答えよ．
(1) $\boldsymbol{v}_1$, $\boldsymbol{v}_2$, $\boldsymbol{v}_3$, $\boldsymbol{v}_4$, $\boldsymbol{v}_5$ は 1 次従属であることを示せ．
(2) $\boldsymbol{v}_1$, $\boldsymbol{v}_2$, $\boldsymbol{v}_3$ は 1 次独立であることを示せ．
(3) $\boldsymbol{v}_4$, $\boldsymbol{v}_5$ を $\boldsymbol{v}_1$, $\boldsymbol{v}_2$, $\boldsymbol{v}_3$ の 1 次結合で表せ．

9. $\mathbb{R}^3$ のベクトル

$$\boldsymbol{a}_1 = \begin{pmatrix} 1 \\ -1 \\ 2 \end{pmatrix},\ \boldsymbol{a}_2 = \begin{pmatrix} -2 \\ 3 \\ -1 \end{pmatrix},\ \boldsymbol{a}_3 = \begin{pmatrix} 5 \\ -7 \\ 4 \end{pmatrix},\ \boldsymbol{a}_4 = \begin{pmatrix} 0 \\ 1 \\ 3 \end{pmatrix},\ \boldsymbol{a}_5 = \begin{pmatrix} -7 \\ 10 \\ -5 \end{pmatrix}$$

に対して以下の問に答えよ．
(1) $\boldsymbol{a}_1$, $\boldsymbol{a}_2$, $\boldsymbol{a}_3$, $\boldsymbol{a}_4$, $\boldsymbol{a}_5$ は 1 次従属であることを示せ．
(2) $\boldsymbol{a}_1$, $\boldsymbol{a}_2$, $\boldsymbol{a}_3$, $\boldsymbol{a}_4$, $\boldsymbol{a}_5$ から 1 次独立なベクトルを見つけ，他のベクトルを 1 次結合で表せ．

10. $\mathbb{R}[x]_2$ のベクトル $f_1(x) = 1 - x + 2x^2$, $f_2(x) = -2 + 3x - x^2$, $f_3(x) = 5 - 7x + 4x^2$, $f_4(x) = x + 3x^2$, $f_5(x) = -7 + 10x - 5x^2$ に対して以下の問に答えよ．
(1) $f_1(x)$, $f_2(x)$, $f_3(x)$, $f_4(x)$, $f_5(x)$ は 1 次従属であることを示せ．
(2) $f_1(x)$, $f_2(x)$, $f_3(x)$, $f_4(x)$, $f_5(x)$ から 1 次独立なベクトルを見つけ，他のベクトルを 1 次結合で表せ．

11. ベクトル空間 V の 1 次独立なベクトル $\boldsymbol{u}_1$, $\boldsymbol{u}_2$, $\boldsymbol{u}_3$ に対して $\boldsymbol{v}_1 = \boldsymbol{u}_1 - \boldsymbol{u}_2 + 2\boldsymbol{u}_3$, $\boldsymbol{v}_2 = -2\boldsymbol{u}_1 + 3\boldsymbol{u}_2 - \boldsymbol{u}_3$, $\boldsymbol{v}_3 = 5\boldsymbol{u}_1 - 7\boldsymbol{u}_2 + 4\boldsymbol{u}_3$, $\boldsymbol{v}_4 = \boldsymbol{u}_2 + 3\boldsymbol{u}_3$, $\boldsymbol{v}_5 = -7\boldsymbol{u}_1 + 10\boldsymbol{u}_2 - 5\boldsymbol{u}_3$ を考える．
(1) $\boldsymbol{v}_1$, $\boldsymbol{v}_2$, $\boldsymbol{v}_3$, $\boldsymbol{v}_4$, $\boldsymbol{v}_5$ は 1 次従属であることを示せ．
(2) $\boldsymbol{v}_1$, $\boldsymbol{v}_2$, $\boldsymbol{v}_3$, $\boldsymbol{v}_4$, $\boldsymbol{v}_5$ から 1 次独立なベクトルを見つけ，他のベクトルを 1 次結合で表せ．

12. ベクトル空間 V のベクトル $\boldsymbol{a}_1, \boldsymbol{a}_2, \cdots, \boldsymbol{a}_n$ が 1 次従属ならば，V のどんなベクトル $\boldsymbol{u}$ に対しても $\boldsymbol{u}, \boldsymbol{a}_1, \boldsymbol{a}_2, \cdots, \boldsymbol{a}_n$ は 1 次従属であることを示せ．

3.3 ベクトル空間の生成

ベクトル空間 V のベクトル $\boldsymbol{u}_1, \boldsymbol{u}_2, \cdots, \boldsymbol{u}_n$ が V を**生成する**とは，どんなベクトル $\boldsymbol{u} \in V$ も $\boldsymbol{u}_1, \boldsymbol{u}_2, \cdots, \boldsymbol{u}_n$ の 1 次結合 (➪ p.96) で表すことができることである．これは次のように述べることもできる：

ベクトル空間の生成

$\boldsymbol{u}_1, \boldsymbol{u}_2, \cdots, \boldsymbol{u}_n$ が V を**生成する**とは，どんなベクトル $\boldsymbol{u} \in V$ に対しても

$$\boldsymbol{u} = c_1\boldsymbol{u}_1 + c_2\boldsymbol{u}_2 + \cdots + c_n\boldsymbol{u}_n \tag{3.3.1}$$

となる実数 $c_1, c_2, \cdots, c_n$ が存在することである．このとき

$$V = \{c_1\boldsymbol{u}_1 + c_2\boldsymbol{u}_2 + \cdots + c_n\boldsymbol{u}_n : c_1, c_2, \cdots, c_n \in \mathbb{R}\}$$

が成り立つ．

☞ **注意 3.3.1** 「生成」という概念もベクトル空間 (➪ p.94) と同様に直感的に把握しにくい概念であるだろう．ベクトル空間を「無数の部品が入った箱」にたとえると（注意 3.1.3 (p.94) 参照）次のように述べることができる．「箱の中から部品を何個か取り出して自分で持っておく．それが $\boldsymbol{u}_1, \boldsymbol{u}_2, \cdots, \boldsymbol{u}_n$ である．次に箱の中にある部品を誰かに選んでもらう．それが $\boldsymbol{u} \in V$ である．$\boldsymbol{u} = c_1\boldsymbol{u}_1 + c_2\boldsymbol{u}_2 + \cdots + c_n\boldsymbol{u}_n$ とは $\boldsymbol{u}_1, \boldsymbol{u}_2, \cdots, \boldsymbol{u}_n$ を加工して部品 $\boldsymbol{u}$ をつくれることである」．ベクトル空間 V には多くのベクトルがあるが，$\boldsymbol{u}_1, \boldsymbol{u}_2, \cdots, \boldsymbol{u}_n$ が V を生成すれば V のどんなベクトルもこれらで表せるので，$\boldsymbol{u}_1, \boldsymbol{u}_2, \cdots, \boldsymbol{u}_n$ だけ考えれば十分なのである．✍

☞ **注意 3.3.2** ベクトル空間においては，どんな実数 $c_1, c_2, \cdots, c_n$ に対しても，$\boldsymbol{u}_1, \boldsymbol{u}_2, \cdots, \boldsymbol{u}_n$ の 1 次結合 (➪ p.96) $c_1\boldsymbol{u}_1 + c_2\boldsymbol{u}_2 + \cdots + c_n\boldsymbol{u}_n$ は V のベクトルとなる．このことを

$$\{c_1\boldsymbol{u}_1 + c_2\boldsymbol{u}_2 + \cdots + c_n\boldsymbol{u}_n : c_1, c_2, \cdots, c_n \in \mathbb{R}\} \subset V$$

と書く（集合の記法 (➪ p.2) および部分集合と集合の相等 (➪ p.3) 参照）．$\boldsymbol{u}_1, \boldsymbol{u}_2, \cdots, \boldsymbol{u}_n$ が V を生成するとは，この**逆の関係が成り立つ**ことを述べている．集合の記号で表せば

$$V \subset \{c_1\boldsymbol{u}_1 + c_2\boldsymbol{u}_2 + \cdots + c_n\boldsymbol{u}_n : c_1, c_2, \cdots, c_n \in \mathbb{R}\}$$

となる [*3]．✍

注意 3.3.2 より，$\boldsymbol{u}_1, \boldsymbol{u}_2, \cdots, \boldsymbol{u}_n$ が V を生成することは，かなり特殊な状況であることがわかるであろう．実際，$\boldsymbol{u}_1, \boldsymbol{u}_2, \cdots, \boldsymbol{u}_n$ が V を生成すれば，ベクトル空間 V の一部分である 1 次結合の全体 $\{c_1\boldsymbol{u}_1 + c_2\boldsymbol{u}_2 + \cdots + c_n\boldsymbol{u}_n : c_1, c_2, \cdots, c_n \in \mathbb{R}\}$ が，V と一致しているのである．

[*3] 集合 S_1, S_2 に対して $S_1 = S_2$ であるとは，$S_1 \subset S_2$ であり，さらに $S_2 \subset S_1$ となることである．ここで，S_1 のどんな要素も S_2 の要素であるとき $S_1 \subset S_2$ と書く (➪ p.4).

例 3.3.1 ベクトル空間 $\mathbb{R}^2$(➪ p.95) の基本ベクトル $\boldsymbol{e}_1 = \begin{pmatrix} 1 \\ 0 \end{pmatrix}$, $\boldsymbol{e}_2 = \begin{pmatrix} 0 \\ 1 \end{pmatrix}$(➪ p.96) は $\mathbb{R}^2$ を生成する.

$\boldsymbol{u} = \begin{pmatrix} u_1 \\ u_2 \end{pmatrix} \in \mathbb{R}^2$ を任意にとり固定する. $\boldsymbol{u} = c_1\boldsymbol{e}_1 + c_2\boldsymbol{e}_2$ となる c_1, c_2 を求めると

$$\begin{pmatrix} u_1 \\ u_2 \end{pmatrix} = c_1\begin{pmatrix} 1 \\ 0 \end{pmatrix} + c_2\begin{pmatrix} 0 \\ 1 \end{pmatrix} = \begin{pmatrix} c_1 \\ 0 \end{pmatrix} + \begin{pmatrix} 0 \\ c_2 \end{pmatrix} = \begin{pmatrix} c_1 \\ c_2 \end{pmatrix} \qquad \therefore \begin{cases} c_1 = u_1 \\ c_2 = u_2 \end{cases}$$

よってどんな $\boldsymbol{u} \in \mathbb{R}^2$ に対しても $\boldsymbol{u} = c_1\boldsymbol{e}_1 + c_2\boldsymbol{e}_2$ となる c_1, c_2 があるので $\boldsymbol{e}_1, \boldsymbol{e}_2$ は $\mathbb{R}^2$ を生成する.

例題 3.3.1 ベクトル空間 $\mathbb{R}^n$(➪ p.95) の基本ベクトル (➪ p.96)

$$\boldsymbol{e}_1 = \begin{pmatrix} 1 \\ 0 \\ \vdots \\ 0 \end{pmatrix}, \quad \boldsymbol{e}_2 = \begin{pmatrix} 0 \\ 1 \\ \vdots \\ 0 \end{pmatrix}, \quad \cdots, \quad \boldsymbol{e}_n = \begin{pmatrix} 0 \\ \vdots \\ 0 \\ 1 \end{pmatrix}$$

は $\mathbb{R}^n$ を生成することを示せ.

解　$\boldsymbol{u} = \begin{pmatrix} u_1 \\ u_2 \\ \vdots \\ u_n \end{pmatrix} \in \mathbb{R}^n$ を任意にとり固定する. このとき

$$\boldsymbol{u} = c_1\boldsymbol{e}_1 + c_2\boldsymbol{e}_2 + \cdots + c_n\boldsymbol{e}_n$$

となる実数 $c_1, c_2, \cdots, c_n$ を求めると

$$\begin{pmatrix} u_1 \\ u_2 \\ \vdots \\ u_n \end{pmatrix} = c_1\begin{pmatrix} 1 \\ 0 \\ \vdots \\ 0 \end{pmatrix} + c_2\begin{pmatrix} 0 \\ 1 \\ \vdots \\ 0 \end{pmatrix} + \cdots + c_n\begin{pmatrix} 0 \\ \vdots \\ 0 \\ 1 \end{pmatrix} = \begin{pmatrix} c_1 \\ c_2 \\ \vdots \\ c_n \end{pmatrix} \qquad \therefore \begin{cases} c_1 = u_1 \\ c_2 = u_2 \\ \quad\vdots \\ c_n = u_n \end{cases}$$

となる. よって

$$\boldsymbol{u} = u_1\boldsymbol{e}_1 + u_2\boldsymbol{e}_2 + \cdots + u_n\boldsymbol{e}_n$$

が成り立つ. つまり $\boldsymbol{u}$ は $\boldsymbol{e}_1, \boldsymbol{e}_2, \cdots, \boldsymbol{e}_n$ の 1 次結合で表すことができる. $\boldsymbol{u}$ は $\mathbb{R}^n$ の任意のベクトルであったので, $\boldsymbol{e}_1, \boldsymbol{e}_2, \cdots, \boldsymbol{e}_n$ は $\mathbb{R}^n$ を生成することが示された. ■

例 3.3.2 $\mathbb{R}[x]_n = \{a_0 + a_1x + \cdots a_{n-1}x^{n-1} + a_nx^n : a_0, a_1, \cdots, a_n \in \mathbb{R}\}$(➪ p.95) なので, $\mathbb{R}[x]_n$ のベクトル $1, x, \cdots, x^{n-1}, x^n$ は $\mathbb{R}[x]_n$ を生成する.

例題 3.3.2 $\mathbb{R}^3$ のベクトル $\boldsymbol{a}_1 = \begin{pmatrix} 1 \\ 0 \\ -1 \end{pmatrix}$, $\boldsymbol{a}_2 = \begin{pmatrix} 1 \\ 1 \\ 0 \end{pmatrix}$, $\boldsymbol{a}_3 = \begin{pmatrix} 0 \\ 0 \\ 1 \end{pmatrix}$ は $\mathbb{R}^3$ を生成するか調べよ．

解 $\mathbb{R}^3$ のベクトル $\boldsymbol{u} = \begin{pmatrix} u_1 \\ u_2 \\ u_3 \end{pmatrix}$ を任意にとり固定する．このとき

$$\boldsymbol{u} = c_1\boldsymbol{a}_1 + c_2\boldsymbol{a}_2 + c_3\boldsymbol{a}_3 \tag{3.3.2}$$

となる実数 c_1, c_2, c_3 を求める．そのため (3.3.2) を成分で表すと

$$\begin{pmatrix} u_1 \\ u_2 \\ u_3 \end{pmatrix} = c_1\begin{pmatrix} 1 \\ 0 \\ -1 \end{pmatrix} + c_2\begin{pmatrix} 1 \\ 1 \\ 0 \end{pmatrix} + c_3\begin{pmatrix} 0 \\ 0 \\ 1 \end{pmatrix}$$

$$\therefore \quad \begin{pmatrix} 1 & 1 & 0 \\ 0 & 1 & 0 \\ -1 & 0 & 1 \end{pmatrix}\begin{pmatrix} c_1 \\ c_2 \\ c_3 \end{pmatrix} = \begin{pmatrix} u_1 \\ u_2 \\ u_3 \end{pmatrix} \tag{3.3.3}$$

である．ここで u_1, u_2, u_3 は定数であることに注意して，拡大係数行列を簡約化すると

$$\begin{pmatrix} 1 & 1 & 0 & u_1 \\ 0 & 1 & 0 & u_2 \\ -1 & 0 & 1 & u_3 \end{pmatrix} \to \begin{pmatrix} 1 & 1 & 0 & u_1 \\ 0 & 1 & 0 & u_2 \\ 0 & 1 & 1 & u_1 + u_3 \end{pmatrix} \begin{matrix} \\ \\ ③+① \end{matrix}$$

$$\to \begin{pmatrix} 1 & 0 & 0 & u_1 - u_2 \\ 0 & 1 & 0 & u_2 \\ 0 & 0 & 1 & u_1 - u_2 + u_3 \end{pmatrix} \begin{matrix} ①-② \\ \\ ③-② \end{matrix}$$

となる．これを連立1次方程式で表せば

$$\begin{cases} c_1 \qquad\qquad = u_1 - u_2 \\ \qquad c_2 \qquad = \qquad u_2 \\ \qquad\qquad c_3 = u_1 - u_2 + u_3 \end{cases} \tag{3.3.4}$$

である．ここで (3.3.4) を (3.3.2) に代入すると

$$\boldsymbol{u} = (u_1 - u_2)\boldsymbol{a}_1 + u_2\boldsymbol{a}_2 + (u_1 - u_2 + u_3)\boldsymbol{a}_3$$

となる．よって $\boldsymbol{u}$ は $\boldsymbol{a}_1, \boldsymbol{a}_2, \boldsymbol{a}_3$ の1次結合 (➪p.96) で表される．$\boldsymbol{u}$ は $\mathbb{R}^3$ の任意のベクトルであったので，$\boldsymbol{a}_1, \boldsymbol{a}_2, \boldsymbol{a}_3$ は $\mathbb{R}^3$ を生成 (➪p.110) することが示された． ■

例題 3.3.3 $\mathbb{R}[x]_2$ (➪p.95) のベクトル $f_1(x) = 1 - x^2$, $f_2(x) = 1 + x$, $f_3(x) = x^2$ は $\mathbb{R}[x]_2$ を生成するか調べよ．

解　$\mathbb{R}[x]_2$ のベクトル $f(x) = a_0 + a_1x + a_2x^2$ を任意にとり固定する（つまり実数 a_0, a_1, a_2 を任意にとり固定する）．このとき $f(x) = c_1f_1(x) + c_2f_2(x) + c_3f_3(x)$ となる実数 c_1, c_2, c_3 を求めると

$$a_0 + a_1x + a_2x^2 = c_1(1-x^2) + c_2(1+x) + c_3x^2$$
$$\therefore \quad (c_1 + c_2 - a_0) + (c_2 - a_1)x + (-c_1 + c_3 - a_2)x^2 = \mathbf{0}$$

となるが，$1, x, x^2$ は 1 次独立 (➪p.96) なので（例 3.1.5 (p.97) 参照）

$$\begin{cases} c_1 + c_2 \qquad - a_0 = 0 \\ \qquad c_2 \qquad - a_1 = 0 \\ -c_1 \qquad + c_3 - a_2 = 0 \end{cases} \qquad \therefore \quad \begin{pmatrix} 1 & 1 & 0 \\ 0 & 1 & 0 \\ -1 & 0 & 1 \end{pmatrix}\begin{pmatrix} c_1 \\ c_2 \\ c_3 \end{pmatrix} = \begin{pmatrix} a_0 \\ a_1 \\ a_2 \end{pmatrix}$$

を得る．ここで (3.3.3), (3.3.4) (p.112) より

$$f(x) = (a_0 - a_1)f_1(x) + a_1f_2(x) + (a_0 - a_1 + a_2)f_3(x)$$

となることがわかる．よって $f(x)$ は $f_1(x), f_2(x), f_3(x)$ の 1 次結合で表される．$f(x)$ は $\mathbb{R}[x]_2$ の任意のベクトルだったので，$f_1(x), f_2(x), f_3(x)$ は $\mathbb{R}[x]_2$ を生成することが示された．■

☞ **注意 3.3.3** 例題 3.3.2 では (3.3.3) の c_1, c_2, c_3 をガウスの消去法 (➪p.39) により求めたが，この場合は逆行列 (➪p.71) を用いて連立 1 次方程式 (3.3.3) の解を求めることもできる（注意 2.8.6 (p.74) 参照）．実際，例題 2.8.2 (p.72) と同様にして

$$\begin{pmatrix} 1 & 1 & 0 & 1 & 0 & 0 \\ 0 & 1 & 0 & 0 & 1 & 0 \\ -1 & 0 & 1 & 0 & 0 & 1 \end{pmatrix} \to \overset{\text{簡約化}}{\cdots} \to \begin{pmatrix} 1 & 0 & 0 & 1 & -1 & 0 \\ 0 & 1 & 0 & 0 & 1 & 0 \\ 0 & 0 & 1 & 1 & -1 & 1 \end{pmatrix}$$

より $\begin{pmatrix} 1 & 1 & 0 \\ 0 & 1 & 0 \\ -1 & 0 & 1 \end{pmatrix}^{-1} = \begin{pmatrix} 1 & -1 & 0 \\ 0 & 1 & 0 \\ 1 & -1 & 1 \end{pmatrix}$ となることがわかる．この行列を (3.3.3) の両辺に左から掛けて

$$\begin{pmatrix} 1 & -1 & 0 \\ 0 & 1 & 0 \\ 1 & -1 & 1 \end{pmatrix}\begin{pmatrix} 1 & 1 & 0 \\ 0 & 1 & 0 \\ -1 & 0 & 1 \end{pmatrix}\begin{pmatrix} c_1 \\ c_2 \\ c_3 \end{pmatrix} = \begin{pmatrix} 1 & -1 & 0 \\ 0 & 1 & 0 \\ 1 & -1 & 1 \end{pmatrix}\begin{pmatrix} u_1 \\ u_2 \\ u_3 \end{pmatrix}$$

を得る．よって

$$\begin{pmatrix} c_1 \\ c_2 \\ c_3 \end{pmatrix} = \begin{pmatrix} 1 & -1 & 0 \\ 0 & 1 & 0 \\ 1 & -1 & 1 \end{pmatrix}\begin{pmatrix} u_1 \\ u_2 \\ u_3 \end{pmatrix} \overset{*4}{=} \begin{pmatrix} u_1 - u_2 \\ u_2 \\ u_1 - u_2 + u_3 \end{pmatrix}$$

となる（参考 3.3.2 (p.118) 参照）．✍

---

*4 $\begin{pmatrix} 1 & -1 & 0 \\ 0 & 1 & 0 \\ 1 & -1 & 1 \end{pmatrix} = \begin{pmatrix} 1 & 1 & 0 \\ 0 & 1 & 0 \\ -1 & 0 & 1 \end{pmatrix}^{-1}$ より $\begin{pmatrix} 1 & -1 & 0 \\ 0 & 1 & 0 \\ 1 & -1 & 1 \end{pmatrix}\begin{pmatrix} 1 & 1 & 0 \\ 0 & 1 & 0 \\ -1 & 0 & 1 \end{pmatrix} = \begin{pmatrix} 1 & 0 & 0 \\ 0 & 1 & 0 \\ 0 & 0 & 1 \end{pmatrix}$

となることは，計算しなくとも逆行列の定義 (➪p.71) および注意 2.8.1 (p.71) から直ちにわかる．

例題 3.3.4 $\mathbb{R}^3$ のベクトル $\boldsymbol{a}_1 = \begin{pmatrix} 1 \\ 0 \\ -1 \end{pmatrix}$, $\boldsymbol{a}_2 = \begin{pmatrix} 1 \\ 1 \\ 0 \end{pmatrix}$, $\boldsymbol{a}_3 = \begin{pmatrix} 0 \\ 1 \\ 1 \end{pmatrix}$ は $\mathbb{R}^3$ を生成するか調べよ．

解 $\mathbb{R}^3$ のベクトル $\boldsymbol{u} = \begin{pmatrix} u_1 \\ u_2 \\ u_3 \end{pmatrix}$ を任意にとり固定する．このとき $\boldsymbol{u} = c_1\boldsymbol{a}_1 + c_2\boldsymbol{a}_2 + c_3\boldsymbol{a}_3$ となる実数 c_1, c_2, c_3 を求める．これを成分で表すと

$$\begin{pmatrix} u_1 \\ u_2 \\ u_3 \end{pmatrix} = c_1\begin{pmatrix} 1 \\ 0 \\ -1 \end{pmatrix} + c_2\begin{pmatrix} 1 \\ 1 \\ 0 \end{pmatrix} + c_3\begin{pmatrix} 0 \\ 1 \\ 1 \end{pmatrix}$$

$$\therefore \quad \begin{pmatrix} 1 & 1 & 0 \\ 0 & 1 & 1 \\ -1 & 0 & 1 \end{pmatrix}\begin{pmatrix} c_1 \\ c_2 \\ c_3 \end{pmatrix} = \begin{pmatrix} u_1 \\ u_2 \\ u_3 \end{pmatrix} \tag{3.3.5}$$

である．ここで u_1, u_2, u_3 は定数であることに注意して，拡大係数行列を簡約化 (➪p.44) すると

$$\begin{pmatrix} 1 & 1 & 0 & u_1 \\ 0 & 1 & 1 & u_2 \\ -1 & 0 & 1 & u_3 \end{pmatrix} \xrightarrow{\text{簡約化}} \cdots \rightarrow \begin{pmatrix} 1 & 0 & -1 & u_1 - u_2 \\ 0 & 1 & 1 & u_2 \\ 0 & 0 & 0 & u_1 - u_2 + u_3 \end{pmatrix}$$

となる [*5]．これを連立1次方程式で表せば

$$\begin{cases} c_1 \qquad - c_3 = u_1 - u_2 \\ \qquad c_2 + c_3 = \qquad u_2 \\ \qquad\qquad 0 = u_1 - u_2 + u_3 \qquad \cdots (☆) \end{cases} \tag{3.3.6}$$

である．ここでベクトル $\boldsymbol{u}$，つまり u_1, u_2, u_3 は任意の定数だったので，特に $u_1 = u_2 = u_3 = 1$ の場合を考えると [*6]，(3.3.6) は

$$\begin{cases} c_1 \qquad - c_3 = 0 \\ \qquad c_2 + c_3 = 1 \\ \qquad\qquad 0 = 1 \qquad \cdots (\bigstar) \end{cases} \tag{3.3.7}$$

となるので，(★) よりこの連立1次方程式は解をもたない（例題 2.2.3 (p.46) 参照）．つまり

$\begin{pmatrix} 1 \\ 1 \\ 1 \end{pmatrix} = c_1\begin{pmatrix} 1 \\ 0 \\ -1 \end{pmatrix} + c_2\begin{pmatrix} 1 \\ 1 \\ 0 \end{pmatrix} + c_3\begin{pmatrix} 0 \\ 1 \\ 1 \end{pmatrix}$ となる実数 c_1, c_2, c_3 は存在しない．

このように $\mathbb{R}^3$ には $\boldsymbol{a}_1, \boldsymbol{a}_2, \boldsymbol{a}_3$ の1次結合 (➪p.96) では表すことのできないベクトルがある．よって $\boldsymbol{a}_1, \boldsymbol{a}_2, \boldsymbol{a}_3$ は $\mathbb{R}^3$ を生成 (➪p.110) しない． ■

[*5] 正確には，$u_1 - u_2 + u_3 \neq 0$ のとき最後に得た行列は簡約化とは限らない（注意 2.2.1 (p.44) 参照）．

[*6] ここでは $u_1 = u_2 = u_3 = 1$ としたが，(☆) の等号が成り立たないように u_1, u_2, u_3 を選べば，以下同様の議論ができる．

例題 3.3.5 $\mathbb{R}[x]_2$ (⇨ p.95) のベクトル $f_1(x) = 1 - x^2$, $f_2(x) = 1 + x$, $f_3(x) = x + x^2$ は $\mathbb{R}[x]_2$ を生成するか調べよ．

解　$\mathbb{R}[x]_2$ のベクトル $f(x) = a_0 + a_1 x + a_2 x^2$ を任意にとり固定する（つまり実数 a_0, a_1, a_2 を任意にとり固定する）．このとき $f(x) = c_1 f_1(x) + c_2 f_2(x) + c_3 f_3(x)$ となる実数 c_1, c_2, c_3 を求めよう．そこで $f(x)$, $f_1(x)$, $f_2(x)$, $f_3(x)$ を 1, x, x^2 を用いて表せば

$$a_0 + a_1 x + a_2 x^2 = c_1(1 - x^2) + c_2(1 + x) + c_3(x + x^2)$$

$$\therefore \quad (c_1 + c_2 - a_0) + (c_2 + c_3 - a_1)x + (-c_1 + c_3 - a_2)x^2 = \mathbf{0}$$

であるが，1, x, x^2 は 1 次独立 (⇨ p.96) なので（例 3.1.5 (p.97) 参照）

$$\begin{cases} c_1 + c_2 \qquad - a_0 = 0 \\ \qquad c_2 + c_3 - a_1 = 0 \\ -c_1 \qquad + c_3 - a_2 = 0 \end{cases} \qquad \therefore \quad \begin{pmatrix} 1 & 1 & 0 \\ 0 & 1 & 1 \\ -1 & 0 & 1 \end{pmatrix} \begin{pmatrix} c_1 \\ c_2 \\ c_3 \end{pmatrix} = \begin{pmatrix} a_0 \\ a_1 \\ a_2 \end{pmatrix}$$

となる．この連立 1 次方程式は (3.3.5), (3.3.7) (p.114) より $a_0 = a_1 = a_2 = 1$ のとき解をもたないことがわかる．つまり $1 + x + x^2 = c_1(1 - x^2) + c_2(1 + x) + c_3(x + x^2)$ となる実数 c_1, c_2, c_3 は存在しない．よって $f_1(x)$, $f_2(x)$, $f_3(x)$ は $\mathbb{R}[x]_2$ を生成 (⇨ p.110) しない．■

例題 3.3.6 ベクトル空間 V の 1 次独立なベクトル $\boldsymbol{u}_1$, $\boldsymbol{u}_2$, $\boldsymbol{u}_3$ に対して $\boldsymbol{v}_1 = \boldsymbol{u}_1 - \boldsymbol{u}_3$, $\boldsymbol{v}_2 = \boldsymbol{u}_1 + \boldsymbol{u}_2$, $\boldsymbol{v}_3 = \boldsymbol{u}_2 + \boldsymbol{u}_3$ は V を生成するか調べよ．

解　V のベクトル $\boldsymbol{v} = \boldsymbol{u}_1 + \boldsymbol{u}_2 + \boldsymbol{u}_3$ に対して [*7] $\boldsymbol{v} = c_1\boldsymbol{v}_1 + c_2\boldsymbol{v}_2 + c_3\boldsymbol{v}_3$ となる実数 c_1, c_2, c_3 を求める．そこで $\boldsymbol{v}$, $\boldsymbol{v}_1$, $\boldsymbol{v}_2$, $\boldsymbol{v}_3$ を $\boldsymbol{u}_1$, $\boldsymbol{u}_2$, $\boldsymbol{u}_3$ で表せば

$$\boldsymbol{u}_1 + \boldsymbol{u}_2 + \boldsymbol{u}_3 = c_1(\boldsymbol{u}_1 - \boldsymbol{u}_3) + c_2(\boldsymbol{u}_1 + \boldsymbol{u}_2) + c_3(\boldsymbol{u}_2 + \boldsymbol{u}_3)$$

$$\therefore \quad (c_1 + c_2 - 1)\boldsymbol{u}_1 + (c_2 + c_3 - 1)\boldsymbol{u}_2 + (-c_1 + c_3 - 1)\boldsymbol{u}_3 = \mathbf{0}$$

である．ところが $\boldsymbol{u}_1$, $\boldsymbol{u}_2$, $\boldsymbol{u}_3$ は 1 次独立 (⇨ p.96) なので

$$\begin{cases} c_1 + c_2 \qquad - 1 = 0 \\ \qquad c_2 + c_3 - 1 = 0 \\ -c_1 \qquad + c_3 - 1 = 0 \end{cases} \qquad \therefore \quad \begin{pmatrix} 1 & 1 & 0 \\ 0 & 1 & 1 \\ -1 & 0 & 1 \end{pmatrix} \begin{pmatrix} c_1 \\ c_2 \\ c_3 \end{pmatrix} = \begin{pmatrix} 1 \\ 1 \\ 1 \end{pmatrix}$$

となるが，この連立 1 次方程式は (3.3.5), (3.3.7) (p.114) より解をもたないことがわかる．つまり $\boldsymbol{v} = c_1\boldsymbol{v}_1 + c_2\boldsymbol{v}_2 + c_3\boldsymbol{v}_3$ となる実数 c_1, c_2, c_3 は存在しない．よって $\boldsymbol{v}_1$, $\boldsymbol{v}_2$, $\boldsymbol{v}_3$ は V を生成しない．■

[*7] V はベクトル空間なので，V のベクトル $\boldsymbol{u}_1$, $\boldsymbol{u}_2$, $\boldsymbol{u}_3$ の和 $\boldsymbol{u}_1 + \boldsymbol{u}_2 + \boldsymbol{u}_3$ もまた V のベクトルとなる．

☞ **注意 3.3.4** 例題 3.3.6 (p.115) では，これまでと同様に「V のベクトル $\boldsymbol{v}$ を任意にとり $\cdots$」と進めてもうまくいかないことがわかるだろう．そこで，例題 3.3.4 (p.114) および例題 3.3.5 (p.115) の結果を踏まえ「$\boldsymbol{u}_1+\boldsymbol{u}_2+\boldsymbol{u}_3$ は $\boldsymbol{v}_1, \boldsymbol{v}_2, \boldsymbol{v}_3$ の 1 次結合で表せないのでは」と予想し，それを確かめたのである．実際，$\boldsymbol{u}_1+\boldsymbol{u}_2+\boldsymbol{u}_3$ は例題 3.3.5 の $1+x+x^2$ を真似したものである．✍

例題 3.3.7 $\mathbb{R}^3$ のベクトル $\boldsymbol{a}_1=\begin{pmatrix}1\\0\\-1\end{pmatrix}$, $\boldsymbol{a}_2=\begin{pmatrix}1\\1\\0\end{pmatrix}$, $\boldsymbol{a}_3=\begin{pmatrix}0\\1\\1\end{pmatrix}$, $\boldsymbol{a}_4=\begin{pmatrix}1\\1\\1\end{pmatrix}$ は $\mathbb{R}^3$ を生成するか調べよ．

解 $\mathbb{R}^3$ のベクトル $\boldsymbol{u}=\begin{pmatrix}u_1\\u_2\\u_3\end{pmatrix}$ を任意にとり固定する．このとき

$$\boldsymbol{u}=c_1\boldsymbol{a}_1+c_2\boldsymbol{a}_2+c_3\boldsymbol{a}_3+c_4\boldsymbol{a}_4$$

となる実数 c_1, c_2, c_3, c_4 を求める．そのため，例題 3.3.2 (p.112) と同様にして拡大係数行列 (➪ p.38) を簡約化 (➪ p.44) すると

$$\begin{pmatrix}1&1&0&1&u_1\\0&1&1&1&u_2\\-1&0&1&1&u_3\end{pmatrix}\xrightarrow{\text{簡約化}}\cdots\rightarrow\begin{pmatrix}1&0&-1&0&u_1-u_2\\0&1&1&0&-u_1+2u_2-u_3\\0&0&0&1&u_1-u_2+u_3\end{pmatrix}\tag{3.3.8}$$

となる（注意 2.2.1 (p.44) 参照）．これを連立 1 次方程式で表せば

$$\begin{cases}c_1 \quad -c_3 = u_1-u_2\\ \quad c_2+c_3 = -u_1+2u_2-u_3\\ \quad\quad c_4 = u_1-u_2+u_3\end{cases}\quad\therefore\quad\begin{cases}c_1 = c_3+u_1-u_2\\ c_2 = -c_3-u_1+2u_2-u_3\\ c_4 = u_1-u_2+u_3\end{cases}$$

である．主成分に対応しない変数 c_3 (➪ p.48) に任意の実数 s を与えると，求める連立 1 次方程式の解は

$$\begin{pmatrix}c_1\\c_2\\c_3\\c_4\end{pmatrix}=\begin{pmatrix}s+u_1-u_2\\-s-u_1+2u_2-u_3\\s\\u_1-u_2+u_3\end{pmatrix}$$

となる（解の記述 (➪ p.49) 参照）．よってどんな実数 s に対しても

$$\boldsymbol{u}=(s+u_1-u_2)\boldsymbol{a}_1+(-s-u_1+2u_2-u_3)\boldsymbol{a}_2+s\boldsymbol{a}_3+(u_1-u_2+u_3)\boldsymbol{a}_4$$

が成り立つ．つまり $\boldsymbol{u}$ は $\boldsymbol{a}_1, \boldsymbol{a}_2, \boldsymbol{a}_3, \boldsymbol{a}_4$ の 1 次結合 (➪ p.96) で表すことができる．$\boldsymbol{u}$ は $\mathbb{R}^3$ の任意のベクトルであったので，$\boldsymbol{a}_1, \boldsymbol{a}_2, \boldsymbol{a}_3, \boldsymbol{a}_4$ は $\mathbb{R}^3$ を生成 (➪ p.110) することが示された．■

例題 3.3.8 $\mathbb{R}[x]_2$ のベクトル $f_1(x) = 1 - x^2$, $f_2(x) = 1 + x$, $f_3(x) = x + x^2$, $f_4(x) = 1 + x + x^2$ は $\mathbb{R}[x]_2$ を生成するか調べよ．

解　$\mathbb{R}[x]_2$ (➪p.95) のベクトル $f(x) = a_0 + a_1x + a_2x^2$ を任意にとり固定する．このとき $f(x) = c_1f_1(x) + c_2f_2(x) + c_3f_3(x) + c_4f_4(x)$ となる実数 c_1, c_2, c_3, c_4 を求めると

$$a_0 + a_1x + a_2x^2 = c_1(1 - x^2) + c_2(1 + x) + c_3(x + x^2) + c_4(1 + x + x^2)$$

$$\therefore \quad (c_1 + c_2 + c_4 - a_0) + (c_2 + c_3 + c_4 - a_1)x + (-c_1 + c_3 + c_4 - a_2)x^2 = \mathbf{0}$$

となるが，例 3.1.5 (p.97) より $1, x, x^2$ は 1 次独立 (➪p.96) なので

$$\begin{cases} c_1 + c_2 \phantom{{}+c_3} + c_4 - a_0 = 0 \\ \phantom{c_1 + {}} c_2 + c_3 + c_4 - a_1 = 0 \\ -c_1 \phantom{{}+c_2} + c_3 + c_4 - a_2 = 0 \end{cases} \qquad \therefore \quad \begin{pmatrix} 1 & 1 & 0 & 1 \\ 0 & 1 & 1 & 1 \\ -1 & 0 & 1 & 1 \end{pmatrix} \begin{pmatrix} c_1 \\ c_2 \\ c_3 \\ c_4 \end{pmatrix} = \begin{pmatrix} a_0 \\ a_1 \\ a_2 \end{pmatrix}$$

を得る．(3.3.8) (p.116) と同様にして，どんな実数 s に対しても

$$\begin{aligned} f(x) = (s + a_0 - a_1)f_1(x) + (-s - a_0 + 2a_1 - a_2)f_2(x) \\ + sf_3(x) + (a_0 - a_1 + a_2)f_4(x) \end{aligned}$$

が成り立つことがわかる．よって $f(x)$ は $f_1(x), f_2(x), f_3(x), f_4(x)$ の 1 次結合で表される．$f(x)$ は $\mathbb{R}[x]_2$ の任意のベクトルだったので，$f_1(x), f_2(x), f_3(x), f_4(x)$ は $\mathbb{R}[x]_2$ を生成することが示された． ■

☞ **注意 3.3.5** 例題 3.3.7，例題 3.3.8 ではそれぞれ任意のベクトル $\boldsymbol{u}$, $f(x)$ を 1 次結合 (➪p.96) で表す係数の中に任意の実数 s が含まれていた．このように生成 (➪p.110) するかどうかは「連立 1 次方程式の解がただ 1 つになるか」ではなく「任意のベクトルが 1 次結合で表されるかどうか」が問題なのである．したがって，係数の中に任意の実数が含まれたとしてもまったく問題はない．「任意の実数」＝「生成しない」とは限らないので注意が必要である．✍

☆ **参考 3.3.1** 例題 3.3.7 のベクトル $\boldsymbol{a}_1, \boldsymbol{a}_2, \boldsymbol{a}_3$ は例題 3.3.4 (p.114) と同じである．例題 3.3.4 でみたように $\boldsymbol{a}_1, \boldsymbol{a}_2, \boldsymbol{a}_3$ は $\mathbb{R}^3$ を生成しないが，例題 3.3.7 より $\boldsymbol{a}_1, \boldsymbol{a}_2, \boldsymbol{a}_3, \boldsymbol{a}_4$ は $\mathbb{R}^3$ を生成するのである．このことは，少ないベクトルでは生成できなくとも，ベクトルが多くあれば生成する可能性があることを述べている．このようにベクトル空間を生成するには，多くのベクトルがあれば安心であるが，ベクトルが多ければその分だけ無駄も多いことになる．したがって，「ベクトル空間を生成するベクトルは必要最小限にとどめたい」と考えることは自然であろう．その最低個数がベクトル空間の次元 (➪p.122) なのである．✍

☆ **参考 3.3.2** $\mathbb{R}^n$ のベクトル $\boldsymbol{a}_1, \boldsymbol{a}_2, \cdots, \boldsymbol{a}_n$ に対して，$\boldsymbol{a}_1, \boldsymbol{a}_2, \cdots, \boldsymbol{a}_n$ を並べて得られる行列を P とし，$P = \begin{pmatrix} \boldsymbol{a}_1 & \boldsymbol{a}_2 & \cdots & \boldsymbol{a}_n \end{pmatrix}$ と表す（行列の行ベクトル型表示 (➪ p.68) 参照）．このとき P が逆行列 (➪ p.71) をもてば，$\boldsymbol{a}_1, \boldsymbol{a}_2, \cdots, \boldsymbol{a}_n$ は $\mathbb{R}^n$ を生成することが次のようにしてわかる：$\boldsymbol{u} = \begin{pmatrix} u_1 \\ u_2 \\ \vdots \\ u_n \end{pmatrix} \in \mathbb{R}^n$ を任意にとり $\begin{pmatrix} c_1 \\ c_2 \\ \vdots \\ c_n \end{pmatrix} = P^{-1} \begin{pmatrix} u_1 \\ u_2 \\ \vdots \\ u_n \end{pmatrix}$ とおく．ここで $\boldsymbol{c} = \begin{pmatrix} c_1 \\ c_2 \\ \vdots \\ c_n \end{pmatrix}$ とおけば，上式は $\boldsymbol{c} = P^{-1}\boldsymbol{u}$ と表すことができる．この両辺に P を左から掛ければ

$$P\boldsymbol{c} = PP^{-1}\boldsymbol{u} = E_n\boldsymbol{u} = \boldsymbol{u} \qquad \therefore \quad \boldsymbol{u} = P\boldsymbol{c}$$

となる [*8]．ただし E_n は n 次単位行列 (➪ p.36) である．この関係式を書き換えれば

$$\boldsymbol{u} = P\boldsymbol{c} = \begin{pmatrix} \boldsymbol{a}_1 & \boldsymbol{a}_2 & \cdots & \boldsymbol{a}_n \end{pmatrix} \begin{pmatrix} c_1 \\ c_2 \\ \vdots \\ c_n \end{pmatrix} = c_1\boldsymbol{a}_1 + c_2\boldsymbol{a}_2 + \cdots + c_n\boldsymbol{a}_n$$

となるので $\boldsymbol{u}$ は $\boldsymbol{a}_1, \boldsymbol{a}_2, \cdots, \boldsymbol{a}_n$ の 1 次結合で表される．つまり $\boldsymbol{a}_1, \boldsymbol{a}_2, \cdots, \boldsymbol{a}_n$ は $\mathbb{R}^n$ を生成することが示された．逆に $\boldsymbol{a}_1, \boldsymbol{a}_2, \cdots, \boldsymbol{a}_n$ が $\mathbb{R}^n$ を生成すれば $P = \begin{pmatrix} \boldsymbol{a}_1 & \boldsymbol{a}_2 & \cdots & \boldsymbol{a}_n \end{pmatrix}$ は正則 (➪ p.71) であることも知られている．このようにベクトル空間の生成 (➪ p.110) という概念と，行列の正則性には密接な関連があるのである．✍

☆ **参考 3.3.3** $\mathbb{R}^n$ のベクトル $\boldsymbol{a}_1, \boldsymbol{a}_2, \cdots, \boldsymbol{a}_n$ に対して，$\boldsymbol{a}_1, \boldsymbol{a}_2, \cdots, \boldsymbol{a}_n$ を並べて得られる行列を P とする．つまり $P = \begin{pmatrix} \boldsymbol{a}_1 & \boldsymbol{a}_2 & \cdots & \boldsymbol{a}_n \end{pmatrix}$ である（行列の行ベクトル型表示 (➪ p.68) 参照）．このとき以下の条件が同値であることが知られている：

(1) $\boldsymbol{a}_1, \boldsymbol{a}_2, \cdots, \boldsymbol{a}_n$ は $\mathbb{R}^n$ の基底 (➪ p.120) である．
(2) $\boldsymbol{a}_1, \boldsymbol{a}_2, \cdots, \boldsymbol{a}_n$ は 1 次独立 (➪ p.96) である．
(3) $\boldsymbol{a}_1, \boldsymbol{a}_2, \cdots, \boldsymbol{a}_n$ は $\mathbb{R}^n$ を生成 (➪ p.110) する．
(4) P は正則 (➪ p.71) である．
(5) $\mathrm{rank}(P) = n$ (➪ p.45) である．
(6) P の簡約化 (➪ p.44) は E_n(➪ p.36) である．

たとえば行列 P が正則，つまり逆行列 P^{-1} をもてば $\boldsymbol{a}_1, \boldsymbol{a}_2, \cdots, \boldsymbol{a}_n$ は 1 次独立であり，さらに $\mathbb{R}^n$ を生成することが保証されているのである．これらの同値性は，ベクトル $\boldsymbol{a}_1, \boldsymbol{a}_2, \cdots, \boldsymbol{a}_n$ の個数が $\mathbb{R}^n$ の次元 (➪ p.122) $\dim \mathbb{R}^n = n$ と等しいことがポイントである．実際，問題 3.3 の 8 (p.119) のベクトル $\boldsymbol{a}_1, \boldsymbol{a}_2, \boldsymbol{a}_3, \boldsymbol{a}_4$ を並べて得られる行列は 3 行 4 列なので，逆行列 (➪ p.71) を考えることができないが，$\boldsymbol{a}_1, \boldsymbol{a}_2, \boldsymbol{a}_3, \boldsymbol{a}_4$ は $\mathbb{R}^3$ を生成することがわかる．✍

[*8] $\mathbb{R}^n$ のどんなベクトル $\boldsymbol{v}$ に対しても $E_n\boldsymbol{v} = \boldsymbol{v}$ となることを用いている．

問題 3.3　**【略解 p.203 ～ p.204】**

1. $\mathbb{R}^2$ のベクトル $\boldsymbol{a}_1 = \begin{pmatrix} 1 \\ 2 \end{pmatrix}$, $\boldsymbol{a}_2 = \begin{pmatrix} 1 \\ 1 \end{pmatrix}$ は $\mathbb{R}^2$ を生成するか調べよ．
2. $\mathbb{R}[x]_1$ のベクトル $f_1(x) = 1 + 2x$, $f_2(x) = 1 + x$ は $\mathbb{R}[x]_1$ を生成するか調べよ．
3. $\mathbb{R}^3$ のベクトル $\boldsymbol{a}_1 = \begin{pmatrix} 1 \\ 1 \\ 2 \end{pmatrix}$, $\boldsymbol{a}_2 = \begin{pmatrix} 2 \\ 3 \\ 2 \end{pmatrix}$, $\boldsymbol{a}_3 = \begin{pmatrix} 1 \\ 2 \\ 1 \end{pmatrix}$ は $\mathbb{R}^3$ を生成するか調べよ．
4. $\mathbb{R}[x]_2$ のベクトル $f_1(x) = 1 + x + 2x^2$, $f_2(x) = 2 + 3x + 2x^2$, $f_3(x) = 1 + 2x + x^2$ は $\mathbb{R}[x]_2$ を生成するか調べよ．
5. $\mathbb{R}^3$ のベクトル $\boldsymbol{a}_1 = \begin{pmatrix} 1 \\ 1 \\ 2 \end{pmatrix}$, $\boldsymbol{a}_2 = \begin{pmatrix} 2 \\ 3 \\ 2 \end{pmatrix}$, $\boldsymbol{a}_3 = \begin{pmatrix} 1 \\ 2 \\ 0 \end{pmatrix}$ は $\mathbb{R}^3$ を生成するか調べよ．
6. $\mathbb{R}[x]_2$ のベクトル $f_1(x) = 1 + x + 2x^2$, $f_2(x) = 2 + 3x + 2x^2$, $f_3(x) = 1 + 2x$ は $\mathbb{R}[x]_2$ を生成するか調べよ．
7. ベクトル空間 V の 1 次独立なベクトル $\boldsymbol{u}_1$, $\boldsymbol{u}_2$, $\boldsymbol{u}_3$ に対して $\boldsymbol{v}_1 = \boldsymbol{u}_1 + \boldsymbol{u}_2 + 2\boldsymbol{u}_3$, $\boldsymbol{v}_2 = 2\boldsymbol{u}_1 + 3\boldsymbol{u}_2 + 2\boldsymbol{u}_3$, $\boldsymbol{v}_3 = \boldsymbol{u}_1 + 2\boldsymbol{u}_2$ は V を生成するか調べよ．
8. $\mathbb{R}^3$ のベクトル $\boldsymbol{a}_1 = \begin{pmatrix} 1 \\ 1 \\ 2 \end{pmatrix}$, $\boldsymbol{a}_2 = \begin{pmatrix} 2 \\ 3 \\ 2 \end{pmatrix}$, $\boldsymbol{a}_3 = \begin{pmatrix} 1 \\ 2 \\ 0 \end{pmatrix}$, $\boldsymbol{a}_4 = \begin{pmatrix} 2 \\ 1 \\ 5 \end{pmatrix}$ は $\mathbb{R}^3$ を生成するか調べよ．
9. $\mathbb{R}[x]_2$ のベクトル $f_1(x) = 1 + x + 2x^2$, $f_2(x) = 2 + 3x + 2x^2$, $f_3(x) = 1 + 2x$, $f_4(x) = 2 + x + 5x^2$ は $\mathbb{R}[x]_2$ を生成するか調べよ．
10. $\mathbb{R}^n$ のベクトル $\boldsymbol{a}_1, \boldsymbol{a}_2, \cdots, \boldsymbol{a}_n$ に対して，$\boldsymbol{a}_1, \boldsymbol{a}_2, \cdots, \boldsymbol{a}_n$ を並べて得られる行列を P とする．このとき P が逆行列をもてば $\boldsymbol{a}_1, \boldsymbol{a}_2, \cdots, \boldsymbol{a}_n$ は 1 次独立であることを示せ．

3.4　ベクトル空間の基底と次元

ベクトル空間を生成 (➪p.110) するベクトルは，可能な限り少なく選びたい（余分なものは除きたい）と考えるのは自然であろう．そのためには1次独立 (➪p.96) なベクトルを考えればよく（注意 3.2.2 (p.102) 参照）それが以下に述べるベクトル空間の**基底**である．

基底

ベクトル空間 V のベクトル $\boldsymbol{u}_1, \boldsymbol{u}_2, \cdots, \boldsymbol{u}_n$ が V の**基底**であるとは

(1) $\boldsymbol{u}_1, \boldsymbol{u}_2, \cdots, \boldsymbol{u}_n$ は1次独立 (➪p.96) である

(2) $\boldsymbol{u}_1, \boldsymbol{u}_2, \cdots, \boldsymbol{u}_n$ は V を生成 (➪p.110) する

をみたすことである．

例 3.4.1 $\mathbb{R}^n$ (➪p.95) の基本ベクトル $\boldsymbol{e}_1, \boldsymbol{e}_2, \cdots, \boldsymbol{e}_n$ (➪p.96) は $\mathbb{R}^n$ の基底である．実際 $\boldsymbol{e}_1, \boldsymbol{e}_2, \cdots, \boldsymbol{e}_n$ が1次独立であることは例 3.1.4 の (2) (p.96) で述べた．また $\boldsymbol{e}_1, \boldsymbol{e}_2, \cdots, \boldsymbol{e}_n$ が $\mathbb{R}^n$ を生成することは例題 3.3.1 (p.111) で確かめた．この $\boldsymbol{e}_1, \boldsymbol{e}_2, \cdots, \boldsymbol{e}_n$ を $\mathbb{R}^n$ の**標準基底**とも呼ぶ．

例 3.4.1 より，特に $\mathbb{R}^3$ の基本ベクトル $\boldsymbol{e}_1, \boldsymbol{e}_2, \boldsymbol{e}_3$ (➪p.96) は $\mathbb{R}^3$ の基底である．$\mathbb{R}^3$ の基底はこれ以外にもあるだろうか．

例題 3.4.1 $\mathbb{R}^3$ のベクトル $\boldsymbol{a}_1 = \begin{pmatrix} 1 \\ 0 \\ -1 \end{pmatrix}$, $\boldsymbol{a}_2 = \begin{pmatrix} 1 \\ 1 \\ 0 \end{pmatrix}$, $\boldsymbol{a}_3 = \begin{pmatrix} 0 \\ 0 \\ 1 \end{pmatrix}$ は $\mathbb{R}^3$ の基底であるか調べよ．

解　まず $\boldsymbol{a}_1, \boldsymbol{a}_2, \boldsymbol{a}_3$ の1次独立性を調べよう．そこで $c_1\boldsymbol{a}_1 + c_2\boldsymbol{a}_2 + c_3\boldsymbol{a}_3 = \boldsymbol{0}$ とすると

$$c_1\begin{pmatrix} 1 \\ 0 \\ -1 \end{pmatrix} + c_2\begin{pmatrix} 1 \\ 1 \\ 0 \end{pmatrix} + c_3\begin{pmatrix} 0 \\ 0 \\ 1 \end{pmatrix} = \begin{pmatrix} 0 \\ 0 \\ 0 \end{pmatrix} \quad \therefore \begin{pmatrix} 1 & 1 & 0 \\ 0 & 1 & 0 \\ -1 & 0 & 1 \end{pmatrix}\begin{pmatrix} c_1 \\ c_2 \\ c_3 \end{pmatrix} = \begin{pmatrix} 0 \\ 0 \\ 0 \end{pmatrix}$$

である．拡大係数行列を簡約化すると

$$\begin{pmatrix} 1 & 1 & 0 & 0 \\ 0 & 1 & 0 & 0 \\ -1 & 0 & 1 & 0 \end{pmatrix} \xrightarrow{\text{簡約化}} \cdots \rightarrow \begin{pmatrix} 1 & 0 & 0 & 0 \\ 0 & 1 & 0 & 0 \\ 0 & 0 & 1 & 0 \end{pmatrix} \tag{3.4.1}$$

となるので，$c_1 = c_2 = c_3 = 0$ を得る．よって $\boldsymbol{a}_1, \boldsymbol{a}_2, \boldsymbol{a}_3$ は1次独立であることが示された．

また，例題 3.3.2 (p.112) より $\boldsymbol{a}_1, \boldsymbol{a}_2, \boldsymbol{a}_3$ は $\mathbb{R}^3$ を生成する．以上により $\boldsymbol{a}_1, \boldsymbol{a}_2, \boldsymbol{a}_3$ は $\mathbb{R}^3$ の基底である．■

例 3.4.2 $\mathbb{R}[x]_n$ (➪p.95) のベクトル $1, x, x^2, \cdots, x^n$ は $\mathbb{R}[x]_n$ の基底である．実際 $1, x, x^2, \cdots, x^n$ が 1 次独立であることは例 3.1.5 の (2) (p.97) で述べた．さらに $1, x, x^2, \cdots, x^n$ が $\mathbb{R}[x]_n$ を生成することは例 3.3.2 (p.111) で述べた．

例 3.4.1 と例題 3.4.1 から $\mathbb{R}^3$ の基本ベクトル $\boldsymbol{e}_1, \boldsymbol{e}_2, \boldsymbol{e}_3$ (➪p.96) も例題 3.4.1 のベクトル $\boldsymbol{a}_1, \boldsymbol{a}_2, \boldsymbol{a}_3$ も $\mathbb{R}^3$ の基底であることがわかった．他方で $1, x, x^2$ は $\mathbb{R}[x]_2$ の基底であることが例 3.4.2 よりわかる．それでは $\mathbb{R}[x]_2$ にも $1, x, x^2$ 以外の基底があるだろうか．

例題 3.4.2 $\mathbb{R}[x]_2$ のベクトル $f_1(x) = 1 - x^2$, $f_2(x) = 1 + x$, $f_3(x) = x^2$ は $\mathbb{R}[x]_2$ の基底であるか調べよ．

解　まず $c_1 f_1(x) + c_2 f_2(x) + c_3 f_3(x) = \mathbf{0}$ とすると，すべての実数 x に対して

$$c_1(1-x^2) + c_2(1+x) + c_3x^2 = 0 \qquad \therefore \quad (c_1+c_2) + c_2x + (-c_1+c_3)x^2 = 0$$

となるから，$1, x, x^2$ の 1 次独立性（例 3.1.5 (p.97) 参照）より

$$\begin{cases} c_1 + c_2 = 0 \\ c_2 = 0 \\ -c_1 + c_3 = 0 \end{cases} \qquad \therefore \quad \begin{pmatrix} 1 & 1 & 0 \\ 0 & 1 & 0 \\ -1 & 0 & 1 \end{pmatrix} \begin{pmatrix} c_1 \\ c_2 \\ c_3 \end{pmatrix} = \begin{pmatrix} 0 \\ 0 \\ 0 \end{pmatrix}$$

を得る．ここで (3.4.1) (p.120) より $c_1 = c_2 = c_3 = 0$ であることがわかるので，$f_1(x), f_2(x), f_3(x)$ は 1 次独立であることが示された．

また例題 3.3.3 (p.112) で示したように，$f_1(x), f_2(x), f_3(x)$ は $\mathbb{R}[x]_2$ を生成 (➪p.110) する．以上より $f_1(x), f_2(x), f_3(x)$ は $\mathbb{R}[x]_2$ の基底である． ■

例 3.4.3 (1) $\mathbb{R}^3$ のベクトル $\boldsymbol{a}_1 = \begin{pmatrix} 1 \\ 0 \\ -1 \end{pmatrix}$, $\boldsymbol{a}_2 = \begin{pmatrix} 1 \\ 1 \\ 0 \end{pmatrix}$, $\boldsymbol{a}_3 = \begin{pmatrix} 0 \\ 1 \\ 1 \end{pmatrix}$ は $\mathbb{R}^3$ を生成 (➪p.110) しない（例題 3.3.4 (p.114) 参照）．よって $\mathbb{R}^3$ の基底ではない．さらに $\boldsymbol{a}_1, \boldsymbol{a}_2, \boldsymbol{a}_3$ は 1 次独立でもない．実際 $-\boldsymbol{a}_1 + \boldsymbol{a}_2 - \boldsymbol{a}_3 = \mathbf{0}$ となるからである．

(2) $\mathbb{R}[x]_2$ のベクトル $f_1(x) = 1 - x^2$, $f_2(x) = 1 + x$, $f_3(x) = x + x^2$ は $\mathbb{R}[x]_2$ を生成しない（例題 3.3.5 (p.115) 参照）．よって $\mathbb{R}[x]_2$ の基底でない．さらに $f_1(x), f_2(x), f_3(x)$ は $-f_1(x) + f_2(x) - f_3(x) = \mathbf{0}$ をみたすので 1 次独立でもない．

☞ **注意 3.4.1** 例 3.4.1 と例題 3.4.1 (p.120)，または例 3.4.2 と例題 3.4.2 より，ベクトル空間の基底の選び方が 1 通りではないことがわかる． ✍

ベクトル空間の次元

ベクトル空間 V の基底をなすベクトルの個数を V の**次元** (dimension) といい $\dim V$ で表す．このとき V の 1 次独立なベクトルの最大個数は $\dim V$ である．

☞ **注意 3.4.2** ベクトル空間の基底 (➪ p.120) の選び方は 1 通りではない（注意 3.4.1 (p.121) 参照）．しかしどのように基底を選んでも，基底をなすベクトルの個数は変わらないことが知られている．したがって，次元の定義が意味をもつのである．✍

例 3.4.4 (1) 例 3.4.1 (p.120) より基本ベクトル $\boldsymbol{e}_1, \boldsymbol{e}_2, \cdots, \boldsymbol{e}_n$(➪ p.96) は $\mathbb{R}^n$ の基底をなすので $\dim \mathbb{R}^n = n$ である．

(2) 例 3.4.2 (p.121) より $(n+1)$ 個のベクトル $1, x, x^2, \cdots, x^n$ は $\mathbb{R}[x]_n$ の基底をなすので $\dim \mathbb{R}[x]_n = n+1$ である．

行列 A に対して，連立 1 次方程式 $A\boldsymbol{x} = \boldsymbol{0}$ の解の全体はベクトル空間になることが知られている．これを $A\boldsymbol{x} = \boldsymbol{0}$ の**解空間**といい **Ker *A*** (kernel of A) で表す．

解空間

$m \times n$ 行列 A に対して $\operatorname{Ker} A = \{\boldsymbol{x} \in \mathbb{R}^n : A\boldsymbol{x} = \boldsymbol{0}\}$[*9] を $A\boldsymbol{x} = \boldsymbol{0}$ の**解空間**と呼ぶ．

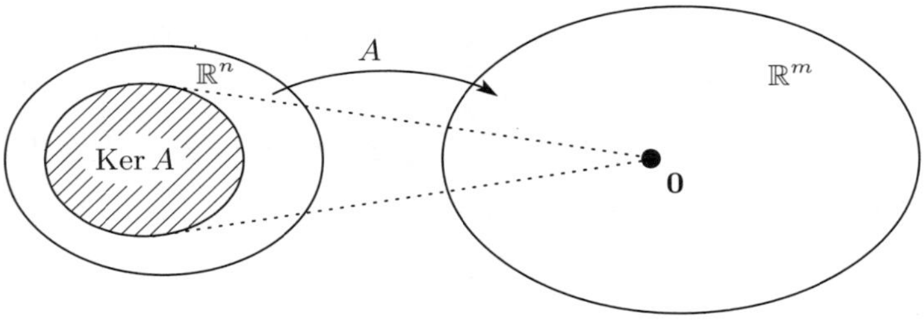

例題 3.4.3 $A = \begin{pmatrix} 1 & 4 & 5 & -2 \\ -1 & -1 & -2 & -1 \end{pmatrix}$ を係数行列とする連立 1 次方程式 $A\boldsymbol{x} = \boldsymbol{0}$ の解空間 $\operatorname{Ker} A$ を求め，さらに $\operatorname{Ker} A$ の次元と 1 組の基底を求めよ．

解　$W = \operatorname{Ker} A$ とおく．解空間 W を求めるため連立 1 次方程式

$$\begin{pmatrix} 1 & 4 & 5 & -2 \\ -1 & -1 & -2 & -1 \end{pmatrix} \begin{pmatrix} x_1 \\ x_2 \\ x_3 \\ x_4 \end{pmatrix} = \begin{pmatrix} 0 \\ 0 \end{pmatrix} \tag{3.4.2}$$

---

*9 $\{\boldsymbol{x} \in \mathbb{R}^n : A\boldsymbol{x} = \boldsymbol{0}\}$ の代わりに $\{\boldsymbol{x} : A\boldsymbol{x} = \boldsymbol{0}\}$ と書くこともある（集合の記法 (➪ p.2) 参照）．

の拡大係数行列を簡約化 (➪ p.44) すると

$$\begin{pmatrix} 1 & 4 & 5 & -2 & 0 \\ -1 & -1 & -2 & -1 & 0 \end{pmatrix} \to \begin{pmatrix} 1 & 4 & 5 & -2 & 0 \\ 0 & 3 & 3 & -3 & 0 \end{pmatrix} \text{②}+\text{①}$$

$$\to \begin{pmatrix} 1 & 4 & 5 & -2 & 0 \\ 0 & 1 & 1 & -1 & 0 \end{pmatrix} \text{②}\times\frac{1}{3} \to \begin{pmatrix} 1 & 0 & 1 & 2 & 0 \\ 0 & 1 & 1 & -1 & 0 \end{pmatrix} \text{①}-\text{②}\times 4$$

$$\therefore \begin{cases} x_1 \qquad + x_3 + 2x_4 = 0 \\ \qquad x_2 + x_3 - x_4 = 0 \end{cases} \qquad \therefore \begin{cases} x_1 = -x_3 - 2x_4 \\ x_2 = -x_3 + x_4 \end{cases}$$

を得る．ここで主成分に対応しない変数 x_3, x_4 (➪ p.48) に任意の実数 s, t を与えると，連立 1 次方程式の解は

$$\begin{pmatrix} x_1 \\ x_2 \\ x_3 \\ x_4 \end{pmatrix} = \begin{pmatrix} -s-2t \\ -s+t \\ s \\ t \end{pmatrix} = s\begin{pmatrix} -1 \\ -1 \\ 1 \\ 0 \end{pmatrix} + t\begin{pmatrix} -2 \\ 1 \\ 0 \\ 1 \end{pmatrix} \qquad (3.4.3)$$

となる（解の記述 (➪ p.49) 参照）．ここで $\boldsymbol{a}_1 = \begin{pmatrix} -1 \\ -1 \\ 1 \\ 0 \end{pmatrix}$, $\boldsymbol{a}_2 = \begin{pmatrix} -2 \\ 1 \\ 0 \\ 1 \end{pmatrix}$ とおけば，求める解空間 $W = \mathrm{Ker}\,A = \{\boldsymbol{x} \in \mathbb{R}^4 : A\boldsymbol{x} = \boldsymbol{0}\}$ は

$$W = \left\{ \begin{pmatrix} x_1 \\ x_2 \\ x_3 \\ x_4 \end{pmatrix} (\in \mathbb{R}^4) : \begin{pmatrix} 1 & 4 & 5 & -2 \\ -1 & -1 & -2 & -1 \end{pmatrix} \begin{pmatrix} x_1 \\ x_2 \\ x_3 \\ x_4 \end{pmatrix} = \begin{pmatrix} 0 \\ 0 \end{pmatrix} \right\}$$

$$= \left\{ s\begin{pmatrix} -1 \\ -1 \\ 1 \\ 0 \end{pmatrix} + t\begin{pmatrix} -2 \\ 1 \\ 0 \\ 1 \end{pmatrix} : s, t \in \mathbb{R} \right\} \ (= \{s\boldsymbol{a}_1 + t\boldsymbol{a}_2 : s, t \in \mathbb{R}\})$$

である．このとき $\boldsymbol{a}_1$, $\boldsymbol{a}_2$ は 1 次独立 (➪ p.96) である．実際 $c_1\boldsymbol{a}_1 + c_2\boldsymbol{a}_2 = \boldsymbol{0}$ とすると

$$c_1\begin{pmatrix} -1 \\ -1 \\ 1 \\ 0 \end{pmatrix} + c_2\begin{pmatrix} -2 \\ 1 \\ 0 \\ 1 \end{pmatrix} = \begin{pmatrix} 0 \\ 0 \\ 0 \\ 0 \end{pmatrix} \qquad \therefore \begin{pmatrix} -c_1 - 2c_2 \\ -c_1 + c_2 \\ c_1 \\ c_2 \end{pmatrix} = \begin{pmatrix} 0 \\ 0 \\ 0 \\ 0 \end{pmatrix}$$

なので第 3 行，第 4 行より $c_1 = c_2 = 0$ となるからである．さらに $\boldsymbol{a}_1$, $\boldsymbol{a}_2$ は W を生成 (➪ p.110) する．実際 $W = \{s\boldsymbol{a}_1 + t\boldsymbol{a}_2 : s, t \in \mathbb{R}\}$ より W のどんなベクトルも $\boldsymbol{a}_1$, $\boldsymbol{a}_2$ の 1 次結合 (➪ p.96) で表されるからである．以上により $\boldsymbol{a}_1 = \begin{pmatrix} -1 \\ -1 \\ 1 \\ 0 \end{pmatrix}$, $\boldsymbol{a}_2 = \begin{pmatrix} -2 \\ 1 \\ 0 \\ 1 \end{pmatrix}$ は W の基底 (➪ p.120) であり，したがって，W の次元 (➪ p.122) は $\dim W = 2$ である．■

☞ **注意 3.4.3** 例題 3.4.3 (p.122) において $A\boldsymbol{x} = \boldsymbol{0}$ の解空間 W の次元 $\dim W = 2$ は，基底をなすベクトル $\boldsymbol{a}_1, \boldsymbol{a}_2$ の個数であった．さらに (3.4.3) (p.123) により，基底をなすベクトルの個数は任意の実数 s, t の個数，つまり主成分に対応しない変数 x_3, x_4 の個数ということができる．

一方で A の階数 (➪ p.45) は，A の簡約化に含まれる主成分 (➪ p.44) の個数であったから，主成分に対応する変数 x_1, x_2 の個数ということもできる．以上より，$\dim W$ と $\mathrm{rank}(A)$ を合わせれば，変数 x_1, x_2, x_3, x_4 の総数 4 になっている．つまり $\dim W + \mathrm{rank}(A) = 4 = \dim \mathbb{R}^4$ である．このような関係は，一般の行列 A に対して成り立つことが知られている（参考 4.2.1 (p.136) 参照）．✍

☆ **参考 3.4.1** n 次元ベクトル空間 V の n 個のベクトル $\boldsymbol{v}_1, \boldsymbol{v}_2, \cdots, \boldsymbol{v}_n \in V$ に対して，次が知られている（次元とベクトルの個数が一致していることに注意せよ）．

(1) $\boldsymbol{v}_1, \boldsymbol{v}_2, \cdots, \boldsymbol{v}_n$ が 1 次独立 (➪ p.96) ならば $\boldsymbol{v}_1, \boldsymbol{v}_2, \cdots, \boldsymbol{v}_n$ は V の基底 (➪ p.120) である．

(2) $\boldsymbol{v}_1, \boldsymbol{v}_2, \cdots, \boldsymbol{v}_n$ が V を生成 (➪ p.110) すれば $\boldsymbol{v}_1, \boldsymbol{v}_2, \cdots, \boldsymbol{v}_n$ は V の基底 (➪ p.120) である．

たとえば，例題 3.4.1 (p.120) のベクトル $\boldsymbol{a}_1, \boldsymbol{a}_2, \boldsymbol{a}_3$ が $\mathbb{R}^3$ の基底になることを確かめるために，$\boldsymbol{a}_1, \boldsymbol{a}_2, \boldsymbol{a}_3$ は 1 次独立であり，さらに $\mathbb{R}^3$ を生成することを示したが，ここで述べた事実を認めれば，どちらか一方だけを確かめればよいことになる（参考 3.3.3 (p.118) 参照）．✍

問題 3.4 【略解 p.205 ～ p.207】

1. 次のベクトルは $\mathbb{R}^3$ の基底か調べよ．

(1) $\boldsymbol{a}_1 = \begin{pmatrix} 1 \\ 1 \\ -1 \end{pmatrix}$, $\boldsymbol{a}_2 = \begin{pmatrix} 2 \\ 3 \\ 2 \end{pmatrix}$, $\boldsymbol{a}_3 = \begin{pmatrix} 1 \\ 0 \\ 1 \end{pmatrix}$

(2) $\boldsymbol{a}_1 = \begin{pmatrix} 2 \\ 3 \\ 2 \end{pmatrix}$, $\boldsymbol{a}_2 = \begin{pmatrix} 1 \\ 2 \\ 3 \end{pmatrix}$, $\boldsymbol{a}_3 = \begin{pmatrix} 1 \\ 1 \\ -1 \end{pmatrix}$

2. $\mathbb{R}[x]_2$ の次のベクトルは $\mathbb{R}[x]_2$ の基底か調べよ．

(1) $f_1(x) = 1 + x - x^2$,　$f_2(x) = 2 + 3x + 2x^2$,　$f_3(x) = 1 + x^2$

(2) $f_1(x) = 2 + 3x + 2x^2$,　$f_2(x) = 1 + 2x + 3x^2$,　$f_3(x) = 1 + x - x^2$

3. 次の行列 A に対して，連立 1 次方程式 $A\boldsymbol{x} = \boldsymbol{0}$ の解空間 $\mathrm{Ker}\, A$ を求め，さらに $\mathrm{Ker}\, A$ の次元と 1 組の基底を求めよ．

(1) $A = \begin{pmatrix} 1 & -1 & 2 & 1 \\ 2 & -1 & 3 & 0 \end{pmatrix}$　(2) $A = \begin{pmatrix} 1 & 3 & 1 & 2 \\ 2 & 6 & 2 & 4 \end{pmatrix}$　(3) $A = \begin{pmatrix} 0 & 1 & 3 \\ 0 & -2 & -5 \\ 0 & -1 & -2 \end{pmatrix}$

(4) $A = \begin{pmatrix} 1 & 3 & -1 & -1 & 3 \\ 1 & 4 & -1 & -2 & 4 \\ 1 & 1 & -1 & 2 & 1 \end{pmatrix}$　(5) $A = \begin{pmatrix} 1 & 2 & 1 & -3 & 0 \\ -1 & -1 & 0 & 1 & 1 \\ 2 & 3 & 1 & -4 & -1 \end{pmatrix}$

4

線型写像

第4章のキーワード

4.1 線型写像

線型写像（➪ p.126），**線型性**（➪ p.126），**写像としての行列**（➪ p.130），**線型写像としての行列**（➪ p.131），

4.2 線型写像の像と核

部分空間（➪ p.132），**線型写像の像**（➪ p.132），**行列の列基本変形**（➪ p.134），**線型写像の核**（➪ p.135）

4.3 線型写像の表現行列

数ベクトル表現（➪ p.138），**線形写像の表現行列**（➪ p.142），**基底の変換行列**（➪ p.145）

4.4 固有値と固有空間—行列の対角化の準備—

固有多項式・固有値（➪ p.151），**固有空間・固有ベクトル**（➪ p.151）

4.5 行列の対角化—特別な表現行列—

対角行列・対角化（➪ p.159），**変換行列**（➪ p.159），**行列の n 乗**（➪ p.162），**連立線型微分方程式**（➪ p.163），**線型微分方程式**（➪ p.164）

4.1　線型写像

写像 $T: U \to V$ において，特に U および V をベクトル空間にとり，さらに後に説明する“線型性”を課したものが線型写像である．線型写像を 1 次写像と書いている教科書もあるように，これは 1 次関数の性質を引き継ぐ非常に有用な考え方である．さらに線型写像は行列と密接な関係がある．実際，すべての線型写像は必ず行列で表現できるのである．なお写像について不慣れな方は第 0 章にまとめてあるので参照されたい．

さて，あらためて U, V をベクトル空間とし，写像 $T: U \to V$ を考える．すると U の各ベクトル $\boldsymbol{u}$ に V のベクトル $T(\boldsymbol{u})$ が対応する．写像 T が，どんなスカラー c_1, c_2 および $\boldsymbol{u}_1, \boldsymbol{u}_2 \in U$ に対しても

(a)　$T(c_1\boldsymbol{u}_1 + c_2\boldsymbol{u}_2) = c_1T(\boldsymbol{u}_1) + c_2T(\boldsymbol{u}_2)$

をみたすとき，T を**線型写像**という．条件 (a) を写像の**線型性**という．条件 (a) は次の 2 つに分けることができる．

線型写像

$T: U \to V$ が**線型写像**であるとは

(b)　どんな $\boldsymbol{u}_1, \boldsymbol{u}_2 \in U$ に対しても $T(\boldsymbol{u}_1 + \boldsymbol{u}_2) = T(\boldsymbol{u}_1) + T(\boldsymbol{u}_2)$

(c)　どんな $c \in \mathbb{R}, \boldsymbol{u} \in U$ に対しても $T(c\boldsymbol{u}) = cT(\boldsymbol{u})$

をみたすことである．

☞ **注意 4.1.1** (b) の等式の左辺 $T(\boldsymbol{u}_1 + \boldsymbol{u}_2)$ は「U のベクトル $\boldsymbol{u}_1, \boldsymbol{u}_2$ を足してから T で写したもの」であるが，右辺の $T(\boldsymbol{u}_1) + T(\boldsymbol{u}_2)$ は「$\boldsymbol{u}_1, \boldsymbol{u}_2$ をまず T で写してから V のベクトルとして和をとったもの」である．(c) の等式も同様に，左辺は「実数倍してから T で写したもの」，右辺は「T で写してから実数倍したもの」である．このように線型写像とは，U と V という異なる世界での和やスカラー倍の順序によらない写像である，といえる．✍

注意 4.1.1 からもわかるように，線型写像とはかなり都合のよい写像である．では，どのようなものが実際に線型写像となるであろうか．

例題 4.1.1 a を実数とするとき，1 次関数 $f(x) = ax$ は $\mathbb{R}$ から $\mathbb{R}$ への線型写像であることを示せ．

解　$c_1, c_2 \in \mathbb{R}$ と $x_1, x_2 \in \mathbb{R}$ を任意にとる．このとき

$$f(c_1x_1 + c_2x_2) = a(c_1x_1 + c_2x_2) = c_1(ax_1) + c_2(ax_2) = c_1f(x_1) + c_2f(x_2)$$

である [*1]．よって (a) が成り立つので $f(x) = ax$ は $\mathbb{R}$ から $\mathbb{R}$ への線型写像である．■

例題 4.1.2 次の関数は $\mathbb{R}$ から $\mathbb{R}$ への線型写像 (➪ p.126) ではないことを示せ．
(1) $f(x) = x^2$　　(2) $g(x) = x^3$　　(3) $h(x) = \sin x$

解　(1) $f(1) = 1^2 = 1$ より $2f(1) = 2$ となるが，$f(2\times 1) = f(2) = 2^2 = 4$ なので

$$f(2\times 1) = 4 \neq 2 = 2f(1) \qquad \therefore \quad f(2\times 1) \neq 2f(1)$$

である．よって $f(cx) = cf(x)$ が $c = 2, x = 1$ に対して成り立たないので，$f(x) = x^2$ は線型写像ではない．

(2) $g(1) = 1^3 = 1$ より $2g(1) = 2$ となるが $g(2\times 1) = g(2) = 2^3 = 8$ なので

$$g(2\times 1) = 8 \neq 2 = 2g(1) \qquad \therefore \quad g(2\times 1) \neq 2g(1)$$

である．よって $g(cx) = cg(x)$ が $c = 2, x = 1$ に対して成り立たないので，$g(x) = x^3$ は線型写像ではない．

(3) $h\left(\frac{\pi}{2}\right) = \sin\frac{\pi}{2} = 1$ より $2h\left(\frac{\pi}{2}\right) = 2$ となるが，$h\left(2\times\frac{\pi}{2}\right) = h(\pi) = \sin\pi = 0$ なので

$$h\left(2\times\frac{\pi}{2}\right) = 0 \neq 2 = 2h\left(\frac{\pi}{2}\right) \qquad \therefore \quad h\left(2\times\frac{\pi}{2}\right) \neq 2h\left(\frac{\pi}{2}\right)$$

である．よって $h(cx) = c\,h(x)$ が $c = 2, x = \frac{\pi}{2}$ に対して成り立たないので，$h(x) = \sin x$ は線型写像ではない．■

☞ **注意 4.1.2** $T\colon U \to V$ が線型写像でないことを示すためには，$T(\boldsymbol{u}_1 + \boldsymbol{u}_2) \neq T(\boldsymbol{u}_1) + T(\boldsymbol{u}_2)$ となる $\boldsymbol{u}_1, \boldsymbol{u}_2 \in U$，または $T(c\boldsymbol{u}) \neq cT(\boldsymbol{u})$ となる $c \in \mathbb{R}, \boldsymbol{u} \in U$ を実際に見つければよい．例題 4.1.2 の (1), (2) では $c = 2, x = 1$ とし，(3) では $c = 2, x = \frac{\pi}{2}$ としたが，これらの組み合わせにこだわる必要はない．✍

例題 4.1.1 では $f(x) = ax$ は $\mathbb{R}$ から $\mathbb{R}$ への線型写像であることをみた．他方で，例題 4.1.2 ではこれまでに学んだいくつかの関数は線型写像ではないこともみた．それでは $f(x) = ax$ 以外に $\mathbb{R}$ から $\mathbb{R}$ への線型写像はあるのだろうか．この疑問に対する解答が次の例題である．

[*1] ここで c_1, c_2 はスカラー，x_1, x_2 はベクトル空間 $\mathbb{R}$ のベクトルである．「$\mathbb{R}$ の要素はスカラーである」と思い込んではいけない．和・スカラー倍が定められたものをベクトル空間 (➪ p.94) と呼んでいるので，$\mathbb{R}$ はスカラーの集合であるだけでなくベクトル空間と考えることもできる（注意 3.1.2 (p.94) および例 3.1.2 の (1) (p.95) 参照）．

例題 4.1.3 $\mathbb{R}$ から $\mathbb{R}$ への線型写像は $f(x) = ax$ 以外にないことを示せ．

解 $f\colon \mathbb{R} \to \mathbb{R}$ が線型写像ならば $f(x) = ax$ となることを示す．f は $\mathbb{R}$ から $\mathbb{R}$ への線型写像としたので，条件 (c) よりどんな $x \in \mathbb{R}$ に対しても $f(x) = f(x \times 1) = xf(1) = f(1)x$ である．つまり，$a = f(1)$ とおけば $f(x) = ax$ である． ■

☆ **参考 4.1.1** 「線型写像」は英語の linear map の和訳である．"linear = line + near"と考えれば，直訳して"直線に近いもの"を考えていることがわかるであろう．実際，$\mathbb{R}$ から $\mathbb{R}$ への線型写像は（原点を通る）直線であることを例題 4.1.3 でみたのである．✍

例題 4.1.4 微分は $\mathbb{R}[x]_2$(➪ p.95) から $\mathbb{R}[x]_1$ への線型写像であることを示せ．

解 $\mathbb{R}[x]_2$ の任意のベクトル $f(x) = a_0 + a_1x + a_2x^2$ に対して $T(f(x)) = f'(x)$ とすると

$$T(f(x)) = f'(x) = (a_0 + a_1x + a_2x^2)' = a_1 + 2a_2x \in \mathbb{R}[x]_1$$

であるから写像 T，つまり微分は $\mathbb{R}[x]_2$ から $\mathbb{R}[x]_1$ への写像を定めている．次に線型写像かどうかをチェックしよう．任意の実数 c_1, c_2 と $f(x), g(x) \in \mathbb{R}[x]_2$ に対して，$T(f(x)) = f'(x)$, $T(g(x)) = g'(x)$ であるから，

$$T(c_1f(x) + c_2g(x)) = (c_1f(x) + c_2g(x))' = c_1f'(x) + c_2g'(x) = c_1T(f(x)) + c_2T(g(x))$$
$$\therefore \quad T(c_1f(x) + c_2g(x)) = c_1T(f(x)) + c_2T(g(x))$$

となる．よって微分 T は $\mathbb{R}[x]_2$ から $\mathbb{R}[x]_1$ への線型写像である． ■

例題 4.1.5 積分 $T(f(x)) = \displaystyle\int_0^x f(t)\,dt$ は $\mathbb{R}[x]_2$ から $\mathbb{R}[x]_3$ への線型写像であることを示せ．

解 $\mathbb{R}[x]_2$ の任意のベクトル $f(x) = a_0 + a_1x + a_2x^2$ に対して $T(f(x))$ は

$$T(f(x)) = \int_0^x f(t)\,dt = \int_0^x (a_0 + a_1t + a_2t^2)\,dt = a_0x + \frac{a_1}{2}x^2 + \frac{a_2}{3}x^3 \in \mathbb{R}[x]_3$$

となるので写像 T，つまり積分は $\mathbb{R}[x]_2$ から $\mathbb{R}[x]_3$ への写像である．

次に，任意の実数 c_1, c_2 と $f(x), g(x) \in \mathbb{R}[x]_2$ に対して，$T(f(x)) = \displaystyle\int_0^x f(t)\,dt$，$T(g(x)) = \displaystyle\int_0^x g(t)\,dt$ であるから，

$$T(c_1f(x)+c_2g(x)) = \int_0^x (c_1f(t)+c_2g(t))\,dt = c_1\int_0^x f(t)\,dt + c_2\int_0^x g(t)\,dt$$
$$= c_1T(f(x)) + c_2T(g(x))$$
$$\therefore\quad T(c_1f(x)+c_2g(x)) = c_1T(f(x)) + c_2T(g(x))$$

となる．よって積分 T は $\mathbb{R}[x]_2$ から $\mathbb{R}[x]_3$ への線型写像である． ■

さて，実際に行列が線型写像を定めることについてみていこう．

例題 4.1.6 次の行列の積を求めよ．

(1) $\begin{pmatrix} a_1 & a_2 & a_3 \\ b_1 & b_2 & b_3 \end{pmatrix}\begin{pmatrix} x_1 \\ x_2 \\ x_3 \end{pmatrix}$　　(2) $\begin{pmatrix} a_1 & a_2 \\ b_1 & b_2 \\ c_1 & c_2 \end{pmatrix}\begin{pmatrix} x_1 \\ x_2 \end{pmatrix}$

解　行列の積の定義 (➪ p.68) にしたがい計算すればよい．

(1) $\begin{pmatrix} a_1 & a_2 & a_3 \\ b_1 & b_2 & b_3 \end{pmatrix}\begin{pmatrix} x_1 \\ x_2 \\ x_3 \end{pmatrix} = \begin{pmatrix} a_1x_1+a_2x_2+a_3x_3 \\ b_1x_1+b_2x_2+b_3x_3 \end{pmatrix}$

(2) $\begin{pmatrix} a_1 & a_2 \\ b_1 & b_2 \\ c_1 & c_2 \end{pmatrix}\begin{pmatrix} x_1 \\ x_2 \end{pmatrix} = \begin{pmatrix} a_1x_1+a_2x_2 \\ b_1x_1+b_2x_2 \\ c_1x_1+c_2x_2 \end{pmatrix}$ ■

例題 4.1.6 の結果より 2×3 行列 $A = \begin{pmatrix} a_1 & a_2 & a_3 \\ b_1 & b_2 & b_3 \end{pmatrix}$ と 3×2 行列 $B = \begin{pmatrix} a_1 & a_2 \\ b_1 & b_2 \\ c_1 & c_2 \end{pmatrix}$ は，それぞれ

- $\mathbb{R}^3$ のベクトル $\begin{pmatrix} x_1 \\ x_2 \\ x_3 \end{pmatrix}$ を $\mathbb{R}^2$ のベクトル $\begin{pmatrix} a_1x_1+a_2x_2+a_3x_3 \\ b_1x_1+b_2x_2+b_3x_3 \end{pmatrix}$ に変換
- $\mathbb{R}^2$ のベクトル $\begin{pmatrix} x_1 \\ x_2 \end{pmatrix}$ を $\mathbb{R}^3$ のベクトル $\begin{pmatrix} a_1x_1+a_2x_2 \\ b_1x_1+b_2x_2 \\ c_1x_1+c_2x_2 \end{pmatrix}$ に変換

する，とみることができる．このような変換により次の対応関係が得られた．

- $\boxed{2}\times\boxed{3}$ 行列 A は $\mathbb{R}^{\boxed{3}}$ のベクトルを $\mathbb{R}^{\boxed{2}}$ のベクトルに変換する．
- $\boxed{3}\times\boxed{2}$ 行列 B は $\mathbb{R}^{\boxed{2}}$ のベクトルを $\mathbb{R}^{\boxed{3}}$ のベクトルに変換する．

このことから，2×3 行列 A は写像 $A\colon \mathbb{R}^3 \to \mathbb{R}^2$ になっており，3×2 行列 B は写像 $B\colon \mathbb{R}^2 \to \mathbb{R}^3$ になっていると考えることができる．

より一般に，$m \times n$ 行列は次のような写像と考えられる．

写像としての行列

$m \times n$ 行列 A は $\mathbb{R}^n$ のベクトルを $\mathbb{R}^m$ のベクトルに対応させる写像

$$A\colon \mathbb{R}^n \to \mathbb{R}^m$$

である．

例題 4.1.7 $A = \begin{pmatrix} a_1 & a_2 & a_3 \\ b_1 & b_2 & b_3 \end{pmatrix}$, $\boldsymbol{x} = \begin{pmatrix} x_1 \\ x_2 \\ x_3 \end{pmatrix}$, $\boldsymbol{y} = \begin{pmatrix} y_1 \\ y_2 \\ y_3 \end{pmatrix}$ に対して

$$A(c_1\boldsymbol{x} + c_2\boldsymbol{y}) = c_1A\boldsymbol{x} + c_2A\boldsymbol{y}$$

を示せ．ただし c_1, c_2 は任意の実数である．

解　$\boldsymbol{a}_1 = \begin{pmatrix} a_1 \\ b_1 \end{pmatrix}$, $\boldsymbol{a}_2 = \begin{pmatrix} a_2 \\ b_2 \end{pmatrix}$, $\boldsymbol{a}_3 = \begin{pmatrix} a_3 \\ b_3 \end{pmatrix}$ とおく．つまり A を $A = \begin{pmatrix} \boldsymbol{a}_1 & \boldsymbol{a}_2 & \boldsymbol{a}_3 \end{pmatrix}$ のように行ベクトル型表示 (➪ p.68) しておく．[*2] どんな $\boldsymbol{u} = \begin{pmatrix} u_1 \\ u_2 \\ u_3 \end{pmatrix} \in \mathbb{R}^3$ に対しても

$$\begin{aligned} A\boldsymbol{u} &= \begin{pmatrix} a_1 & a_2 & a_3 \\ b_1 & b_2 & b_3 \end{pmatrix}\begin{pmatrix} u_1 \\ u_2 \\ u_3 \end{pmatrix} = \begin{pmatrix} u_1a_1 + u_2a_2 + u_3a_3 \\ u_1b_1 + u_2b_2 + u_3b_3 \end{pmatrix} \\ &= u_1\boldsymbol{a}_1 + u_2\boldsymbol{a}_2 + u_3\boldsymbol{a}_3 \end{aligned} \tag{4.1.1}$$

であることに注意する．実数 c_1, c_2 に対して，$A(c_1\boldsymbol{x} + c_2\boldsymbol{y})$ に (4.1.1) を適用すれば

$$\begin{aligned} A(c_1\boldsymbol{x} + c_2\boldsymbol{y}) &= A\begin{pmatrix} c_1x_1 + c_2y_1 \\ c_1x_2 + c_2y_2 \\ c_1x_3 + c_2y_3 \end{pmatrix} \\ &= (c_1x_1 + c_2y_1)\boldsymbol{a}_1 + (c_1x_2 + c_2y_2)\boldsymbol{a}_2 + (c_1x_3 + c_2y_3)\boldsymbol{a}_3 \\ &= c_1(x_1\boldsymbol{a}_1 + x_2\boldsymbol{a}_2 + x_3\boldsymbol{a}_3) + c_2(y_1\boldsymbol{a}_1 + y_2\boldsymbol{a}_2 + y_3\boldsymbol{a}_3) \end{aligned} \tag{4.1.2}$$

となる．さらに (4.1.1) より

$$A\boldsymbol{x} = x_1\boldsymbol{a}_1 + x_2\boldsymbol{a}_2 + x_3\boldsymbol{a}_3, \qquad A\boldsymbol{y} = y_1\boldsymbol{a}_1 + y_2\boldsymbol{a}_2 + y_3\boldsymbol{a}_3 \tag{4.1.3}$$

[*2] $A(c_1\boldsymbol{x} + c_2\boldsymbol{y})$ と $c_1A\boldsymbol{x} + c_2A\boldsymbol{y}$ を計算してもよいが，ここでは $m \times n$ 行列に対して適用できる方法を述べる．

であるから，(4.1.2) と (4.1.3) より

$$\begin{aligned} A(c_1\boldsymbol{x}+c_2\boldsymbol{y}) &= c_1(x_1\boldsymbol{a}_1+x_2\boldsymbol{a}_2+x_3\boldsymbol{a}_3)+c_2(y_1\boldsymbol{a}_1+y_2\boldsymbol{a}_2+y_3\boldsymbol{a}_3) \\ &= c_1A\boldsymbol{x}+c_2A\boldsymbol{y} \qquad \therefore \quad A(c_1\boldsymbol{x}+c_2\boldsymbol{y})=c_1A\boldsymbol{x}+c_2A\boldsymbol{y} \end{aligned}$$ ■

例題 4.1.7 で確かめた性質は，2×3 行列に限らず $m\times n$ 行列に対しても成り立つことがわかる（問題 4.1 の 1 (p.131) 参照）．この性質を行列の**線型性**という．

行列の線型性

$m\times n$ 行列 A に対して

$$A(c_1\boldsymbol{x}+c_2\boldsymbol{y})=c_1A\boldsymbol{x}+c_2A\boldsymbol{y} \qquad (c_1,c_2\in\mathbb{R},\ \boldsymbol{x},\boldsymbol{y}\in\mathbb{R}^n)$$

が成り立つ．この性質を A の**線型性**という．

以上より行列は写像であってしかも線型性をもつ訳である．

線型写像としての行列

$m\times n$ 行列 A は $\mathbb{R}^n$ のベクトルを $\mathbb{R}^m$ のベクトルに対応させる線型写像

$$A\colon \mathbb{R}^n\to\mathbb{R}^m$$

である．

問題 4.1　【略解 p.207 ～ p.208】

1. $m\times n$ 行列 A の行ベクトル型表示 (➪ p.68) を $A=\begin{pmatrix}\boldsymbol{a}_1 & \boldsymbol{a}_2 & \cdots & \boldsymbol{a}_n\end{pmatrix}$ とする．このとき $\boldsymbol{u}=\begin{pmatrix}u_1\\u_2\\\vdots\\u_n\end{pmatrix}\in\mathbb{R}^n$ に対して $A\boldsymbol{u}=u_1\boldsymbol{a}_1+u_2\boldsymbol{a}_2+\cdots+u_n\boldsymbol{a}_n$ と表されることを用いて，$A\colon\mathbb{R}^n\ni\boldsymbol{u}\mapsto A\boldsymbol{u}\in\mathbb{R}^m$ が線型写像であることを示せ．
2. 自然数 n に対し微分 $T(f(x))=f'(x)$ は $\mathbb{R}[x]_n$(➪ p.95) から $\mathbb{R}[x]_{n-1}$ への線型写像であることを示せ．
3. 自然数 n に対し積分 $T(f(x))=\displaystyle\int_0^x f(t)\,dt$ は $\mathbb{R}[x]_{n-1}$ から $\mathbb{R}[x]_n$ への線型写像であることを示せ．

4.2　線型写像の像と核

例 3.1.1 (p.95) でみたように，ベクトル空間 $\mathbb{R}$ の部分集合 $\mathbb{N}$, $\mathbb{Z}$ はベクトル空間ではない．このようにベクトル空間 V の部分集合というだけでは，いつでもベクトル空間になるとは限らないが，さらにそれ自身がベクトル空間であれば，それを**部分空間**（より正確には**線型部分空間**）という．線型写像 T には，T から定まる重要な部分空間に T の**核** $\mathrm{Ker}\,T$ と T の**像** $\mathrm{Im}\,T$ がある．このことをみていこう．

部分空間

ベクトル空間 V の部分集合 W がベクトル空間となるとき，W を V の**部分空間**という．

例 4.2.1 零ベクトルのみの空間 $\{\mathbf{0}_V\}$ や V 自身も V の部分空間である．

例 4.2.2 $V = \mathbb{R}^3$ の部分集合

$$U = \left\{ \begin{pmatrix} x \\ y \\ z \end{pmatrix} \in V : x + y + z = 0 \right\}, \quad C = \left\{ \begin{pmatrix} x \\ y \\ z \end{pmatrix} \in V : x^2 + y^2 + z^2 = 1 \right\}$$

に対して，U は V の部分空間であるが，C は部分空間ではない．

線型写像の像

U, V をベクトル空間とする．線型写像 $T\colon U \to V$ に対して

$$\mathrm{Im}\,T = \{T(\boldsymbol{u}) \in V : \boldsymbol{u} \in U\}$$

を T の**像** (image) という．

線型写像 $T\colon U \to V$(➪ p.126) に対しては，$\mathrm{Im}\,T$ もベクトル空間であることがわかる（問題 4.2 の 2 (p.137) 参照）．よって **$\mathrm{Im}\,T$ は V の部分空間**である．部分空間であるから $\mathrm{Im}\,T$ の次元は V の次元を越えない．さらにベクトル空間であるから非常に限定的な形状，つまり「平 (たいら) な」形状の部分集合しか現れないのである．

例題 4.2.1 次の行列 $T = A, B, C$ が定める線型写像 $T\colon \mathbb{R}^2 \to \mathbb{R}^2$ に対し，像 $\mathrm{Im}\,T$ をそれぞれ図示し，さらに像 $\mathrm{Im}\,T$ の次元を求めよ．

(1)$A = \begin{pmatrix} 0 & 0 \\ 0 & 0 \end{pmatrix}$　(2)$B = \begin{pmatrix} 1 & 2 \\ 1 & 2 \end{pmatrix}$　(3)$C = \begin{pmatrix} 1 & 1 \\ -1 & 1 \end{pmatrix}$

解 V の任意のベクトルを $\boldsymbol{v}=\begin{pmatrix} x \\ y \end{pmatrix}$ とする．T の像 $\mathrm{Im}\,T$ を図示すると下のようになる．

(1) $T=A$ のとき，$A\boldsymbol{v}=\begin{pmatrix} 0 \\ 0 \end{pmatrix}$ となるので，$\mathrm{Im}\,A=\{\mathbf{0}_V\}$, $\dim \mathrm{Im}\,A=0$ である．

(2) $T=B$ に対して $B\boldsymbol{v}=\begin{pmatrix} x+2y \\ x+2y \end{pmatrix}=(x+2y)\begin{pmatrix} 1 \\ 1 \end{pmatrix}$ となる．$x+2y$ は任意の実数を表せるので，それを t とおくと

$$\mathrm{Im}\,B=\left\{t\begin{pmatrix} 1 \\ 1 \end{pmatrix} : t \text{ は任意の実数}\right\}$$

となる．また $\dim \mathrm{Im}\,B=1$ である．

(3) $T=C$ のとき $C\boldsymbol{v}=\begin{pmatrix} x+y \\ -x+y \end{pmatrix}=x\begin{pmatrix} 1 \\ -1 \end{pmatrix}+y\begin{pmatrix} 1 \\ 1 \end{pmatrix}$ となるので，$\mathrm{Im}\,C$ は 2 つのベクトル $\begin{pmatrix} 1 \\ -1 \end{pmatrix}, \begin{pmatrix} 1 \\ 1 \end{pmatrix}$ で張られた空間になるので $\dim \mathrm{Im}\,C=2$ である．

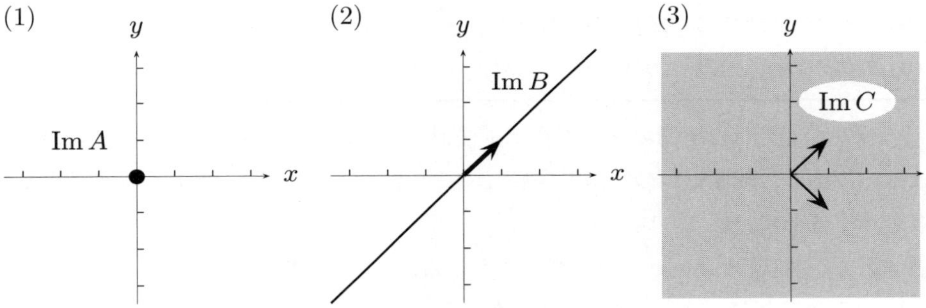

■

線型写像 T の像は以下のような性質をもつ．

例題 4.2.2 U が $\boldsymbol{a}_1, \boldsymbol{a}_2, \cdots, \boldsymbol{a}_n$ で生成されているとき，線型写像 $T\colon U\to V$ の像 $\mathrm{Im}\,T$ は $T(\boldsymbol{a}_1), T(\boldsymbol{a}_2), \cdots, T(\boldsymbol{a}_n)$ で生成されることを示せ．

解 V のベクトル $\boldsymbol{v}$ が T の像 $\mathrm{Im}\,T$ に入っているとする．このときある U のベクトル $\boldsymbol{u}$ を用いて，$T(\boldsymbol{u})=\boldsymbol{v}$ と書ける．一方，U は $\boldsymbol{a}_1, \boldsymbol{a}_2, \cdots, \boldsymbol{a}_n$ で生成されているから，あるスカラー $c_1, c_2, \cdots, c_n$ を用いて

$$\boldsymbol{u}=c_1\boldsymbol{a}_1+c_2\boldsymbol{a}_2+\cdots+c_n\boldsymbol{a}_n$$

と書ける．よって両辺を T で写像すると，線型性により

$$T(\boldsymbol{u})=c_1T(\boldsymbol{a}_1)+c_2T(\boldsymbol{a}_2)+\cdots+c_nT(\boldsymbol{a}_n)$$

となる．$\boldsymbol{v}=T(\boldsymbol{u})$ であるから像 $\mathrm{Im}\,T$ は $T(\boldsymbol{a}_1), T(\boldsymbol{a}_2), \cdots, T(\boldsymbol{a}_n)$ で生成されることが示された． ■

特に，行列が定める線型写像の場合，その像は以下のような性質をもつ．

例題 4.2.3 $m \times n$ 行列 A の定める線型写像 $A\colon \mathbb{R}^n \to \mathbb{R}^m$ の像 $\mathrm{Im}\,A$ は A の列ベクトルで生成されることを示せ．

解 A の行ベクトル型表示 (➪p.68) を $A = \begin{pmatrix} \boldsymbol{a}_1 & \boldsymbol{a}_2 & \cdots & \boldsymbol{a}_n \end{pmatrix}$ とする．つまり $\boldsymbol{a}_j$ は A の j 列目にある m 次の列ベクトルである．さて $\mathbb{R}^n$ の標準基底 $\boldsymbol{e}_1, \boldsymbol{e}_2, \cdots, \boldsymbol{e}_n$ を A で変換すると $A\boldsymbol{e}_1 = \boldsymbol{a}_1$, $A\boldsymbol{e}_2 = \boldsymbol{a}_2, \cdots, A\boldsymbol{e}_n = \boldsymbol{a}_n$ となる．よって例題 4.2.2 より $\mathrm{Im}\,A$ はこれら A の列ベクトルから生成される． ■

一般に A の列ベクトルは1次独立とは限らない．そのため $\mathrm{Im}\,A$ の次元を求めるには1次独立性を吟味する必要がある．ここでは行列の**列基本変形**によって基底を求める方法を練習する．行列の**列基本変形**とは次のような操作を繰り返し行列に適用したものである．

行列の列基本変形

(1) 2つの列を入れ替える．

(2) 1つの列に他の列の何倍かを加える，または引く．

(3) 1つの列を何倍か（$\neq 0$ 倍）する．

行列の列基本変形は2.1節で学んだ行基本変形 (➪p.39) において，単に行と列の役割を入れ換えたものである．転置行列の行基本変形といってもよい．よって行基本変形の性質や帰結はそのまま列基本変形においても成立する．

例題 4.2.3 より $\mathrm{Im}\,A$ は列ベクトルで生成される．1次独立性を吟味するには行列が「階段状」になっていると都合がよい．列基本変形の各段階で「列ベクトルが $\mathrm{Im}\,A$ を生成する」という性質は変化しない．そのため次の例題のように2.2節の行列の簡約化を列基本変形で考える．

例題 4.2.4 線型写像 $A = \begin{pmatrix} 1 & 4 & 5 & -2 \\ -1 & -1 & -2 & -1 \end{pmatrix}\colon \mathbb{R}^4 \to \mathbb{R}^2$ に対して A の像 $\mathrm{Im}\,A$ を求め，さらに $\mathrm{Im}\,A$ の次元と1組の基底を求めよ．

解 行列 A に列基本変形を施して

$$\left(\left.\boxed{\begin{matrix} 1 \\ -1 \end{matrix}}\,\right|\,\begin{matrix} 4 \\ -1 \end{matrix}\,\left|\,\begin{matrix} 5 \\ -2 \end{matrix}\,\right|\,\begin{matrix} -2 \\ -1 \end{matrix}\right) \to \left(\begin{matrix} 1 \\ -1 \end{matrix}\,\left|\,\begin{matrix} 4 \\ -1 \end{matrix} - 4\boxed{\begin{matrix} 1 \\ -1 \end{matrix}}\,\right|\,\begin{matrix} 5 \\ -2 \end{matrix} - 5\boxed{\begin{matrix} 1 \\ -1 \end{matrix}}\,\left|\,\begin{matrix} -2 \\ -1 \end{matrix} + 2\boxed{\begin{matrix} 1 \\ -1 \end{matrix}}\right.\right)$$

$$\to \left(\begin{array}{c|c|c|c} 1 & 0 & 0 & 0 \\ -1 & 3 & 3 & -3 \end{array}\right) \to \left(\begin{array}{c|c|c|c} 1 & \boxed{\begin{matrix} 0 \\ 1 \end{matrix}} & 0 & 0 \\ -1 & & 3 & 3 \end{array}\right) \to \left(\begin{array}{c|c|c|c} 1 & 0 & 0 & 0 \\ 0 & 1 & 0 & 0 \end{array}\right)$$

と階段化できる．よって，1列目と2列目を $\boldsymbol{e}_1 = \begin{pmatrix} 1 \\ 0 \end{pmatrix}$, $\boldsymbol{e}_2 = \begin{pmatrix} 0 \\ 1 \end{pmatrix}$ とおくとこれは1次独立になるから $\mathrm{Im}\,A$ の基底として $\boldsymbol{e}_1, \boldsymbol{e}_2$ を選ぶことができる．また以上の計算より $\mathrm{Im}\,A = \mathbb{R}^2$, $\dim \mathrm{Im}\,A = 2$ がわかる． ■

次に線型写像の核について学ぶ．核を写像の言葉でいえば単に零ベクトル $\mathbf{0}_V$ の逆像 (➪ p.6) であり，連立 1 次方程式の言葉でいえばすでに学んだ解空間 (➪ p.122) である．

線型写像の核

U, V をベクトル空間とする．線型写像 $T\colon U \to V$ に対して

$$\operatorname{Ker} T = \{\boldsymbol{u} \in U : T(\boldsymbol{u}) = \mathbf{0}_V\}$$

を T の**核** (kernel) という．ただし $\mathbf{0}_V$ は V の零ベクトルである．

線型写像 $T\colon U \to V$ に対しては，$\operatorname{Ker} T$ もベクトル空間であることがわかる（問題 4.2 の 2 (p.137) 参照）．よって $\mathbf{Ker}\,\boldsymbol{T}$ **は** U **の部分空間**である．

例題 4.2.5 $U = \mathbb{R}^2, V = \mathbb{R}^2$ とする．次の行列 $T = A, B, C$ が定める線型写像 $T\colon U \to V$ に対し，T の核をそれぞれ図示し，さらに核 $\operatorname{Ker} T$ の次元を求めよ．

(1)$A = \begin{pmatrix} 0 & 0 \\ 0 & 0 \end{pmatrix}$　　(2)$B = \begin{pmatrix} 1 & 2 \\ 1 & 2 \end{pmatrix}$　　(3)$C = \begin{pmatrix} 1 & 1 \\ -1 & 1 \end{pmatrix}$

解　U の任意のベクトルを $\boldsymbol{u} = \begin{pmatrix} x \\ y \end{pmatrix}$ とおく．$\operatorname{Ker} T$ を図示すると下のようになる．

(1) $T = A$ のとき，$\boldsymbol{u}$ が核 $\operatorname{Ker} A$ に含まれるということは $A\boldsymbol{u} = \mathbf{0}_V$ が成り立つことであるが，実際に計算すると $A\boldsymbol{u} = \begin{pmatrix} 0 & 0 \\ 0 & 0 \end{pmatrix}\begin{pmatrix} x \\ y \end{pmatrix} = \begin{pmatrix} 0 \\ 0 \end{pmatrix}$ となるから，どのような $\boldsymbol{u}$ でも $\operatorname{Ker} A$ に含まれる．つまり $\operatorname{Ker} A = U$ であり，よって $\dim \operatorname{Ker} A = 2$ である．

(2) $T = B$ のとき，$B\boldsymbol{u} = \mathbf{0}_V$ は $\begin{pmatrix} x+2y \\ x+2y \end{pmatrix} = \begin{pmatrix} 0 \\ 0 \end{pmatrix}$ と表せるので，$x + 2y = 0$ つまり $x = -2y$ であるから $\operatorname{Ker} B = \left\{\begin{pmatrix} -2y \\ y \end{pmatrix} : y \text{ は任意の実数}\right\} = \left\{y\begin{pmatrix} -2 \\ 1 \end{pmatrix} : y \in \mathbb{R}\right\}$ と表せる．このとき $\dim \operatorname{Ker} B = 1$ である．

(3) $T = C$ のとき，$C\boldsymbol{u} = \mathbf{0}_V$ は $\begin{pmatrix} x+y \\ -x+y \end{pmatrix} = \begin{pmatrix} 0 \\ 0 \end{pmatrix}$ と表される．この連立 1 次方程式を解くと $x = 0, y = 0$ となるので，$\operatorname{Ker} C = \mathbf{0}_U$ であり $\dim \operatorname{Ker} C = 0$ となる．

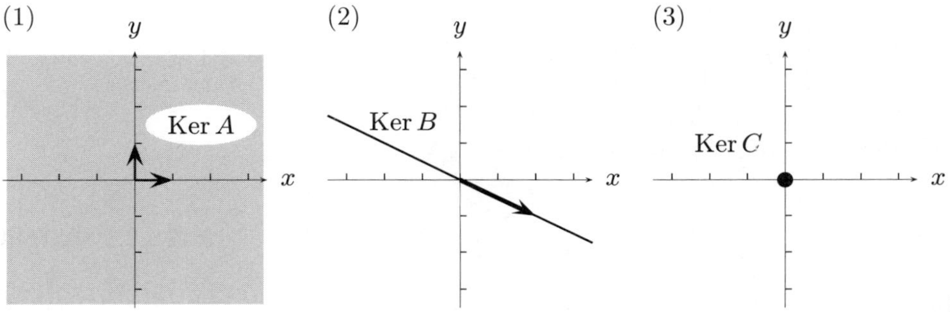

■

一般の場合に核を求めるにはどうすればよいだろうか．よくみると式 $A\boldsymbol{v} = \boldsymbol{0}$ は連立1次方程式でもあることに気づくだろう．つまり行列 A のつくる線型写像 $A\colon \mathbb{R}^n \to \mathbb{R}^m$ の核 $\mathrm{Ker}\, A$ を求める問題は連立1次方程式の解空間を求める問題とまったく等しいのである．

核は解空間である

線型写像としての $m \times n$ 行列 $A\colon \mathbb{R}^n \to \mathbb{R}^m$ において

$$\mathrm{Ker}\, A = \{\boldsymbol{x} \in \mathbb{R}^n : A\boldsymbol{x} = \boldsymbol{0}\},$$

なので，$\mathrm{Ker}\, A$ は連立1次方程式 $A\boldsymbol{x} = \boldsymbol{0}$ の解空間 (➪ p.122) である．

例題 4.2.6 $A = \begin{pmatrix} 1 & 4 & 5 & -2 \\ -1 & -1 & -2 & -1 \end{pmatrix}$ の核 $\mathrm{Ker}\, A$ を求め，さらに $\mathrm{Ker}\, A$ の次元と1組の基底を求めよ．

[解] これは例題3.4.3とまったく同じ問題であり，解法も同じである．念のためもう一度簡潔に解答を記述する．式 $A\boldsymbol{v} = \boldsymbol{0}$ を書き直すと

$$\begin{pmatrix} 1 & 4 & 5 & -2 \\ -1 & -1 & -2 & -1 \end{pmatrix} \begin{pmatrix} x_1 \\ x_2 \\ x_3 \\ x_4 \end{pmatrix} = \begin{pmatrix} 0 \\ 0 \end{pmatrix} \tag{4.2.1}$$

となる．拡大係数行列を考え，行基本変形を使って簡約化を行うと

$$\begin{pmatrix} 1 & 4 & 5 & -2 & 0 \\ -1 & -1 & -2 & -1 & 0 \end{pmatrix} \xrightarrow{\text{簡約化}} \cdots \rightarrow \begin{pmatrix} 1 & 0 & 1 & 2 & 0 \\ 0 & 1 & 1 & -1 & 0 \end{pmatrix}$$

よって $\begin{cases} x_1 = -x_3 - 2x_4 \\ x_2 = -x_3 + x_4 \end{cases}$ を得る．代入して $\begin{pmatrix} x_1 \\ x_2 \\ x_3 \\ x_4 \end{pmatrix} = x_3 \begin{pmatrix} -1 \\ -1 \\ 1 \\ 0 \end{pmatrix} + x_4 \begin{pmatrix} -2 \\ 1 \\ 0 \\ 1 \end{pmatrix}$ となる．

$\boldsymbol{a}_1 = \begin{pmatrix} -1 \\ -1 \\ 1 \\ 0 \end{pmatrix}$, $\boldsymbol{a}_2 = \begin{pmatrix} -2 \\ 1 \\ 0 \\ 1 \end{pmatrix}$ とおく．x_3, x_4 の形からこれらは1次独立である．以上より $\mathrm{Ker}\, A$ の基底は，$\boldsymbol{a}_1, \boldsymbol{a}_2$ であり $\dim \mathrm{Ker}\, A = 2$ である． ■

☆ **参考 4.2.1** $A = \begin{pmatrix} 1 & 4 & 5 & -2 \\ -1 & -1 & -2 & -1 \end{pmatrix} : \mathbb{R}^4 \to \mathbb{R}^2$ に対して，例題4.2.4および例題4.2.6より $\dim \mathrm{Ker}\, A = 2$ であり $\dim \mathrm{Im}\, A = 2$ である．また A の列基本変形 (例題4.2.4の [解] 参照)

から，$\mathrm{rank}(A) = 2$ がわかる．つまり $\mathrm{rank}(A) = \dim \mathrm{Im}\, A$ である．よって注意 3.4.3 (p.124) でも述べたように $\dim \mathrm{Ker}\, A + \dim \mathrm{Im}\, A = \dim \mathrm{Ker}\, A + \mathrm{rank}(A) = n\ (= 4)$ となっている．

同様の考察から，一般に次が成り立つことがわかる：線型写像 $T\colon U \to V$ に対して $\dim \mathrm{Ker}\, T + \dim \mathrm{Im}\, T = \dim U$ となる．これは**準同型定理**と呼ばれる一般的な定理の 1 つの帰結である．つまり写像 T で U を写すと，一般には次元 (➪ p.122) が減り $\dim \mathrm{Im}\, T \leqq \dim U$ となるが，減った分の次元は $\mathrm{Ker}\, T$ に残っているのである．例題 4.2.1 (p.132) と例題 4.2.5 (p.135) の図をよく見比べてほしい．✍

問題 4.2 【略解 p.208】

1. $A = \begin{pmatrix} 1 & 2 & 3 \\ 1 & 2 & 3 \\ 1 & 2 & 3 \end{pmatrix}$ の定める線型写像の核 $\mathrm{Ker}\, A$ および像 $\mathrm{Im}\, A$ を図示せよ．
2. U, V をベクトル空間，$T\colon U \to V$ を線型写像とする．このとき次を示せ．
   (1) $c_1, c_2 \in \mathbb{R}$, $\boldsymbol{v}_1, \boldsymbol{v}_2 \in \mathrm{Im}\, T$ ならば $c_1\boldsymbol{v}_1 + c_2\boldsymbol{v}_2 \in \mathrm{Im}\, T$ である．
   (2) $c_1, c_2 \in \mathbb{R}$, $\boldsymbol{u}_1, \boldsymbol{u}_2 \in \mathrm{Ker}\, T$ ならば $c_1\boldsymbol{u}_1 + c_2\boldsymbol{u}_2 \in \mathrm{Ker}\, T$ である．
3. 次の行列 A に対して A の像 $\mathrm{Im}\, A$ を求め，さらに $\mathrm{Im}\, A$ の次元と 1 組の基底を求めよ．
   (1) $A = \begin{pmatrix} 1 & -1 & 2 & 1 \\ 2 & -1 & 3 & 0 \end{pmatrix}$　　(2) $A = \begin{pmatrix} 1 & 3 & 1 & 2 \\ 2 & 6 & 2 & 4 \end{pmatrix}$
   (3) $A = \begin{pmatrix} 0 & 1 & 3 \\ 0 & -2 & -5 \\ 0 & -1 & -2 \end{pmatrix}$　　(4) $A = \begin{pmatrix} 1 & 3 & -1 & -1 & 3 \\ 1 & 4 & -1 & -2 & 4 \\ 1 & 1 & -1 & 2 & 1 \end{pmatrix}$
   (5) $A = \begin{pmatrix} 1 & 2 & 1 & -3 & 0 \\ -1 & -1 & 0 & 1 & 1 \\ 2 & 3 & 1 & -4 & -1 \end{pmatrix}$
4. 線型写像 $T\colon \mathbb{R}[x]_2 \to \mathbb{R}[x]_1$ を
   $$T(f(x)) = f'(x) \qquad (f(x) \in \mathbb{R}[x]_2)$$
   とする．このとき $\mathrm{Ker}\, T$ と $\mathrm{Im}\, T$ を求め，さらに $\mathrm{Ker}\, T$ と $\mathrm{Im}\, T$ の次元を求めよ．
5. 線型写像 $T\colon \mathbb{R}[x]_2 \to \mathbb{R}[x]_3$ を
   $$T(f(x)) = \int_0^x f(t)\, dt \qquad (f(x) \in \mathbb{R}[x]_2)$$
   とする．このとき $\mathrm{Ker}\, T$ と $\mathrm{Im}\, T$ を求め，さらに $\mathrm{Ker}\, T$ と $\mathrm{Im}\, T$ の次元を求めよ．

4.3　線型写像の表現行列

3D グラフィックスにおいて，描画物体は $\mathbb{R}^3$ の中の座標を使って指定される．そのときコンピュータの画面は平面であるから，立体的な物質を平面的に表示しなければならない．この処理を行う計算は，実は射影と呼ばれる線型写像である．コンピュータ内部ではこの線型写像を行列として保持していて単に行列の掛け算をすることにより線型写像を計算しているのである．

ここでは線型写像を行列で表現する方法を学ぶ．まずベクトルを基底を使って表示する「数ベクトル表現」を復習し，その後，写像を基底を使って表示する「表現行列」を学ぶ．

ベクトルの数ベクトル表現について考えよう．ベクトル空間 V を考える．V の次元を n とし，V の基底を $\boldsymbol{a}_1, \boldsymbol{a}_2, \cdots, \boldsymbol{a}_n$ としよう．すると V の任意のベクトル $\boldsymbol{v}$ は

$$\boldsymbol{v} = c_1\boldsymbol{a}_1 + c_2\boldsymbol{a}_2 + \cdots + c_n\boldsymbol{a}_n$$

とスカラー $c_1, c_2, \cdots, c_n$ を使って必ず 1 通りの 1 次結合 (➪p.96) で書けるのであった (➪p.107)．これは (ヨコ)×(タテ) を使って

$$\boldsymbol{v} = \begin{pmatrix} \boldsymbol{a}_1 & \boldsymbol{a}_2 & \cdots & \boldsymbol{a}_n \end{pmatrix} \begin{pmatrix} c_1 \\ c_2 \\ \vdots \\ c_n \end{pmatrix}$$

と書きなおせる．このときに現れる数ベクトル $\begin{pmatrix} c_1 \\ c_2 \\ \vdots \\ c_n \end{pmatrix}$ を **$\boldsymbol{v}$ の 基底 $\boldsymbol{a}_1, \boldsymbol{a}_2, \cdots, \boldsymbol{a}_n$ に関する数ベクトル表現** という．また，係数ベクトルということもある．数ベクトル表現のサイズは必ず V の次元 n になる．つまり数ベクトル表現は $\boldsymbol{v}$ がどのようなベクトルかに関係なく $\mathbb{R}^n$ (n は V の次元) の要素を定めるのである．

例題 4.3.1 V を

$$V = \left\{ \begin{pmatrix} x \\ y \\ z \end{pmatrix} \in \mathbb{R}^3 : x + y + z = 0 \right\}$$

で定義される $\mathbb{R}^3$ の部分空間とし，V の基底を $\boldsymbol{a}_1 = \begin{pmatrix} 1 \\ -1 \\ 0 \end{pmatrix}, \boldsymbol{a}_2 = \begin{pmatrix} 1 \\ 0 \\ -1 \end{pmatrix}$ とするとき $\boldsymbol{v} = \begin{pmatrix} 1 \\ 2 \\ -3 \end{pmatrix}$ の数ベクトル表現を求めよ．

解　V は 2 次元なので，$\boldsymbol{v}$ の数ベクトル表現は $\begin{pmatrix} c_1 \\ c_2 \end{pmatrix}$ とおくことができる．定義より

$$\begin{pmatrix} \boldsymbol{a}_1 & \boldsymbol{a}_2 \end{pmatrix}\begin{pmatrix} c_1 \\ c_2 \end{pmatrix} = \boldsymbol{v} \qquad \therefore \quad \begin{pmatrix} 1 & 1 \\ -1 & 0 \\ 0 & -1 \end{pmatrix}\begin{pmatrix} c_1 \\ c_2 \end{pmatrix} = \begin{pmatrix} 1 \\ 2 \\ -3 \end{pmatrix}$$

を得る．拡大係数行列を簡約化することにより，この連立 1 次方程式を解く．

$$\begin{pmatrix} 1 & 1 & 1 \\ -1 & 0 & 2 \\ 0 & -1 & -3 \end{pmatrix} \xrightarrow{\text{簡約化}} \cdots \to \begin{pmatrix} 1 & 0 & -2 \\ 0 & 1 & 3 \\ 0 & 0 & 0 \end{pmatrix} \qquad \therefore \quad \begin{cases} c_1 = -2 \\ c_2 = \ \ 3 \end{cases}$$

よって $\boldsymbol{v}$ の $\boldsymbol{a}_1, \boldsymbol{a}_2$ に関する数ベクトル表現は $\begin{pmatrix} -2 \\ 3 \end{pmatrix}$ である．■

そもそも，もとの表示 $\boldsymbol{v} = \begin{pmatrix} 1 \\ 2 \\ -3 \end{pmatrix}$ は $\begin{pmatrix} 1 \\ 2 \\ -3 \end{pmatrix} = \begin{pmatrix} \boldsymbol{e}_1 & \boldsymbol{e}_2 & \boldsymbol{e}_3 \end{pmatrix}\begin{pmatrix} 1 \\ 2 \\ -3 \end{pmatrix}$ という標準基底に関する数ベクトル表現なのであった．入っているベクトル空間が $\mathbb{R}^3$ なのか V なのかで数ベクトルの次元が異なっていることに注意しよう．次の例題でわかるように，$\boldsymbol{v}$ の数ベクトル表現は基底を決めることにより定まるので別の基底を選ぶと数ベクトル表現はまったく異なってしまう．

例題 4.3.2 ベクトル空間 $\mathbb{R}^3$ のベクトル $\boldsymbol{v} = \begin{pmatrix} 1 \\ 1 \\ 1 \end{pmatrix}$ の，基底 $\boldsymbol{a}_1 = \begin{pmatrix} 1 \\ 2 \\ 0 \end{pmatrix}$，$\boldsymbol{a}_2 = \begin{pmatrix} 1 \\ 0 \\ 1 \end{pmatrix}$，$\boldsymbol{a}_3 = \begin{pmatrix} 0 \\ 2 \\ 1 \end{pmatrix}$ に関する数ベクトル表現を求めよ．

解　$\boldsymbol{v}$ の数ベクトル表現を $\begin{pmatrix} c_1 \\ c_2 \\ c_3 \end{pmatrix}$ とする．このとき $\begin{pmatrix} \boldsymbol{a}_1 & \boldsymbol{a}_2 & \boldsymbol{a}_3 \end{pmatrix}\begin{pmatrix} c_1 \\ c_2 \\ c_3 \end{pmatrix} = \boldsymbol{v}$ より，

$\begin{pmatrix} 1 & 1 & 0 \\ 2 & 0 & 2 \\ 0 & 1 & 1 \end{pmatrix}\begin{pmatrix} c_1 \\ c_2 \\ c_3 \end{pmatrix} = \begin{pmatrix} 1 \\ 1 \\ 1 \end{pmatrix}$ となる．これは連立 1 次方程式なので，拡大係数行列を簡約化すると

$$\begin{pmatrix} 1 & 1 & 0 & 1 \\ 2 & 0 & 2 & 1 \\ 0 & 1 & 1 & 1 \end{pmatrix} \xrightarrow{\text{簡約化}} \cdots \to \begin{pmatrix} 1 & 0 & 0 & 1/4 \\ 0 & 1 & 0 & 3/4 \\ 0 & 0 & 1 & 1/4 \end{pmatrix}$$

よって $\begin{pmatrix} c_1 \\ c_2 \\ c_3 \end{pmatrix} = \dfrac{1}{4}\begin{pmatrix} 1 \\ 3 \\ 1 \end{pmatrix}$ が $\boldsymbol{v}$ の数ベクトル表現である．■

次の例題のように，もともと数ベクトルでなくてもベクトル空間の要素でありさえすれば「数ベクトル」のように表示できる．これが数ベクトル表現の優れている点である．

例題 4.3.3 $V=\mathbb{R}[x]_3$ の基底を $1, x, x^2, x^3$ とする．多項式 $-2x+3x^2-x^3$ の数ベクトル表現を求めよ．

解 $\dim V = 4$ に注意する．$-2x+3x^2-x^3 = \begin{pmatrix} 1 & x & x^2 & x^3 \end{pmatrix}\begin{pmatrix} 0 \\ -2 \\ 3 \\ -1 \end{pmatrix}$ と書けるので，

$\begin{pmatrix} 0 \\ -2 \\ 3 \\ -1 \end{pmatrix}$ が $-2x+3x^2-x^3$ の数ベクトル表現である． ■

次に線型写像 (➪ p.126) を表す表現行列とはなにかを考えよう．ベクトル空間 U の次元を n としベクトル空間 V の次元を m とし，U から V への線型写像 $T\colon U \ni \boldsymbol{u} \mapsto \boldsymbol{v} = T(\boldsymbol{u}) \in V$ を考えよう．U の基底を $\boldsymbol{a}_1, \cdots, \boldsymbol{a}_n$ とし，また V の基底を $\boldsymbol{b}_1, \cdots, \boldsymbol{b}_m$ としよう．U のベクトル $\boldsymbol{u} \in U$ および V のベクトル $\boldsymbol{v} = T(\boldsymbol{u}) \in V$ の数ベクトル表現を

$$\boldsymbol{u} = \begin{pmatrix} \boldsymbol{a}_1 & \cdots & \boldsymbol{a}_n \end{pmatrix}\begin{pmatrix} c_1 \\ \vdots \\ c_n \end{pmatrix}, \qquad \boldsymbol{v} = \begin{pmatrix} \boldsymbol{b}_1 & \cdots & \boldsymbol{b}_m \end{pmatrix}\begin{pmatrix} d_1 \\ \vdots \\ d_m \end{pmatrix}$$

とおく．すると T は $\boldsymbol{u}$ を $\boldsymbol{v}$ に変換するのだから，T は $\begin{pmatrix} c_1 \\ \vdots \\ c_n \end{pmatrix}$ を $\begin{pmatrix} d_1 \\ \vdots \\ d_m \end{pmatrix}$ に変換しているとも考えられる．n 次列ベクトルを m 次列ベクトルに変換するのだからそれは $m \times n$ 行列である．つまり $\begin{pmatrix} d_1 \\ \vdots \\ d_m \end{pmatrix} = A\begin{pmatrix} c_1 \\ \vdots \\ c_n \end{pmatrix}$ となる $m \times n$ 行列 A が T の表現行列なのである．

さてもう少し詳しく T とその表現行列の関係をみていこう．$T(\boldsymbol{u})$ に $\boldsymbol{u}$ の数ベクトル表現を代入してみる．線型性より

$$T(\boldsymbol{u}) = T\left(\begin{pmatrix} \boldsymbol{a}_1 & \cdots & \boldsymbol{a}_n \end{pmatrix}\begin{pmatrix} c_1 \\ \vdots \\ c_n \end{pmatrix}\right) = \begin{pmatrix} T(\boldsymbol{a}_1) & \cdots & T(\boldsymbol{a}_n) \end{pmatrix}\begin{pmatrix} c_1 \\ \vdots \\ c_n \end{pmatrix} \tag{4.3.1}$$

となる（確かめてみよ）．さらに，$T(\boldsymbol{a}_1), \cdots, T(\boldsymbol{a}_n)$ は V のベクトルになっているので，基底

$\boldsymbol{b}_1, \cdots, \boldsymbol{b}_m$ に関する数ベクトル表現をもつ．それを

$$T(\boldsymbol{a}_1) = \begin{pmatrix} \boldsymbol{b}_1 & \cdots & \boldsymbol{b}_m \end{pmatrix} \begin{pmatrix} a_{11} \\ \vdots \\ a_{m1} \end{pmatrix}$$

$$T(\boldsymbol{a}_2) = \begin{pmatrix} \boldsymbol{b}_1 & \cdots & \boldsymbol{b}_m \end{pmatrix} \begin{pmatrix} a_{12} \\ \vdots \\ a_{m2} \end{pmatrix}$$

$$\vdots$$

$$T(\boldsymbol{a}_n) = \begin{pmatrix} \boldsymbol{b}_1 & \cdots & \boldsymbol{b}_m \end{pmatrix} \begin{pmatrix} a_{1n} \\ \vdots \\ a_{mn} \end{pmatrix}$$

とおこう．横に並べると式 (4.3.1)の一部分 $\begin{pmatrix} T(\boldsymbol{a}_1) & T(\boldsymbol{a}_2) & \cdots & T(\boldsymbol{a}_n) \end{pmatrix}$ が，

$$\begin{aligned} &\begin{pmatrix} T(\boldsymbol{a}_1) & T(\boldsymbol{a}_2) & \cdots & T(\boldsymbol{a}_n) \end{pmatrix} \\ &= \left(\begin{pmatrix} \boldsymbol{b}_1 & \cdots & \boldsymbol{b}_m \end{pmatrix} \begin{pmatrix} a_{11} \\ \vdots \\ a_{m1} \end{pmatrix} \quad \begin{pmatrix} \boldsymbol{b}_1 & \cdots & \boldsymbol{b}_m \end{pmatrix} \begin{pmatrix} a_{12} \\ \vdots \\ a_{m2} \end{pmatrix} \quad \cdots \quad \begin{pmatrix} \boldsymbol{b}_1 & \cdots & \boldsymbol{b}_m \end{pmatrix} \begin{pmatrix} a_{1n} \\ \vdots \\ a_{mn} \end{pmatrix} \right) \\ &= \begin{pmatrix} \boldsymbol{b}_1 & \cdots & \boldsymbol{b}_m \end{pmatrix} \begin{pmatrix} a_{11} & \cdots & a_{1n} \\ \vdots & \ddots & \vdots \\ a_{m1} & \cdots & a_{mn} \end{pmatrix} = \begin{pmatrix} \boldsymbol{b}_1 & \cdots & \boldsymbol{b}_m \end{pmatrix} A \end{aligned}$$

と求まる．ここで $A = \begin{pmatrix} a_{11} & \cdots & a_{1n} \\ \vdots & \ddots & \vdots \\ a_{m1} & \cdots & a_{mn} \end{pmatrix}$ とおいた．この式を式 (4.3.1) に代入すると

$$T(\boldsymbol{u}) = \begin{pmatrix} \boldsymbol{b}_1 & \cdots & \boldsymbol{b}_m \end{pmatrix} \begin{pmatrix} a_{11} & \cdots & a_{1n} \\ \vdots & \ddots & \vdots \\ a_{m1} & \cdots & a_{mn} \end{pmatrix} \begin{pmatrix} c_1 \\ \vdots \\ c_n \end{pmatrix} = \begin{pmatrix} \boldsymbol{b}_1 & \cdots & \boldsymbol{b}_m \end{pmatrix} A \begin{pmatrix} c_1 \\ \vdots \\ c_n \end{pmatrix} \tag{4.3.2}$$

となる．$\boldsymbol{v} = T(\boldsymbol{u})$ であるから，等式

$$\begin{pmatrix} \boldsymbol{b}_1 & \cdots & \boldsymbol{b}_m \end{pmatrix} \begin{pmatrix} d_1 \\ \vdots \\ d_m \end{pmatrix} = \begin{pmatrix} \boldsymbol{b}_1 & \cdots & \boldsymbol{b}_m \end{pmatrix} A \begin{pmatrix} c_1 \\ \vdots \\ c_n \end{pmatrix}$$

を得る．$\boldsymbol{b}_1, \cdots, \boldsymbol{b}_m$ は基底だから係数は一意的 (➪ p.107) である．したがって

$$\begin{pmatrix} d_1 \\ \vdots \\ d_m \end{pmatrix} = A \begin{pmatrix} c_1 \\ \vdots \\ c_n \end{pmatrix}$$

が得られる．これより線型写像 T はある $m \times n$ 行列 $A = (a_{ij})$ の積による数ベクトル表現の間の線型写像 $A\colon \mathbb{R}^n \to \mathbb{R}^m$ を導くことがわかる．A を T の**表現行列**という．

T の表現行列 A

線型写像 $T\colon U \to V$ の表現行列 A は数ベクトル表現の間の写像である．表現行列 A はそれぞれの基底の表現を列ベクトルとして並べた $m \times n$ 行列として得られる ($m = \dim V$, $n = \dim U$).

例題 4.3.4 線型写像 $T\colon \mathbb{R}[x]_2 \to \mathbb{R}[x]_1$ を

$$T(f(x)) = f'(x) \qquad (f(x) \in \mathbb{R}[x]_2)$$

とする（例題 4.1.4 (p.128) 参照)．このとき

$$\mathbb{R}[x]_2 \text{ の基底 } 1,\ x,\ x^2, \qquad \mathbb{R}[x]_1 \text{ の基底 } 1,\ x$$

に関する T の表現行列 A を求めよ．

解　$T(1), T(x), T(x^2) \in \mathbb{R}[x]_1$ に対して数ベクトル表現を行うと

$$\begin{aligned} &T(1) = 0 = \begin{pmatrix} 1 & x \end{pmatrix}\begin{pmatrix} 0 \\ 0 \end{pmatrix}, \quad T(x) = 1 = \begin{pmatrix} 1 & x \end{pmatrix}\begin{pmatrix} 1 \\ 0 \end{pmatrix}, \\ &T(x^2) = 2x = 0 \cdot 1 + 2 \cdot x = \begin{pmatrix} 1 & x \end{pmatrix}\begin{pmatrix} 0 \\ 2 \end{pmatrix} \end{aligned} \tag{4.3.3}$$

となる．式 (4.3.3)をまとめて表して

$$\begin{aligned} \begin{pmatrix} T(1) & T(x) & T(x^2) \end{pmatrix} &= \left(\begin{pmatrix} 1 & x \end{pmatrix}\begin{pmatrix} 0 \\ 0 \end{pmatrix} \ \begin{pmatrix} 1 & x \end{pmatrix}\begin{pmatrix} 1 \\ 0 \end{pmatrix} \ \begin{pmatrix} 1 & x \end{pmatrix}\begin{pmatrix} 0 \\ 2 \end{pmatrix}\right) \\ &= \begin{pmatrix} 1 & x \end{pmatrix}\begin{pmatrix} 0 & 1 & 0 \\ 0 & 0 & 2 \end{pmatrix} \end{aligned}$$

よって $\mathbb{R}[x]_2$ の任意のベクトル $\boldsymbol{u} = c_1 + c_2 x + c_3 x^2$ は

$$T(\boldsymbol{u}) = \begin{pmatrix} T(1) & T(x) & T(x^2) \end{pmatrix}\begin{pmatrix} c_1 \\ c_2 \\ c_3 \end{pmatrix} = \begin{pmatrix} 1 & x \end{pmatrix}\begin{pmatrix} 0 & 1 & 0 \\ 0 & 0 & 2 \end{pmatrix}\begin{pmatrix} c_1 \\ c_2 \\ c_3 \end{pmatrix}$$

となる．よって $A = \begin{pmatrix} 0 & 1 & 0 \\ 0 & 0 & 2 \end{pmatrix}$ が表現行列である． ■

例題 4.3.5 線型写像 $T\colon \mathbb{R}[x]_2 \to \mathbb{R}[x]_3$ を

$$T(f(x)) = \int_0^x f(t)\,dt \qquad (f(x) \in \mathbb{R}[x]_2)$$

とする（例題 4.1.5 (p.128) 参照）．このとき

$$\mathbb{R}[x]_2 \text{ の基底 } 1,\, x,\, x^2, \qquad \mathbb{R}[x]_3 \text{ の基底 } 1,\, x,\, x^2,\, x^3$$

に関する T の表現行列を求めよ．

解　$T(1) = \int_0^x 1\,dt = x$, $T(x) = \int_0^x t\,dt = \frac{x^2}{2}$, $T(x^2) = \int_0^x t^2\,dt = \frac{x^3}{3}$ であるから，数ベクトル表現はそれぞれ

$$T(1) \leftrightarrow \begin{pmatrix} 0 \\ 1 \\ 0 \\ 0 \end{pmatrix} \qquad T(x) \leftrightarrow \begin{pmatrix} 0 \\ 0 \\ 1/2 \\ 0 \end{pmatrix} \qquad T(x^2) \leftrightarrow \begin{pmatrix} 0 \\ 0 \\ 0 \\ 1/3 \end{pmatrix}$$

となる．よって

$$\begin{pmatrix} T(1) & T(x) & T(x^2) \end{pmatrix} = \begin{pmatrix} 1 & x & x^2 & x^3 \end{pmatrix} \begin{pmatrix} 0 & 0 & 0 \\ 1 & 0 & 0 \\ 0 & 1/2 & 0 \\ 0 & 0 & 1/3 \end{pmatrix}$$

となるので表現行列は $A = \frac{1}{6}\begin{pmatrix} 0 & 0 & 0 \\ 6 & 0 & 0 \\ 0 & 3 & 0 \\ 0 & 0 & 2 \end{pmatrix}$ である．■

例題 4.3.6 $U = \mathbb{R}^3$ とする．部分空間 V を $V = \left\{ \begin{pmatrix} x \\ y \\ z \end{pmatrix} : x + y + z = 0 \right\}$ とし，また V の基底を $\boldsymbol{b}_1 = \begin{pmatrix} -1 \\ 1 \\ 0 \end{pmatrix}$, $\boldsymbol{b}_2 = \begin{pmatrix} -1 \\ 0 \\ 1 \end{pmatrix}$ とする．このとき，$T\begin{pmatrix} x \\ y \\ z \end{pmatrix} = \begin{pmatrix} 2x - y - z \\ -x + 2y - z \\ -x - y + 2z \end{pmatrix}$ で与えられる線型写像 $T\colon U \to V$ の表現行列 A を求めよ．ただし U の基底は標準基底 $\boldsymbol{e}_1, \boldsymbol{e}_2, \boldsymbol{e}_3$ とする．

☞ **注意 4.3.1** まず表現行列の「大きさ」を把握することが重要である．この例題では $n = \dim U = 3$, $m = \dim V = 2$ なので求める表現行列 A は 2×3 行列になる．だから

$$T\begin{pmatrix} x \\ y \\ z \end{pmatrix} = \begin{pmatrix} 2 & -1 & -1 \\ -1 & 2 & -1 \\ -1 & -1 & 2 \end{pmatrix}\begin{pmatrix} x \\ y \\ z \end{pmatrix}$$

と書けるからといって，$A = \begin{pmatrix} 2 & -1 & -1 \\ -1 & 2 & -1 \\ -1 & -1 & 2 \end{pmatrix}$ となる訳ではない．これはあくまで線型写像 $\mathbb{R}^3 \to \mathbb{R}^3$ の双方の**標準基底に関する表現行列**であって，例題の意図する $\boldsymbol{b_1}, \boldsymbol{b_2}$ **に関する表現行列** A ではないのである．✍

解　任意のベクトル $\boldsymbol{u} = c_1\boldsymbol{e}_1 + c_2\boldsymbol{e}_2 + c_3\boldsymbol{e}_3$ を T で変換したベクトル $T(\boldsymbol{u})$ は V のベクトルになるのだから，$\boldsymbol{b_1}, \boldsymbol{b_2}$ の 1 次結合で表せる．したがって

$$d_1\boldsymbol{b_1} + d_2\boldsymbol{b_2} = T(\boldsymbol{u}) = c_1T(\boldsymbol{e}_1) + c_2T(\boldsymbol{e}_2) + c_3T(\boldsymbol{e}_3) \tag{4.3.4}$$

とおける．T の表現行列 A は

$$\begin{pmatrix} d_1 \\ d_2 \end{pmatrix} = A\begin{pmatrix} c_1 \\ c_2 \\ c_3 \end{pmatrix} \tag{4.3.5}$$

をみたす 2×3 行列であるから，式 (4.3.4)の左辺は式 (4.3.5)を使うと

$$d_1\boldsymbol{b_1} + d_2\boldsymbol{b_2} = \begin{pmatrix} \boldsymbol{b}_1 & \boldsymbol{b}_2 \end{pmatrix}\begin{pmatrix} d_1 \\ d_2 \end{pmatrix} = \begin{pmatrix} \boldsymbol{b}_1 & \boldsymbol{b}_2 \end{pmatrix} A\begin{pmatrix} c_1 \\ c_2 \\ c_3 \end{pmatrix}$$

となる．よって式 (4.3.4)は

$$\begin{pmatrix} \boldsymbol{b}_1 & \boldsymbol{b}_2 \end{pmatrix} A\begin{pmatrix} c_1 \\ c_2 \\ c_3 \end{pmatrix} = \begin{pmatrix} T(\boldsymbol{e}_1) & T(\boldsymbol{e}_2) & T(\boldsymbol{e}_3) \end{pmatrix}\begin{pmatrix} c_1 \\ c_2 \\ c_3 \end{pmatrix}$$

となる．よって行列 A は連立方程式

$$\begin{pmatrix} \boldsymbol{b}_1 & \boldsymbol{b}_2 \end{pmatrix} A = \begin{pmatrix} T(\boldsymbol{e}_1) & T(\boldsymbol{e}_2) & T(\boldsymbol{e}_3) \end{pmatrix}$$

の解である．拡大係数行列を使って A を求めると

$$\left(\begin{array}{cc|ccc} -1 & -1 & 2 & -1 & -1 \\ 1 & 0 & -1 & 2 & -1 \\ 0 & 1 & -1 & -1 & 2 \end{array}\right) \to \overset{\text{簡約化}}{\cdots} \to \left(\begin{array}{cc|ccc} 1 & 0 & -1 & 2 & -1 \\ 0 & 1 & -1 & -1 & 2 \\ 0 & 0 & 0 & 0 & 0 \end{array}\right)$$

となる．以上より，$A = \begin{pmatrix} -1 & 2 & -1 \\ -1 & -1 & 2 \end{pmatrix}$ が得られた．■

☆ **参考 4.3.1** 例題 4.3.6 において $\frac{1}{3}T\colon U \to V$ は $\mathbb{R}^3$ のベクトル $\boldsymbol{u}$ を，平面 V 上の点 $\boldsymbol{v}$ であって $\boldsymbol{u}$ と $\boldsymbol{v}$ の距離が最短になるように写像している．このような写像を一般に直交射影という．✍

線型写像 $T\colon U \to V$ が行列 $B\colon \mathbb{R}^n \to \mathbb{R}^m$ で与えられている場合，表現行列は変換行列とその逆行列を利用して計算できる．ここでは $m=2,\ n=3$ のときに練習しよう．一般の m, n についても同様なので問題 4.3 などで試しておいてほしい．

$$B\colon \mathbb{R}^2 \ni \boldsymbol{u} = \begin{pmatrix} c_1 \\ c_2 \end{pmatrix} \mapsto B\boldsymbol{u} = \boldsymbol{v} = \begin{pmatrix} d_1 \\ d_2 \\ d_3 \end{pmatrix} \in \mathbb{R}^3$$

に対し，$U = \mathbb{R}^2$ の基底を $\boldsymbol{a}_1, \boldsymbol{a}_2$, $V = \mathbb{R}^3$ の基底を $\boldsymbol{b}_1, \boldsymbol{b}_2, \boldsymbol{b}_3$ とするときの B の表現行列 A を求めよう．ベクトル $\boldsymbol{u} \in U,\ \boldsymbol{v} \in V$ の数ベクトル表現を

$$\boldsymbol{u} = \begin{pmatrix} \boldsymbol{a}_1 & \boldsymbol{a}_2 \end{pmatrix} \begin{pmatrix} s_1 \\ s_2 \end{pmatrix} \in U, \qquad \boldsymbol{v} = \begin{pmatrix} \boldsymbol{b}_1 & \boldsymbol{b}_2 & \boldsymbol{b}_3 \end{pmatrix} \begin{pmatrix} t_1 \\ t_2 \\ t_3 \end{pmatrix} \in V$$

とおく．表現行列 A は数ベクトル表現の間の写像だったから $\begin{pmatrix} t_1 \\ t_2 \\ t_3 \end{pmatrix} = A \begin{pmatrix} s_1 \\ s_2 \end{pmatrix}$ である．ここで $\boldsymbol{a}_1, \boldsymbol{a}_2$ は 2 次の列ベクトルだから $P = \begin{pmatrix} \boldsymbol{a}_1 & \boldsymbol{a}_2 \end{pmatrix}$ は 2×2 行列であり，$\boldsymbol{b}_1, \boldsymbol{b}_2, \boldsymbol{b}_3$ は 3 次の列ベクトルだから $Q = \begin{pmatrix} \boldsymbol{b}_1 & \boldsymbol{b}_2 & \boldsymbol{b}_3 \end{pmatrix}$ は 3×3 行列である．式 $\boldsymbol{v} = B\boldsymbol{u}$ に代入すると

$$Q \begin{pmatrix} t_1 \\ t_2 \\ t_3 \end{pmatrix} = BP \begin{pmatrix} s_1 \\ s_2 \end{pmatrix} \tag{4.3.6}$$

となる．Q^{-1} を両辺に掛けることにより

$$\begin{pmatrix} t_1 \\ t_2 \\ t_3 \end{pmatrix} = Q^{-1}BP \begin{pmatrix} s_1 \\ s_2 \end{pmatrix} \tag{4.3.7}$$

となる．つまり $A = Q^{-1}BP$ が得られた．この P, Q を基底の**変換行列**という．

例題 4.3.7 $B = \begin{pmatrix} 4 & -3 \\ 6 & -5 \end{pmatrix}\colon \mathbb{R}^2 \to \mathbb{R}^2$ に対して，$\mathbb{R}^2$ の基底 $\boldsymbol{b}_1 = \begin{pmatrix} 2 \\ 1 \end{pmatrix}$, $\boldsymbol{b}_2 = \begin{pmatrix} 3 \\ 2 \end{pmatrix}$ に関する B の**表現行列** A を求めよ．

解　$B\colon U \to V$ において，U と V の基底が同じなので変換行列も同じ $(P = Q)$ である．よって表現行列は $A = P^{-1}BP$ で求められる．$P = \begin{pmatrix} \boldsymbol{b}_1 & \boldsymbol{b}_2 \end{pmatrix} = \begin{pmatrix} 2 & 3 \\ 1 & 2 \end{pmatrix}$ の逆行列は $P^{-1} = \begin{pmatrix} 2 & -3 \\ -1 & 2 \end{pmatrix}$ だから，

$$A = P^{-1}BP = \begin{pmatrix} 2 & -3 \\ -1 & 2 \end{pmatrix}\begin{pmatrix} 4 & -3 \\ 6 & -5 \end{pmatrix}\begin{pmatrix} 2 & 3 \\ 1 & 2 \end{pmatrix} = \begin{pmatrix} -11 & -12 \\ 9 & 10 \end{pmatrix}$$

となるので，B の表現行列は $A = \begin{pmatrix} -11 & -12 \\ 9 & 10 \end{pmatrix}$ である．■

例題 4.3.8 $B = \begin{pmatrix} 5 & 2 & -8 \\ 2 & 2 & -4 \\ 2 & 1 & -3 \end{pmatrix} : \mathbb{R}^3 \to \mathbb{R}^3$ に対して，$\mathbb{R}^3$ の基底

$\boldsymbol{b}_1 = \begin{pmatrix} 1 \\ 0 \\ 1 \end{pmatrix}$，$\boldsymbol{b}_2 = \begin{pmatrix} 0 \\ 1 \\ 0 \end{pmatrix}$，$\boldsymbol{b}_3 = \begin{pmatrix} 0 \\ 1 \\ 1 \end{pmatrix}$ に関する B の表現行列を求めよ．

解　$P = \begin{pmatrix} \boldsymbol{b}_1 & \boldsymbol{b}_2 & \boldsymbol{b}_3 \end{pmatrix}$ とすると，求める表現行列は $P^{-1}BP$ と表される．そこで例題 2.8.2 (p.72) と同様にして P^{-1} を求めると

$$\begin{pmatrix} 1 & 0 & 0 & 1 & 0 & 0 \\ 0 & 1 & 1 & 0 & 1 & 0 \\ 1 & 0 & 1 & 0 & 0 & 1 \end{pmatrix} \xrightarrow{\text{簡約化}} \cdots \rightarrow \begin{pmatrix} 1 & 0 & 0 & 1 & 0 & 0 \\ 0 & 1 & 0 & 1 & 1 & -1 \\ 0 & 0 & 1 & -1 & 0 & 1 \end{pmatrix}$$

より $P^{-1} = \begin{pmatrix} 1 & 0 & 0 \\ 1 & 1 & -1 \\ -1 & 0 & 1 \end{pmatrix}$ となる．よって $\boldsymbol{b}_1, \boldsymbol{b}_2, \boldsymbol{b}_3$ に関する B の表現行列は

$$P^{-1}BP = \begin{pmatrix} 1 & 0 & 0 \\ 1 & 1 & -1 \\ -1 & 0 & 1 \end{pmatrix}\begin{pmatrix} 5 & 2 & -8 \\ 2 & 2 & -4 \\ 2 & 1 & -3 \end{pmatrix}\begin{pmatrix} 1 & 0 & 0 \\ 0 & 1 & 1 \\ 1 & 0 & 1 \end{pmatrix} = \begin{pmatrix} -3 & 2 & -6 \\ -4 & 3 & -6 \\ 2 & -1 & 4 \end{pmatrix}$$

である．■

☞ **注意 4.3.2** 3 行 3 列の正方行列の場合，基底の変換行列 P と B の表現行列 A の関係は非常によくでてくるので，式 (4.3.6), (4.3.7)を $m = 3$, $n = 3$ で書き直したものを例題 4.3.8 に則して行列の成分で具体的に表してみる．表現行列は係数ベクトルの間の線型写像を表しているのだ

から $B\boldsymbol{b_1}$, $B\boldsymbol{b_2}$, $B\boldsymbol{b_3}$ はそれぞれ $A\begin{pmatrix}1\\0\\0\end{pmatrix}$, $A\begin{pmatrix}0\\1\\0\end{pmatrix}$, $A\begin{pmatrix}0\\0\\1\end{pmatrix}$ に対応する．

$$\begin{pmatrix}5&2&-8\\2&2&-4\\2&1&-3\end{pmatrix}\begin{pmatrix}1\\0\\1\end{pmatrix}=\begin{pmatrix}-3\\-2\\-1\end{pmatrix}\quad\Leftrightarrow\quad A\begin{pmatrix}1\\0\\0\end{pmatrix}=:\begin{pmatrix}\alpha_1\\\alpha_2\\\alpha_3\end{pmatrix}$$

$$\begin{pmatrix}5&2&-8\\2&2&-4\\2&1&-3\end{pmatrix}\begin{pmatrix}0\\1\\0\end{pmatrix}=\begin{pmatrix}2\\2\\1\end{pmatrix}\quad\Leftrightarrow\quad A\begin{pmatrix}0\\1\\0\end{pmatrix}=:\begin{pmatrix}\beta_1\\\beta_2\\\beta_3\end{pmatrix}$$

$$\begin{pmatrix}5&2&-8\\2&2&-4\\2&1&-3\end{pmatrix}\begin{pmatrix}0\\1\\1\end{pmatrix}=\begin{pmatrix}-6\\-2\\-2\end{pmatrix}\quad\Leftrightarrow\quad A\begin{pmatrix}0\\0\\1\end{pmatrix}=:\begin{pmatrix}\gamma_1\\\gamma_2\\\gamma_3\end{pmatrix}$$

である（=: は「∼ とおく」の意味）．これらをまとめて次のように表すことができる．

$$\begin{pmatrix}5&2&-8\\2&2&-4\\2&1&-3\end{pmatrix}\begin{pmatrix}1&0&0\\0&1&1\\1&0&1\end{pmatrix}=\begin{pmatrix}-3&2&-6\\-2&2&-2\\-1&1&-2\end{pmatrix}\tag{4.3.8}$$

(4.3.8)の右辺の行列の行ベクトルに対応する $\boldsymbol{b_1}$, $\boldsymbol{b_2}$, $\boldsymbol{b_3}$ による数ベクトル表現が必ずあるから，同様にそれらをまとめた次の等式が成立しなければならない．

$$\begin{pmatrix}-3&2&-6\\-2&2&-2\\-1&1&-2\end{pmatrix}=\begin{pmatrix}\boldsymbol{b_1}&\boldsymbol{b_2}&\boldsymbol{b_3}\end{pmatrix}\begin{pmatrix}A\begin{pmatrix}1\\0\\0\end{pmatrix}&A\begin{pmatrix}0\\1\\0\end{pmatrix}&A\begin{pmatrix}0\\0\\1\end{pmatrix}\end{pmatrix}$$
$$=\begin{pmatrix}1&0&0\\0&1&1\\1&0&1\end{pmatrix}\begin{pmatrix}\alpha_1&\beta_1&\gamma_1\\\alpha_2&\beta_2&\gamma_2\\\alpha_3&\beta_3&\gamma_3\end{pmatrix}$$

よって

$$\begin{pmatrix}5&2&-8\\2&2&-4\\2&1&-3\end{pmatrix}\begin{pmatrix}1&0&0\\0&1&1\\1&0&1\end{pmatrix}=\begin{pmatrix}1&0&0\\0&1&1\\1&0&1\end{pmatrix}\begin{pmatrix}\alpha_1&\beta_1&\gamma_1\\\alpha_2&\beta_2&\gamma_2\\\alpha_3&\beta_3&\gamma_3\end{pmatrix}$$
$$\therefore\quad\begin{pmatrix}\alpha_1&\beta_1&\gamma_1\\\alpha_2&\beta_2&\gamma_2\\\alpha_3&\beta_3&\gamma_3\end{pmatrix}=\begin{pmatrix}1&0&0\\0&1&1\\1&0&1\end{pmatrix}^{-1}\begin{pmatrix}5&2&-8\\2&2&-4\\2&1&-3\end{pmatrix}\begin{pmatrix}1&0&0\\0&1&1\\1&0&1\end{pmatrix}$$

よって $\mathbb{R}^3$ の基底 $\boldsymbol{b}_1$, $\boldsymbol{b}_2$, $\boldsymbol{b}_3$ を並べてできる行列 $\begin{pmatrix}\boldsymbol{b}_1&\boldsymbol{b}_2&\boldsymbol{b}_3\end{pmatrix}$ を P とおけば（行列の行ベクトル型表示 (➪ p.68) 参照），表現行列の等式 $A=P^{-1}BP$ を導くことができる．特に $\mathbb{R}^3$ の標準基底 (➪ p.120) に関する表現行列は ${E_3}^{-1}BE_3=B$，つまり B 自身である．✍

例題 4.3.9 $B = \begin{pmatrix} 1 & -1 & 0 \\ 1 & -2 & 1 \end{pmatrix} : \mathbb{R}^3 \to \mathbb{R}^2$ に対して

$\mathbb{R}^3$ の基底 $\boldsymbol{a}_1 = \begin{pmatrix} 0 \\ 1 \\ 0 \end{pmatrix}$, $\boldsymbol{a}_2 = \begin{pmatrix} 1 \\ 0 \\ 1 \end{pmatrix}$, $\boldsymbol{a}_3 = \begin{pmatrix} 2 \\ 1 \\ 1 \end{pmatrix}$

$\mathbb{R}^2$ の基底 $\boldsymbol{b}_1 = \begin{pmatrix} 2 \\ 1 \end{pmatrix}$, $\boldsymbol{b}_2 = \begin{pmatrix} 3 \\ 2 \end{pmatrix}$

に関する B の表現行列 A を求めよ．

解 $U = \mathbb{R}^3$ の変換行列 P および $V = \mathbb{R}^2$ の変換行列 Q は

$$P = \begin{pmatrix} 0 & 1 & 2 \\ 1 & 0 & 1 \\ 0 & 1 & 1 \end{pmatrix}, \quad Q = \begin{pmatrix} 2 & 3 \\ 1 & 2 \end{pmatrix}$$

なので

$$\begin{aligned} A = Q^{-1}BP &= \begin{pmatrix} 2 & 3 \\ 1 & 2 \end{pmatrix}^{-1} \begin{pmatrix} 1 & -1 & 0 \\ 1 & -2 & 1 \end{pmatrix} \begin{pmatrix} 0 & 1 & 2 \\ 1 & 0 & 1 \\ 0 & 1 & 1 \end{pmatrix} \\ &= \begin{pmatrix} 2 & -3 \\ -1 & 2 \end{pmatrix} \begin{pmatrix} -1 & 1 & 1 \\ -2 & 2 & 1 \end{pmatrix} = \begin{pmatrix} 4 & -4 & -1 \\ -3 & 3 & 1 \end{pmatrix} \end{aligned}$$

となり，表現行列 A は $\begin{pmatrix} 4 & -4 & -1 \\ -3 & 3 & 1 \end{pmatrix}$ である． ■

問題 4.3 【略解 p.209】

1. ベクトル空間 $V = \mathbb{R}^3$ の基底 $\boldsymbol{a}_1 = \begin{pmatrix} 1 \\ 1 \\ 0 \end{pmatrix}$, $\boldsymbol{a}_2 = \begin{pmatrix} 1 \\ 0 \\ 1 \end{pmatrix}$, $\boldsymbol{a}_3 = \begin{pmatrix} 0 \\ 1 \\ 1 \end{pmatrix}$ に関して，次のベクトル $\boldsymbol{v}$ の数ベクトル表現を求めよ．

   (1) $\boldsymbol{v} = \begin{pmatrix} 1 \\ 2 \\ 1 \end{pmatrix}$ (2) $\boldsymbol{v} = \begin{pmatrix} 0 \\ 0 \\ 1 \end{pmatrix}$ (3) $\boldsymbol{v} = \begin{pmatrix} -10 \\ 5 \\ 2 \end{pmatrix}$

2. $V = \mathbb{R}[x]_3$ の基底を $1, x, x^2, x^3$ とする．次の多項式の数ベクトル表現を求めよ．

   (1) $1 + x + x^2$ (2) $3x^3 - 1$ (3) $x - 1$

3. ベクトル空間 $U = \left\{ \begin{pmatrix} x \\ y \\ z \end{pmatrix} \in \mathbb{R}^3 : z = 0 \right\}$ の基底を $\boldsymbol{e}_1 = \begin{pmatrix} 1 \\ 0 \\ 0 \end{pmatrix}$, $\boldsymbol{e}_2 = \begin{pmatrix} 0 \\ 1 \\ 0 \end{pmatrix}$ とし，

$V = \left\{ \begin{pmatrix} x \\ y \\ z \end{pmatrix} \in \mathbb{R}^3 : x + y + z = 0 \right\}$ の基底を $\boldsymbol{b}_1 = \begin{pmatrix} 2 \\ -1 \\ -1 \end{pmatrix}$, $\boldsymbol{b}_2 = \begin{pmatrix} -1 \\ 2 \\ -1 \end{pmatrix}$ とする

とき，線型写像 $T\colon U \ni \begin{pmatrix} x \\ y \\ z \end{pmatrix} \mapsto \begin{pmatrix} 2x - y - z \\ -x + 2y - z \\ -x - y + 2z \end{pmatrix} \in V$ の表現行列 A を求めよ．

4. $A = \begin{pmatrix} 4 & -3 \\ 6 & -5 \end{pmatrix} : \mathbb{R}^2 \to \mathbb{R}^2$ に対して $\mathbb{R}^2$ の次の基底に関する A の表現行列を求めよ．

(1) $\boldsymbol{a}_1 = \begin{pmatrix} 4 \\ 5 \end{pmatrix}$, $\boldsymbol{a}_2 = \begin{pmatrix} 3 \\ 4 \end{pmatrix}$　　(2) $\boldsymbol{b}_1 = \begin{pmatrix} 1 \\ 1 \end{pmatrix}$, $\boldsymbol{b}_2 = \begin{pmatrix} 1 \\ 2 \end{pmatrix}$

5. $A = \begin{pmatrix} 1 & 2 & 0 \\ -1 & 4 & 0 \\ 1 & -2 & 2 \end{pmatrix} : \mathbb{R}^3 \to \mathbb{R}^3$ に対して，次の基底に関する A の表現行列を求めよ．

(1) $\mathbb{R}^3$ の基底 $\boldsymbol{a}_1 = \begin{pmatrix} 1 \\ 0 \\ 0 \end{pmatrix}$, $\boldsymbol{a}_2 = \begin{pmatrix} -1 \\ 1 \\ 0 \end{pmatrix}$, $\boldsymbol{a}_3 = \begin{pmatrix} 1 \\ -1 \\ 1 \end{pmatrix}$

(2) $\mathbb{R}^3$ の基底 $\boldsymbol{b}_1 = \begin{pmatrix} 2 \\ 1 \\ 0 \end{pmatrix}$, $\boldsymbol{b}_2 = \begin{pmatrix} 0 \\ 0 \\ 1 \end{pmatrix}$, $\boldsymbol{b}_3 = \begin{pmatrix} -1 \\ -1 \\ 1 \end{pmatrix}$

6. $A = \begin{pmatrix} 9 & -12 & 14 \\ 12 & -19 & 24 \\ 5 & -9 & 12 \end{pmatrix} : \mathbb{R}^3 \to \mathbb{R}^3$ に対して，次の基底に関する A の表現行列を求めよ．

(1) $\mathbb{R}^3$ の基底 $\boldsymbol{a}_1 = \begin{pmatrix} 1 \\ 2 \\ 1 \end{pmatrix}$, $\boldsymbol{a}_2 = \begin{pmatrix} 1 \\ 3 \\ 2 \end{pmatrix}$, $\boldsymbol{a}_3 = \begin{pmatrix} 2 \\ 0 \\ -1 \end{pmatrix}$

(2) $\mathbb{R}^3$ の基底 $\boldsymbol{b}_1 = \begin{pmatrix} 0 \\ 0 \\ 1 \end{pmatrix}$, $\boldsymbol{b}_2 = \begin{pmatrix} 0 \\ 1 \\ 1 \end{pmatrix}$, $\boldsymbol{b}_3 = \begin{pmatrix} 1 \\ 1 \\ 0 \end{pmatrix}$

7. $A = \begin{pmatrix} 2 & -1 & -1 \\ 1 & 3 & -2 \end{pmatrix} : \mathbb{R}^3 \to \mathbb{R}^2$ に対して，次の基底に関する A の表現行列を求めよ．

$\mathbb{R}^3$ の基底 $\boldsymbol{a}_1 = \begin{pmatrix} 2 \\ 1 \\ 3 \end{pmatrix}$, $\boldsymbol{a}_2 = \begin{pmatrix} 1 \\ 1 \\ 2 \end{pmatrix}$, $\boldsymbol{a}_3 = \begin{pmatrix} 1 \\ 2 \\ 2 \end{pmatrix}$

$\mathbb{R}^2$ の基底 $\boldsymbol{b}_1 = \begin{pmatrix} 1 \\ 3 \end{pmatrix}$, $\boldsymbol{b}_2 = \begin{pmatrix} 2 \\ 5 \end{pmatrix}$

8. $A = \begin{pmatrix} 19 & 16 & -1 & 1 \\ -7 & -7 & 2 & 2 \\ -5 & -4 & 0 & -1 \end{pmatrix} : \mathbb{R}^4 \to \mathbb{R}^3$ に対して，次の基底に関する A の表現行列を求めよ．

$$\mathbb{R}^4 \text{ の基底 } \boldsymbol{a}_1 = \begin{pmatrix} 0 \\ 0 \\ -1 \\ 1 \end{pmatrix},\ \boldsymbol{a}_2 = \begin{pmatrix} 1 \\ 1 \\ 0 \\ -1 \end{pmatrix},\ \boldsymbol{a}_3 = \begin{pmatrix} -1 \\ 1 \\ 0 \\ 1 \end{pmatrix},\ \boldsymbol{a}_4 = \begin{pmatrix} 1 \\ -1 \\ 2 \\ -1 \end{pmatrix}$$

$$\mathbb{R}^3 \text{ の基底 } \boldsymbol{b}_1 = \begin{pmatrix} -4 \\ 2 \\ 1 \end{pmatrix},\ \boldsymbol{b}_2 = \begin{pmatrix} 3 \\ -1 \\ -1 \end{pmatrix},\ \boldsymbol{b}_3 = \begin{pmatrix} -1 \\ 0 \\ 1 \end{pmatrix}$$

9. 線型写像 $T\colon \mathbb{R}[x]_2 \to \mathbb{R}[x]_2$ を

$$T(f(x)) = f'(x) \qquad (f(x) \in \mathbb{R}[x]_2)$$

とする．このとき

$$\mathbb{R}[x]_2 \text{ の基底 } f_1(x) = 1 + x,\ f_2(x) = 1 + x^2,\ f_3(x) = x + x^2$$

に関する T の表現行列を求めよ．

10. 線型写像 $T\colon \mathbb{R}[x]_1 \to \mathbb{R}[x]_2$ を

$$T(f(x)) = \int_0^x f(t)\,dt \qquad (f(x) \in \mathbb{R}[x]_1)$$

とする．このとき

$\mathbb{R}[x]_1$ の基底 $f_1(x) = 1 + x,\ f_2(x) = 1 + 2x$

$\mathbb{R}[x]_2$ の基底 $g_1(x) = 2 + x,\ g_2(x) = 1 + x^2,\ g_3(x) = x + x^2$

に関する T の表現行列を求めよ．

11. 線型写像 $T\colon \mathbb{R}[x]_2 \to \mathbb{R}[x]_2$ を

$$T(f(x)) = 2f'(x)x \qquad (f(x) \in \mathbb{R}[x]_2)$$

とする．このとき

$$\mathbb{R}[x]_2 \text{ の基底 } f_1(x) = 1 - x,\ f_2(x) = 2 + x + 5x^2,\ f_3(x) = 1 + 2x^2$$

に関する T の表現行列を求めよ．

4.4 固有値と固有空間 —行列の対角化の準備—

4.3 節ではベクトル空間の間の線型写像を，与えられた基底に関して行列で表現する方法を学んだ．ところで，ベクトル空間の基底にはさまざまな選び方があり，基底を変えるごとに線型写像の表現行列も変わった．それでは，基底をうまく選ぶことにより表現行列を扱いやすい形にすることが可能であろうか．4.5 節では，与えられた行列を扱いやすい行列（対角行列という）に変換するための方法を学ぶ．この節では，そのための準備として，どのように基底を選べばよいかを学ぼう（結論から述べると，固有空間の基底が“うまい基底”であり，この基底に関する表現行列が必然的に対角行列になる）．

固有多項式と固有値

n 次正方行列 A に対して，t の多項式 $|tE_n - A|$ を A の**固有多項式**といい $g_A(t)$ と書く．$g_A(t) = 0$ の実数解 λ を A の**固有値**という．ここで $|\cdot|$ は行列式 (➪ p.81) である．

固有空間と固有ベクトル

n 次正方行列 A の固有値 λ に対して

$$\{\boldsymbol{x} \in \mathbb{R}^n : (\lambda E_n - A)\boldsymbol{x} = \boldsymbol{0}\}$$

を λ に対する A の**固有空間**といい $W(\lambda; A)$ と書く．$W(\lambda; A)$ のベクトルで零ベクトルでないものを，λ に対する A の**固有ベクトル**という．

☞ **注意 4.4.1** A の固有値 λ に対して $W(\lambda; A) = \{\boldsymbol{x} \in \mathbb{R}^n : (\lambda E_n - A)\boldsymbol{x} = \boldsymbol{0}\}$ なので，$B = \lambda E_n - A$ とおけば $W(\lambda; A) = \{\boldsymbol{x} \in \mathbb{R}^n : B\boldsymbol{x} = \boldsymbol{0}\}$ と書ける．よって固有値 λ に対する A の固有空間 $W(\lambda; A)$ は，$B = \lambda E_n - A$ を係数行列とする連立 1 次方程式 $B\boldsymbol{x} = \boldsymbol{0}$ の解空間 (➪ p.122) である．特に $W(\lambda; A)$ はベクトル空間である．✍

☞ **注意 4.4.2** A のどんな固有ベクトル $\boldsymbol{a} \in W(\lambda; A)$ も $(\lambda E_n - A)\boldsymbol{a} = \boldsymbol{0}$ をみたす．このとき，$E_n\boldsymbol{a} = \boldsymbol{a}$ なので

$$\boldsymbol{0} = (\lambda E_n - A)\boldsymbol{a} = \lambda E_n\boldsymbol{a} - A\boldsymbol{a} = \lambda\boldsymbol{a} - A\boldsymbol{a} \qquad \therefore \quad A\boldsymbol{a} = \lambda\boldsymbol{a}$$

が成り立つ．つまり固有ベクトルとは，A で写すと単に λ 倍されるような特別なベクトルのことである．この特別な性質が，この後学ぶ行列の対角化 (➪ p.159) で重要な役割を果たす．✍

以下で，与えられた n 次正方行列 A に対して，その固有値 λ と固有空間 $W(\lambda; A)$ を実際に求めよう．そのためには連立 1 次方程式 $(\lambda E_n - A)\boldsymbol{x} = \boldsymbol{0}$ を解く必要がある．この際，記述を簡略化するため，この連立 1 次方程式の拡大係数行列 $\begin{pmatrix} \lambda E_n - A & \boldsymbol{0} \end{pmatrix}$ を「$\lambda E_n - A$ の拡大係数行列」と呼ぶことにする（係数行列と拡大係数行列 (➪ p.38) 参照）．このことにより混乱が生じることはないであろう．

例題 4.4.1 $A = \begin{pmatrix} 2 & 3 \\ 1 & 4 \end{pmatrix}$ に対して次を求めよ．

(1) A の固有多項式 $g_A(t)$.
(2) A の固有値 λ.
(3) 各固有値 λ に対する A の固有空間 $W(\lambda; A)$.

解　(1) A の固有多項式 $g_A(t) = |tE_2 - A|$ (➪ p.151) は，2 次行列式の定義 (➪ p.76) より

$$g_A(t) = |tE_2 - A| = \left| t\begin{pmatrix} 1 & 0 \\ 0 & 1 \end{pmatrix} - \begin{pmatrix} 2 & 3 \\ 1 & 4 \end{pmatrix} \right| = \begin{vmatrix} t-2 & -3 \\ -1 & t-4 \end{vmatrix}$$
$$= (t-2)(t-4) - (-3) \times (-1) = t^2 - 6t + 5 = (t-1)(t-5)$$

(2) $g_A(t) = 0$ とすると (1) の結果より $t = 1, 5$ となるので，A の固有値 (➪ p.151) は $\lambda = 1, 5$ である．

(3) まず $\lambda = 1$ に対する A の固有空間 $W(1; A)$ (➪ p.151) を求める．固有空間の定義より

$$W(1; A) = \{\boldsymbol{x} \in \mathbb{R}^2 : (E_2 - A)\boldsymbol{x} = \boldsymbol{0}\}$$

である．そこで $E_2 - A = \begin{pmatrix} -1 & -3 \\ -1 & -3 \end{pmatrix}$ [*3] の拡大係数行列を簡約化 (➪ p.44) して

$$\begin{pmatrix} -1 & -3 & 0 \\ -1 & -3 & 0 \end{pmatrix} \to \begin{pmatrix} 1 & 3 & 0 \\ -1 & -3 & 0 \end{pmatrix} \text{①} \times (-1) \to \begin{pmatrix} 1 & 3 & 0 \\ 0 & 0 & 0 \end{pmatrix} \text{②} + \text{①}$$

となる．よって $(E_2 - A)\boldsymbol{x} = \boldsymbol{0}$ の解は $\boldsymbol{x} = c\begin{pmatrix} -3 \\ 1 \end{pmatrix}$, $c \in \mathbb{R}$ である．したがって，

$$W(1; A) = \left\{ c\begin{pmatrix} -3 \\ 1 \end{pmatrix} : c \in \mathbb{R} \right\}$$

である．同様にして，$\lambda = 5$ に対する A の固有空間 $W(5; A)$ を求めよう．そのため $5E_2 - A = \begin{pmatrix} 3 & -3 \\ -1 & 1 \end{pmatrix}$ の拡大係数行列を簡約化して

$$\begin{pmatrix} 3 & -3 & 0 \\ -1 & 1 & 0 \end{pmatrix} \to \begin{pmatrix} 1 & -1 & 0 \\ -1 & 1 & 0 \end{pmatrix} \text{①} \times \frac{1}{3} \to \begin{pmatrix} 1 & -1 & 0 \\ 0 & 0 & 0 \end{pmatrix} \text{②} + \text{①}$$

となる．よって連立 1 次方程式 $(5E_2 - A)\boldsymbol{x} = \boldsymbol{0}$ の解は $\boldsymbol{x} = c\begin{pmatrix} 1 \\ 1 \end{pmatrix}$, $c \in \mathbb{R}$ となるから

$$W(5; A) = \left\{ c\begin{pmatrix} 1 \\ 1 \end{pmatrix} : c \in \mathbb{R} \right\}$$ ■

[*3] $E_2 - A$ は，(1) の $tE_2 - A$ において $t = 1$ とすれば簡単に求まる．$5E_2 - A$ についても同様である．

例題 4.4.2 $A = \begin{pmatrix} 2 & -1 \\ 1 & 4 \end{pmatrix}$ に対して次を求めよ．

(1) A の固有多項式 $g_A(t)$.

(2) A の固有値 λ.

(3) 各固有値 λ に対する A の固有空間 $W(\lambda; A)$.

解　(1) A の固有多項式 $g_A(t) = |tE_2 - A|$ は，2 次行列式の定義より

$$g_A(t) = |tE_2 - A| = \left| t\begin{pmatrix} 1 & 0 \\ 0 & 1 \end{pmatrix} - \begin{pmatrix} 2 & -1 \\ 1 & 4 \end{pmatrix} \right| = \begin{vmatrix} t-2 & 1 \\ -1 & t-4 \end{vmatrix}$$
$$= (t-2)(t-4) + 1 = t^2 - 6t + 9 = (t-3)^2$$

(2) $g_A(t) = 0$ とすると (1) の結果より $t = 3$ となるので，A の固有値は $\lambda = 3$ である．

(3) $\lambda = 3$ に対する A の固有空間 $W(3; A)$ を求める．そこで $3E_2 - A = \begin{pmatrix} 1 & 1 \\ -1 & -1 \end{pmatrix}$ の拡大係数行列を簡約化すると

$$\begin{pmatrix} 1 & 1 & 0 \\ -1 & -1 & 0 \end{pmatrix} \to \begin{pmatrix} 1 & 1 & 0 \\ 0 & 0 & 0 \end{pmatrix} \quad ②+①$$

となるので $(3E_2 - A)\boldsymbol{x} = \boldsymbol{0}$ の解は $\boldsymbol{x} = c\begin{pmatrix} -1 \\ 1 \end{pmatrix}$, $c \in \mathbb{R}$ である．

$$\therefore \quad W(3; A) = \left\{ c\begin{pmatrix} -1 \\ 1 \end{pmatrix} : c \in \mathbb{R} \right\}$$

■

例題 4.4.3 $A = \begin{pmatrix} 2 & -2 \\ 1 & 4 \end{pmatrix}$ に対して A の固有値を求めよ．

解　まず A の固有多項式 $g_A(t)$ を求めよう．

$$g_A(t) = |tE_2 - A| = \left| t\begin{pmatrix} 1 & 0 \\ 0 & 1 \end{pmatrix} - \begin{pmatrix} 2 & -2 \\ 1 & 4 \end{pmatrix} \right| = \begin{vmatrix} t-2 & 2 \\ -1 & t-4 \end{vmatrix}$$
$$= (t-2)(t-4) + 2 = t^2 - 6t + 10$$

より，A の固有多項式は $g_A(t) = t^2 - 6t + 10$ である．A の固有値を求めるために，$g_A(t) = 0$ とおくと $t = 3 \pm i$ となる．ここに i は虚数単位 (➪ p.17) である．つまり $g_A(t) = 0$ は実数解をもたない．よって A は固有値をもたない [*4]．■

[*4] 行列 A を複素ベクトル空間 (➪ p.179) の間の複素線型写像 (➪ p.183) と考えるとき，A の固有値は $\lambda = 3 \pm i$ となる（例題 5.2.3 (p.184) 参照）．

例題 4.4.4 $A = \begin{pmatrix} 1 & 2 & 0 \\ -1 & 4 & 0 \\ 1 & -2 & 2 \end{pmatrix}$ に対して次を求めよ．

(1) A の固有多項式 $g_A(t)$.

(2) A の固有値 λ.

(3) 各固有値 λ に対する A の固有空間 $W(\lambda; A)$.

解　(1) A の固有多項式 $g_A(t) = |tE_3 - A|$ (➪ p.151) をサルスの方法 (➪ p.79) で求めると

$$g_A(t) = \begin{vmatrix} t-1 & -2 & 0 \\ 1 & t-4 & 0 \\ -1 & 2 & t-2 \end{vmatrix} = (t-1)(t-4)\underset{\sim\sim}{(t-2)} - (-2)\underset{\sim\sim}{(t-2)}$$
$$= \{(t-1)(t-4)+2\}\underset{\sim\sim}{(t-2)} = (t^2-5t+6)(t-2) = (t-3)(t-2)^2$$

(2) $g_A(t) = 0$ とすると (1) の結果から $t = 2, 3$ となるので，A の固有値 (➪ p.151) は $\lambda = 2, 3$ である．

(3) $\lambda = 2$ に対する A の固有空間 $W(2; A) = \{\boldsymbol{x} \in \mathbb{R}^3 : (2E_3 - A)\boldsymbol{x} = \boldsymbol{0}\}$ (➪ p.151) を求めるため，$2E_3 - A$ の拡大係数行列を簡約化 (➪ p.44) すると

$$\begin{pmatrix} 1 & -2 & 0 & 0 \\ 1 & -2 & 0 & 0 \\ -1 & 2 & 0 & 0 \end{pmatrix} \to \begin{pmatrix} 1 & -2 & 0 & 0 \\ 0 & 0 & 0 & 0 \\ 0 & 0 & 0 & 0 \end{pmatrix} \begin{matrix} \\ ②-① \\ ③+① \end{matrix}$$

となる．よって $(2E_3 - A)\boldsymbol{x} = \boldsymbol{0}$ の解は $\boldsymbol{x} = c_1\begin{pmatrix} 2 \\ 1 \\ 0 \end{pmatrix} + c_2\begin{pmatrix} 0 \\ 0 \\ 1 \end{pmatrix}$, $c_1, c_2 \in \mathbb{R}$ となる [*5]．したがって，$W(2; A) = \left\{ c_1\begin{pmatrix} 2 \\ 1 \\ 0 \end{pmatrix} + c_2\begin{pmatrix} 0 \\ 0 \\ 1 \end{pmatrix} : c_1, c_2 \in \mathbb{R} \right\}$ である．同様にして $\lambda = 3$ に対する固有空間 $W(3; A)$ を求める．$3E_3 - A$ の拡大係数行列を簡約化して

$$\begin{pmatrix} 2 & -2 & 0 & 0 \\ 1 & -1 & 0 & 0 \\ -1 & 2 & 1 & 0 \end{pmatrix} \xrightarrow{\text{簡約化}} \cdots \to \begin{pmatrix} 1 & 0 & 1 & 0 \\ 0 & 1 & 1 & 0 \\ 0 & 0 & 0 & 0 \end{pmatrix}$$

を得る．よって $\lambda = 3$ に対する固有空間は $W(3; A) = \left\{ c\begin{pmatrix} -1 \\ -1 \\ 1 \end{pmatrix} : c \in \mathbb{R} \right\}$ である．■

[*5] $\boldsymbol{x} = \begin{pmatrix} x_1 \\ x_2 \\ x_3 \end{pmatrix}$ とすれば $\begin{cases} x_1 - 2x_2 = 0 \\ 0 = 0 \\ 0 = 0 \end{cases}$ なので，主成分に対応しない変数 x_2, x_3 (➪ p.48) に任意の実数 c_1, c_2 を与えて $\begin{pmatrix} x_1 \\ x_2 \\ x_3 \end{pmatrix} = \begin{pmatrix} 2c_1 \\ c_1 \\ c_2 \end{pmatrix} = c_1\begin{pmatrix} 2 \\ 1 \\ 0 \end{pmatrix} + c_2\begin{pmatrix} 0 \\ 0 \\ 1 \end{pmatrix}$ となる（例題 2.3.1 (p.48) 参照）.

例題 4.4.5 $A = \begin{pmatrix} 1 & 3 & 0 \\ 1 & -1 & 0 \\ -1 & 1 & -1 \end{pmatrix}$ に対して次を求めよ．

(1) A の固有多項式 $g_A(t)$.

(2) A の固有値 λ.

(3) 各固有値 λ に対する A の固有空間 $W(\lambda; A)$.

解　(1) A の固有多項式 $g_A(t) = |tE_3 - A|$ をサルスの方法により求めると

$$g_A(t) = \begin{vmatrix} t-1 & -3 & 0 \\ -1 & t+1 & 0 \\ 1 & -1 & t+1 \end{vmatrix} = (t-1)(t+1)^2 - 3(t+1)$$
$$= \{(t-1)(t+1) - 3\}(t+1) = (t+2)(t-2)(t+1)$$

となる．したがって，A の固有多項式は $g_A(t) = (t+2)(t+1)(t-2)$ である．

(2) $g_A(t) = 0$ とすると (1) より $t = -2, -1, 2$ となるので，A の固有値は $\lambda = -2, -1, 2$ である．

(3) $-2E_3 - A$, $-E_3 - A$, $2E_3 - A$ の拡大係数行列の簡約化は，それぞれ

$$\begin{pmatrix} 1 & 0 & -1/2 & 0 \\ 0 & 1 & 1/2 & 0 \\ 0 & 0 & 0 & 0 \end{pmatrix}, \quad \begin{pmatrix} 1 & 0 & 0 & 0 \\ 0 & 1 & 0 & 0 \\ 0 & 0 & 0 & 0 \end{pmatrix}, \quad \begin{pmatrix} 1 & 0 & 9/2 & 0 \\ 0 & 1 & 3/2 & 0 \\ 0 & 0 & 0 & 0 \end{pmatrix}$$

となる．よって

$$W(-2; A) = \left\{ c \begin{pmatrix} 1/2 \\ -1/2 \\ 1 \end{pmatrix} : c \in \mathbb{R} \right\} = \left\{ c' \begin{pmatrix} 1 \\ -1 \\ 2 \end{pmatrix} : c' \in \mathbb{R} \right\}$$

である．同様にして

$$W(-1; A) = \left\{ c \begin{pmatrix} 0 \\ 0 \\ 1 \end{pmatrix} : c \in \mathbb{R} \right\}, \qquad W(2; A) = \left\{ c' \begin{pmatrix} 9 \\ 3 \\ -2 \end{pmatrix} : c' \in \mathbb{R} \right\}$$

となる．■

☞ **注意 4.4.3** 例題 4.4.5 の $W(-2; A)$ では $c/2$ を c' とおいて，列ベクトルの成分を整数に直した．c が実数全体を動けば $c' = c/2$ も実数全体を動くので，このような置き換えが可能である．$W(2; A)$ に対しても同様である．もちろん $\begin{pmatrix} 1/2 \\ -1/2 \\ 1 \end{pmatrix} \neq \begin{pmatrix} 1 \\ -1 \\ 2 \end{pmatrix}$, $\begin{pmatrix} -9/2 \\ -3/2 \\ 1 \end{pmatrix} \neq \begin{pmatrix} 9 \\ 3 \\ -2 \end{pmatrix}$ である．これらは単に見やすさのためであるから，成分は分数のままでもよい．✍

例題 4.4.6 $A = \begin{pmatrix} 1 & 0 & -2 \\ 1 & 2 & -2 \\ 1 & 1 & -3 \end{pmatrix}$ に対して次を求めよ．

(1) A の固有多項式 $g_A(t)$.

(2) A の固有値 λ.

(3) 各固有値 λ に対する A の固有空間 $W(\lambda; A)$.

解　(1) A の固有多項式 $g_A(t) = |tE_3 - A|$ (➪p.151) をサルスの方法 (➪p.79) により求めると

$$g_A(t) = \begin{vmatrix} t-1 & 0 & 2 \\ -1 & t-2 & 2 \\ -1 & -1 & t+3 \end{vmatrix} = (t-1)(t-2)(t+3) + \underset{\sim\sim\sim\sim\sim\sim\sim\sim\sim\sim\sim\sim\sim\sim}{2 + 2(t-2) + 2(t-1)}$$

$$= (t-1)(t-2)(t+3) + 4\underset{\sim\sim\sim}{(t-1)}^{*6} = (t-1)\{(t-2)(t+3)+4\}$$

$$= (t-1)(t^2+t-2) = (t-1)^2(t+2) \qquad \therefore \quad g_A(t) = (t+2)(t-1)^2$$

(2) $g_A(t) = 0$ とすると (1) の結果から $t = -2, 1$ となる．よって A の固有値 (➪p.151) は $\lambda = -2, 1$ である．

(3) $\lambda = -2$ に対する A の固有空間を求める．$-2E_3 - A$ の拡大係数行列の簡約化 (➪p.44) は

$$\begin{pmatrix} -3 & 0 & 2 & 0 \\ -1 & -4 & 2 & 0 \\ -1 & -1 & 1 & 0 \end{pmatrix} \xrightarrow{\text{簡約化}} \cdots \rightarrow \begin{pmatrix} 1 & 0 & -2/3 & 0 \\ 0 & 1 & -1/3 & 0 \\ 0 & 0 & 0 & 0 \end{pmatrix}$$

となるので，$\lambda = -2$ に対する A の固有空間 $W(-2; A)$ (➪p.151) は

$$W(-2; A) = \left\{ c \begin{pmatrix} 2/3 \\ 1/3 \\ 1 \end{pmatrix} : c \in \mathbb{R} \right\} = \left\{ c' \begin{pmatrix} 2 \\ 1 \\ 3 \end{pmatrix} : c' \in \mathbb{R} \right\}$$

である．次に $\lambda = 1$ に対する A の固有空間を求めるため，$E_3 - A$ の拡大係数行列を簡約化すると

$$\begin{pmatrix} 0 & 0 & 2 & 0 \\ -1 & -1 & 2 & 0 \\ -1 & -1 & 4 & 0 \end{pmatrix} \xrightarrow{\text{簡約化}} \cdots \rightarrow \begin{pmatrix} 1 & 1 & 0 & 0 \\ 0 & 0 & 1 & 0 \\ 0 & 0 & 0 & 0 \end{pmatrix}$$

となる．よって $\lambda = 1$ に対する A の固有空間 $W(1; A)$ は

$$W(1; A) = \left\{ c \begin{pmatrix} -1 \\ 1 \\ 0 \end{pmatrix} : c \in \mathbb{R} \right\}$$ ■

*6 固有値を求めるには，因数分解した形で固有多項式を求めた方がよい．そのため〜〜〜だけを計算し，できる限り展開しないように計算を工夫しているのである．

☞ **注意 4.4.4** 例題 4.4.6 の線型写像 $A\colon \mathbb{R}^3 \to \mathbb{R}^3$ に対して，A の固有空間 $W(-2;A)$ の基底 (➪ p.120) は $\begin{pmatrix} 2 \\ 1 \\ 3 \end{pmatrix}$ であり，$W(1;A)$ の基底は $\begin{pmatrix} -1 \\ 1 \\ 0 \end{pmatrix}$ である（例題 3.4.3 (p.122) 参照）．しかし $\begin{pmatrix} 2 \\ 1 \\ 3 \end{pmatrix}$, $\begin{pmatrix} -1 \\ 1 \\ 0 \end{pmatrix}$ は $\mathbb{R}^3$ の基底にならない．実際，ベクトル空間 $\mathbb{R}^3$ の次元 (➪ p.122) は $\dim \mathbb{R}^3 = 3$ であるので（例 3.4.4 の (1) (p.122) 参照），基底をなすベクトルが 3 個必要となるからである．固有空間の次元は行列の対角化可能性 (➪ p.159) と深く関わっている（参考 4.5.2 (p.165) 参照）．✍

問題 4.4 【略解 p.213 ～ p.217】

1. 次の行列 A の固有多項式 $g_A(t)$ と固有値 λ を求めよ．

(1) $\begin{pmatrix} 3 & 4 \\ 2 & 1 \end{pmatrix}$　(2) $\begin{pmatrix} 4 & -7 \\ 1 & -1 \end{pmatrix}$　(3) $\begin{pmatrix} 2 & -2 \\ 1 & 5 \end{pmatrix}$

(4) $\begin{pmatrix} 2 & 2 & 3 \\ 0 & 3 & 0 \\ 3 & 8 & -6 \end{pmatrix}$　(5) $\begin{pmatrix} 0 & 0 & -1 \\ 1 & 1 & 1 \\ 1 & 0 & 0 \end{pmatrix}$　(6) $\begin{pmatrix} 1 & -1 & 0 \\ 5 & 6 & -5 \\ -1 & -2 & -3 \end{pmatrix}$

(7) $\begin{pmatrix} 1 & 1 & 1 \\ -1 & 2 & 0 \\ -1 & -1 & 1 \end{pmatrix}$

2. 次の行列 A に対して以下の (i), (ii), (iii) を求めよ．

(1) $\begin{pmatrix} 5 & -6 \\ 1 & 0 \end{pmatrix}$　(2) $\begin{pmatrix} 6 & 2 \\ 2 & 3 \end{pmatrix}$

(3) $\begin{pmatrix} 3 & -4 & -4 \\ 0 & 1 & 0 \\ 0 & 0 & 1 \end{pmatrix}$　(4) $\begin{pmatrix} 2 & 0 & 0 \\ -1 & 3 & 0 \\ -1 & -1 & 4 \end{pmatrix}$

(5) $\begin{pmatrix} 3 & -1 & 0 \\ 2 & 0 & 0 \\ -2 & 1 & 1 \end{pmatrix}$　(6) $\begin{pmatrix} -3 & 2 & -4 \\ 3 & -1 & 3 \\ 5 & -2 & 6 \end{pmatrix}$

(7) $\begin{pmatrix} 0 & 0 & -1 & 1 \\ 0 & 1 & 0 & 0 \\ -1 & 0 & 0 & 1 \\ -3 & 0 & -3 & 4 \end{pmatrix}$　(8) $\begin{pmatrix} 1 & 1 & 0 & 2 \\ -2 & 4 & 0 & -2 \\ 0 & 2 & 1 & 0 \\ 0 & 0 & 0 & -1 \end{pmatrix}$

(i) A の固有多項式 $g_A(t)$.

(ii) A の固有値 λ.

(iii) 各固有値 λ に対する A の固有空間 $W(\lambda;A)$.

4.5　行列の対角化 —特別な表現行列—

行列の対角化について述べる前に，次の例題を考えてみよう．

例題 4.5.1 例題 4.4.4 (p.154) の行列 $A = \begin{pmatrix} 1 & 2 & 0 \\ -1 & 4 & 0 \\ 1 & -2 & 2 \end{pmatrix}$ に対して，$\mathbb{R}^3$ の基底

$\boldsymbol{a}_1 = \begin{pmatrix} 2 \\ 1 \\ 0 \end{pmatrix}$，$\boldsymbol{a}_2 = \begin{pmatrix} 0 \\ 0 \\ 1 \end{pmatrix}$，$\boldsymbol{a}_3 = \begin{pmatrix} -1 \\ -1 \\ 1 \end{pmatrix}$ に関する表現行列を求めよ．

解　まず行列の積の定義 (➪ p.68) にしたがい $A\boldsymbol{a}_1, A\boldsymbol{a}_2, A\boldsymbol{a}_3$ を求めると

$$A\boldsymbol{a}_1 = \begin{pmatrix} 4 \\ 2 \\ 0 \end{pmatrix} = 2\boldsymbol{a}_1, \quad A\boldsymbol{a}_2 = \begin{pmatrix} 0 \\ 0 \\ 2 \end{pmatrix} = 2\boldsymbol{a}_2, \quad A\boldsymbol{a}_3 = \begin{pmatrix} -3 \\ -3 \\ 3 \end{pmatrix} = 3\boldsymbol{a}_3 \tag{4.5.1}$$

となる．$\boldsymbol{a}_1, \boldsymbol{a}_2, \boldsymbol{a}_3$ は $\mathbb{R}^3$ の基底 (➪ p.120) なので $\mathbb{R}^3$ を生成 (➪ p.110) する．よって

$$\begin{cases} A\boldsymbol{a}_1 = \alpha_1\boldsymbol{a}_1 + \alpha_2\boldsymbol{a}_2 + \alpha_3\boldsymbol{a}_3 \\ A\boldsymbol{a}_2 = \beta_1\boldsymbol{a}_1 + \beta_2\boldsymbol{a}_2 + \beta_3\boldsymbol{a}_3 \\ A\boldsymbol{a}_3 = \gamma_1\boldsymbol{a}_1 + \gamma_2\boldsymbol{a}_2 + \gamma_3\boldsymbol{a}_3 \end{cases} \tag{4.5.2}$$

となる実数 $\alpha_i, \beta_i, \gamma_i\ (i = 1, 2, 3)$ が存在する．このとき $\boldsymbol{a}_1, \boldsymbol{a}_2, \boldsymbol{a}_3$ に関する A の表現行列は $\begin{pmatrix} \alpha_1 & \beta_1 & \gamma_1 \\ \alpha_2 & \beta_2 & \gamma_2 \\ \alpha_3 & \beta_3 & \gamma_3 \end{pmatrix}$ である．(4.5.1) と (4.5.2) で $\boldsymbol{a}_1, \boldsymbol{a}_2, \boldsymbol{a}_3$ の係数を比較して

$$\begin{cases} \alpha_1 = 2 \\ \alpha_2 = \alpha_3 = 0 \end{cases}, \qquad \begin{cases} \beta_2 = 2 \\ \beta_1 = \beta_3 = 0 \end{cases}, \qquad \begin{cases} \gamma_3 = 3 \\ \gamma_1 = \gamma_2 = 0 \end{cases}$$

を得る．よって求める表現行列は $\begin{pmatrix} \alpha_1 & \beta_1 & \gamma_1 \\ \alpha_2 & \beta_2 & \gamma_2 \\ \alpha_3 & \beta_3 & \gamma_3 \end{pmatrix} = \begin{pmatrix} 2 & 0 & 0 \\ 0 & 2 & 0 \\ 0 & 0 & 3 \end{pmatrix}$ となる．■

☞ **注意 4.5.1** 例題 4.5.1 では (4.5.1) と (4.5.2) で $\boldsymbol{a}_1, \boldsymbol{a}_2, \boldsymbol{a}_3$ の係数を比較することにより，簡単に表現行列を求めることができた．この方法が可能であるのは，$\boldsymbol{a}_1, \boldsymbol{a}_2, \boldsymbol{a}_3$ の 1 次独立性 (➪ p.96) による（注意 3.2.5 (p.107) 参照）．実際，1 次従属 (➪ p.100) なベクトルに対しては，このような係数の比較は一般に成り立たない．たとえば $\boldsymbol{b}_1 = 2\boldsymbol{b}_2$ であるとき，$\boldsymbol{b}_1 - 2\boldsymbol{b}_2 = \boldsymbol{0} = 3\boldsymbol{b}_1 - 6\boldsymbol{b}_2$ であるが，$\boldsymbol{b}_1, \boldsymbol{b}_2$ の係数を比較して $1 = 3$, $-2 = -6$ とはならない．
✍

例題 4.5.1 で求めた表現行列のように，対角成分 (➪ p.36) 以外の成分がすべて 0 である行列を**対角行列**といい，対角行列を求めることを行列を**対角化**する，あるいは行列の対角化という．

対角行列と行列の対角化

n 次正方行列が**対角行列**であるとは，対角成分以外の成分がすべて 0 であることをいう．また n 次正方行列 A の表現行列 $P^{-1}AP$ が対角行列になるとき，A は P によって**対角化**されるといい，A は**対角化可能**であるという．また行列 P を**変換行列**という．

☞ **注意 4.5.2** 変換行列 P の行ベクトル型表示 (➪ p.68) を $P = \begin{pmatrix} \boldsymbol{a}_1 & \boldsymbol{a}_2 & \cdots & \boldsymbol{a}_n \end{pmatrix}$ とすると $P^{-1}AP$ は $\boldsymbol{a}_1, \boldsymbol{a}_2, \cdots, \boldsymbol{a}_n \in \mathbb{R}^n$ に関する A の表現行列である（注意 4.3.2 (p.146) 参照）．✍

☆ **参考 4.5.1** n 次正方行列 (➪ p.36) A, B に対して，$B = P^{-1}AP$ となる n 次正則行列 P (➪ p.71) が存在するとき，A と B は**相似**であるという．このとき A と B はほとんど同じ性質をもつので，A を調べることと B を調べることは同じであると考えられる．特に A が対角化可能であり B が対角行列であるときは，性質の調べやすい対角行列 B を扱うことにより，A の性質がわかることになる．このような意味からも，行列の対角化の重要性がわかるであろう（例題 4.5.3 (p.162)，例題 4.5.4 (p.163)，例題 4.5.5 (p.164) 参照）．✍

例題 4.5.1 では，与えられた基底 (➪ p.120) に関する表現行列 (➪ p.142) が自動的に対角行列になった．このような基底の選び方を考えてみよう．$\mathbb{R}^3$ の基底 $\boldsymbol{a}_1, \boldsymbol{a}_2, \boldsymbol{a}_3$ に関する A の表現行列 $\begin{pmatrix} \alpha_1 & \beta_1 & \gamma_1 \\ \alpha_2 & \beta_2 & \gamma_2 \\ \alpha_3 & \beta_3 & \gamma_3 \end{pmatrix}$ が対角行列になったとすると，それは $\begin{pmatrix} \alpha_1 & 0 & 0 \\ 0 & \beta_2 & 0 \\ 0 & 0 & \gamma_3 \end{pmatrix}$ である．つまり

$$\alpha_2 = \alpha_3 = 0, \qquad \beta_1 = \beta_3 = 0, \qquad \gamma_1 = \gamma_2 = 0$$

でなければならない．ここで $A\boldsymbol{a} = \lambda\boldsymbol{a}$ のとき $(\lambda E_3 - A)\boldsymbol{a} = \boldsymbol{0}$ と書けるので，(4.5.2) より

$$\begin{cases} A\boldsymbol{a}_1 = \alpha_1\boldsymbol{a}_1 \\ A\boldsymbol{a}_2 = \qquad \beta_2\boldsymbol{a}_2 \\ A\boldsymbol{a}_3 = \qquad\qquad \gamma_3\boldsymbol{a}_3 \end{cases} \Longrightarrow \begin{cases} (\alpha_1 E_3 - A)\boldsymbol{a}_1 = \boldsymbol{0} \\ (\beta_2 E_3 - A)\boldsymbol{a}_2 = \boldsymbol{0} \\ (\gamma_3 E_3 - A)\boldsymbol{a}_3 = \boldsymbol{0} \end{cases}$$

となる（注意 4.4.2 (p.151) 参照）．よって $\alpha_1, \beta_2, \gamma_3$ を A の固有値 (➪ p.151) とし，$\boldsymbol{a}_1, \boldsymbol{a}_2, \boldsymbol{a}_3$ をそれぞれ $\alpha_1, \beta_2, \gamma_3$ に対する A の固有ベクトル (➪ p.151) とすればよいことがわかる（注意 4.4.2 (p.151) 参照）．実際，例題 4.4.4 (p.154) で求めたように，A の固有値は $\lambda = 2, 3$ であり，例題 4.5.1 の $\boldsymbol{a}_1, \boldsymbol{a}_2$ は $\lambda = 2$ に対する固有空間 $W(2; A)$ (➪ p.151) の基底であり，$\boldsymbol{a}_3$ は $\lambda = 3$ に対する固有空間 $W(3; A)$ の基底となっている．

以上をまとめると次のようになる．

行列 $\boldsymbol{A}$ の対角化の方法

(1) A の固有値 λ (➪ p.151) を求める．

(2) 各固有値 λ に対する A の固有空間 $W(\lambda; A)$ (➪ p.151) の基底 (➪ p.120) を求める．

(3) 各固有空間の基底を集め，これに関する表現行列 (➪ p.142) を求める．

(4) 対角成分に固有値が並んだ対角行列が得られる．

例題 4.5.2 $A=\begin{pmatrix} -2 & 0 & -3 \\ 1 & -1 & 3 \\ -1 & 0 & -4 \end{pmatrix}$ に対し変換行列 P と P^{-1} を求め，A を対角化せよ．

解　STEP 1 **固有値を求める．**

A の固有多項式 $g_A(t)=|tE_3-A|$ (➪ p.151) をサルスの方法 (➪ p.79) により求めると

$$g_A(t)=\begin{vmatrix} t+2 & 0 & 3 \\ -1 & t+1 & -3 \\ 1 & 0 & t+4 \end{vmatrix}=(t+2)(t+1)(t+4)-3(t+1)$$
$$=\{(t+2)(t+4)-3\}(t+1)=(t^2+6t+5)(t+1)=(t+5)(t+1)^2$$

となる．$g_A(t)=0$ とおくと $t=-5,-1$ なので，A の固有値 (➪ p.151) は $\lambda=-5,-1$ である．

STEP 2 **固有空間の基底を求める．**

$\lambda=-5$ に対する A の固有空間 $W(-5;A)=\{\boldsymbol{x}\in\mathbb{R}^3:(-5E_3-A)\boldsymbol{x}=\boldsymbol{0}\}$ (➪ p.151) の基底 (➪ p.120) を求めるため，$-5E_3-A$ の拡大係数行列 (➪ p.38) を簡約化 (➪ p.44) すると

$$\begin{pmatrix} -3 & 0 & 3 & 0 \\ -1 & -4 & -3 & 0 \\ 1 & 0 & -1 & 0 \end{pmatrix}\to\overset{\text{簡約化}}{\cdots}\to\begin{pmatrix} 1 & 0 & -1 & 0 \\ 0 & 1 & 1 & 0 \\ 0 & 0 & 0 & 0 \end{pmatrix}$$

となる．よって $(-5E_3-A)\boldsymbol{x}=\boldsymbol{0}$ の解は $\boldsymbol{x}=c\begin{pmatrix} 1 \\ -1 \\ 1 \end{pmatrix}$, $c\in\mathbb{R}$ となり，$\lambda=-5$ に対する A の固有空間は $W(-5;A)=\left\{c\begin{pmatrix} 1 \\ -1 \\ 1 \end{pmatrix}:c\in\mathbb{R}\right\}$ で，$\boldsymbol{a}_1=\begin{pmatrix} 1 \\ -1 \\ 1 \end{pmatrix}$ が $W(-5;A)$ の基底となる．次に $\lambda=-1$ に対する固有空間の基底を求める（注意 4.5.3 (p.162) 参照）．そのため $-E_3-A$ の拡大係数行列を簡約化して

$$\begin{pmatrix} 1 & 0 & 3 & 0 \\ -1 & 0 & -3 & 0 \\ 1 & 0 & 3 & 0 \end{pmatrix}\to\begin{pmatrix} 1 & 0 & 3 & 0 \\ 0 & 0 & 0 & 0 \\ 0 & 0 & 0 & 0 \end{pmatrix}\quad \begin{matrix} ②+① \\ ③-① \end{matrix}$$

を得るので，$(-E_3-A)\boldsymbol{x}=\boldsymbol{0}$ の解は $\boldsymbol{x}=c_1\begin{pmatrix} 0 \\ 1 \\ 0 \end{pmatrix}+c_2\begin{pmatrix} -3 \\ 0 \\ 1 \end{pmatrix}$, $c_1,\ c_2\in\mathbb{R}$ となる [*7]．これより $\lambda=-1$ に対する A の固有空間は $W(-1;A)=\left\{c_1\begin{pmatrix} 0 \\ 1 \\ 0 \end{pmatrix}+c_2\begin{pmatrix} -3 \\ 0 \\ 1 \end{pmatrix}:c_1,c_2\in\mathbb{R}\right\}$

---

*7 主成分に対応しない変数 x_2,x_3 に任意の実数 c_1,c_2 を与えて $\boldsymbol{x}=\begin{pmatrix} -3c_2 \\ c_1 \\ c_2 \end{pmatrix}=c_1\begin{pmatrix} 0 \\ 1 \\ 0 \end{pmatrix}+c_2\begin{pmatrix} -3 \\ 0 \\ 1 \end{pmatrix}$ となる（例題 2.3.1 および注意 2.3.1 (p.48) 参照）．

であり $\boldsymbol{a}_2 = \begin{pmatrix} 0 \\ 1 \\ 0 \end{pmatrix}$, $\boldsymbol{a}_3 = \begin{pmatrix} -3 \\ 0 \\ 1 \end{pmatrix}$ が $W(-1; A)$ の基底となる（例題 3.4.3 (p.122) 参照）.

STEP 3 **変換行列とその逆行列を求める.**

$P = \begin{pmatrix} \boldsymbol{a}_1 & \boldsymbol{a}_2 & \boldsymbol{a}_3 \end{pmatrix} = \begin{pmatrix} 1 & 0 & -3 \\ -1 & 1 & 0 \\ 1 & 0 & 1 \end{pmatrix}$ とする．このとき例題 2.8.2 (p.72) と同様にして

$$\left(\begin{array}{ccc|ccc} 1 & 0 & -3 & 1 & 0 & 0 \\ -1 & 1 & 0 & 0 & 1 & 0 \\ 1 & 0 & 1 & 0 & 0 & 1 \end{array}\right) \xrightarrow{\text{簡約化}} \cdots \to \left(\begin{array}{ccc|ccc} 1 & 0 & 0 & 1/4 & 0 & 3/4 \\ 0 & 1 & 0 & 1/4 & 1 & 3/4 \\ 0 & 0 & 1 & -1/4 & 0 & 1/4 \end{array}\right)$$

より $P^{-1} = \dfrac{1}{4}\begin{pmatrix} 1 & 0 & 3 \\ 1 & 4 & 3 \\ -1 & 0 & 1 \end{pmatrix}$ となる.

STEP 4 **$\boldsymbol{a}_1$, $\boldsymbol{a}_2$, $\boldsymbol{a}_3$ に関する表現行列を求める.**

$\boldsymbol{a}_1 \in W(-5; A)$, $\boldsymbol{a}_2$, $\boldsymbol{a}_3 \in W(-1; A)$ なので

$$\begin{cases} A\boldsymbol{a}_1 = -5\boldsymbol{a}_1 \\ A\boldsymbol{a}_2 = \qquad -\boldsymbol{a}_2 \\ A\boldsymbol{a}_3 = \qquad\qquad -\boldsymbol{a}_3 \end{cases} \tag{4.5.3}$$

となる（直接計算しても確かめられる．または注意 4.4.2 (p.151) 参照）．一方で $\boldsymbol{a}_1$, $\boldsymbol{a}_2$, $\boldsymbol{a}_3$ は $\mathbb{R}^3$ の基底 (➪ p.120) なので [*8] $\mathbb{R}^3$ を生成 (➪ p.110) する．よって

$$\begin{cases} A\boldsymbol{a}_1 = \alpha_1\boldsymbol{a}_1 + \alpha_2\boldsymbol{a}_2 + \alpha_3\boldsymbol{a}_3 \\ A\boldsymbol{a}_2 = \beta_1\boldsymbol{a}_1 + \beta_2\boldsymbol{a}_2 + \beta_3\boldsymbol{a}_3 \\ A\boldsymbol{a}_3 = \gamma_1\boldsymbol{a}_1 + \gamma_2\boldsymbol{a}_2 + \gamma_3\boldsymbol{a}_3 \end{cases} \tag{4.5.4}$$

となる実数 α_i, β_i, γ_i $(i = 1, 2, 3)$ が存在する．このとき $\boldsymbol{a}_1$, $\boldsymbol{a}_2$, $\boldsymbol{a}_3$ に関する A の表現行列は $P^{-1}AP = \begin{pmatrix} \alpha_1 & \beta_1 & \gamma_1 \\ \alpha_2 & \beta_2 & \gamma_2 \\ \alpha_3 & \beta_3 & \gamma_3 \end{pmatrix}$ である．よって (4.5.4) と (4.5.3) で $\boldsymbol{a}_1$, $\boldsymbol{a}_2$, $\boldsymbol{a}_3$ の係数を比較して

$$\begin{cases} \alpha_1 = -5 \\ \alpha_2 = \alpha_3 = 0 \end{cases}, \qquad \begin{cases} \beta_2 = -1 \\ \beta_1 = \beta_3 = 0 \end{cases}, \qquad \begin{cases} \gamma_3 = -1 \\ \gamma_1 = \gamma_2 = 0 \end{cases} \tag{4.5.5}$$

を得る．(4.5.5) より A の対角化は $P^{-1}AP = \begin{pmatrix} \alpha_1 & \beta_1 & \gamma_1 \\ \alpha_2 & \beta_2 & \gamma_2 \\ \alpha_3 & \beta_3 & \gamma_3 \end{pmatrix} = \begin{pmatrix} -5 & 0 & 0 \\ 0 & -1 & 0 \\ 0 & 0 & -1 \end{pmatrix}$ である．このとき変換行列は $P = \begin{pmatrix} 1 & 0 & -3 \\ -1 & 1 & 0 \\ 1 & 0 & 1 \end{pmatrix}$ で，$P^{-1} = \dfrac{1}{4}\begin{pmatrix} 1 & 0 & 3 \\ 1 & 4 & 3 \\ -1 & 0 & 1 \end{pmatrix}$ である． ■

[*8] $P = \begin{pmatrix} \boldsymbol{a}_1 & \boldsymbol{a}_2 & \boldsymbol{a}_3 \end{pmatrix}$ は逆行列をもつので，参考 3.3.3 (p.118) より $\boldsymbol{a}_1$, $\boldsymbol{a}_2$, $\boldsymbol{a}_3$ は $\mathbb{R}^3$ の基底となる.

☞ **注意 4.5.3** 例題 4.5.2 (p.160) の STEP 2 で $W(-1;A)$, $W(-5;A)$ の順番で基底を求めた場合，$\boldsymbol{a}_1 = \begin{pmatrix} 0 \\ 1 \\ 0 \end{pmatrix}$, $\boldsymbol{a}_2 = \begin{pmatrix} -3 \\ 0 \\ 1 \end{pmatrix}$, $\boldsymbol{a}_3 = \begin{pmatrix} 1 \\ -1 \\ 1 \end{pmatrix}$ とおくことが自然であろう．このとき $\boldsymbol{a}_1$, $\boldsymbol{a}_2 \in W(-1;A)$, $\boldsymbol{a}_3 \in W(-5;A)$ なので，$A\boldsymbol{a}_1 = -\boldsymbol{a}_1$, $A\boldsymbol{a}_2 = -\boldsymbol{a}_2$, $A\boldsymbol{a}_3 = -5\boldsymbol{a}_3$ となる．一方で $\boldsymbol{a}_1$, $\boldsymbol{a}_2$, $\boldsymbol{a}_3$ も $\mathbb{R}^3$ の基底であるから $\mathbb{R}^3$ を生成する．よって

$$\begin{cases} A\boldsymbol{a}_1 = \lambda_1\boldsymbol{a}_1 + \lambda_2\boldsymbol{a}_2 + \lambda_3\boldsymbol{a}_3 \\ A\boldsymbol{a}_2 = \mu_1\boldsymbol{a}_1 + \mu_2\boldsymbol{a}_2 + \mu_3\boldsymbol{a}_3 \\ A\boldsymbol{a}_3 = \nu_1\boldsymbol{a}_1 + \nu_2\boldsymbol{a}_2 + \nu_3\boldsymbol{a}_3 \end{cases} \tag{4.5.6}$$

となる実数 λ_i, μ_i, ν_i $(i = 1, 2, 3)$ が存在する．よって $\boldsymbol{a}_1$, $\boldsymbol{a}_2$, $\boldsymbol{a}_3$ に関する A の表現行列は $\begin{pmatrix} \lambda_1 & \mu_1 & \nu_1 \\ \lambda_2 & \mu_2 & \nu_2 \\ \lambda_3 & \mu_3 & \nu_3 \end{pmatrix} = \begin{pmatrix} -1 & 0 & 0 \\ 0 & -1 & 0 \\ 0 & 0 & -5 \end{pmatrix}$ となることがわかる．このように A の対角化は 1 通りに決まる訳ではないが，違いは対角成分に現れる**固有値の順序**だけであり，その順序は変換行列の選び方に対応するのである．✍

最後に行列の対角化の応用をいくつか述べよう．

例題 4.5.3 $A = \begin{pmatrix} -2 & 0 & -3 \\ 1 & -1 & 3 \\ -1 & 0 & -4 \end{pmatrix}$ に対して A^n を求めよ．ただし n は自然数である．

解　例題 4.5.2 (p.160) より $P = \begin{pmatrix} 1 & 0 & -3 \\ -1 & 1 & 0 \\ 1 & 0 & 1 \end{pmatrix}$ とすると $P^{-1} = \dfrac{1}{4}\begin{pmatrix} 1 & 0 & 3 \\ 1 & 4 & 3 \\ -1 & 0 & 1 \end{pmatrix}$ で，

$P^{-1}AP = \begin{pmatrix} -5 & 0 & 0 \\ 0 & -1 & 0 \\ 0 & 0 & -1 \end{pmatrix}$ となる．$B = P^{-1}AP$ とおけば $B^n = (-1)^n \begin{pmatrix} 5^n & 0 & 0 \\ 0 & 1 & 0 \\ 0 & 0 & 1 \end{pmatrix}$ となることがわかる．また $P^{-1}AP = B$ より $A = PBP^{-1}$ なので，$P^{-1}P = E_3$ を用いて

$$\begin{aligned} A^n &= (PBP^{-1})^n = (PBP^{-1})(PBP^{-1})(PBP^{-1})\cdots(PBP^{-1}) \\ &= PBE_3BE_3\cdots E_3BP^{-1} = PB^nP^{-1} \end{aligned}$$

を得る．よって $A^n = PB^nP^{-1} = \cdots = \dfrac{(-1)^n}{4}\begin{pmatrix} 5^n+3 & 0 & 3\cdot 5^n - 3 \\ -5^n+1 & 4 & -3\cdot 5^n + 3 \\ 5^n - 1 & 0 & 3\cdot 5^n + 1 \end{pmatrix}$ である．■

定数 λ に対して微分方程式 $f'(x) = \lambda f(x)$ を考える．定数 c に対して $(ce^{\lambda x})' = \lambda(ce^{\lambda x})$ となるので，$ce^{\lambda x}$ はこの微分方程式の解である（ここでは「$ce^{\lambda x}$ は解である」ことを確かめただけで「他にも解があるか」などは考えていない）．逆にこの微分方程式の解は $ce^{\lambda x}$ の形しかないことが次のようにしてわかる．

例 4.5.1 定数 λ に対して微分方程式 $f'(x) = \lambda f(x)$ の解は $ce^{\lambda x}$ である.

$f(x)$ が $\underset{\sim\sim\sim}{f'(x) = \lambda f(x)}$ をみたすとする．このとき積の微分法 (➪ p.24) よりすべての実数 x に対して

$$\{e^{-\lambda x}f(x)\}' = -\lambda e^{-\lambda x}f(x) + e^{-\lambda x}f'(x) = e^{-\lambda x}\underset{\sim\sim\sim}{(-\lambda f(x) + f'(x))} = 0$$

となるので $e^{-\lambda x}f(x)$ は定数である．それを c とすれば $e^{-\lambda x}f(x) = c$，つまり $f(x) = ce^{\lambda x}$ である.

例題 4.5.4 次の連立線型微分方程式を解け.

$$\begin{cases} f'(x) = 2f(x) + 3g(x) \\ g'(x) = f(x) + 4g(x) \end{cases} \tag{4.5.7}$$

解 行列を用いて (4.5.7) を表すと $\begin{pmatrix} f'(x) \\ g'(x) \end{pmatrix} = \begin{pmatrix} 2f(x) + 3g(x) \\ f(x) + 4g(x) \end{pmatrix} = \begin{pmatrix} 2 & 3 \\ 1 & 4 \end{pmatrix}\begin{pmatrix} f(x) \\ g(x) \end{pmatrix}$ となる．そこで $A = \begin{pmatrix} 2 & 3 \\ 1 & 4 \end{pmatrix}$, $\boldsymbol{F}(x) = \begin{pmatrix} f(x) \\ g(x) \end{pmatrix}$, $\boldsymbol{F}'(x) = \begin{pmatrix} f'(x) \\ g'(x) \end{pmatrix}$ とおけば (4.5.7) は

$$\boldsymbol{F}'(x) = A\boldsymbol{F}(x)$$

と表される．このとき例題 4.4.1 (p.152) より A の固有値は $\lambda = 1, 5$ であり，固有空間の基底は $\begin{pmatrix} -3 \\ 1 \end{pmatrix}$, $\begin{pmatrix} 1 \\ 1 \end{pmatrix}$ であるから $P = \begin{pmatrix} -3 & 1 \\ 1 & 1 \end{pmatrix}$ とおけば $P^{-1}AP = \begin{pmatrix} 1 & 0 \\ 0 & 5 \end{pmatrix}$ となることがわかる．ここで $\boldsymbol{U}(x) = P^{-1}\boldsymbol{F}(x)$ とおけば $\boldsymbol{F}(x) = P\boldsymbol{U}(x)$ なので

$$\boldsymbol{F}'(x) = A\boldsymbol{F}(x) = AP\boldsymbol{U}(x) \tag{4.5.8}$$

である．一方で $\boldsymbol{F}'(x) = P\boldsymbol{U}'(x)$ であることが次のようにしてわかる．$\boldsymbol{U}(x) = \begin{pmatrix} u(x) \\ v(x) \end{pmatrix}$ とおくと，$\boldsymbol{F}(x) = P\boldsymbol{U}(x)$ より

$$\begin{pmatrix} f(x) \\ g(x) \end{pmatrix} = \boldsymbol{F}(x) = P\boldsymbol{U}(x) = \begin{pmatrix} -3 & 1 \\ 1 & 1 \end{pmatrix}\begin{pmatrix} u(x) \\ v(x) \end{pmatrix} = \begin{pmatrix} -3u(x) + v(x) \\ u(x) + v(x) \end{pmatrix} \tag{4.5.9}$$

である．よって

$$\boldsymbol{F}'(x) = \begin{pmatrix} f'(x) \\ g'(x) \end{pmatrix} = \begin{pmatrix} -3u'(x) + v'(x) \\ u'(x) + v'(x) \end{pmatrix} = \begin{pmatrix} -3 & 1 \\ 1 & 1 \end{pmatrix}\begin{pmatrix} u'(x) \\ v'(x) \end{pmatrix} = P\boldsymbol{U}'(x) \tag{4.5.10}$$

となる．よって $\boldsymbol{F}'(x) = P\boldsymbol{U}'(x)$ が示された．他方で (4.5.8) より $\boldsymbol{F}'(x) = AP\boldsymbol{U}(x)$ であるから，$P\boldsymbol{U}'(x) = \boldsymbol{F}'(x) = AP\boldsymbol{U}(x)$ となる．つまり $\boldsymbol{U}'(x) = P^{-1}AP\boldsymbol{U}(x)$ である.

$$\therefore \quad \begin{pmatrix} u'(x) \\ v'(x) \end{pmatrix} = \begin{pmatrix} 1 & 0 \\ 0 & 5 \end{pmatrix}\begin{pmatrix} u(x) \\ v(x) \end{pmatrix} \qquad \therefore \quad \begin{cases} u'(x) = u(x) \\ v'(x) = 5v(x) \end{cases}$$

よって例 4.5.1 より $u(x) = c_0e^x$, $v(x) = c_1e^{5x}$ となるので，(4.5.9) より求める解は

$$f(x) = -3c_0e^x + c_1e^{5x}, \qquad g(x) = c_0e^x + c_1e^{5x}$$

である．ただし c_0, c_1 は任意の定数である． ■

例題 4.5.5 線型微分方程式

$$f''(x) = 5f'(x) - 6f(x) \tag{4.5.11}$$

を考える．$\boldsymbol{F}(x) = \begin{pmatrix} f'(x) \\ f(x) \end{pmatrix}$, $\boldsymbol{F}'(x) = \begin{pmatrix} f''(x) \\ f'(x) \end{pmatrix}$ とおくとき，$\boldsymbol{F}'(x) = A\boldsymbol{F}(x)$ となる行列 A を求め，A の対角化を利用して (4.5.11) の解を求めよ．

解 (4.5.11) より

$$\boldsymbol{F}'(x) = \begin{pmatrix} f''(x) \\ f'(x) \end{pmatrix} = \begin{pmatrix} 5f'(x) - 6f(x) \\ f'(x) \end{pmatrix} = \begin{pmatrix} 5 & -6 \\ 1 & 0 \end{pmatrix}\begin{pmatrix} f'(x) \\ f(x) \end{pmatrix}$$

なので $A = \begin{pmatrix} 5 & -6 \\ 1 & 0 \end{pmatrix}$ とおけば $\boldsymbol{F}'(x) = A\boldsymbol{F}(x)$ となる．このとき A の固有値は $\lambda = 2, 3$ で，固有空間の基底は $\begin{pmatrix} 2 \\ 1 \end{pmatrix}$, $\begin{pmatrix} 3 \\ 1 \end{pmatrix}$ であることがわかるので，$P = \begin{pmatrix} 2 & 3 \\ 1 & 1 \end{pmatrix}$ とおけば $P^{-1}AP = \begin{pmatrix} 2 & 0 \\ 0 & 3 \end{pmatrix}$ となる．そこで $\boldsymbol{U}(x) = \begin{pmatrix} u(x) \\ v(x) \end{pmatrix}$ を $\boldsymbol{U}(x) = P^{-1}\boldsymbol{F}(x)$ とおくと

$$\begin{pmatrix} f'(x) \\ f(x) \end{pmatrix} = \boldsymbol{F}(x) = P\boldsymbol{U}(x) = \begin{pmatrix} 2 & 3 \\ 1 & 1 \end{pmatrix}\begin{pmatrix} u(x) \\ v(x) \end{pmatrix} = \begin{pmatrix} 2u(x) + 3v(x) \\ u(x) + \ \ v(x) \end{pmatrix} \tag{4.5.12}$$

である．このとき (4.5.10) (p.163) と同様にして $\boldsymbol{F}'(x) = P\boldsymbol{U}'(x)$ となることがわかる．一方 $\boldsymbol{F}'(x) = A\boldsymbol{F}(x)$, $\boldsymbol{F}(x) = P\boldsymbol{U}(x)$ より $\boldsymbol{F}'(x) = AP\boldsymbol{U}(x)$ である．よって $P\boldsymbol{U}'(x) = AP\boldsymbol{U}(x)$ を得る．つまり $\boldsymbol{U}'(x) = P^{-1}AP\boldsymbol{U}(x)$ である．

$$\therefore \quad \begin{pmatrix} u'(x) \\ v'(x) \end{pmatrix} = \begin{pmatrix} 2 & 0 \\ 0 & 3 \end{pmatrix}\begin{pmatrix} u(x) \\ v(x) \end{pmatrix} \qquad \therefore \quad \begin{cases} u'(x) = 2u(x) \\ v'(x) = 3v(x) \end{cases}$$

よって例 4.5.1 (p.163) より $u(x) = c_0e^{2x}$, $v(x) = c_1e^{3x}$ となる．(4.5.12) より求める解は

$$f(x) = u(x) + v(x) = c_0e^{2x} + c_1e^{3x}$$

である．ただし c_0, c_1 は任意の実数である． ■

☞ **注意 4.5.4** 例題 4.5.4 (p.163) および例題 4.5.5 では $\boldsymbol{F}'(x) = A\boldsymbol{F}(x)$ に対して A の対角化 $P^{-1}AP$ を用いることで問題が簡単なものに置き換わった．上式の両辺に左から P^{-1} を掛けて $P^{-1}\boldsymbol{F}'(x) = P^{-1}A\boldsymbol{F}(x)$ となるが，対角化を利用するためには「A と $\boldsymbol{F}(x)$ の間に P を潜り込ませる」必要がある．そのための変換が $\boldsymbol{U}(x) = P^{-1}\boldsymbol{F}(x)$，つまり $\boldsymbol{F}(x) = P\boldsymbol{U}(x)$ であり，こ

の変換により「A と $\boldsymbol{U}(x)$ の間」に P が入りこんできた．さらに P の成分が定数であることから $\boldsymbol{F}'(x) = P\boldsymbol{U}'(x)$ が得られ，対角化に持ち込むことができたのである．✍

☆ **参考 4.5.2** n 次正方行列を対角化する上で重要なことは，各固有空間の基底をあわせると，それらがベクトル空間 $\mathbb{R}^n$ の基底をなすことである．ところが，どんな行列もこの方法で必ず対角化できる訳ではない．実際，各固有空間の基底をあわせても $\mathbb{R}^n$ の基底にならないことがある（注意 4.4.4 (p.157) 参照）．この場合「別のうまい方法を見つければ対角化できるのではないか」と考える読者もいるかもしれないが，一般に次が知られている：n 次正方行列 A が対角化できるための必要十分条件は，各固有空間の基底をあわせると n 個になることである（このときこれらのベクトルが自動的に $\mathbb{R}^n$ の基底をなすことが知られている）．より正確に述べると，λ_1, $\lambda_2, \cdots, \lambda_m$ を A のすべての固有値とするとき，A が対角化できるための必要十分条件は

$$\dim W(\lambda_1; A) + \dim W(\lambda_2; A) + \cdots + \dim W(\lambda_m; A) = n$$

となることである．言い換えると，これまでに学んだ方法の他には対角化する方法はないのである．このことから，たとえば例題 4.4.6 (p.156) の A に対しては，固有値が $\lambda = -2, 1$ で $\dim W(-2; A) = \dim W(1; A) = 1$ であるから，$\dim W(-2; A) + \dim W(1; A) = 2 < 3$ となるので A は対角化できないことがわかる．✍

☆ **参考 4.5.3** 特に A が 2 次正方行列であるとき，対角化不可能である場合とはどのような場合か詳細に検討してみよう．$A = \begin{pmatrix} a & b \\ c & d \end{pmatrix}$ とおく．A の固有多項式 $g_A(t)$ は

$$g_A(t) = |tE_2 - A| = \begin{vmatrix} t-a & -b \\ -c & t-d \end{vmatrix} = t^2 - (a+d)t + (ad-bc) = (t-\alpha)(t-\beta)$$

となる．ただし α, β は $g_A(t) = 0$ の解である．ここでは $g_A(t) = 0$ は 2 つの実数解をもつときのみを考える．

$\alpha \neq \beta$ であるとき．A は固有値が異なる固有空間 $W(\alpha; A)$ と $W(\beta; A)$ をもつ．したがって，

$$\dim W(\alpha; A) + \dim W(\beta; A) = 2$$

となるため A は対角化可能である．よって固有ベクトルを並べて変換行列 P をつくれば

$$P^{-1}AP = \begin{pmatrix} \alpha & 0 \\ 0 & \beta \end{pmatrix}$$

となる．$\alpha = \beta$ であるとき．$g_A(A) = (A - \alpha E_2)^2 = 0$ である ((➪ p.56) 問題 2.4(4) 参照) から $A - \alpha E_2$ が零行列 O_2 かどうかで場合分けする．

$A - \alpha E_2 = O_2$ であるとき．移項すると $A = \alpha E_2$ である．これは $W(\alpha, A) = \mathbb{R}^2$ と同値であり，$\dim W(\alpha, A) = 2$，つまり固有ベクトルで基底をつくることができる（参考 4.5.2 の条件式が成立して対角化可能であるともいえる）．

$A-\alpha E_2 \neq O_2$ であるとき．$W(\alpha, A)$ は $\mathbb{R}^2$ より小さい．必然的に $\dim W(\alpha, A)=1<2$ となるので，固有ベクトルで基底をつくることができず，A は対角化可能でないことがわかる．対角行列ではないが，比較的対角行列に近い表現行列（これを標準形という）を求めてみよう．固有値 α の固有ベクトルを $\boldsymbol{v}$ とおく．任意のベクトル $\boldsymbol{w}$ に対し

$$(A-\alpha E_2)^2\boldsymbol{w}=(A-\alpha E_2)\left((A-\alpha E_2)\boldsymbol{w}\right)=\boldsymbol{0}$$

であるから $(A-\alpha E_2)\boldsymbol{w}$ は固有値 α をもつ固有ベクトルである．だから v の定数倍になる．その定数で割ると v と一致する訳だから，最初から

$$(A-\alpha E_2)\boldsymbol{w}=\boldsymbol{v}$$

となるように $\boldsymbol{w}$ を選んでおこう．移項して $A\boldsymbol{w}=\alpha\boldsymbol{w}+\boldsymbol{v}$ としておく．

$$A\begin{pmatrix} \boldsymbol{v} & \boldsymbol{w} \end{pmatrix}=\begin{pmatrix} A\boldsymbol{v} & A\boldsymbol{w} \end{pmatrix}=\begin{pmatrix} \alpha\boldsymbol{v} & \alpha\boldsymbol{w}+\boldsymbol{v} \end{pmatrix}=\begin{pmatrix} \boldsymbol{v} & \boldsymbol{w} \end{pmatrix}\begin{pmatrix} \alpha & 1 \\ 0 & \alpha \end{pmatrix}$$

であるから変換行列 P を $P=\begin{pmatrix} \boldsymbol{v} & \boldsymbol{w} \end{pmatrix}$ とおいて書き直すと $AP=P\begin{pmatrix} \alpha & 1 \\ 0 & \alpha \end{pmatrix}$ となる．よって

$$P^{-1}AP=\begin{pmatrix} \alpha & 1 \\ 0 & \alpha \end{pmatrix}$$

となる．

対角化可能な 2 次正方行列と対角化可能でない 2 次正方行列

2 次正方行列は次のどれかと相似になる：$\begin{pmatrix} \alpha & 0 \\ 0 & \beta \end{pmatrix}, \begin{pmatrix} \alpha & 0 \\ 0 & \alpha \end{pmatrix}, \begin{pmatrix} \alpha & 1 \\ 0 & \alpha \end{pmatrix}$

対角化可能でない 2 次正方行列の計算例をやってみる．$A=\begin{pmatrix} 2 & -1 \\ 1 & 4 \end{pmatrix}$ の場合，

$$\alpha=3, \quad \boldsymbol{v}=\begin{pmatrix} -1 \\ 1 \end{pmatrix}, \quad A-3E_2=\begin{pmatrix} -1 & -1 \\ 1 & 1 \end{pmatrix}$$

だから方程式 $(A-3E_2)\boldsymbol{w}=\boldsymbol{v}$ を解くと $\boldsymbol{w}=\begin{pmatrix} s \\ 1-s \end{pmatrix}$ を得る．$s=0$ とすると $\boldsymbol{w}=\begin{pmatrix} 0 \\ 1 \end{pmatrix}$ が求められる．よって変換行列は $P=\begin{pmatrix} \boldsymbol{v} & \boldsymbol{w} \end{pmatrix}=\begin{pmatrix} -1 & 0 \\ 1 & 1 \end{pmatrix}$ となるので

$$P^{-1}AP=-\begin{pmatrix} 1 & 0 \\ -1 & -1 \end{pmatrix}\begin{pmatrix} 2 & -1 \\ 1 & 4 \end{pmatrix}\begin{pmatrix} -1 & 0 \\ 1 & 1 \end{pmatrix}=\begin{pmatrix} 3 & 1 \\ 0 & 3 \end{pmatrix}$$

のように A の標準形を計算することができる．✍

問題 4.5 【略解 p.217 ～ p.220】

1. 問題 4.4 の 2.(3)～(8) (p.157) の行列に対し変換行列 P と P^{-1} を求め，A を対角化せよ．

(1) $A = \begin{pmatrix} 3 & -4 & -4 \\ 0 & 1 & 0 \\ 0 & 0 & 1 \end{pmatrix}$ (2) $A = \begin{pmatrix} 2 & 0 & 0 \\ -1 & 3 & 0 \\ -1 & -1 & 4 \end{pmatrix}$

(3) $A = \begin{pmatrix} 3 & -1 & 0 \\ 2 & 0 & 0 \\ -2 & 1 & 1 \end{pmatrix}$ (4) $A = \begin{pmatrix} -3 & 2 & -4 \\ 3 & -1 & 3 \\ 5 & -2 & 6 \end{pmatrix}$

(5) $A = \begin{pmatrix} 0 & 0 & -1 & 1 \\ 0 & 1 & 0 & 0 \\ -1 & 0 & 0 & 1 \\ -3 & 0 & -3 & 4 \end{pmatrix}$ (6) $A = \begin{pmatrix} 1 & 1 & 0 & 2 \\ -2 & 4 & 0 & -2 \\ 0 & 2 & 1 & 0 \\ 0 & 0 & 0 & -1 \end{pmatrix}$

2. 次の行列に対し変換行列 P と P^{-1} を求め，A を対角化せよ．

(1) $A = \begin{pmatrix} 3 & -6 \\ -1 & -2 \end{pmatrix}$ (2) $A = \begin{pmatrix} 7 & -2 \\ 6 & 0 \end{pmatrix}$ (3) $A = \begin{pmatrix} 2 & 1 \\ -20 & 11 \end{pmatrix}$

(4) $A = \begin{pmatrix} 4 & 6 & 0 \\ -1 & -1 & 0 \\ 3 & 6 & -1 \end{pmatrix}$ (5) $A = \begin{pmatrix} 2 & 0 & -2 \\ 1 & 1 & -2 \\ -1 & 0 & 3 \end{pmatrix}$

(6) $A = \begin{pmatrix} -5 & 11 & 5 \\ 0 & 6 & 0 \\ 0 & 0 & 0 \end{pmatrix}$ (7) $A = \begin{pmatrix} 3 & 1 & -1 \\ 0 & 4 & -1 \\ 0 & 0 & 3 \end{pmatrix}$

3. 自然数 n に対して，問題 4.5 の 2.(1), (2), (3) の行列の n 乗を求めよ．

5

内積空間

第 5 章のキーワード

5.1 内積

内積 (⇨ p.169)，内積の性質 (⇨ p.170)，直交 (⇨ p.170)，ベクトルの長さ (⇨ p.170)，グラム・シュミットの直交化法 (⇨ p.174)，正規直交基底 (⇨ p.175)，直交行列 (⇨ p.175)，実対称行列 (⇨ p.175)，**2** 次曲線 (⇨ p.177)，楕円 (⇨ p.177)，双曲線 (⇨ p.177)

5.2 複素ベクトル空間

複素ベクトル空間 (⇨ p.179)，**1** 次独立 (⇨ p.179)，**1** 次従属 (⇨ p.181)，生成 (⇨ p.181)，基底 (⇨ p.181)，複素次元 (⇨ p.182)，複素線型写像 (⇨ p.183)，固有値 (⇨ p.183)，固有空間 (⇨ p.184)，固有ベクトル (⇨ p.184)

5.1 内積

ベクトル空間 $\mathbb{R}^n$ のベクトル $\boldsymbol{x} = \begin{pmatrix} x_1 \\ x_2 \\ \vdots \\ x_n \end{pmatrix}, \boldsymbol{y} = \begin{pmatrix} y_1 \\ y_2 \\ \vdots \\ y_n \end{pmatrix}$ に対して

$$(\boldsymbol{x}, \boldsymbol{y}) = x_1y_1 + x_2y_2 + \cdots + x_ny_n \tag{5.1.1}$$

を $\boldsymbol{x}$, $\boldsymbol{y}$ の**内積**という．$(\boldsymbol{x}, \boldsymbol{y})$ を $\boldsymbol{x} \cdot \boldsymbol{y}$ と表すこともある．内積 $(\boldsymbol{x}, \boldsymbol{y})$ は $\mathbb{R}^n$ のベクトルではなく，1 つの実数である．

例題 5.1.1 $\mathbb{R}^3$ のベクトル $\boldsymbol{a}$, $\boldsymbol{b}$, $\boldsymbol{c}$ に対して次の関係式を示せ．

(1) $(\boldsymbol{a} + \boldsymbol{b}, \boldsymbol{c}) = (\boldsymbol{a}, \boldsymbol{c}) + (\boldsymbol{b}, \boldsymbol{c})$

(2) $(t\boldsymbol{a}, \boldsymbol{b}) = t(\boldsymbol{a}, \boldsymbol{b})$ （ただし t は任意の実数）

(3) $(\boldsymbol{a}, \boldsymbol{b}) = (\boldsymbol{b}, \boldsymbol{a})$

(4) $(\boldsymbol{a}, \boldsymbol{a}) \geqq 0$ であり，$(\boldsymbol{a}, \boldsymbol{a}) = 0$ となるのは $\boldsymbol{a} = \boldsymbol{0}$ のときに限る．

解 $\boldsymbol{a} = \begin{pmatrix} a_1 \\ a_2 \\ a_3 \end{pmatrix}, \boldsymbol{b} = \begin{pmatrix} b_1 \\ b_2 \\ b_3 \end{pmatrix}, \boldsymbol{c} = \begin{pmatrix} c_1 \\ c_2 \\ c_3 \end{pmatrix}$ とする．

(1) $(\boldsymbol{a} + \boldsymbol{b}, \boldsymbol{c}) = \begin{pmatrix} a_1 + b_1 \\ a_2 + b_2 \\ a_3 + b_3 \end{pmatrix} \cdot \begin{pmatrix} c_1 \\ c_2 \\ c_3 \end{pmatrix} = (a_1 + b_1)c_1 + (a_2 + b_2)c_2 + (a_3 + b_3)c_3$

$= (a_1c_1 + a_2c_2 + a_3c_3) + (b_1c_1 + b_2c_2 + b_3c_3) = (\boldsymbol{a}, \boldsymbol{c}) + (\boldsymbol{b}, \boldsymbol{c})$

(2) $(t\boldsymbol{a}, \boldsymbol{b}) = \begin{pmatrix} ta_1 \\ ta_2 \\ ta_3 \end{pmatrix} \cdot \begin{pmatrix} b_1 \\ b_2 \\ b_3 \end{pmatrix} = ta_1b_1 + ta_2b_2 + ta_3b_3$

$= t(a_1b_1 + a_2b_2 + a_3b_3) = t(\boldsymbol{a}, \boldsymbol{b})$

(3) $(\boldsymbol{a}, \boldsymbol{b}) = a_1b_1 + a_2b_2 + a_3b_3 = b_1a_1 + b_2a_2 + b_3a_3 = (\boldsymbol{b}, \boldsymbol{a})$

(4) 内積の定義 (5.1.1) より

$$(\boldsymbol{a}, \boldsymbol{a}) = {a_1}^2 + {a_2}^2 + {a_3}^2 \geqq 0 \tag{5.1.2}$$

なので $(\boldsymbol{a}, \boldsymbol{a}) \geqq 0$ である．また $(\boldsymbol{a}, \boldsymbol{a}) = 0$ とすると (5.1.2) より

$$a_1 = a_2 = a_3 = 0$$

でなければならない．よって $(\boldsymbol{a}, \boldsymbol{a}) = 0$ ならば $\boldsymbol{a} = \boldsymbol{0}$ であることが示された． ■

例題 5.1.1 (p.169) と同様にして，どんな $\boldsymbol{a}$, $\boldsymbol{b}$, $\boldsymbol{c} \in \mathbb{R}^n$ に対しても次が成り立つことがわかる．

内積の性質

$\boldsymbol{a}$, $\boldsymbol{b}$, $\boldsymbol{c} \in \mathbb{R}^n$ に対して次が成り立つ．

(1) $(\boldsymbol{a}+\boldsymbol{b}, \boldsymbol{c}) = (\boldsymbol{a}, \boldsymbol{c}) + (\boldsymbol{b}, \boldsymbol{c})$

(2) $(t\boldsymbol{a}, \boldsymbol{b}) = t(\boldsymbol{a}, \boldsymbol{b})$ （ただし t は任意の実数）

(3) $(\boldsymbol{a}, \boldsymbol{b}) = (\boldsymbol{b}, \boldsymbol{a})$

(4) $(\boldsymbol{a}, \boldsymbol{a}) \geqq 0$ であり，$(\boldsymbol{a}, \boldsymbol{a}) = 0$ となるのは $\boldsymbol{a} = \boldsymbol{0}$ のときに限る．

内積の定義 (5.1.1) (p.169) より，どんな $\boldsymbol{a} \in \mathbb{R}^n$ に対しても

$$(\boldsymbol{a}, \boldsymbol{0}) = (\boldsymbol{0}, \boldsymbol{a}) = 0$$

となることがわかる．しかし数の場合とは異なり「$(\boldsymbol{a}, \boldsymbol{b}) = \boldsymbol{0}$ ならば $\boldsymbol{a} = \boldsymbol{0}$ または $\boldsymbol{b} = \boldsymbol{0}$」とは限らない．たとえば $\boldsymbol{a} = \begin{pmatrix} 1 \\ 0 \end{pmatrix}$, $\boldsymbol{b} = \begin{pmatrix} 0 \\ 1 \end{pmatrix}$ に対して $(\boldsymbol{a}, \boldsymbol{b}) = 0$ であるが $\boldsymbol{a} \neq \boldsymbol{0}$, $\boldsymbol{b} \neq \boldsymbol{0}$ である．特に $\boldsymbol{a}$, $\boldsymbol{b} \in \mathbb{R}^n$, $\boldsymbol{a}$, $\boldsymbol{b} \neq \boldsymbol{0}$ に対して $(\boldsymbol{a}, \boldsymbol{b}) = 0$ となるとき $\boldsymbol{a}$ と $\boldsymbol{b}$ は**直交**するという．

直交

$\boldsymbol{a}$, $\boldsymbol{b} \in \mathbb{R}^n$, $\boldsymbol{a}$, $\boldsymbol{b} \neq \boldsymbol{0}$ が**直交**するとは $(\boldsymbol{a}, \boldsymbol{b}) = 0$ となることである．

内積の性質 (4) より $(\boldsymbol{a}, \boldsymbol{a}) \geqq 0$ であるから $\sqrt{(\boldsymbol{a}, \boldsymbol{a})}$ が定まる．$\sqrt{(\boldsymbol{a}, \boldsymbol{a})}$ を $\|\boldsymbol{a}\|$ と書き，$\boldsymbol{a}$ の**長さ**という．さらに (4) より $\|\boldsymbol{a}\| = 0$ となるのは $\boldsymbol{a} = \boldsymbol{0}$ のときに限ることがわかる．

ベクトルの長さ

$\boldsymbol{a} \in \mathbb{R}^n$ に対して

$$\|\boldsymbol{a}\| = \sqrt{(\boldsymbol{a}, \boldsymbol{a})} \tag{5.1.3}$$

を $\boldsymbol{a}$ の長さという．$\|\boldsymbol{a}\| = 0$ となるのは $\boldsymbol{a} = \boldsymbol{0}$ のときに限る．

☞ **注意 5.1.1** $\boldsymbol{a}$, $\boldsymbol{b}$ が $\mathbb{R}^2$ または $\mathbb{R}^3$ のベクトルのとき，$\boldsymbol{a}$ と $\boldsymbol{b}$ のなす角を θ とすれば

$$(\boldsymbol{a}, \boldsymbol{b}) = \|\boldsymbol{a}\| \, \|\boldsymbol{b}\| \cos\theta \tag{5.1.4}$$

となることが知られている．✍

例 5.1.1 $\boldsymbol{a} = \begin{pmatrix} a_1 \\ a_2 \\ a_3 \end{pmatrix}$ に対して $(\boldsymbol{a}, \boldsymbol{a}) = {a_1}^2 + {a_2}^2 + {a_3}^2$ より

$$\|\boldsymbol{a}\| = \sqrt{(\boldsymbol{a}, \boldsymbol{a})} = \sqrt{{a_1}^2 + {a_2}^2 + {a_3}^2}$$

である．

☞ **注意 5.1.2** $\boldsymbol{a} \in \mathbb{R}^n$ と $t \in \mathbb{R}$ に対して，ベクトルの長さの定義および内積の性質 (2), (3) より

$$\|t\boldsymbol{a}\| = \sqrt{(t\boldsymbol{a}, t\boldsymbol{a})} = \sqrt{t^2(\boldsymbol{a}, \boldsymbol{a})} = |\,t\,|\sqrt{(\boldsymbol{a}, \boldsymbol{a})}\,^{*1} = |\,t\,|\,\|\boldsymbol{a}\| \qquad \therefore \quad \|t\boldsymbol{a}\| = |t|\,\|\boldsymbol{a}\|$$

が成り立つ．これは $\boldsymbol{a}$ を t 倍したベクトル $t\boldsymbol{a}$ の長さは，$\boldsymbol{a}$ の長さの $|\,t\,|$ 倍であることを述べているに過ぎない．✍

例題 5.1.2 $\boldsymbol{x}_1, \boldsymbol{x}_2 \in \mathbb{R}^3$ が 1 次独立 (➪ p.96) であるとき，$\boldsymbol{x}_1$ に直交するベクトル $\boldsymbol{y} \in \mathbb{R}^3$ を $\boldsymbol{x}_1, \boldsymbol{x}_2$ を用いて表せ [*2].

解　左下図のベクトル $\boldsymbol{y}$ を $\boldsymbol{x}_1, \boldsymbol{x}_2$ を用いて表す．そのため，まず右下図の r を求める．

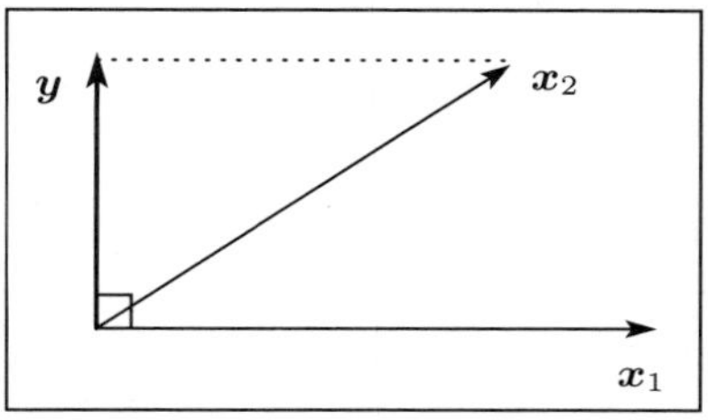

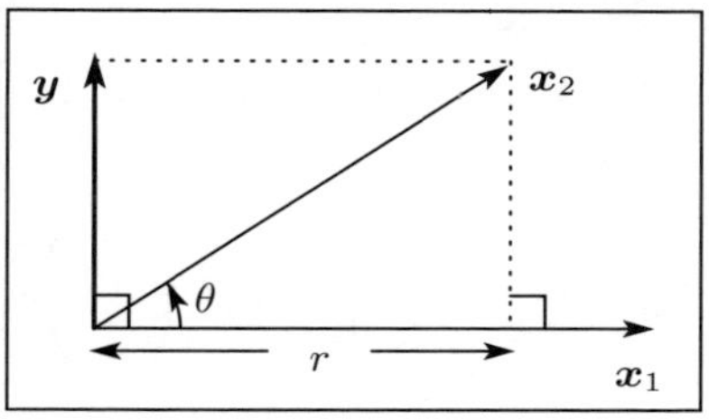

$\boldsymbol{x}_1, \boldsymbol{x}_2$ のなす角を θ とするとき

$$r = \|\boldsymbol{x}_2\| \cos\theta \tag{5.1.5}$$

である．他方で (5.1.4) より

$$(\boldsymbol{x}_1, \boldsymbol{x}_2) = \|\boldsymbol{x}_1\|\,\|\boldsymbol{x}_2\| \cos\theta \tag{5.1.6}$$

であるので，(5.1.5), (5.1.6) より

$$(\boldsymbol{x}_1, \boldsymbol{x}_2) = \|\boldsymbol{x}_1\|\, r \qquad \therefore \quad r = \frac{(\boldsymbol{x}_1, \boldsymbol{x}_2)}{\|\boldsymbol{x}_1\|} \tag{5.1.7}$$

となる．このとき $r\boldsymbol{x}_1/\|\boldsymbol{x}_1\|$ は $\boldsymbol{x}_1$ と平行で，さらに注意 5.1.2 より長さ r のベクトルである [*3].
よって右上図より

$$\frac{r\boldsymbol{x}_1}{\|\boldsymbol{x}_1\|} + \boldsymbol{y} = \boldsymbol{x}_2$$

となる．これを (5.1.7) を用いて書き直して

$$\boldsymbol{y} = \boldsymbol{x}_2 - \frac{r\boldsymbol{x}_1}{\|\boldsymbol{x}_1\|} = \boldsymbol{x}_2 - \frac{(\boldsymbol{x}_1, \boldsymbol{x}_2)}{\|\boldsymbol{x}_1\|^2}\,\boldsymbol{x}_1 \tag{5.1.8}$$

が求めるベクトルである．■

[*1] $\sqrt{t^2} = t$ ではなく $\sqrt{t^2} = |\,t\,|$ である．たとえば $t = -1$ とすると $\sqrt{(-1)^2} = \sqrt{1} = 1 \neq -1$ である．

[*2] このような $\boldsymbol{y} \in \mathbb{R}^3$ は無数にあるので，正確にいうと「$\boldsymbol{x}_1$ に直交するベクトル $\boldsymbol{y} \in \mathbb{R}^3$ で，$\boldsymbol{x}_1, \boldsymbol{x}_2$ の 1 次結合で表されるものの 1 つを求めよ」となる．

[*3] ここでは $0 < \theta < \pi/2$ のときだけを考えている．$\pi/2 < \theta < \pi$ のときも同様の議論により同じ結果を得ることがわかる．

☞ **注意 5.1.3** 例題 5.1.2 (p.171) では 1 次独立なベクトル $\boldsymbol{x}_1, \boldsymbol{x}_2 \in \mathbb{R}^3$ を考えた．$\boldsymbol{x}_1, \boldsymbol{x}_2$ が 1 次従属 (➪ p.100) のときでも (5.1.8) は意味をもつが，このときは $\boldsymbol{y} = \boldsymbol{0}$ に他ならない．実際，$\boldsymbol{x}_1, \boldsymbol{x}_2$ が 1 次従属ならば $\boldsymbol{x}_2 = s\boldsymbol{x}_1$ または $\boldsymbol{x}_1 = t\boldsymbol{x}_2$ と表されるので，$\boldsymbol{x}_2 = s\boldsymbol{x}_1$ のとき

$$\boldsymbol{y} = \boldsymbol{x}_2 - \frac{(\boldsymbol{x}_1, \boldsymbol{x}_2)}{\|\boldsymbol{x}_1\|^2}\boldsymbol{x}_1 = s\boldsymbol{x}_1 - \frac{(\boldsymbol{x}_1, s\boldsymbol{x}_1)}{\|\boldsymbol{x}_1\|^2}\boldsymbol{x}_1 = s\boldsymbol{x}_1 - \frac{s(\boldsymbol{x}_1, \boldsymbol{x}_1)}{(\boldsymbol{x}_1, \boldsymbol{x}_1)}\boldsymbol{x}_1 = \boldsymbol{0}$$

となる．ただし内積の性質 (2), (3) (p.170) とベクトルの長さ (➪ p.170) を用いた．また $\boldsymbol{x}_1 = t\boldsymbol{x}_2$ のときも同様である．✍

例題 5.1.2 では 2 つのベクトルから直交するベクトルを得た．3 つ以上のベクトルに対しても，同様の操作を繰り返すことにより直交するベクトルを得ることができる．この方法を**グラム・シュミットの直交化法**という．一般の場合を述べる前に，3 つのベクトルに (5.1.8) を繰り返し適用することによって，互いに直交する 3 つのベクトルが得られることを確かめよう．

例題 5.1.3 $\boldsymbol{a}_1 = \begin{pmatrix} 1 \\ 1 \\ 0 \end{pmatrix}, \boldsymbol{a}_2 = \begin{pmatrix} 1 \\ 0 \\ 1 \end{pmatrix}, \boldsymbol{a}_3 = \begin{pmatrix} 1 \\ 1 \\ 1 \end{pmatrix}$ を直交化せよ．

解　まず $\boldsymbol{a}_1$ に直交するベクトル $\boldsymbol{b}_2$ を $\boldsymbol{a}_1, \boldsymbol{a}_2$ で表そう．

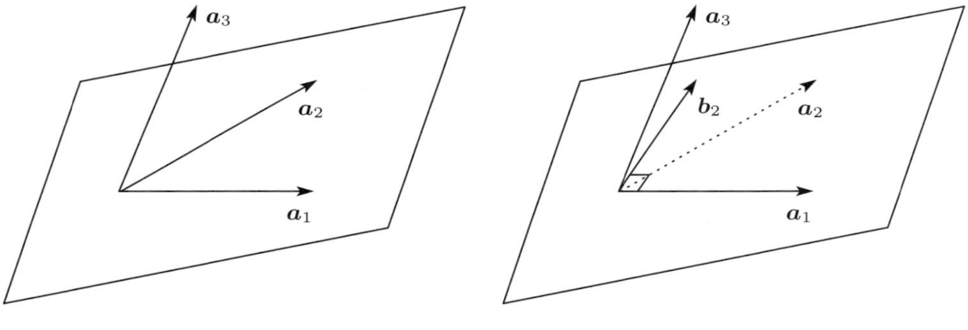

そこで (5.1.8) (p.171) を用いると

$$\boldsymbol{b}_2 = \boldsymbol{a}_2 - \frac{(\boldsymbol{a}_1, \boldsymbol{a}_2)}{\|\boldsymbol{a}_1\|^2}\boldsymbol{a}_1$$

となる．ここで内積およびベクトルの長さの定義 (5.1.1) (p.169), (5.1.3) (p.170) より

$$(\boldsymbol{a}_1, \boldsymbol{a}_2) = 1, \qquad \|\boldsymbol{a}_1\|^2 = (\boldsymbol{a}_1, \boldsymbol{a}_1) = 2$$

となるので

$$\boldsymbol{b}_2 = \boldsymbol{a}_2 - \frac{1}{2}\boldsymbol{a}_1 = \begin{pmatrix} 1 \\ 0 \\ 1 \end{pmatrix} - \frac{1}{2}\begin{pmatrix} 1 \\ 1 \\ 0 \end{pmatrix} = \frac{1}{2}\begin{pmatrix} 1 \\ -1 \\ 2 \end{pmatrix}$$

である．このとき $\boldsymbol{b}_2$ は $\boldsymbol{a}_1$ に直交するので $(\boldsymbol{a}_1, \boldsymbol{b}_2) = 0$ である（直接計算しても確かめられる）．

次に (5.1.8) を用いて $\boldsymbol{a}_1$ に直交するベクトル $\boldsymbol{a}_3{}'$ を $\boldsymbol{a}_1$, $\boldsymbol{a}_3$ を用いて表す．$(\boldsymbol{a}_1, \boldsymbol{a}_3) = 2$ より

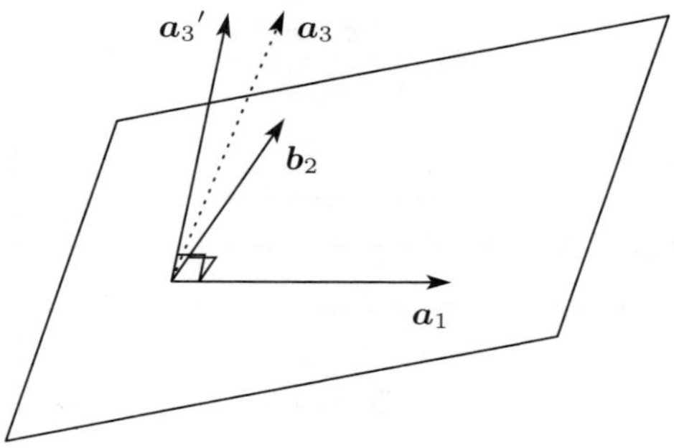

$$\boldsymbol{a}_3{}' = \boldsymbol{a}_3 - \frac{(\boldsymbol{a}_1, \boldsymbol{a}_3)}{\|\boldsymbol{a}_1\|^2}\boldsymbol{a}_1 = \begin{pmatrix} 1 \\ 1 \\ 1 \end{pmatrix} - \frac{2}{2}\begin{pmatrix} 1 \\ 1 \\ 0 \end{pmatrix} = \begin{pmatrix} 0 \\ 0 \\ 1 \end{pmatrix}$$

となる．このとき $\boldsymbol{a}_3{}'$ は $\boldsymbol{a}_1$ に直交するベクトルなので $(\boldsymbol{a}_1, \boldsymbol{a}_3{}') = 0$ となる．

最後に $\boldsymbol{b}_2$ に直交するベクトル $\boldsymbol{b}_3$ を $\boldsymbol{b}_2$, $\boldsymbol{a}_3{}'$ で表そう．ここで

$$(\boldsymbol{b}_2, \boldsymbol{a}_3{}') = 1, \qquad \|\boldsymbol{b}_2\|^2 = \frac{1^2 + (-1)^2 + 2^2}{4} = \frac{3}{2}$$

となることがわかるから，(5.1.8) (p.171) より

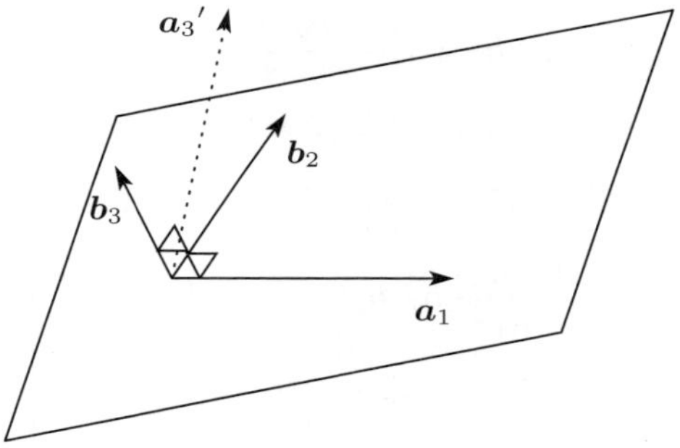

$$\boldsymbol{b}_3 = \boldsymbol{a}_3{}' - \frac{(\boldsymbol{b}_2, \boldsymbol{a}_3{}')}{\|\boldsymbol{b}_2\|^2}\boldsymbol{b}_2 = \begin{pmatrix} 0 \\ 0 \\ 1 \end{pmatrix} - \frac{2}{3} \times \frac{1}{2}\begin{pmatrix} 1 \\ -1 \\ 2 \end{pmatrix} = \frac{1}{3}\begin{pmatrix} -1 \\ 1 \\ 1 \end{pmatrix}$$

である．このとき $(\boldsymbol{b}_2, \boldsymbol{b}_3) = 0$ であるが，さらに $(\boldsymbol{a}_1, \boldsymbol{b}_3) = 0$ となることもわかる．以上より

$$(\boldsymbol{a}_1, \boldsymbol{b}_2) = (\boldsymbol{b}_2, \boldsymbol{b}_3) = (\boldsymbol{a}_1, \boldsymbol{b}_3) = 0$$

となるので $\boldsymbol{a}_1 = \begin{pmatrix} 1 \\ 1 \\ 0 \end{pmatrix}$, $\boldsymbol{b}_2 = \frac{1}{2}\begin{pmatrix} 1 \\ -1 \\ 2 \end{pmatrix}$, $\boldsymbol{b}_3 = \frac{1}{3}\begin{pmatrix} -1 \\ 1 \\ 1 \end{pmatrix}$ が求める直交化である．　■

例題 5.1.3 (p.172) では $\mathbb{R}^3$ のベクトルに (5.1.8) (p.171) を適用することにより直交化することができた．より一般にベクトル空間 $\mathbb{R}^n$ (➪ p.95) のベクトルも，まったく同様の方法で直交化することができる．

直交するベクトル

ベクトル空間 $\mathbb{R}^n$ の1次独立なベクトル $\boldsymbol{x}_1, \boldsymbol{x}_2 \in \mathbb{R}^n$ に対して

$$\boldsymbol{x}_2 - \frac{(\boldsymbol{x}_1, \boldsymbol{x}_2)}{\|\boldsymbol{x}_1\|^2}\boldsymbol{x}_1 \tag{5.1.9}$$

は $\boldsymbol{x}_1$ と直交する $\mathbb{R}^n$ のベクトルである．

グラム・シュミットの直交化法

ベクトル空間 $\mathbb{R}^n$ の1次独立なベクトル $\boldsymbol{a}_1, \boldsymbol{a}_2, \cdots, \boldsymbol{a}_n \in \mathbb{R}^n$ に対して

$$\boldsymbol{b}_1 = \boldsymbol{a}_1, \quad \boldsymbol{b}_2 = \boldsymbol{a}_2 - \frac{(\boldsymbol{b}_1, \boldsymbol{a}_2)}{\|\boldsymbol{b}_1\|^2}\boldsymbol{b}_1, \quad \boldsymbol{b}_3 = \boldsymbol{a}_3 - \frac{(\boldsymbol{b}_1, \boldsymbol{a}_3)}{\|\boldsymbol{b}_1\|^2}\boldsymbol{b}_1 - \frac{(\boldsymbol{b}_2, \boldsymbol{a}_3)}{\|\boldsymbol{b}_2\|^2}\boldsymbol{b}_2, \quad \cdots,$$

$$\boldsymbol{b}_n = \boldsymbol{a}_n - \frac{(\boldsymbol{b}_1, \boldsymbol{a}_n)}{\|\boldsymbol{b}_1\|^2}\boldsymbol{b}_1 - \frac{(\boldsymbol{b}_2, \boldsymbol{a}_n)}{\|\boldsymbol{b}_2\|^2}\boldsymbol{b}_2 - \frac{(\boldsymbol{b}_3, \boldsymbol{a}_n)}{\|\boldsymbol{b}_3\|^2}\boldsymbol{b}_3 - \cdots - \frac{(\boldsymbol{b}_{n-1}, \boldsymbol{a}_n)}{\|\boldsymbol{b}_{n-1}\|^2}\boldsymbol{b}_{n-1}$$

とすると $\boldsymbol{b}_1, \boldsymbol{b}_2, \cdots, \boldsymbol{b}_n \in \mathbb{R}^n$ は互いに直交する．つまり $1 \leqq i, j \leqq n$ に対して

$$(\boldsymbol{b}_i, \boldsymbol{b}_j) = 0 \qquad (i \neq j)$$

となる．

☞ **注意 5.1.4** $\boldsymbol{b}_1, \boldsymbol{b}_2, \boldsymbol{b}_3 \in \mathbb{R}^n$ をグラム・シュミットの直交化法によって得られたベクトルとするとき，(5.1.9) より $\boldsymbol{b}_2$ は $\boldsymbol{b}_1 = \boldsymbol{a}_1$ と直交するベクトルである．つまり $(\boldsymbol{b}_1, \boldsymbol{b}_2) = 0$ となる．ここで $\boldsymbol{x} = \boldsymbol{a}_3 - \dfrac{(\boldsymbol{b}_1, \boldsymbol{a}_3)}{\|\boldsymbol{b}_1\|^2}\boldsymbol{b}_1$ とおくと，$\boldsymbol{b}_3 = \boldsymbol{x} - \dfrac{(\boldsymbol{b}_2, \boldsymbol{x})}{\|\boldsymbol{b}_2\|^2}\boldsymbol{b}_2$ であることが以下のようにしてわかる（このとき $\boldsymbol{b}_2, \boldsymbol{x}, \boldsymbol{b}_3$ は (5.1.9) だけを用いて構成されていることに注意せよ）．まず $(\boldsymbol{b}_1, \boldsymbol{b}_2) = 0$ なので，内積の性質 (1), (2), (3) (p.170) を用いて

$$(\boldsymbol{b}_2, \boldsymbol{x}) = (\boldsymbol{x}, \boldsymbol{b}_2) = \left(\boldsymbol{a}_3 - \frac{(\boldsymbol{b}_1, \boldsymbol{a}_3)}{\|\boldsymbol{b}_1\|^2}\boldsymbol{b}_1, \boldsymbol{b}_2\right) = (\boldsymbol{a}_3, \boldsymbol{b}_2) - \frac{(\boldsymbol{b}_1, \boldsymbol{a}_3)}{\|\boldsymbol{b}_1\|^2}(\boldsymbol{b}_1, \boldsymbol{b}_2) = (\boldsymbol{a}_3, \boldsymbol{b}_2)$$

となる．つまり $(\boldsymbol{b}_2, \boldsymbol{x}) = (\boldsymbol{a}_3, \boldsymbol{b}_2)$ である．よって

$$\boldsymbol{x} - \frac{(\boldsymbol{b}_2, \boldsymbol{x})}{\|\boldsymbol{b}_2\|^2}\boldsymbol{b}_2 = \boldsymbol{x} - \frac{(\boldsymbol{a}_3, \boldsymbol{b}_2)}{\|\boldsymbol{b}_2\|^2}\boldsymbol{b}_2 = \left(\boldsymbol{a}_3 - \frac{(\boldsymbol{b}_1, \boldsymbol{a}_3)}{\|\boldsymbol{b}_1\|^2}\boldsymbol{b}_1\right) - \frac{(\boldsymbol{a}_3, \boldsymbol{b}_2)}{\|\boldsymbol{b}_2\|^2}\boldsymbol{b}_2 = \boldsymbol{b}_3$$

が示された．グラム・シュミットの直交化法は非常に複雑にみえるが，実は例題 5.1.3 (p.172) と同じ方法で，単に (5.1.9) を繰り返し用いているだけなのである．✍

例 5.1.2 グラム・シュミットの直交化法に現れる k 番目のベクトル $\boldsymbol{b}_k$ $(1 \leqq k \leqq n)$ は

$$\boldsymbol{b}_k = \boldsymbol{a}_k - \frac{(\boldsymbol{b}_1, \boldsymbol{a}_k)}{\|\boldsymbol{b}_1\|^2}\boldsymbol{b}_1 - \frac{(\boldsymbol{b}_2, \boldsymbol{a}_k)}{\|\boldsymbol{b}_2\|^2}\boldsymbol{b}_2 - \frac{(\boldsymbol{b}_3, \boldsymbol{a}_k)}{\|\boldsymbol{b}_3\|^2}\boldsymbol{b}_3 - \cdots - \frac{(\boldsymbol{b}_{k-1}, \boldsymbol{a}_k)}{\|\boldsymbol{b}_{k-1}\|^2}\boldsymbol{b}_{k-1}$$

で表される．たとえば $k = 4$ のときは次のようになる．

$$\boldsymbol{b}_4 = \boldsymbol{a}_4 - \frac{(\boldsymbol{b}_1, \boldsymbol{a}_4)}{\|\boldsymbol{b}_1\|^2}\boldsymbol{b}_1 - \frac{(\boldsymbol{b}_2, \boldsymbol{a}_4)}{\|\boldsymbol{b}_2\|^2}\boldsymbol{b}_2 - \frac{(\boldsymbol{b}_3, \boldsymbol{a}_4)}{\|\boldsymbol{b}_3\|^2}\boldsymbol{b}_3$$

正規直交基底

$\mathbb{R}^n$ の基底 $\boldsymbol{a}_1, \boldsymbol{a}_2, \cdots, \boldsymbol{a}_n$ (➪ p.120) が**直交基底**であるとは

$$(\boldsymbol{a}_i, \boldsymbol{a}_j) = 0 \qquad (i \neq j)$$

をみたすことである．さらに

$$\|\boldsymbol{a}_1\| = \|\boldsymbol{a}_2\| = \cdots = \|\boldsymbol{a}_n\| = 1$$

となるとき，$\boldsymbol{a}_1, \boldsymbol{a}_2, \cdots, \boldsymbol{a}_n$ を**正規直交基底**という．

☞ **注意 5.1.5** 「正規直交基底」の「正規」は，各ベクトルの長さ $\|a_k\|$ が 1 であることを意味する．たとえば $\mathbb{R}^n$ のベクトル $\boldsymbol{b} \neq \boldsymbol{0}$ に対して $\boldsymbol{b}/\|\boldsymbol{b}\|$ は長さ 1 のベクトルとなるので（注意 5.1.2 (p.171) 参照），ベクトルの長さを 1 にすることは難しくない．むしろ重要なのは相異なるベクトル $\boldsymbol{a}_i, \boldsymbol{a}_j$ が直交すること，つまり $(\boldsymbol{a}_i, \boldsymbol{a}_j) = 0 \ (i \neq j)$ となることである．その方法がグラム・シュミットの直交化法なのである．✍

例 5.1.3 例題 5.1.3 (p.172) で求めた $\boldsymbol{a}_1 = \begin{pmatrix} 1 \\ 1 \\ 0 \end{pmatrix}, \boldsymbol{b}_2 = \dfrac{1}{2}\begin{pmatrix} 1 \\ -1 \\ 2 \end{pmatrix}, \boldsymbol{b}_3 = \dfrac{1}{3}\begin{pmatrix} -1 \\ 1 \\ 1 \end{pmatrix}$ は 1 次独立であることがわかるので $\mathbb{R}^3$ の直交基底である（参考 3.3.3 (p.118) 参照）．よって $\boldsymbol{a}_1/\|\boldsymbol{a}_1\|, \boldsymbol{b}_2/\|\boldsymbol{b}_2\|, \boldsymbol{b}_3/\|\boldsymbol{b}_3\|$ は $\mathbb{R}^3$ の正規直交基底である．

直交行列

n 次正方行列 A に対して $\boldsymbol{A}\,{}^t\!\boldsymbol{A} = \boldsymbol{E_n}$ が成り立つとき A を**直交行列**という．このとき $A^{-1} = {}^t\!A$ となる．ただし ${}^t\!A$ は A の転置行列 (➪ p.85) である．

☞ **注意 5.1.6** n 次正方行列 A の行ベクトル型表示 (➪ p.68) を $A = \begin{pmatrix} \boldsymbol{a}_1 & \boldsymbol{a}_2 & \cdots & \boldsymbol{a}_n \end{pmatrix}$ とするとき，A が直交行列であることと $\boldsymbol{a}_1, \boldsymbol{a}_2, \cdots, \boldsymbol{a}_n$ が $\mathbb{R}^n$ の正規直交基底であることは同値であることが知られている．$A\,{}^t\!A = E_n$ をみたす n 次正方行列 A を“直交”行列と呼ぶ理由は，この事実にある．✍

実対称行列

実数を成分とする n 次正方行列 A に対して ${}^t\!\boldsymbol{A} = \boldsymbol{A}$ となるとき，A を**実対称行列**という．

すべての n 次正方行列が対角化できる訳ではない（参考 4.5.2 (p.165) 参照）．しかしどんな実対称行列も対角化可能であり，さらに変換行列 (➪ p.159) を直交行列から選べることが知られている．このことを次の例題を通して学ぼう．

例題 5.1.4 実対称行列 $A = \begin{pmatrix} 2 & 1 & -1 \\ 1 & 2 & -1 \\ -1 & -1 & 2 \end{pmatrix}$ を直交行列により対角化し，その直交行列を求めよ．

解　A の固有多項式 (➪p.151) を，3 次行列式の性質 (➪p.84) を用いて求めると [*4]

$$g_A(t) = \begin{vmatrix} t-2 & -1 & 1 \\ -1 & t-2 & 1 \\ 1 & 1 & t-2 \end{vmatrix} = \begin{vmatrix} 0 & -1-(t-2) & 1-(t-2)^2 \\ 0 & t-1 & t-1 \\ 1 & 1 & t-2 \end{vmatrix} \quad \begin{matrix} ① - ③ \times (t-2) \\ ② + ③ \end{matrix}$$

$$= \begin{vmatrix} 0 & -(t-1) & (t-1)(-t+3) \\ 0 & t-1 & t-1 \\ 1 & 1 & t-2 \end{vmatrix} = \begin{vmatrix} -(t-1) & (t-1)(-t+3) \\ t-1 & t-1 \end{vmatrix}^{*5}$$

$$= -(t-1)^2 - (t-1)^2(-t+3) = (t-1)^2(t-4)$$

となる．よって A の固有値 (➪p.151) は $\lambda = 1, 4$ である．

次に $\lambda = 1$ に対する A の固有空間 $W(1; A) = \{\boldsymbol{x} \in \mathbb{R}^3 : (E_3 - A)\boldsymbol{x} = \boldsymbol{0}\}$(➪p.151) を求める．そのため $E_3 - A$ の拡大係数行列 (➪p.38) を簡約化 (➪p.44) して

$$\begin{pmatrix} -1 & -1 & 1 & 0 \\ -1 & -1 & 1 & 0 \\ 1 & 1 & -1 & 0 \end{pmatrix} \xrightarrow{\text{簡約化}} \cdots \to \begin{pmatrix} 1 & 1 & -1 & 0 \\ 0 & 0 & 0 & 0 \\ 0 & 0 & 0 & 0 \end{pmatrix}$$

$$\therefore \quad W(1; A) = \left\{ c_1 \begin{pmatrix} -1 \\ 1 \\ 0 \end{pmatrix} + c_2 \begin{pmatrix} 1 \\ 0 \\ 1 \end{pmatrix} : c_1, c_2 \in \mathbb{R} \right\}$$

を得る（解の記述 (➪p.49) 参照）．$\lambda = 4$ に対する固有空間を求めるため $4E_2 - A$ の拡大係数行列を簡約化して

$$\begin{pmatrix} 2 & -1 & 1 & 0 \\ -1 & 2 & 1 & 0 \\ 1 & 1 & 2 & 0 \end{pmatrix} \xrightarrow{\text{簡約化}} \cdots \to \begin{pmatrix} 1 & 0 & 1 & 0 \\ 0 & 1 & 1 & 0 \\ 0 & 0 & 0 & 0 \end{pmatrix}$$

$$W(4; A) = \left\{ c \begin{pmatrix} -1 \\ -1 \\ 1 \end{pmatrix} : c \in \mathbb{R} \right\}$$

となることがわかる．

最後に $W(1; A)$, $W(4; A)$ の基底

$$\boldsymbol{a}_1 = \begin{pmatrix} -1 \\ 1 \\ 0 \end{pmatrix}, \quad \boldsymbol{a}_2 = \begin{pmatrix} 1 \\ 0 \\ 1 \end{pmatrix}, \quad \boldsymbol{a}_3 = \begin{pmatrix} -1 \\ -1 \\ 1 \end{pmatrix}$$

[*4] 3 次行列式の定義 (2.9.9) (p.78) や，サルスの方法 (➪p.79) を用いて行列式を求めてもよいが，最後に因数分解が必要になるので，結果的に難しくなることがある．

[*5] 3 次行列式の定義 (p.78) を用いた．

をグラム・シュミットの直交化法 (➪ p.174) を用いて直交化する．まず (5.1.9) (p.174) を用いて $\boldsymbol{a}_1$ と直交するベクトル $\boldsymbol{b}_2$ を $\boldsymbol{a}_1$, $\boldsymbol{a}_2$ で表すと，$(\boldsymbol{a}_1, \boldsymbol{a}_2) = -1$, $\|\boldsymbol{a}_1\|^2 = 2$ より

$$\boldsymbol{b}_2 = \boldsymbol{a}_2 - \frac{(\boldsymbol{a}_1, \boldsymbol{a}_2)}{\|\boldsymbol{a}_1\|^2}\boldsymbol{a}_1 = \begin{pmatrix} 1 \\ 0 \\ 1 \end{pmatrix} + \frac{1}{2}\begin{pmatrix} -1 \\ 1 \\ 0 \end{pmatrix} = \frac{1}{2}\begin{pmatrix} 1 \\ 1 \\ 2 \end{pmatrix}$$

となる．ここで $(\boldsymbol{a}_1, \boldsymbol{a}_3) = 0 = (\boldsymbol{b}_2, \boldsymbol{a}_3)$ が計算によりわかるので，$(\boldsymbol{a}_1, \boldsymbol{b}_2) = 0$ とあわせて

$$\frac{\boldsymbol{a}_1}{\|\boldsymbol{a}_1\|} = \frac{1}{\sqrt{2}}\begin{pmatrix} -1 \\ 1 \\ 0 \end{pmatrix}, \qquad \frac{\boldsymbol{b}_2}{\|\boldsymbol{b}_2\|} = \frac{1}{\sqrt{6}}\begin{pmatrix} 1 \\ 1 \\ 2 \end{pmatrix}, \qquad \frac{\boldsymbol{a}_3}{\|\boldsymbol{a}_3\|} = \frac{1}{\sqrt{3}}\begin{pmatrix} -1 \\ -1 \\ 1 \end{pmatrix}$$

は $\mathbb{R}^3$ の正規直交基底 (➪ p.175) となる．よって注意 5.1.6 (p.175) より

$$P = \begin{pmatrix} -1/\sqrt{2} & 1/\sqrt{6} & -1/\sqrt{3} \\ 1/\sqrt{2} & 1/\sqrt{6} & -1/\sqrt{3} \\ 0 & 2/\sqrt{6} & 1/\sqrt{3} \end{pmatrix} = \frac{1}{\sqrt{6}}\begin{pmatrix} -\sqrt{3} & 1 & -\sqrt{2} \\ \sqrt{3} & 1 & -\sqrt{2} \\ 0 & 2 & \sqrt{2} \end{pmatrix}$$

は直交行列 (➪ p.175) である．以上より直交行列 P が変換行列 (➪ p.159) で [*6]，A の対角化は

$$P^{-1}AP = {}^tPAP = \begin{pmatrix} 1 & 0 & 0 \\ 0 & 1 & 0 \\ 0 & 0 & 4 \end{pmatrix} \qquad ■$$

☞ **注意 5.1.7** n 次正方行列 A が実対称行列であるとき，λ_1, λ_2 $(\lambda_1 \neq \lambda_2)$ が A の固有値ならば $\boldsymbol{a} \in W(\lambda_1; A)$ と $\boldsymbol{b} \in W(\lambda_2; A)$ は直交することが知られている．✍

☞ **注意 5.1.8** $\mathbb{R}^n$ のベクトル $\boldsymbol{a}_1, \boldsymbol{a}_2, \cdots, \boldsymbol{a}_n$, $\boldsymbol{a}_i \neq \boldsymbol{0}$ $(i = 1, 2, \cdots, n)$ が互いに直交すれば $\boldsymbol{a}_1, \boldsymbol{a}_2, \cdots, \boldsymbol{a}_n$ は 1 次独立であることがわかるので，参考 3.3.3 (p.118) より $\mathbb{R}^n$ の基底となる．✍

$ax^2 + 2bxy + cy^2 = k$ で表される xy 平面上の図形を **2 次曲線**という．特に $\alpha^2x^2 + \beta^2y^2 = 1$ を**楕円**，$\alpha^2x^2 - \beta^2y^2 = \pm 1$ を**双曲線**という．このとき

$$\begin{pmatrix} a & b \\ b & c \end{pmatrix}\begin{pmatrix} x \\ y \end{pmatrix} = \begin{pmatrix} ax + by \\ bx + cy \end{pmatrix} \qquad \therefore \quad \begin{pmatrix} x & y \end{pmatrix}\begin{pmatrix} a & b \\ b & c \end{pmatrix}\begin{pmatrix} x \\ y \end{pmatrix} = ax^2 + 2bxy + cy^2$$

となるので，$\boldsymbol{x} = \begin{pmatrix} x \\ y \end{pmatrix}$, $A = \begin{pmatrix} a & b \\ b & c \end{pmatrix}$ とおけば

$$ax^2 + 2bxy + cy^2 = {}^t\boldsymbol{x}A\boldsymbol{x} \tag{5.1.10}$$

と表される．ただし ${}^t\boldsymbol{x}$ は $\boldsymbol{x}$ の転置行列 (➪ p.85) である．A は実対称行列 (➪ p.175) なので，直交行列 (➪ p.175) によって対角化される．この対角化から 2 次曲線 $ax^2 + 2bxy + cy^2 = k$ の概形を調べることができる．

[*6] $k = (\boldsymbol{a}_1 \cdot \boldsymbol{a}_2)/\|\boldsymbol{a}_1\|^2$ とおくと，$\boldsymbol{a}_1$, $\boldsymbol{b}_2 = \boldsymbol{a}_2 - k\boldsymbol{a}_1$ は $W(1; A)$ の基底となる．よって P は変換行列となる．

例題 5.1.5 2 次曲線 $6x^2+4xy+3y^2=14$ の概形を調べよ．

解 $\boldsymbol{x}=\begin{pmatrix} x \\ y \end{pmatrix}$, $A=\begin{pmatrix} 6 & 2 \\ 2 & 3 \end{pmatrix}$ とおけば (5.1.10) (p.177) より ${}^t\boldsymbol{x}A\boldsymbol{x}=14$ となる．問題 4.4 の 2.(2) (p.157) より A の固有値 (➪p.151) は $\lambda=2,7$ で，固有空間 $W(2;A)$, $W(7;A)$ の基底は $\boldsymbol{a}_1=\begin{pmatrix} 1 \\ -2 \end{pmatrix}$, $\boldsymbol{a}_2=\begin{pmatrix} 2 \\ 1 \end{pmatrix}$ である．$(\boldsymbol{a}_1, \boldsymbol{a}_2)=0$ なので，$\boldsymbol{a}_1/\|\boldsymbol{a}_1\|$, $\boldsymbol{a}_2/\|\boldsymbol{a}_2\|$ は $\mathbb{R}^2$ の正規直交基底 (➪p.175) となる．よって注意 5.1.6 (p.175) より $P=\dfrac{1}{\sqrt{5}}\begin{pmatrix} 1 & 2 \\ -2 & 1 \end{pmatrix}$ は直交行列である．さらに $\boldsymbol{a}_1/\|\boldsymbol{a}_1\| \in W(2;A)$, $\boldsymbol{a}_2/\|\boldsymbol{a}_2\| \in W(7;A)$ なので P は変換行列である．

$$\therefore \quad P^{-1}AP={}^tPAP=\begin{pmatrix} 2 & 0 \\ 0 & 7 \end{pmatrix}$$

次に P は直交行列なので $P\,{}^tP=E_2$ である．よって

$$14={}^t\boldsymbol{x}A\boldsymbol{x}={}^t\boldsymbol{x}(P\,{}^tP)A(P\,{}^tP)\boldsymbol{x}=({}^t\boldsymbol{x}P)({}^tPAP)({}^tP\boldsymbol{x}) \tag{5.1.11}$$

と表せる．さらに ${}^t\boldsymbol{x}P={}^t({}^tP\boldsymbol{x})$ なので *7 $\boldsymbol{u}={}^tP\boldsymbol{x}$ とおけば ${}^t\boldsymbol{u}={}^t({}^tP\boldsymbol{x})={}^t\boldsymbol{x}P$ である．よって (5.1.11) より $14={}^t\boldsymbol{x}A\boldsymbol{x}={}^t\boldsymbol{u}({}^tPAP)\boldsymbol{u}$ である．ここで ${}^t\boldsymbol{u}=\begin{pmatrix} u & v \end{pmatrix}$ とおけば

$${}^t\boldsymbol{u}({}^tPAP)\boldsymbol{u}=\begin{pmatrix} u & v \end{pmatrix}\begin{pmatrix} 2 & 0 \\ 0 & 7 \end{pmatrix}\begin{pmatrix} u \\ v \end{pmatrix}=2u^2+7v^2 \qquad \therefore \quad 2u^2+7v^2=14$$

となる．これは uv 平面上の楕円 (➪p.177) である．最後に $\cos\theta=1/\sqrt{5}$ となる θ $(0<\theta<\pi)$ に対して

$$\left(\frac{u}{\sqrt{7}}\right)^2+\left(\frac{v}{\sqrt{2}}\right)^2=1$$

$$\sin\theta=\sqrt{1-\cos^2\theta}=\frac{2}{\sqrt{5}}$$

$$\therefore \quad P=\frac{1}{\sqrt{5}}\begin{pmatrix} 1 & 2 \\ -2 & 1 \end{pmatrix}=\begin{pmatrix} \cos\theta & \sin\theta \\ -\sin\theta & \cos\theta \end{pmatrix}$$

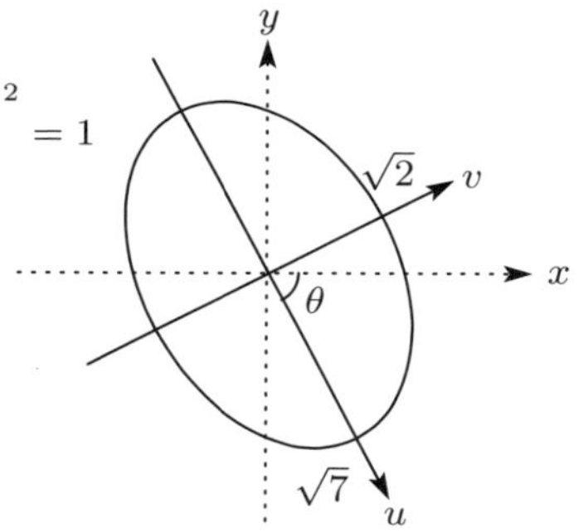

となるので ${}^tP$ は回転行列 (➪p.64) である．$\boldsymbol{u}={}^tP\boldsymbol{x}$ より xy 軸は uv 軸を θ だけ回転したものであるから，2 次曲線 $6x^2+4xy+3y^2=14$ は右上図のような楕円である．■

問題 5.1 【略解 p.220】

1. 実対称行列 $A=\begin{pmatrix} 2 & 0 & 1 \\ 0 & 3 & 0 \\ 1 & 0 & 2 \end{pmatrix}$ を直交行列により対角化し，その直交行列を求めよ．
2. 2 次曲線 $2x^2+6xy-6y^2=21$ の概形を調べよ．

---

*7 ${}^t\boldsymbol{x}P=\dfrac{1}{\sqrt{5}}\begin{pmatrix} x-2y & 2x+y \end{pmatrix}$, ${}^tP\boldsymbol{x}=\dfrac{1}{\sqrt{5}}\begin{pmatrix} x-2y \\ 2x+y \end{pmatrix}$ より ${}^t\boldsymbol{x}P={}^t({}^tP\boldsymbol{x})$ である．

5.2　複素ベクトル空間

これまでに学んできたベクトル空間 (➪ p.94) は，正確には $\mathbb{R}$ 上のベクトル空間，または**実ベクトル空間**と呼ばれる．その理由はスカラー倍 $c\boldsymbol{u}$ を実数 c だけに限定したことによる．スカラー倍を複素数 c (➪ p.16) まで考えるとき，$\mathbb{C}$ 上のベクトル空間，または**複素ベクトル空間**という．ここで $\mathbb{C}$ は複素数全体の集合である．

複素ベクトル空間

どんな $\boldsymbol{u}, \boldsymbol{v} \in V$ および，どんな $c_1, c_2 \in \mathbb{C}$ に対しても $c_1\boldsymbol{u} + c_2\boldsymbol{v} \in V$ となるとき，V を**複素ベクトル空間**と呼ぶ．

例 **5.2.1** 自然数 n に対して，複素数を成分とする n 次列ベクトル $\begin{pmatrix} z_1 \\ z_2 \\ \vdots \\ z_n \end{pmatrix}$ の全体を $\mathbb{C}^n$ とする．つまり

$$\mathbb{C}^n = \left\{ \begin{pmatrix} z_1 \\ z_2 \\ \vdots \\ z_n \end{pmatrix} : z_1, z_2, \cdots, z_n \in \mathbb{C} \right\}$$

である．このとき $\mathbb{C}^n$ は**複素ベクトル空間**となる．ただし

$$c_1 \begin{pmatrix} z_1 \\ z_2 \\ \vdots \\ z_n \end{pmatrix} + c_2 \begin{pmatrix} w_1 \\ w_2 \\ \vdots \\ w_n \end{pmatrix} = \begin{pmatrix} c_1 z_1 + c_2 w_1 \\ c_1 z_2 + c_2 w_2 \\ \vdots \\ c_1 z_n + c_2 w_n \end{pmatrix}, \quad \boldsymbol{0} = \left.\begin{pmatrix} 0 \\ 0 \\ \vdots \\ 0 \end{pmatrix}\right\} n \text{ 個}$$

であり，c_1, c_2 は任意の複素数である．

複素ベクトル空間に対しても実ベクトル空間と同様に，1 次独立 (➪ p.96)・1 次従属 (➪ p.100)，基底 (➪ p.120) の概念が定義される．

複素ベクトル空間のベクトルの 1 次独立性

複素ベクトル空間 V のベクトル $\boldsymbol{z}_1, \boldsymbol{z}_2, \cdots, \boldsymbol{z}_n \in V$ に対して

$$c_1\boldsymbol{z}_1 + c_2\boldsymbol{z}_2 + \cdots + c_n\boldsymbol{z}_n = \boldsymbol{0} \tag{5.2.1}$$

をみたす複素数 $c_1, c_2, \cdots, c_n$ が $c_1 = c_2 = \cdots = c_n = 0$ 以外にないとき $\boldsymbol{z}_1, \boldsymbol{z}_2, \cdots, \boldsymbol{z}_n$ は **1 次独立**であるという．

例 5.2.2 n を自然数とするとき，$\mathbb{C}^n$ のベクトル

$$\boldsymbol{e}_1 = \begin{pmatrix} 1 \\ 0 \\ \vdots \\ 0 \end{pmatrix}, \quad \boldsymbol{e}_2 = \begin{pmatrix} 0 \\ 1 \\ \vdots \\ 0 \end{pmatrix}, \quad \cdots, \quad \boldsymbol{e}_n = \begin{pmatrix} 0 \\ 0 \\ \vdots \\ 1 \end{pmatrix}$$

は 1 次独立である．実際 $c_1, c_2, \cdots, c_n \in \mathbb{C}$ に対して $c_1\boldsymbol{e}_1 + c_2\boldsymbol{e}_2 + \cdots + c_n\boldsymbol{e}_n = \boldsymbol{0}$ とすると

$$c_1 \begin{pmatrix} 1 \\ 0 \\ \vdots \\ 0 \end{pmatrix} + c_2 \begin{pmatrix} 0 \\ 1 \\ \vdots \\ 0 \end{pmatrix} + \cdots + c_n \begin{pmatrix} 0 \\ 0 \\ \vdots \\ 1 \end{pmatrix} = \begin{pmatrix} c_1 \\ c_2 \\ \vdots \\ c_n \end{pmatrix} = \begin{pmatrix} 0 \\ 0 \\ \vdots \\ 0 \end{pmatrix}$$

より $c_1 = c_2 = \cdots = c_n = 0$ となるからである．

例題 5.2.1 $\mathbb{C}^2$ のベクトル $\boldsymbol{z}_1 = \begin{pmatrix} -1+i \\ 1 \end{pmatrix}$, $\boldsymbol{z}_2 = \begin{pmatrix} -1-i \\ 1 \end{pmatrix}$ は 1 次独立であるか調べよ．

解　$c_1\boldsymbol{z}_1 + c_2\boldsymbol{z}_2 = \boldsymbol{0}$ とすると [*8]

$$c_1 \begin{pmatrix} -1+i \\ 1 \end{pmatrix} + c_2 \begin{pmatrix} -1-i \\ 1 \end{pmatrix} = \begin{pmatrix} 0 \\ 0 \end{pmatrix}$$

$$\therefore \quad \begin{pmatrix} -1+i & -1-i \\ 1 & 1 \end{pmatrix} \begin{pmatrix} c_1 \\ c_2 \end{pmatrix} = \begin{pmatrix} 0 \\ 0 \end{pmatrix} \tag{5.2.2}$$

となる．そこで拡大係数行列を簡約化して

$$\begin{pmatrix} -1+i & -1-i & 0 \\ 1 & 1 & 0 \end{pmatrix} \to \begin{pmatrix} 1 & 1 & 0 \\ -1+i & -1-i & 0 \end{pmatrix} \ ① \leftrightarrow ②$$

$$\to \begin{pmatrix} 1 & 1 & 0 \\ 0 & -2i & 0 \end{pmatrix} \ ② - ① \times (-1+i) \to \begin{pmatrix} 1 & 1 & 0 \\ 0 & 1 & 0 \end{pmatrix} \ ② \times \left(-\frac{1}{2i}\right)$$

$$\to \begin{pmatrix} 1 & 0 & 0 \\ 0 & 1 & 0 \end{pmatrix} \ ① - ②$$

を得る．よって $c_1 = c_2 = 0$ となり $\boldsymbol{z}_1, \boldsymbol{z}_2$ は 1 次独立であることが示された． ■

*8　ここで c_1, c_2 は実数ではなく複素数の範囲で考えていることに注意せよ．複素ベクトル空間ではスカラー倍は一般に複素数倍となるのである．

複素ベクトル空間のベクトルの 1 次従属性

$\boldsymbol{z}_1, \boldsymbol{z}_2, \cdots, \boldsymbol{z}_n \in V$ が 1 次独立でないとき，つまり $c_1\boldsymbol{z}_1 + c_2\boldsymbol{z}_2 + \cdots + c_n\boldsymbol{z}_n = \boldsymbol{0}$ をみたす複素数 $c_1, c_2, \cdots, c_n$ が $c_1 = c_2 = \cdots = c_n = 0$ 以外にもあるとき，$\boldsymbol{z}_1, \boldsymbol{z}_2, \cdots, \boldsymbol{z}_n$ は**1 次従属**であるという．

例 5.2.3 $\mathbb{C}^2$ のベクトル $\boldsymbol{z}_1 = \begin{pmatrix} 1+3i \\ 1-\ i \end{pmatrix}$, $\boldsymbol{z}_2 = \begin{pmatrix} -6+2i \\ 2+2i \end{pmatrix}$ は 1 次従属であることが次のようにしてわかる．実際，

$$(-2i)\boldsymbol{z}_1 + \boldsymbol{z}_2 = \begin{pmatrix} -2i+6 \\ -2i-2 \end{pmatrix} + \begin{pmatrix} -6+2i \\ 2+2i \end{pmatrix} = \begin{pmatrix} 0 \\ 0 \end{pmatrix}$$

となるので，$c_1 = -2i, c_2 = 1$ とすれば $c_1 \neq 0, c_2 \neq 0$ であり，$c_1\boldsymbol{z}_1 + c_2\boldsymbol{z}_2 = \boldsymbol{0}$ が成り立つからである．

複素ベクトル空間の生成

$\boldsymbol{z}_1, \boldsymbol{z}_2, \cdots, \boldsymbol{z}_n$ が複素ベクトル空間 V を**生成**するとは，どんなベクトル $\boldsymbol{z} \in V$ に対しても

$$\boldsymbol{z} = c_1\boldsymbol{z}_1 + c_2\boldsymbol{z}_2 + \cdots + c_n\boldsymbol{z}_n$$

となる複素数 $c_1, c_2, \cdots, c_n$ が存在することである．このとき

$$V = \{c_1\boldsymbol{z}_1 + c_2\boldsymbol{z}_2 + \cdots + c_n\boldsymbol{z}_n : c_1, c_2, \cdots, c_n \in \mathbb{C}\}$$

となる．

例 5.2.4 n を自然数とするとき，$\mathbb{C}^n$ のベクトル

$$\boldsymbol{e}_1 = \begin{pmatrix} 1 \\ 0 \\ \vdots \\ 0 \end{pmatrix}, \quad \boldsymbol{e}_2 = \begin{pmatrix} 0 \\ 1 \\ \vdots \\ 0 \end{pmatrix}, \quad \cdots, \quad \boldsymbol{e}_n = \begin{pmatrix} 0 \\ 0 \\ \vdots \\ 1 \end{pmatrix}$$

は $\mathbb{C}^n$ を生成する．実際，$\mathbb{C}^n$ の任意のベクトル $\begin{pmatrix} z_1 \\ z_2 \\ \vdots \\ z_n \end{pmatrix}$ は $z_1\boldsymbol{e}_1 + z_2\boldsymbol{e}_2 + \cdots + z_n\boldsymbol{e}_n$ と表すことができるからである．

複素ベクトル空間の基底

複素ベクトル空間 V のベクトル $\boldsymbol{z}_1, \boldsymbol{z}_2, \cdots, \boldsymbol{z}_n$ が V の**基底**であるとは，$\boldsymbol{z}_1, \boldsymbol{z}_2, \cdots, \boldsymbol{z}_n$ が 1 次独立であり，さらに V を生成することである．

例題 5.2.2 $\mathbb{C}^2$ のベクトル $\boldsymbol{z}_1 = \begin{pmatrix} -1+i \\ 1 \end{pmatrix}$, $\boldsymbol{z}_2 = \begin{pmatrix} -1-i \\ 1 \end{pmatrix}$ は $\mathbb{C}^2$ の基底であるか調べよ．

解 例題 5.2.1 (p.180) より $\boldsymbol{z}_1, \boldsymbol{z}_2$ は 1 次独立であるので，以下で $\boldsymbol{z}_1, \boldsymbol{z}_2$ が $\mathbb{C}^2$ を生成するか調べる．そのため任意に $\boldsymbol{z} = \begin{pmatrix} z_1 \\ z_2 \end{pmatrix} \in \mathbb{C}^2$ をとり $\boldsymbol{z} = c_1\boldsymbol{z}_1 + c_2\boldsymbol{z}_2$ となる複素数 c_1, c_2 を求めよう．この関係式を成分で表すと

$$\begin{pmatrix} z_1 \\ z_2 \end{pmatrix} = c_1\begin{pmatrix} -1+i \\ 1 \end{pmatrix} + c_2\begin{pmatrix} -1-i \\ 1 \end{pmatrix} = \begin{pmatrix} -1+i & -1-i \\ 1 & 1 \end{pmatrix}\begin{pmatrix} c_1 \\ c_2 \end{pmatrix}$$

となる．これは $z_1, z_2 \in \mathbb{C}$ を定数とし，c_1, c_2 を変数とする連立 1 次方程式なので，c_1, c_2 を求めるにはこの拡大係数行列を簡約化すればよい．この係数行列は例題 5.2.1 の (5.2.2) (p.180) と同じであるから，まったく同じ行基本変形を施して

$$\begin{pmatrix} -1+i & -1-i & z_1 \\ 1 & 1 & z_2 \end{pmatrix} \xrightarrow{\text{簡約化}} \cdots \rightarrow \begin{pmatrix} 1 & 0 & \dfrac{-iz_1+(1-i)z_2}{2} \\ 0 & 1 & \dfrac{iz_1+(1+i)z_2}{2} \end{pmatrix}$$

を得る．よって $\begin{pmatrix} c_1 \\ c_2 \end{pmatrix} = \dfrac{1}{2}\begin{pmatrix} -iz_1+(1-i)z_2 \\ iz_1+(1+i)z_2 \end{pmatrix}$ となる．つまり，

$$\boldsymbol{z} = \left\{\frac{-iz_1+(1-i)z_2}{2}\right\}\boldsymbol{z}_1 + \left\{\frac{iz_1+(1+i)z_2}{2}\right\}\boldsymbol{z}_2$$

である．よって $\boldsymbol{z}_1, \boldsymbol{z}_2$ は $\mathbb{C}^2$ を生成する．以上より $\boldsymbol{z}_1, \boldsymbol{z}_2$ は $\mathbb{C}^2$ の基底である． ■

☞ **注意 5.2.1** クラーメルの公式 (➪ p.88) は，係数行列の成分が複素数であっても成り立つことが知られている．この結果を用いれば，例題 5.2.2 の c_1, c_2 はより簡単に求まる． ✍

複素ベクトル空間 V に対しても，実ベクトル空間のときと同様に次元 (➪ p.122) を考えることができる．

複素ベクトル空間の次元

複素ベクトル空間 V の基底をなすベクトルの個数を $\dim_{\mathbb{C}} V$ で表し V の**複素次元**という．このとき V の 1 次独立なベクトルの最大個数は $\dim_{\mathbb{C}} V$ となる．

例 5.2.5 例 5.2.2 (p.180) および例 5.2.4 (p.181) より n 個のベクトル $\boldsymbol{e}_1, \boldsymbol{e}_2, \cdots, \boldsymbol{e}_n$ は複素ベクトル空間 $\mathbb{C}^n$ の基底をなすので $\dim_{\mathbb{C}} \mathbb{C}^n = n$ である．

☆ **参考 5.2.1** 複素ベクトル空間 $\mathbb{C}^n$ のスカラー倍を，特に実数倍だけに限定すれば，$\mathbb{C}^n$ は実ベクトル空間となる．このとき例 5.2.2 (p.180) の $\boldsymbol{e}_1, \boldsymbol{e}_2, \cdots, \boldsymbol{e}_n$ は実ベクトル空間 $\mathbb{C}^n$ を**生成しない**．たとえば $\mathbb{C}^n$ のベクトル $\boldsymbol{e}_1{}' = \begin{pmatrix} i \\ 0 \\ \vdots \\ 0 \end{pmatrix}, \boldsymbol{e}_2{}' = \begin{pmatrix} 0 \\ i \\ \vdots \\ 0 \end{pmatrix}, \cdots, \boldsymbol{e}_n{}' = \begin{pmatrix} 0 \\ 0 \\ \vdots \\ i \end{pmatrix}$ はどんな**実数** $c_1, c_2, \cdots, c_n$ を用いても $c_1\boldsymbol{e}_1 + c_2\boldsymbol{e}_2 + \cdots + c_n\boldsymbol{e}_n$ の形に表すことができないからである．特に $\boldsymbol{e}_1, \boldsymbol{e}_2, \cdots, \boldsymbol{e}_n$ は $\mathbb{C}^n$ の基底ではない．しかし $\boldsymbol{e}_1, \boldsymbol{e}_2, \cdots, \boldsymbol{e}_n, \boldsymbol{e}_1{}', \boldsymbol{e}_2{}', \cdots, \boldsymbol{e}_n{}'$ は $\mathbb{C}^n$ の基底になることがわかるので（興味ある読者は確かめることを勧める），$\mathbb{C}^n$ の実ベクトル空間としての次元は $\dim \mathbb{C}^n = 2n$ である．一方で，例 5.2.5 (p.182) より複素ベクトル空間としての $\mathbb{C}^n$ の次元は $\dim_{\mathbb{C}} \mathbb{C}^n = n$ である．このように同じ集合 $\mathbb{C}^n$ であっても，スカラーが実数か複素数かによって次元は異なるのである．✍

複素ベクトル空間 U, V に対しても，実ベクトル空間のときと同様に線型写像 (➪ p.126) を考えることができる．実ベクトル空間の間の線型写像と区別するため，ここでは**複素線型写像**と呼ぶことにする．

複素線型写像

写像 $T\colon U \to V$ に対して，どんな $\boldsymbol{u}_1, \boldsymbol{u}_2 \in U$ および，どんな $c_1, c_2 \in \mathbb{C}$ に対しても

$$T(c_1\boldsymbol{u}_1 + c_2\boldsymbol{u}_2) = c_1T(\boldsymbol{u}_1) + c_2T(\boldsymbol{u}_2)$$

となるとき T を**複素線型写像**と呼ぶ．

例 5.2.6 (1) 複素数を成分とする $m \times n$ 行列は，$\mathbb{C}^n$ から $\mathbb{C}^m$ への複素線型写像である．

(2) 複素数を係数とする多項式の全体を $\mathbb{C}[z]$ で表すと，$\mathbb{C}[z]$ は複素ベクトル空間となる．このとき $f(z)$ に導関数 $f'(z)$ を対応させる写像は $\mathbb{C}[z]$ から $\mathbb{C}[z]$ への複素線型写像である．

複素行列の固有多項式と固有値

複素数を成分とする n 次正方行列 A に対して，t の多項式 $|tE_n - A|$ を A の固有多項式といい $g_A(t)$ と書く．$g_A(t) = 0$ の**複素数解** λ を複素行列 A の固有値という．

☞ **注意 5.2.2** λ が固有多項式 $g_A(t) = 0$ の複素数解であるとは「λ は実数であってはいけない」という意味ではない．λ は複素数であればよいので，もちろん実数でもよい．✍

☆ **参考 5.2.2** A が n 次正方行列のとき，A の固有多項式 $g_A(t)$ は複素数を係数とする n 次多項式となる．方程式 $g_A(t) = 0$ は $t^2 + 1 = 0$ のように実数解をもつとは限らないが，複素数の中には必ず解をもつことが代数学の基本定理として知られている．よって複素成分の行列は必ず（複素数の範囲に）固有値をもつのである．✍

例題 5.2.3 複素線型写像 $A = \begin{pmatrix} 2 & -2 \\ 1 & 4 \end{pmatrix} : \mathbb{C}^2 \to \mathbb{C}^2$ の固有値 λ を求めよ．

解 A は例題 4.4.3 (p.153) と同じ行列なので，A の固有多項式は $g_A(t) = t^2 - 6t + 10$ となる．よって $g_A(t) = 0$ の解は $t = 3 \pm i$ となり，A の固有値は $\lambda = 3 \pm i$ である． ■

☞ **注意 5.2.3** 例題 4.4.3 (p.153) と例題 5.2.3 では同じ行列 $A = \begin{pmatrix} 2 & -2 \\ 1 & 4 \end{pmatrix}$ を考えたが，一方では固有値をもたないのに対して，他方では複素数の固有値をもった．この違いは，行列 $A = \begin{pmatrix} 2 & -2 \\ 1 & 4 \end{pmatrix}$ を実ベクトル空間から実ベクトル空間への線型写像（これを**実線型写像**という）$A: \mathbb{R}^2 \to \mathbb{R}^2$ と考えるか，複素線型写像 $A: \mathbb{C}^2 \to \mathbb{C}^2$ と考えるかによる．言い換えれば，単に行列 A が与えられただけでは A が固有値をもつかどうか判断できない：ベクトル空間が何かを明確にしてはじめて，固有値を考えることができるのである．✍

複素行列の固有空間

複素数を成分とする n 次正方行列 A の固有値 λ に対して

$$W_{\mathbb{C}}(\lambda; A) = \{\boldsymbol{z} \in \mathbb{C}^n : (\lambda E_n - A)\boldsymbol{z} = \boldsymbol{0}\}$$

を固有値 λ に対する A の**固有空間**といい，$W_{\mathbb{C}}(\lambda; A)$ のベクトルで零ベクトルでないものを（固有値 λ に対する）A の**固有ベクトル**という．

☆ **参考 5.2.3** 実線型写像 $A: \mathbb{R}^n \to \mathbb{R}^n$ の固有多項式 (⇨p.151) を $g_A(t)$ とする．このとき $g_A(t) = 0$ の**複素数解**を A の固有値と呼ぶ書物もある．しかし，A の固有値 $\lambda = a + ib$, $b \neq 0$ に対しては，実線型写像 A の λ に対する固有空間 $W(\lambda; A) = \{\boldsymbol{x} \in \mathbb{R}^n : (\lambda E_n - A)\boldsymbol{x} = \boldsymbol{0}\}$ は $W(\lambda; A) = \{\boldsymbol{0}\}$，つまり固有空間が零ベクトルだけとなってしまう．実際 $\boldsymbol{x} \in W(\lambda; A)$ とすると，$(\lambda E_n - A)\boldsymbol{x} = \boldsymbol{0}$ より $A\boldsymbol{x} = \lambda\boldsymbol{x} = (a + ib)\boldsymbol{x} = a\boldsymbol{x} + ib\boldsymbol{x}$ となるが [*9]，$A\boldsymbol{x}$ の成分はすべて実数であるので，$b \neq 0$ より $\boldsymbol{x} = \boldsymbol{0}$ でなければならない．

本書では，固有値や固有空間を，行列の対角化のために導入している．しかし固有空間が零ベクトルだけからなるような場合は，対角化の役に立たない．このような理由から，本書では「実線型写像の固有値は，固有多項式の**実数解**」としているのである．✍

例題 5.2.3 では複素線型写像としての行列 $A = \begin{pmatrix} 2 & -2 \\ 1 & 4 \end{pmatrix}$ の固有値 λ を求めた（例題 4.4.3 (p.153) 参照）．次にこの行列 A の固有空間 $W_{\mathbb{C}}(\lambda; A)$ を求めよう．

---

*9 より正確には，$\boldsymbol{x}$ は実ベクトル空間 $\mathbb{R}^n$ のベクトルなので $(a + ib)\boldsymbol{x}$ は定義されない．ここでは，$\mathbb{R}^n \subset \mathbb{C}^n$ なので，「$\boldsymbol{x} \in \mathbb{C}^n$ と考えて」の話となる（集合の要素とその記号 (⇨p.1) および部分集合と集合の相等 (⇨p.3) 参照）．

例題 5.2.4 複素線型写像 $A = \begin{pmatrix} 2 & -2 \\ 1 & 4 \end{pmatrix} : \mathbb{C}^2 \to \mathbb{C}^2$ に対して固有空間 $W_{\mathbb{C}}(3+i; A)$ および $W_{\mathbb{C}}(3-i; A)$ を求めよ．

解 例題 5.2.3 より $\lambda = 3 \pm i$ は A の固有値である．固有空間の定義より

$$W_{\mathbb{C}}(3+i; A) = \{\boldsymbol{z} \in \mathbb{C}^2 : ((3+i)E_2 - A)\boldsymbol{z} = \boldsymbol{0}\}$$

である．そこで $(3+i)E_2 - A = \begin{pmatrix} 1+i & 2 \\ -1 & -1+i \end{pmatrix}$ の拡大係数行列を簡約化して

$$\begin{pmatrix} 1+i & 2 & 0 \\ -1 & -1+i & 0 \end{pmatrix} \to \begin{pmatrix} -1 & -1+i & 0 \\ 1+i & 2 & 0 \end{pmatrix} \ ①\leftrightarrow②$$

$$\to \begin{pmatrix} 1 & 1-i & 0 \\ 1+i & 2 & 0 \end{pmatrix} \ ①\times(-1) \quad \to \begin{pmatrix} 1 & 1-i & 0 \\ 0 & 0 & 0 \end{pmatrix} \ ②-①\times(1+i)$$

を得る．ここで $\boldsymbol{z} = \begin{pmatrix} z_1 \\ z_2 \end{pmatrix}$ とおいて拡大係数行列の簡約化を連立 1 次方程式で書き直すと

$$\begin{cases} z_1 + (1-i)z_2 = 0 \\ \qquad\qquad 0 = 0 \end{cases}$$

となる．主成分に対応しない変数 z_2 (➪ p.48) に任意の**複素数** c を与えると $z_1 = -(1-i)c$ となる．よって $((3+i)E_2 - A)\boldsymbol{z} = \boldsymbol{0}$ の解は

$$\boldsymbol{z} = \begin{pmatrix} z_1 \\ z_2 \end{pmatrix} = \begin{pmatrix} -(1-i)c \\ c \end{pmatrix} = c\begin{pmatrix} -1+i \\ 1 \end{pmatrix} \qquad (c \in \mathbb{C})$$

である．したがって，

$$W_{\mathbb{C}}(3+i; A) = \left\{ c\begin{pmatrix} -1+i \\ 1 \end{pmatrix} : c \in \mathbb{C} \right\}$$

となる．同様にして $W_{\mathbb{C}}(3-i; A)$ を求める．$(3-i)E_2 - A = \begin{pmatrix} 1-i & 2 \\ -1 & -1-i \end{pmatrix}$ の拡大係数行列を簡約化すると

$$\begin{pmatrix} 1-i & 2 & 0 \\ -1 & -1-i & 0 \end{pmatrix} \to \begin{pmatrix} -1 & -1-i & 0 \\ 1-i & 2 & 0 \end{pmatrix} \ ①\leftrightarrow②$$

$$\to \begin{pmatrix} 1 & 1+i & 0 \\ 1-i & 2 & 0 \end{pmatrix} \ ①\times(-1) \quad \to \begin{pmatrix} 1 & 1+i & 0 \\ 0 & 0 & 0 \end{pmatrix} \ ②-①\times(1-i)$$

となる．よって $((3-i)E_2 - A)\boldsymbol{z} = \boldsymbol{0}$ の解は $\boldsymbol{z} = c\begin{pmatrix} -1-i \\ 1 \end{pmatrix}$, $c \in \mathbb{C}$ となるから

$$W_{\mathbb{C}}(3-i; A) = \left\{ c\begin{pmatrix} -1-i \\ 1 \end{pmatrix} : c \in \mathbb{C} \right\}$$

■

例題 5.2.5 複素線型写像 $A = \begin{pmatrix} 2 & -2 \\ 1 & 4 \end{pmatrix} : \mathbb{C}^2 \to \mathbb{C}^2$ に対して，$\mathbb{C}^2$ の基底

$\boldsymbol{z}_1 = \begin{pmatrix} -1+i \\ 1 \end{pmatrix}$，$\boldsymbol{z}_2 = \begin{pmatrix} -1-i \\ 1 \end{pmatrix}$ に関する表現行列を求めよ．

解 例題 5.2.4 の 解 (p.185) より $\boldsymbol{z}_1 \in W_{\mathbb{C}}(3+i; A)$, $\boldsymbol{z}_2 \in W_{\mathbb{C}}(3-i; A)$ である．つまり

$$A\boldsymbol{z}_1 = (3+i)\boldsymbol{z}_1, \qquad A\boldsymbol{z}_2 = (3-i)\boldsymbol{z}_2 \tag{5.2.3}$$

である．一方で $\boldsymbol{z}_1$, $\boldsymbol{z}_2$ は $\mathbb{C}^2$ の基底なので（例題 5.2.2 (p.182) 参照）$\mathbb{C}^2$ を生成する．よって

$$A\boldsymbol{z}_1 = \alpha_1\boldsymbol{z}_1 + \alpha_2\boldsymbol{z}_2, \qquad A\boldsymbol{z}_2 = \beta_1\boldsymbol{z}_1 + \beta_2\boldsymbol{z}_2 \tag{5.2.4}$$

をみたす複素数 α_1, α_2, β_1, β_2 が存在する．つまり

$$\begin{pmatrix} 2 & -2 \\ 1 & 4 \end{pmatrix}\begin{pmatrix} -1+i \\ 1 \end{pmatrix} = \alpha_1\begin{pmatrix} -1+i \\ 1 \end{pmatrix} + \alpha_2\begin{pmatrix} -1-i \\ 1 \end{pmatrix}$$
$$\begin{pmatrix} 2 & -2 \\ 1 & 4 \end{pmatrix}\begin{pmatrix} -1-i \\ 1 \end{pmatrix} = \beta_1\begin{pmatrix} -1+i \\ 1 \end{pmatrix} + \beta_2\begin{pmatrix} -1-i \\ 1 \end{pmatrix}$$

となる．これらをまとめて書くと

$$\begin{pmatrix} 2 & -2 \\ 1 & 4 \end{pmatrix}\begin{pmatrix} -1+i & -1-i \\ 1 & 1 \end{pmatrix} = \begin{pmatrix} -1+i & -1-i \\ 1 & 1 \end{pmatrix}\begin{pmatrix} \alpha_1 & \beta_1 \\ \alpha_2 & \beta_2 \end{pmatrix}$$

である．この $\begin{pmatrix} \alpha_1 & \beta_1 \\ \alpha_2 & \beta_2 \end{pmatrix}$ が $\boldsymbol{z}_1$, $\boldsymbol{z}_2$ に関する A の表現行列である．(5.2.4) と (5.2.3) で $\boldsymbol{z}_1$, $\boldsymbol{z}_2$ の係数を比較して，$\alpha_1 = 3+i$, $\alpha_2 = 0$, $\beta_1 = 0$, $\beta_2 = 3-i$ を得る．よって A の $\boldsymbol{z}_1$, $\boldsymbol{z}_2$ に関する表現行列は $\begin{pmatrix} 3+i & 0 \\ 0 & 3-i \end{pmatrix}$ となる． ■

別解 $P = \begin{pmatrix} -1+i & -1-i \\ 1 & 1 \end{pmatrix}$ とすると，求める表現行列は $P^{-1}AP$ である（注意 4.3.2 (p.146) 参照）．複素数を成分とする行列に対しても例題 2.5.1 (p.57) は成り立つので

$$P^{-1} = \frac{1}{(-1+i)-(-1-i)}\begin{pmatrix} 1 & 1+i \\ -1 & -1+i \end{pmatrix} = \frac{1}{2}\begin{pmatrix} -i & 1-i \\ i & 1+i \end{pmatrix}$$

となる（例題 2.8.2 (p.72) と同様にして P^{-1} を求めてもよい）．よって求める表現行列は $P^{-1}AP = \cdots = \begin{pmatrix} 3+i & 0 \\ 0 & 3-i \end{pmatrix}$ である． ■

☞ **注意 5.2.4** 例題 5.2.5 では複素線型写像 $A = \begin{pmatrix} 2 & -2 \\ 1 & 4 \end{pmatrix}$ の対角化が求まった．この行列 A を実ベクトル空間 $\mathbb{R}^2$(➪ p.179) から $\mathbb{R}^2$ への実線型写像 (➪ p.184) と考えたときには，固有値さえ存在しなかった（例題 4.4.3 (p.153) 参照）．このように同じ成分からなる行列であっても，実ベクトル空間の間の線型写像と考えるのか，複素ベクトル空間の間の線型写像と考えるのかによって大きな違いが生じることがある．✍

✰ **参考 5.2.4** 複素ベクトル空間 V の任意のベクトル $\boldsymbol{z}_1$, $\boldsymbol{z}_2 \in V$ に対して次をみたす複素数 $(\boldsymbol{z}_1, \boldsymbol{z}_2)$ が存在するとき $(\cdot,\cdot)$ を V の**内積**または**エルミート内積**という．

(1) $(\boldsymbol{z}_1 + \boldsymbol{z}_2, \boldsymbol{z}_3) = (\boldsymbol{z}_1, \boldsymbol{z}_3) + (\boldsymbol{z}_2, \boldsymbol{z}_3)$
(2) $(c\boldsymbol{z}_1, \boldsymbol{z}_2) = c(\boldsymbol{z}_1, \boldsymbol{z}_2)$ （ただし c は任意の複素数）
(3) $(\boldsymbol{z}_2, \boldsymbol{z}_1) = \overline{(\boldsymbol{z}_1, \boldsymbol{z}_2)}$ （ただし $\bar{\ }$ は複素共役 (➪ p.20) である）
(4) $(\boldsymbol{z}_1, \boldsymbol{z}_1) \geqq 0$ であり，$(\boldsymbol{z}_1, \boldsymbol{z}_1) = 0$ となるのは $\boldsymbol{z}_1 = \boldsymbol{0}$ のときに限る．

たとえば複素ベクトル空間 $\mathbb{C}^n$ のベクトル $\boldsymbol{z} = \begin{pmatrix} z_1 \\ z_2 \\ \vdots \\ z_n \end{pmatrix}, \boldsymbol{w} = \begin{pmatrix} w_1 \\ w_2 \\ \vdots \\ w_n \end{pmatrix} \in \mathbb{C}^n$ に対して

$$(\boldsymbol{z}, \boldsymbol{w}) = z_1\overline{w_1} + z_2\overline{w_2} + \cdots + z_n\overline{w_n}$$

はエルミート内積となる．✍

問題 5.2 【**略解 p.221**】

1. $\mathbb{C}^2$ の次のベクトルは $\mathbb{C}^2$ の基底であるか調べよ．

(1) $\boldsymbol{z}_1 = \begin{pmatrix} i \\ 1 \end{pmatrix}$, $\boldsymbol{z}_2 = \begin{pmatrix} -i \\ 1 \end{pmatrix}$　　(2) $\boldsymbol{z}_1 = \begin{pmatrix} 1-2i \\ 1 \end{pmatrix}$, $\boldsymbol{z}_2 = \begin{pmatrix} 1+2i \\ 1 \end{pmatrix}$

2. 次の複素線型写像 $A\colon \mathbb{C}^2 \to \mathbb{C}^2$ に対して以下の (i), (ii), (iii), (iv) を求めよ．

(1) $A = \begin{pmatrix} 1 & -2 \\ 2 & 1 \end{pmatrix}$　　(2) $A = \begin{pmatrix} 0 & -1 \\ 1 & 0 \end{pmatrix}$　　(3) $A = \begin{pmatrix} 2 & 5 \\ -1 & 4 \end{pmatrix}$

(i) A の固有多項式 $g_A(t)$.
(ii) A の固有値 λ.
(iii) 各固有値 λ に対する A の固有空間 $W_{\mathbb{C}}(\lambda; A)$.
(iv) A の対角化

問題の略解

第1章

問題 1.0 (p.15)

1. 下図と図形的考察より

$$\begin{cases} \sin(\theta \pm 2\pi) = \sin\theta \\ \cos(\theta \pm 2\pi) = \cos\theta \end{cases} \qquad \begin{cases} \sin(\pi - \theta) = \sin\theta \\ \cos(\pi - \theta) = -\cos\theta \end{cases} \qquad \begin{cases} \sin\left(\dfrac{\pi}{2} - \theta\right) = \cos\theta \\ \cos\left(\dfrac{\pi}{2} - \theta\right) = \sin\theta \end{cases}$$

が示される.

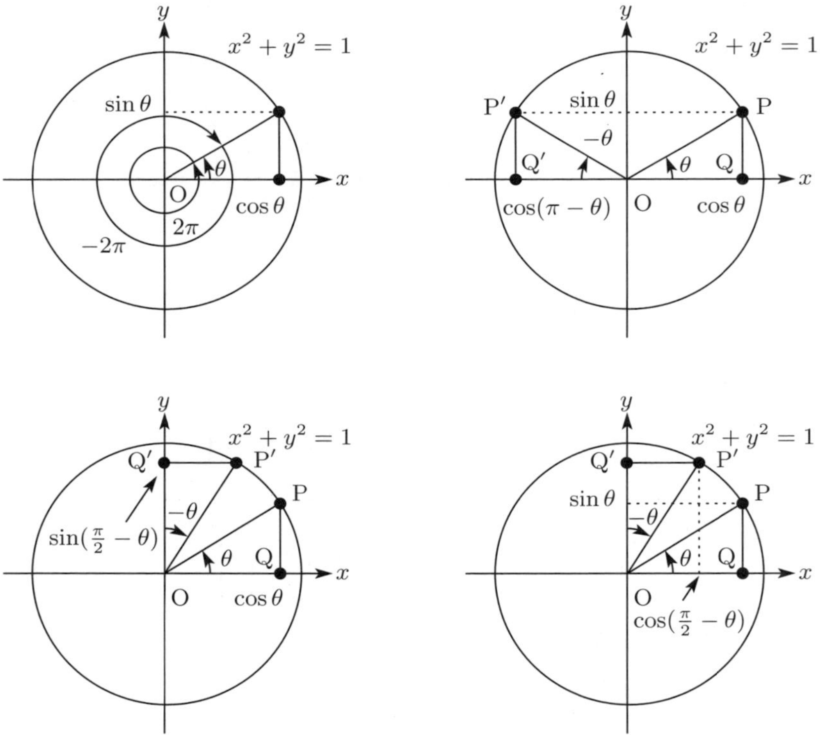

問題 1.1 (p.23)

1. (1) $8 + 6i$ (2) $8 - 7i$ (3) $-10 - 10i$ (4) $\dfrac{-8 - 9i}{5}$ (5) $2 + i$ (6) $-9 - 7i$
(7) $-5 + 12i$ (8) $\dfrac{-7 + 6i}{5}$
2. (1) $1 + 2i$ (2) $1 - 7i$ (3) $-1 - 2i$

3. (1) 3　(2) $\sqrt{13}$　(3) $3\sqrt{5}$　(4) $\dfrac{\sqrt{2}}{3}$　(5) $5\sqrt{2}$　(6) 1

4. (1) $|z-1+4i|=\sqrt{3}$　(2) 中心 i，半径 1.

   (3) 求める図形は中心が $-1-\sqrt{2}\,i$，半径が $\sqrt{3}$ の円とその内部からなる閉円板である.

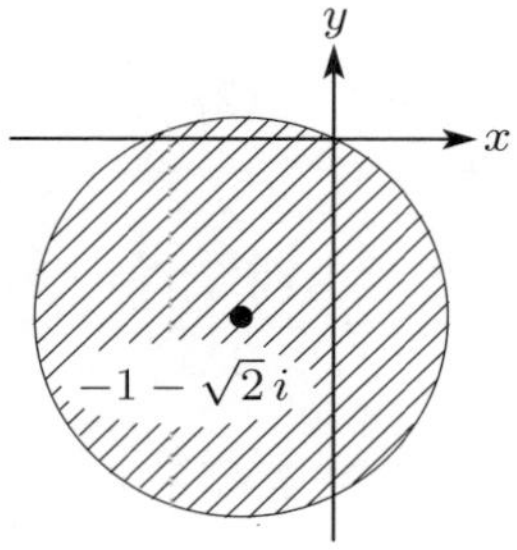

問題 1.2 (p.29)

1. (1) $e^{\frac{\pi}{2}i}=i,\ e^{\pi i}=-1,\ e^{\frac{3\pi}{2}i}=-i,\ e^{2\pi i}=1$

   (2) $e^{\frac{\pi}{3}i}=\dfrac{1+\sqrt{3}\,i}{2},\ e^{\frac{2\pi}{3}i}=\dfrac{-1+\sqrt{3}\,i}{2},\ e^{\frac{4\pi}{3}i}=\dfrac{-1-\sqrt{3}\,i}{2},\ e^{\frac{5\pi}{3}i}=\dfrac{1-\sqrt{3}\,i}{2}$

   (3) $e^{\frac{\pi}{4}i}=\dfrac{1+i}{\sqrt{2}},\ e^{\frac{3\pi}{4}i}=\dfrac{-1+i}{\sqrt{2}},\ e^{\frac{5\pi}{4}i}=\dfrac{-1-i}{\sqrt{2}},\ e^{\frac{7\pi}{4}i}=\dfrac{1-i}{\sqrt{2}}$

   (4) $e^{\frac{\pi}{6}i}=\dfrac{\sqrt{3}+i}{2},\ e^{\frac{5\pi}{6}i}=\dfrac{-\sqrt{3}+i}{2},\ e^{\frac{7\pi}{6}i}=\dfrac{-\sqrt{3}-i}{2},\ e^{\frac{11\pi}{6}i}=\dfrac{\sqrt{3}-i}{2}$

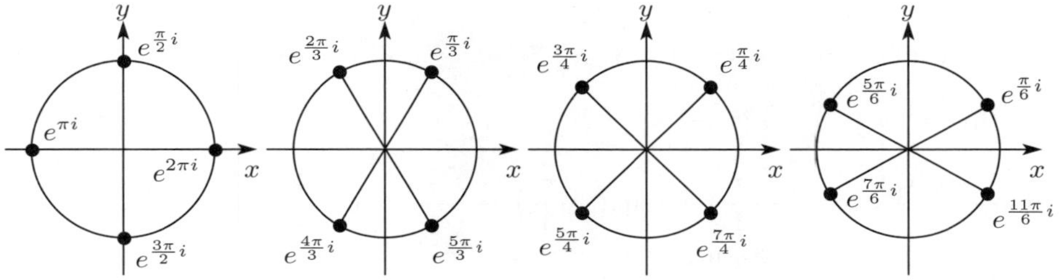

2. (1) $e^{-\frac{\pi}{2}i}=-i,\ e^{-\pi i}=-1,\ e^{-\frac{3\pi}{2}i}=i,\ e^{-2\pi i}=1$

   (2) $e^{-\frac{\pi}{3}i}=\dfrac{1-\sqrt{3}\,i}{2},\ e^{-\frac{2\pi}{3}i}=\dfrac{-1-\sqrt{3}\,i}{2},\ e^{-\frac{4\pi}{3}i}=\dfrac{-1+\sqrt{3}\,i}{2},\ e^{-\frac{5\pi}{3}i}=\dfrac{1+\sqrt{3}\,i}{2}$

   (3) $e^{-\frac{\pi}{4}i}=\dfrac{1-i}{\sqrt{2}},\ e^{-\frac{3\pi}{4}i}=\dfrac{-1-i}{\sqrt{2}},\ e^{-\frac{5\pi}{4}i}=\dfrac{-1+i}{\sqrt{2}},\ e^{-\frac{7\pi}{4}i}=\dfrac{1+i}{\sqrt{2}}$

   (4) $e^{-\frac{\pi}{6}i}=\dfrac{\sqrt{3}-i}{2},\ e^{-\frac{5\pi}{6}i}=\dfrac{-\sqrt{3}-i}{2},\ e^{-\frac{7\pi}{6}i}=\dfrac{-\sqrt{3}+i}{2},\ e^{-\frac{11\pi}{6}i}=\dfrac{\sqrt{3}+i}{2}$

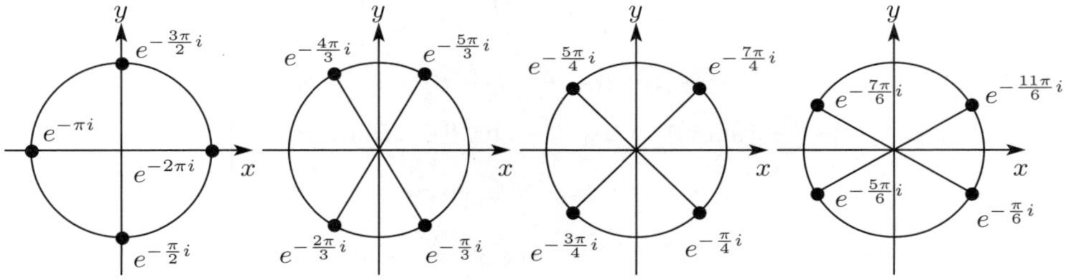

3. 注意 1.2.3 (p.25) でも述べたように，オイラーの公式を用いた複素数の表し方は 1 通りではないので，以下に一例を記すにとどめる．より詳しくは極形式と偏角 (➪ p.30) および

注意 1.3.1 を参照せよ．

(1) $e^{\frac{2\pi}{7}i}$ (2) $e^{\frac{5\pi}{6}i}$ (3) $e^{\frac{4\pi}{3}i}$ (4) (2), (3) より $e^{\frac{5\pi}{6}i}\times e^{\frac{4\pi}{3}i}=e^{\frac{13\pi}{6}i}$

(5) e^{3ti} (6) $e^{-\frac{\pi}{4}i}$ (7) $e^{\frac{3\pi}{4}i}$ (8) (6), (7) より $e^{-\frac{\pi}{4}i}\times e^{\frac{3\pi}{4}i}=e^{\frac{\pi}{2}i}$

4. $e^{-\frac{\pi}{6}i}=\dfrac{\sqrt{3}-i}{2}$, $e^{\frac{\pi}{6}i}=\dfrac{\sqrt{3}+i}{2}$, $e^{\frac{\pi}{4}i}=\dfrac{1+i}{\sqrt{2}}$, $e^{\frac{\pi}{3}i}=\dfrac{1+\sqrt{3}\,i}{2}$, $e^{\frac{2\pi}{3}i}=\dfrac{-1+\sqrt{3}\,i}{2}$ より

(1) $e^{\frac{\pi}{12}i}=e^{-\frac{\pi}{6}i}e^{\frac{\pi}{4}i}=\dfrac{\sqrt{3}-i}{2}\;\dfrac{1+i}{\sqrt{2}}=\dfrac{1+\sqrt{3}+(-1+\sqrt{3})i}{2\sqrt{2}}$

(2) $e^{\frac{5\pi}{12}i}=e^{\frac{\pi}{6}i}e^{\frac{\pi}{4}i}=\dfrac{\sqrt{3}+i}{2}\;\dfrac{1+i}{\sqrt{2}}=\dfrac{(-1+\sqrt{3})+(1+\sqrt{3})i}{2\sqrt{2}}$

(3) $e^{\frac{7\pi}{12}i}=e^{\frac{\pi}{4}i}e^{\frac{\pi}{3}i}=\dfrac{1+i}{\sqrt{2}}\;\dfrac{1+\sqrt{3}\,i}{2}=\dfrac{1-\sqrt{3}+(1+\sqrt{3})i}{2\sqrt{2}}$

(4) $e^{\frac{11\pi}{12}i}=e^{\frac{\pi}{4}i}e^{\frac{2\pi}{3}i}=\dfrac{1+i}{\sqrt{2}}\;\dfrac{-1+\sqrt{3}\,i}{2}=\dfrac{(-1-\sqrt{3})+(-1+\sqrt{3})i}{2\sqrt{2}}$

5. (1) $\left(e^{\pi i}\right)^2=e^{2\pi i}=1$ (2) $(e^{\frac{2\pi}{3}i})^4=e^{\frac{8\pi}{3}i}=\dfrac{-1+\sqrt{3}\,i}{2}$

(3) $(e^{\frac{\pi}{6}i})^{-3}=e^{-\frac{\pi}{2}i}=-i$ (4) $(e^{-\frac{3\pi}{32}i})^{-8}=e^{\frac{3\pi}{4}i}=\dfrac{-1+i}{\sqrt{2}}$

(5) $(e^{-\frac{\pi}{10}i})^{-30}=e^{3\pi i}=-1$

6. $\dfrac{1-\sqrt{3}\,i}{2}=\cos\left(-\dfrac{\pi}{3}\right)+i\sin\left(-\dfrac{\pi}{3}\right)$, $\dfrac{-1+i}{\sqrt{2}}=\cos\dfrac{3\pi}{4}+i\sin\dfrac{3\pi}{4}$ より，
ド・モアブルの定理を用いて

(1) $\left(\dfrac{1-\sqrt{3}\,i}{2}\right)^{10}=\cos\left(-\dfrac{10\pi}{3}\right)+i\sin\left(-\dfrac{10\pi}{3}\right)=\dfrac{-1+\sqrt{3}\,i}{2}$

(2) $\left(\dfrac{1-\sqrt{3}\,i}{2}\right)^{-6}=\cos\left(\dfrac{6\pi}{3}\right)+i\sin\left(\dfrac{6\pi}{3}\right)=1$

(3) $\left(\dfrac{-1+i}{\sqrt{2}}\right)^{5}=\cos\dfrac{15\pi}{4}+i\sin\dfrac{15\pi}{4}=\dfrac{1-i}{\sqrt{2}}$

(4) $\left(\dfrac{-1+i}{\sqrt{2}}\right)^{-7}=\cos\left(-\dfrac{21\pi}{4}\right)+i\sin\left(-\dfrac{21\pi}{4}\right)=\dfrac{-1+i}{\sqrt{2}}$

7. (1) ド・モアブルの定理より $(\cos\theta+i\sin\theta)^2=\cos 2\theta+i\sin 2\theta$ である．左辺を展開すると $(\cos\theta+i\sin\theta)^2=\cos^2\theta-\sin^2\theta+2i\sin\theta\cos\theta$ となるから，

$$\cos 2\theta+i\sin 2\theta=\cos^2\theta-\sin^2\theta+2i\sin\theta\cos\theta$$

を得る．実部と虚部を比較して $\cos 2\theta=\cos^2\theta-\sin^2\theta$, $\sin 2\theta=2\sin\theta\cos\theta$ となる．

(2) ド・モアブルの定理より $(\cos\theta + i\sin\theta)^3 = \cos 3\theta + i\sin 3\theta$ である．左辺を展開し，さらに $\sin^2\theta = 1 - \cos^2\theta$, $\cos^2\theta = 1 - \sin^2\theta$ を代入して

$$\begin{aligned}(\cos\theta + i\sin\theta)^3 &= \cos^3\theta - 3\sin^2\theta\cos\theta + i\,(3\sin\theta\cos^2\theta - \sin^3\theta)\\ &= \cos^3\theta - 3(1-\cos^2\theta)\cos\theta + i\{3\sin\theta(1-\sin^2\theta) - \sin^3\theta\}\\ &= 4\cos^3\theta - 3\cos\theta + i\,(3\sin\theta - 4\sin^3\theta)\end{aligned}$$

を得る．よって

$$\cos 3\theta + i\sin 3\theta = 4\cos^3\theta - 3\cos\theta + i\,(3\sin\theta - 4\sin^3\theta)$$

である．両辺の実部と虚部を比較して $\cos 3\theta = 4\cos^3\theta - 3\cos\theta$, $\sin 3\theta = 3\sin\theta - 4\sin^3\theta$ を得る．

8. (1) 問題 1.2 (p.29) の 7.(1) より $\cos 2\theta = \cos^2\theta - \sin^2\theta$ である．ここで $\sin^2\theta = 1 - \cos^2\theta$ を代入して $\cos 2\theta = \cos^2\theta - (1 - \cos^2\theta) = 2\cos^2\theta - 1$ を得る．よって $2\cos^2 x = \cos 2x + 1$

(2) (1) と同様にして $\cos 2\theta = 1 - 2\sin^2\theta$ を得る．よって $2\sin^2 3x = 1 - \cos 6x$

(3) $\cos(4x + x) = \cos 4x\cos x - \sin 4x\sin x$, $\cos(4x - x) = \cos 4x\cos x + \sin 4x\sin x$ より $2\cos 4x\cos x = \cos 5x + \cos 3x$

(4) $\sin(2x + 3x) = \sin 2x\cos 3x + \cos 2x\sin 3x$,
$\sin(2x - 3x) = \sin 2x\cos 3x - \cos 2x\sin 3x$ より
$2\sin 2x\cos 3x = \sin 5x + \sin(-x) = \sin 5x - \sin x$

(5) $\cos(4x + 3x) = \cos 4x\cos 3x - \sin 4x\sin 3x$,
$\cos(4x - 3x) = \cos 4x\cos 3x + \sin 4x\sin 3x$ より
$2\sin 4x\sin 3x = \cos x - \cos 7x$

(6) 問題 1.2 (p.29) の 7.(2) より $\cos 3\theta = 4\cos^3\theta - 3\cos\theta$ であるから
$4\cos^3 2x = \cos 6x + 3\cos 2x$

(7) (6) と同様にして，問題 1.2 (p.29) の 7.(2) を用いて $4\sin^3 3x = 3\sin 3x - \sin 9x$

問題 1.3 (p.34)

1. (1) $|1 - i| = \sqrt{2}$ より極形式は $1 - i = \sqrt{2}\left(\cos\left(-\dfrac{\pi}{4}\right) + i\sin\left(-\dfrac{\pi}{4}\right)\right) = \sqrt{2}e^{-\frac{\pi}{4}i}$ である．よって偏角は $\theta = -\dfrac{\pi}{4} + 2n\pi$ $(n = 0, \pm1, \pm2, \pm3, \cdots)$ である．

(2) $|2\sqrt{3} + 2i| = 4$ より極形式は $2\sqrt{3} + 2i = 4\left(\cos\dfrac{\pi}{6} + i\sin\dfrac{\pi}{6}\right) = 4e^{\frac{\pi}{6}i}$ である．よって偏角は $\theta = \dfrac{\pi}{6} + 2n\pi$ $(n = 0, \pm1, \pm2, \pm3, \cdots)$ である．

(3) $|-3\sqrt{2} - 3\sqrt{2}\,i| = 6$ より極形式は
$-3\sqrt{2} - 3\sqrt{2}\,i = 6\left(\cos\left(-\dfrac{3\pi}{4}\right) + i\sin\left(-\dfrac{3\pi}{4}\right)\right) = 6e^{-\frac{3\pi}{4}i}$ である．よって偏角は
$\theta = -\dfrac{3\pi}{4} + 2n\pi$ $(n = 0, \pm1, \pm2, \pm3, \cdots)$ である．

(4) $\left|-\frac{1}{4}+\frac{1}{4}i\right| = \frac{\sqrt{2}}{4}$ より極形式は $-\frac{1}{4}+\frac{1}{4}i = \frac{\sqrt{2}}{4}\left(\cos\frac{3\pi}{4}+i\sin\frac{3\pi}{4}\right) = \frac{\sqrt{2}}{4}e^{\frac{3\pi}{4}i}$ である．よって偏角は $\theta = \frac{3\pi}{4}+2n\pi$ $(n=0,\pm1,\pm2,\pm3,\cdots)$ である．

(5) $|-3| = 3$ より極形式は $-3 = 3(\cos\pi+i\sin\pi) = 3e^{\pi i}$ である．よって偏角は $\theta = \pi+2n\pi = (2n+1)\pi$ $(n=0,\pm1,\pm2,\pm3,\cdots)$ である．

2. 例題 1.3.2 (p.31)，例題 1.3.3 (p.32) および問題 1.3 の 1 (p.34) の結果より

(1) $(1-i)(2\sqrt{3}+2i) = \sqrt{2}e^{-\frac{\pi}{4}i}\,4e^{\frac{\pi}{6}i} = 4\sqrt{2}e^{-\frac{\pi}{12}i}$　(2) $\frac{1}{2\sqrt{3}+2i} = \frac{1}{4e^{\frac{\pi}{6}i}} = \frac{1}{4}e^{-\frac{\pi}{6}i}$

(3) $\frac{-3\sqrt{2}-3\sqrt{2}\,i}{2\sqrt{3}+2i} = (-3\sqrt{2}-3\sqrt{2}\,i)\,\frac{1}{2\sqrt{3}+2i} = 6e^{-\frac{3\pi}{4}i}\,\frac{1}{4}e^{-\frac{\pi}{6}i} = \frac{3}{2}e^{-\frac{11}{12}\pi i}$

3. $(e^{i\theta})^n = e^{in\theta}$（例題 1.2.3 (p.26)）を用いる．

(1) $1+i = \sqrt{2}e^{\frac{\pi}{4}i}$ より極形式表示は $(1+i)^4 = \sqrt{2}^{\,4}e^{\frac{4\pi}{4}i} = 4e^{\pi i}$ である．
よって $(1+i)^4 = -4$ となる．

(2) $\sqrt{3}+i = 2e^{\frac{\pi}{6}i}$ より極形式表示は $(\sqrt{3}+i)^5 = 2^5e^{\frac{5\pi}{6}i}\,(=32e^{\frac{5\pi}{6}i})$ である．
よって $(\sqrt{3}+i)^5 = -16\sqrt{3}+16i$ となる．

(3) $1-\sqrt{3}\,i = 2e^{-\frac{\pi}{3}i}$ より極形式表示は $(1-\sqrt{3}\,i)^6 = 2^6e^{-\frac{6\pi}{3}i} = 2^6e^{-2\pi i}$ である．
よって $(1-\sqrt{3}\,i)^6 = 2^6\,(=64)$ となる．

(4) $\frac{-1-i}{\sqrt{2}} = e^{-\frac{3\pi}{4}i}$ より極形式表示は $\left(\frac{-1-i}{\sqrt{2}}\right)^7 = e^{-\frac{21\pi}{4}i}$ である．
よって $\left(\frac{-1-i}{\sqrt{2}}\right)^7 = e^{-\frac{21\pi}{4}i} = e^{-5\pi i-\frac{\pi}{4}i} = e^{-5\pi i}e^{-\frac{\pi}{4}i} = \frac{-1+i}{\sqrt{2}}$ となる．

(5) $i = e^{\frac{\pi}{2}i}$ より極形式表示は $i^{50} = e^{\frac{50\pi}{2}i} = e^{25\pi i}$ であるから $i^{50} = e^{25\pi i} = -1$ となる．

4. 複素数の n 乗根 (➪ p.33) を用いる．

(1) $1+\sqrt{3}\,i = 2e^{\frac{\pi}{3}i}$ より $z^3 = 1+\sqrt{3}\,i$ をみたす複素数は $z = \sqrt[3]{2}e^{\left(\frac{\pi}{9}+\frac{2k\pi}{3}\right)i}$ $(k=0,1,2)$ である．よって $z = \sqrt[3]{2}e^{\frac{\pi}{9}i}$, $\sqrt[3]{2}e^{\frac{7\pi}{9}i}$, $\sqrt[3]{2}e^{\frac{13\pi}{9}i}$ となる．

(2) $1-i = \sqrt{2}e^{-\frac{\pi}{4}i}$ より $z^5 = 1-i$ をみたす複素数は $z = \sqrt[10]{2}e^{\left(-\frac{\pi}{20}+\frac{2k\pi}{5}\right)i}$
$(k=0,1,2,3,4)$ である．よって
$z = \sqrt[10]{2}e^{-\frac{\pi}{20}i}$, $\sqrt[10]{2}e^{\frac{7\pi}{20}i}$, $\sqrt[10]{2}e^{\frac{3\pi}{4}i}$, $\sqrt[10]{2}e^{\frac{23\pi}{20}i}$, $\sqrt[10]{2}e^{\frac{31\pi}{20}i}$ となる．

(3) $-3\sqrt{3}+3i = 6e^{\frac{5\pi}{6}i}$ より $z^4 = -3\sqrt{3}+3i$ をみたす複素数は $z = \sqrt[4]{6}e^{\left(\frac{5\pi}{24}+\frac{2k\pi}{4}\right)i}$
$(k=0,1,2,3)$ である．よって $z = \sqrt[4]{6}e^{\frac{5\pi}{24}i}$, $\sqrt[4]{6}e^{\frac{17\pi}{24}i}$, $\sqrt[4]{6}e^{\frac{29\pi}{24}i}$ $\sqrt[4]{6}e^{\frac{41\pi}{24}i}$ となる．

(4) $i = e^{\frac{\pi}{2}i}$ より $z^6 = i$ をみたす複素数は $z = e^{\left(\frac{\pi}{12}+\frac{2k\pi}{6}\right)i}$ $(k=0,1,2,3,4,5)$ である．
よって $z = e^{\frac{\pi}{12}i}$, $e^{\frac{5\pi}{12}i}$, $e^{\frac{3\pi}{4}i}$, $e^{\frac{13\pi}{12}i}$, $e^{\frac{17\pi}{12}i}$, $e^{\frac{7\pi}{4}i}$ となる．

5. 円周上の複素数の表示 (➪ p.34) を用いる．

(1) $z = 1+e^{i\theta}$ $(0 \leqq \theta < 2\pi)$　(2) $z = 4+3i+3e^{i\theta}$ $(0 \leqq \theta < 2\pi)$

(3) $z = 2e^{i\theta}$ $(0 \leqq \theta < 2\pi)$　(4) $z = i+\sqrt{2}e^{i\theta}$ $(0 \leqq \theta < 2\pi)$

(5) $z = 3-i+\frac{1}{2}e^{i\theta}$ $(0 \leqq \theta < 2\pi)$　(6) $z = -2+2i+2e^{i\theta}$ $(0 \leqq \theta < 2\pi)$

第2章

問題 2.1 (p.42)

1. (1) $\begin{cases} x = 1 \\ y = 1 \end{cases}$ (2) $\begin{cases} x = -2 \\ y = 3 \end{cases}$ (3) $\begin{cases} x = -4 \\ y = 2 \end{cases}$ (4) $\begin{cases} x = -3 \\ y = 2 \end{cases}$ (5) $\begin{cases} x = -1 \\ y = 1 \end{cases}$

(6) $\begin{pmatrix} 3 & 1 & 2 \\ 5 & 2 & 5 \end{pmatrix} \to \begin{pmatrix} 3 & 1 & 2 \\ -1 & 0 & 1 \end{pmatrix}$ ② − ① × 2 $\to \cdots$ より $\begin{cases} x = -1 \\ y = 5 \end{cases}$

2. (1) $\begin{cases} x = -1 \\ y = 2 \\ z = -2 \end{cases}$ (2) $\begin{cases} x = 3 \\ y = 2 \\ z = -2 \end{cases}$ (3) $\begin{cases} x = 2 \\ y = -2 \\ z = -2 \end{cases}$

(4) $\begin{cases} x = 1 \\ y = 1 \\ z = 2 \end{cases}$ (5) $\begin{cases} x = -1 \\ y = 2 \\ z = -3 \end{cases}$ (6) $\begin{cases} x = 1 \\ y = -1 \\ z = -2 \end{cases}$

3. (1) $\begin{cases} x = 2 \\ y = 1 \\ z = 3 \\ w = -1 \end{cases}$ (2) $\begin{cases} x = -3 \\ y = 2 \\ z = -1 \\ w = 1 \end{cases}$ (3) $\begin{cases} x = 2 \\ y = 5 \\ z = 3 \\ w = 6 \end{cases}$ (4) $\begin{cases} x = 7 \\ y = 2 \\ z = 1 \\ w = -4 \end{cases}$

問題 2.2 (p.47)

1. (1) $\begin{pmatrix} 0 & 1 & 0 \\ 0 & 0 & 1 \end{pmatrix}$ (2) $\begin{pmatrix} 1 & 0 & 0 \\ 0 & 1 & 0 \\ 0 & 0 & 1 \end{pmatrix}$ (3) $\begin{pmatrix} 1 & 0 & 1 \\ 0 & 1 & 0 \\ 0 & 0 & 0 \end{pmatrix}$

(4) $\begin{pmatrix} 1 & 0 & 0 & -2 \\ 0 & 1 & 0 & 1 \\ 0 & 0 & 1 & 3 \end{pmatrix}$ (5) $\begin{pmatrix} 1 & 0 & 0 & 1 & 5 \\ 0 & 1 & 0 & -1 & -2 \\ 0 & 0 & 1 & 1 & 5 \end{pmatrix}$

2. (1) $\begin{pmatrix} 1 & 0 & 5 \\ 0 & 1 & -3 \\ 0 & 0 & 0 \end{pmatrix}$，階数は 2 (2) $\begin{pmatrix} 1 & 0 & 1 \\ 0 & 1 & -3 \\ 0 & 0 & 0 \end{pmatrix}$，階数は 2

(3) $\begin{pmatrix} 1 & 0 & 0 \\ 0 & 1 & 0 \\ 0 & 0 & 1 \end{pmatrix}$，階数は 3 (4) $\begin{pmatrix} 1 & 0 & 5 & 1 & 0 \\ 0 & 1 & -3 & -3 & 0 \\ 0 & 0 & 0 & 0 & 1 \end{pmatrix}$，階数は 3

(5) $\begin{pmatrix} 1 & 0 & 4 & 0 & 5 \\ 0 & 1 & 2 & 0 & 3 \\ 0 & 0 & 0 & 1 & 0 \end{pmatrix}$，階数は 3

3. 問題 2.2 の 2. (4) (p.47) の簡約化より (1) $\begin{cases} x = 5 \\ y = -3 \end{cases}$ (2) $\begin{cases} x = 1 \\ y = -3 \end{cases}$ (3) 解なし となる（例題 2.2.3 (p.46) 参照）.

4. 問題 2.2 の 2. (5) (p.47) の簡約化より (1) $\begin{cases} x = 4 \\ y = 2 \end{cases}$ (2) 解なし (3) $\begin{cases} x = 5 \\ y = 3 \end{cases}$ となる.

問題 2.3 (p.51)

1. $a \neq 1$ のとき $\begin{pmatrix} x \\ y \end{pmatrix} = \dfrac{b}{a-1}\begin{pmatrix} 1 \\ 1 \end{pmatrix}$, $a=1, b=0$ のとき $\begin{pmatrix} x \\ y \end{pmatrix} = c\begin{pmatrix} 1 \\ 1 \end{pmatrix}$ となる.
ただし c は任意の実数である.

2. 拡大係数行列を簡約化し，主成分に対応しない変数 (➪ p.48) すべてに任意の実数を与える．以下の c, c_1, c_2 は任意の実数である.

(1) 簡約化は $\begin{pmatrix} 1 & 2 & 0 & 2 \\ 0 & 0 & 0 & 0 \\ 0 & 0 & 0 & 0 \end{pmatrix}$ となるので $x_1 = 2 - 2x_2$ である.

$$\therefore \quad \begin{pmatrix} x_1 \\ x_2 \\ x_3 \end{pmatrix} = \begin{pmatrix} 2 \\ 0 \\ 0 \end{pmatrix} + c_1\begin{pmatrix} -2 \\ 1 \\ 0 \end{pmatrix} + c_2\begin{pmatrix} 0 \\ 0 \\ 1 \end{pmatrix}$$

(2) 簡約化は $\begin{pmatrix} 1 & 0 & -4 & 2 \\ 0 & 1 & -1 & -1 \\ 0 & 0 & 0 & 0 \end{pmatrix}$ となるので $\begin{cases} x_1 = 2 + 4x_3 \\ x_2 = -1 + x_3 \end{cases}$ である.

$$\therefore \quad \begin{pmatrix} x_1 \\ x_2 \\ x_3 \end{pmatrix} = \begin{pmatrix} 2 \\ -1 \\ 0 \end{pmatrix} + c\begin{pmatrix} 4 \\ 1 \\ 1 \end{pmatrix}$$

(3) 簡約化は $\begin{pmatrix} 1 & 0 & 1 & 0 \\ 0 & 1 & 1 & 0 \\ 0 & 0 & 0 & 1 \end{pmatrix}$ となるので，解をもたない.

(4) 簡約化は $\begin{pmatrix} 1 & 0 & 0 & -3 \\ 0 & 1 & 0 & 1 \\ 0 & 0 & 1 & 2 \end{pmatrix}$ となるので $\begin{pmatrix} x_1 \\ x_2 \\ x_3 \end{pmatrix} = \begin{pmatrix} -3 \\ 1 \\ 2 \end{pmatrix}$

(5) 簡約化は $\begin{pmatrix} 1 & 0 & 4 & 5 & 6 \\ 0 & 1 & -1 & -3 & -2 \end{pmatrix}$ となるので $\begin{cases} x_1 = 6 - 4x_3 - 5x_4 \\ x_2 = -2 + x_3 + 3x_4 \end{cases}$ である.

$$\therefore \quad \begin{pmatrix} x_1 \\ x_2 \\ x_3 \\ x_4 \end{pmatrix} = \begin{pmatrix} 6 \\ -2 \\ 0 \\ 0 \end{pmatrix} + c_1\begin{pmatrix} -4 \\ 1 \\ 1 \\ 0 \end{pmatrix} + c_2\begin{pmatrix} -5 \\ 3 \\ 0 \\ 1 \end{pmatrix}$$

(6) 簡約化は $\begin{pmatrix} 1 & 0 & -1 & 2 & 0 & 1 \\ 0 & 1 & 1 & -1 & 0 & -2 \\ 0 & 0 & 0 & 0 & 1 & 1 \end{pmatrix}$ となるので $\begin{cases} x_1 = 1 + x_3 - 2x_4 \\ x_2 = -2 - x_3 + x_4 \\ x_5 = 1 \end{cases}$

$$\begin{pmatrix} x_1 \\ x_2 \\ x_3 \\ x_4 \\ x_5 \end{pmatrix} = \begin{pmatrix} 1 \\ -2 \\ 0 \\ 0 \\ 1 \end{pmatrix} + c_1\begin{pmatrix} 1 \\ -1 \\ 1 \\ 0 \\ 0 \end{pmatrix} + c_2\begin{pmatrix} -2 \\ 1 \\ 0 \\ 1 \\ 0 \end{pmatrix}$$

(7) 簡約化は $\begin{pmatrix} 1 & 0 & 0 & 0 & 1 & 0 \\ 0 & 1 & 0 & 1 & 0 & 0 \\ 0 & 0 & 1 & -1 & -1 & 0 \end{pmatrix}$ となるので $\begin{cases} x_1 = & & -x_5 \\ x_2 = -x_4 & & \\ x_3 = & x_4 + x_5 & \end{cases}$ である．

$$\therefore \quad \begin{pmatrix} x_1 \\ x_2 \\ x_3 \\ x_4 \\ x_5 \end{pmatrix} = c_1 \begin{pmatrix} 0 \\ -1 \\ 1 \\ 1 \\ 0 \end{pmatrix} + c_2 \begin{pmatrix} -1 \\ 0 \\ 1 \\ 0 \\ 1 \end{pmatrix}$$

(8) 簡約化は $\begin{pmatrix} 1 & 0 & 1 & 2 & -1 & 0 \\ 0 & 1 & -1 & 1 & 1 & 0 \\ 0 & 0 & 0 & 0 & 0 & 1 \end{pmatrix}$ となるので，解をもたない．

(9) 簡約化は $\begin{pmatrix} 1 & 0 & 0 & 0 & 0 & 1 \\ 0 & 1 & -2 & 0 & 0 & 0 \\ 0 & 0 & 0 & 1 & 3 & 0 \end{pmatrix}$ となるので $\begin{cases} x_1 = 1 & & \\ x_2 = & 2x_3 & \\ x_4 = & & -3x_5 \end{cases}$ である．

$$\therefore \quad \begin{pmatrix} x_1 \\ x_2 \\ x_3 \\ x_4 \\ x_5 \end{pmatrix} = \begin{pmatrix} 1 \\ 0 \\ 0 \\ 0 \\ 0 \end{pmatrix} + c_1 \begin{pmatrix} 0 \\ 2 \\ 1 \\ 0 \\ 0 \end{pmatrix} + c_2 \begin{pmatrix} 0 \\ 0 \\ 0 \\ -3 \\ 1 \end{pmatrix}$$

問題 2.4 (p.56)

1. (1) $A + B = \begin{pmatrix} -1 & 3 \\ 2 & 1 \end{pmatrix}$ (2) $A - B = \begin{pmatrix} 5 & -1 \\ 4 & 9 \end{pmatrix}$

(3) $2A - 3C = \begin{pmatrix} -8 & 11 \\ 0 & 10 \end{pmatrix}$ (4) $-A + 2B + 2C = \begin{pmatrix} 0 & -3 \\ -1 & -13 \end{pmatrix}$

2. (1) $\begin{pmatrix} -3 & 8 \\ 7 & 18 \end{pmatrix}$ (2) $\begin{pmatrix} 5 & -5 \\ -13 & -21 \end{pmatrix}$ (3) $\begin{pmatrix} 2 & -2 \\ 14 & 21 \end{pmatrix}$ (4) $\begin{pmatrix} 0 & 0 \\ 0 & 0 \end{pmatrix}$

3. $X = \dfrac{1}{2}(AC - B) = \begin{pmatrix} 7 & 1 \\ 4 & 7 \end{pmatrix}$

問題 2.5 (p.61)

1. (1) $A^{-1} = \begin{pmatrix} -4 & 3 \\ 3 & -2 \end{pmatrix}$ (2) $\Delta = 0$ より A^{-1} は存在しない (3) $\begin{pmatrix} 0 & 1 \\ -1 & 0 \end{pmatrix}$

2. $X = A^{-1}B = \begin{pmatrix} -7 & -8 \\ 6 & 7 \end{pmatrix} = B^{-1}A = Y,\ Z = AB^{-1} = \begin{pmatrix} 1 & 0 \\ 2 & -1 \end{pmatrix}$

3. 2辺 OA と OB のなす角を θ $(0 \leqq \theta \leqq \pi)$ とすると，OABC の面積は $|\mathrm{OA}|\,|\mathrm{OB}| \sin\theta$ で与えられる．内積を考えると $ab + cd = |\mathrm{OA}|\,|\mathrm{OB}| \cos\theta$ である．いま $\sin\theta = \sqrt{1 - \cos^2\theta}$ であり，$|\mathrm{OA}| = \sqrt{a^2 + c^2}$，$|\mathrm{OB}| = \sqrt{b^2 + d^2}$ なので

$$|\mathrm{OA}|\,|\mathrm{OB}| \sin\theta = |\mathrm{OA}|\,|\mathrm{OB}| \sqrt{1 - \frac{(ab + cd)^2}{|\mathrm{OA}|^2\,|\mathrm{OB}|^2}} = \sqrt{(a^2 + c^2)(b^2 + d^2) - (ab + cd)^2}$$

$$= \sqrt{(ad - bc)^2} = |ad - bc|$$

4. $A\boldsymbol{x}=\boldsymbol{b}$ より $\begin{cases} x+2y=p & \cdots ① \\ 3x+6y=q & \cdots ② \end{cases}$ とする．② − ① × 3 より $3p-q=0$ を得る．このとき解は $\begin{pmatrix} x \\ y \end{pmatrix}=\begin{pmatrix} p-2c \\ c \end{pmatrix}$ である．求める関係は $q=3p$ である（$q=3p$ のとき 2 直線 ①, ② は一致し，$q \neq 3p$ のとき 2 直線は平行で交わらない）．

問題 2.6 (p.65)

1. (1) $A=\begin{pmatrix} a & b \\ c & d \end{pmatrix}$ とおく．$A\begin{pmatrix} 1 \\ 0 \end{pmatrix}=\begin{pmatrix} 1 \\ 2 \end{pmatrix}$ より $a=1,\ c=2$ を得る．

   $A\begin{pmatrix} 0 \\ 1 \end{pmatrix}=\begin{pmatrix} -2 \\ -3 \end{pmatrix}$ より $b=-2,\ d=-3$ となるから $A=\begin{pmatrix} 1 & -2 \\ 2 & -3 \end{pmatrix}$ である．

   (2) $A\begin{pmatrix} -3 \\ -2 \end{pmatrix}=\begin{pmatrix} 1 \\ 0 \end{pmatrix}$ より，点 $(-3,-2)$ は $(1,0)$ に移される．

   (3) f^{-1} による像を求めればよい．$A^{-1}\begin{pmatrix} -1 \\ -4 \end{pmatrix}=\begin{pmatrix} -3 & 2 \\ -2 & 1 \end{pmatrix}\begin{pmatrix} -1 \\ -4 \end{pmatrix}=\begin{pmatrix} -5 \\ -2 \end{pmatrix}$ より求める点は $(-5,-2)$ である．

2. (1) 加法定理 (➪ p.27) より，求める行列は

$$\begin{pmatrix} \cos\alpha & -\sin\alpha \\ \sin\alpha & \cos\alpha \end{pmatrix}\begin{pmatrix} \cos\beta & -\sin\beta \\ \sin\beta & \cos\beta \end{pmatrix}=\begin{pmatrix} \cos(\alpha+\beta) & -\sin(\alpha+\beta) \\ \sin(\alpha+\beta) & \cos(\alpha+\beta) \end{pmatrix}$$

   (2) $\cos^2\alpha+\sin^2\alpha=1$ であるから，求める行列は

$$\begin{pmatrix} \cos\alpha & -\sin\alpha \\ \sin\alpha & \cos\alpha \end{pmatrix}^{-1}=\begin{pmatrix} \cos\beta & \sin\beta \\ -\sin\beta & \cos\beta \end{pmatrix}=\begin{pmatrix} \cos(-\alpha) & -\sin(-\alpha) \\ \sin(-\alpha) & \cos(-\alpha) \end{pmatrix}$$

   である（つまり f の逆変換 f^{-1} は原点を中心とする角 $(-\alpha)$ の回転移動である）．

3. 点 (a,b) の f による像 (a',b') は，(a,b) を $y=\tan\theta\cdot x$ に関して対称移動した点 (c,d) と (a,b) との中点である（例題 2.6.3 (p.65) の図を参照）．よって $a'=\dfrac{a+c}{2},\ b'=\dfrac{b+d}{2}$ である．ここで例題 2.6.3 より

$$\begin{pmatrix} c \\ d \end{pmatrix}=\begin{pmatrix} \cos 2\theta & \sin 2\theta \\ \sin 2\theta & -\cos 2\theta \end{pmatrix}\begin{pmatrix} a \\ b \end{pmatrix}=\begin{pmatrix} a\cos 2\theta+b\sin 2\theta \\ a\sin 2\theta-b\cos 2\theta \end{pmatrix}$$

   であるから

$$\begin{aligned}\begin{pmatrix} a' \\ b' \end{pmatrix}&=\frac{1}{2}\begin{pmatrix} a+c \\ b+d \end{pmatrix}=\frac{1}{2}\begin{pmatrix} a(1+\cos 2\theta)+b\sin 2\theta \\ a\sin 2\theta+b(1-\cos 2\theta) \end{pmatrix}\\ &=\frac{1}{2}\begin{pmatrix} 1+\cos 2\theta & \sin 2\theta \\ \sin 2\theta & 1-\cos 2\theta \end{pmatrix}\begin{pmatrix} a \\ b \end{pmatrix}\end{aligned}$$

   これより求める行列は $\dfrac{1}{2}\begin{pmatrix} 1+\cos 2\theta & \sin 2\theta \\ \sin 2\theta & 1-\cos 2\theta \end{pmatrix}$ である．

問題 2.7 (p.70)

1. (1) 1 (2) 0 (3) $\begin{pmatrix} 0 \\ 1 \end{pmatrix}$ (4) $\begin{pmatrix} 18 \\ -9 \end{pmatrix}$ (5) $\begin{pmatrix} 1 & 2 \\ 12 & 1 \end{pmatrix}$

(6) $\begin{pmatrix} -4 & 1 \\ -1 & 9 \end{pmatrix}$ (7) $\begin{pmatrix} -2 & -3 & -1 \\ 4 & 6 & 2 \\ -6 & -9 & -3 \end{pmatrix}$ (8) $\begin{pmatrix} 6 & 3 & 12 & 15 \\ -6 & -3 & -12 & -15 \\ -4 & -2 & -8 & -10 \\ 2 & 1 & 4 & 5 \end{pmatrix}$

(9) $\begin{pmatrix} 10 & -19 & -19 \\ 2 & 7 & -2 \\ 8 & -14 & -15 \end{pmatrix}$ (10) $\begin{pmatrix} 4 & -7 & -3 & 5 \\ 1 & -4 & -2 & 1 \\ 2 & 1 & 1 & 3 \\ 2 & 10 & 6 & 4 \end{pmatrix}$

2. (1) $\begin{pmatrix} -5 & -2 \\ 15 & 9 \end{pmatrix}$ (2) $\begin{pmatrix} 6 \\ -7 \end{pmatrix}$ (3) $\begin{pmatrix} 6 & -2 & 4 \\ -3 & 1 & -2 \\ -9 & 3 & -6 \end{pmatrix}$ (4) 1

3. $AC = 3,\ AD = \begin{pmatrix} 11 & -3 \end{pmatrix},\ CA = \begin{pmatrix} -6 & 2 & -4 \\ 3 & -1 & 2 \\ 15 & -5 & 10 \end{pmatrix},\ DB = \begin{pmatrix} 1 & 6 \\ -2 & -1 \\ 13 & -10 \end{pmatrix}$

（注意 2.7.6 (p.68) 参照）

問題 2.8 (p.74)

1. 例題 2.8.2 (p.72) と同様にして単位行列を付け加えた行列を簡約化すればよい．

(1) $\begin{pmatrix} 7 & -2 \\ -3 & 1 \end{pmatrix}$ (2) $-\dfrac{1}{3}\begin{pmatrix} 8 & -5 \\ -7 & 4 \end{pmatrix}$

(3) 簡約化は $\begin{pmatrix} 1 & 1/2 & 0 & 1/16 \\ 0 & 0 & 1 & -1/4 \end{pmatrix}$ より逆行列は存在しない (4) $\begin{pmatrix} -2 & 0 & -3 \\ 0 & -1 & -3 \\ -1 & -1 & -4 \end{pmatrix}$

(5) 簡約化は $\begin{pmatrix} 1 & 0 & 0 & 0 & 0 & 1 \\ 0 & 1 & 1 & 0 & 1 & 0 \\ 0 & 0 & 0 & 1 & -2 & -1 \end{pmatrix}$ となるので逆行列は存在しない

(6) $\begin{pmatrix} 3 & 1 & 1 \\ -1 & 1 & -2 \\ 1 & 0 & 1 \end{pmatrix}$ (7) $\begin{pmatrix} 2 & -10 & -4 & 5 \\ -1 & -18 & -9 & 10 \\ 0 & -11 & -5 & 6 \\ 0 & -2 & -1 & 1 \end{pmatrix}$

(8) 簡約化は $\begin{pmatrix} 1 & 0 & 0 & 0 & 4 & -2 & -1 & 0 \\ 0 & 1 & 0 & 0 & 3 & -1 & -2 & 0 \\ 0 & 0 & 1 & 1 & -2 & 1 & 1 & 0 \\ 0 & 0 & 0 & 0 & -6 & 2 & 3 & 1 \end{pmatrix}$ となるので逆行列は存在しない

2. (1) 拡大係数行列の簡約化は $\begin{pmatrix} 1 & 0 & 1 & 0 \\ 0 & 1 & 0 & 0 \\ 0 & 0 & 0 & 0 \end{pmatrix}$ となるので，求める解は

$\begin{pmatrix} x_1 \\ x_2 \\ x_3 \end{pmatrix} = c \begin{pmatrix} -1 \\ 0 \\ 1 \end{pmatrix}$ となる．ただし c は任意の実数である．

(2) 拡大係数行列の簡約化は $\begin{pmatrix} 1 & 0 & 1 & 0 \\ 0 & 1 & 0 & 0 \\ 0 & 0 & 0 & 1 \end{pmatrix}$ となるので，第 3 行よりこの連立 1 次方程式は解をもたない．

問題 2.9 (p.82)

1. (1) -10 (2) -3 (3) $(t+1)(t-3)$ (4) -3 (5) 8 (6) -5 (7) $(t-1)^2(t+2)$
(8) (2.9.10) (p.80) より $-5-7+2\cdot 8-2=2$ (9) (2.9.10) より $-4+10-10=-4$
2. (1) $(t+1)(t-5)$ (2) t^2-3t+3 (3) $(t-3)(t-4)$ (4) $(t+7)(t-3)^2$
(5) $(t-1)(t^2+1)$ (6) $(t+4)(t-2)(t-6)$ (7) $(t-2)(t^2-2t+3)$
(8) $(t-1)^2(t-3)$ (9) $(t-2)(t-3)(t-4)$ (10) $(t-1)^2(t-2)$ (11) $(t+1)(t-1)(t-2)$

問題 2.10 (p.87)

1. (1) $\begin{vmatrix} 75 & 25 \\ 44 & 16 \end{vmatrix} = 25 \times 4 \begin{vmatrix} 3 & 1 \\ 11 & 4 \end{vmatrix} = 100$ (2) -45

(3) $\begin{vmatrix} 50 & 51 & 52 \\ 51 & 52 & 53 \\ 52 & 52 & 50 \end{vmatrix} = \begin{vmatrix} -1 & -1 & -1 \\ 51 & 52 & 53 \\ 1 & 0 & -3 \end{vmatrix} \begin{matrix} ①-② \\ \\ ③-② \end{matrix} = \cdots = 2$

(4) 12 (5) -8 (6) $8\cdot 11\cdot(-6)$ $(=-528)$ (7) 65

問題 2.11 (p.92)

1. 問題 2.1 (p.42) の 2 と同じ問題である．ガウスの消去法とクラーメルの公式ではどちらが計算量が多くなるかを比較するとよいであろう．

(1) $\begin{cases} x=-1 \\ y=2 \\ z=-2 \end{cases}$ (2) $\begin{cases} x=3 \\ y=2 \\ z=-2 \end{cases}$ (3) $\begin{cases} x=2 \\ y=-2 \\ z=-2 \end{cases}$

(4) $\begin{cases} x=1 \\ y=1 \\ z=2 \end{cases}$ (5) $\begin{cases} x=-1 \\ y=2 \\ z=-3 \end{cases}$ (6) $\begin{cases} x=1 \\ y=-1 \\ z=-2 \end{cases}$

2. 例題 2.11.2 (p.90) と同様にして余因子行列を求め，(2.11.1) (p.91) を適用すると逆行列は以下のようになる．問題 2.8 の 1. (4), (6), (7) (p.74) と計算量を比較せよ．

(1) $\begin{pmatrix} -2 & 0 & -3 \\ 0 & -1 & -3 \\ -1 & -1 & -4 \end{pmatrix}$ (2) $\begin{pmatrix} 3 & 1 & 1 \\ -1 & 1 & -2 \\ 1 & 0 & 1 \end{pmatrix}$ (3) $\begin{pmatrix} 2 & -10 & -4 & 5 \\ -1 & -18 & -9 & 10 \\ 0 & -11 & -5 & 6 \\ 0 & -2 & -1 & 1 \end{pmatrix}$

第3章

問題 3.1 (p.99)

1. $c_1\boldsymbol{e}_1 + c_2\boldsymbol{e}_2 + c_3\boldsymbol{e}_3 = \boldsymbol{0}$ とおくと $\begin{pmatrix} c_1 \\ c_2 \\ c_3 \end{pmatrix} = \begin{pmatrix} 0 \\ 0 \\ 0 \end{pmatrix}$ より $c_1 = c_2 = c_3 = 0$ となるので $\boldsymbol{e}_1, \boldsymbol{e}_2, \boldsymbol{e}_3$ は1次独立である．
2. 例 3.1.5 の (1) (p.97) と同様に「$x = 0$ を代入し，x で微分」を繰り返せばよい．
3. 例題 3.1.1 (p.97) と同様にして
$$\begin{pmatrix} 1 & -3 & 6 & 0 \\ -1 & 6 & -8 & 0 \\ -1 & 3 & 4 & 0 \end{pmatrix} \rightarrow \overset{\text{簡約化}}{\cdots} \rightarrow \begin{pmatrix} 1 & 0 & 0 & 0 \\ 0 & 1 & 0 & 0 \\ 0 & 0 & 1 & 0 \end{pmatrix}$$
より $\boldsymbol{a}_1, \boldsymbol{a}_2, \boldsymbol{a}_3$ は1次独立である．
4. 例題 3.1.2 (p.98) と同様にして，問題 3.1 の 3 より $f_1(x), f_2(x), f_3(x)$ は1次独立である．
5. 例題 3.1.3 (p.98) と同様にして，問題 3.1 の 3 より $\boldsymbol{v}_1, \boldsymbol{v}_2, \boldsymbol{v}_3$ は1次独立である．
6. 例題 3.1.1 (p.97) と同様にして
$$\begin{pmatrix} 1 & 1 & -2 & -3 & 0 \\ 1 & 2 & -3 & -7 & 0 \\ -1 & -2 & 4 & 1 & 0 \\ -1 & 2 & -2 & -12 & 0 \end{pmatrix} \rightarrow \overset{\text{簡約化}}{\cdots} \rightarrow \begin{pmatrix} 1 & 0 & 0 & 0 & 0 \\ 0 & 1 & 0 & 0 & 0 \\ 0 & 0 & 1 & 0 & 0 \\ 0 & 0 & 0 & 1 & 0 \end{pmatrix}$$
より $\boldsymbol{a}_1, \boldsymbol{a}_2, \boldsymbol{a}_3, \boldsymbol{a}_4$ は1次独立である．
7. 例題 3.1.2 (p.98) と同様にして，問題 3.1 の 6 より $f_1(x), f_2(x), f_3(x), f_4(x)$ は1次独立である．
8. 例題 3.1.3 (p.98) と同様にして，問題 3.1 の 6 より $\boldsymbol{v}_1, \boldsymbol{v}_2, \boldsymbol{v}_3, \boldsymbol{v}_4$ は1次独立である．

問題 3.2 (p.108)

1. $2\boldsymbol{a}_1 + \boldsymbol{a}_2 = \boldsymbol{0}$ より $\boldsymbol{a}_1, \boldsymbol{a}_2$ は1次従属である（左下図参照）．
2. $2\boldsymbol{a}_1 + \boldsymbol{a}_2 + 0 \times \boldsymbol{a}_3 = \boldsymbol{0}$ より $\boldsymbol{a}_1, \boldsymbol{a}_2, \boldsymbol{a}_3$ は1次従属である（右下図参照）．

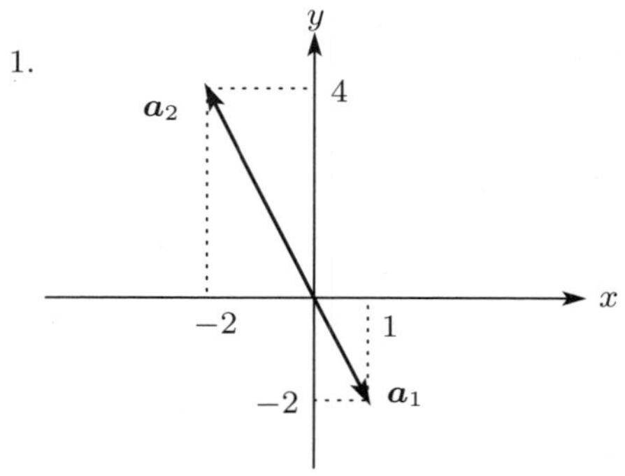

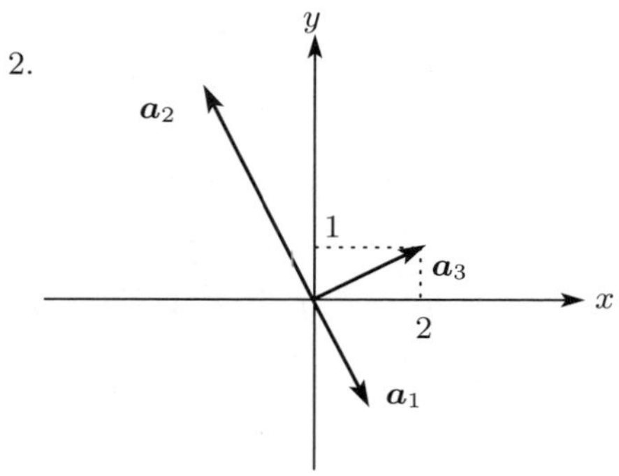

3. (1) $\begin{pmatrix} 1 & 0 & 2 & 1 & 0 \\ 2 & 1 & 3 & 3 & 0 \\ 1 & -1 & 3 & 0 & 0 \end{pmatrix} \xrightarrow{\text{簡約化}} \cdots \rightarrow \begin{pmatrix} 1 & 0 & 2 & 1 & 0 \\ 0 & 1 & -1 & 1 & 0 \\ 0 & 0 & 0 & 0 & 0 \end{pmatrix}$ より，どんな実数 s, t に対しても $(-2s-t)\boldsymbol{a}_1 + (s-t)\boldsymbol{a}_2 + s\boldsymbol{a}_3 + t\boldsymbol{a}_4 = \boldsymbol{0}$ が成り立つ．特に $s=2, t=1$ とすれば $-5\boldsymbol{a}_1 + \boldsymbol{a}_2 + 2\boldsymbol{a}_3 + \boldsymbol{a}_4 = \boldsymbol{0}$ であるから，$\boldsymbol{a}_1, \boldsymbol{a}_2, \boldsymbol{a}_3, \boldsymbol{a}_4$ は 1 次従属である．

(2) $\begin{pmatrix} 1 & 0 & 0 \\ 2 & 1 & 0 \\ 1 & -1 & 0 \end{pmatrix} \xrightarrow{\text{簡約化}} \cdots \rightarrow \begin{pmatrix} 1 & 0 & 0 \\ 0 & 1 & 0 \\ 0 & 0 & 0 \end{pmatrix}$ より $\boldsymbol{a}_1, \boldsymbol{a}_2$ は 1 次独立である．

(3) (1) で $s=1, t=0$ として $\boldsymbol{a}_3 = 2\boldsymbol{a}_1 - \boldsymbol{a}_2$, $s=0, t=1$ として $\boldsymbol{a}_4 = \boldsymbol{a}_1 + \boldsymbol{a}_2$ となる．

4. (1) $c_1 f_1(x) + c_2 f_2(x) + c_3 f_3(x) + c_4 f_4(x) = \boldsymbol{0}$ とすると 1, x, x^2 の 1 次独立性から $\begin{pmatrix} 1 & 0 & 2 & 1 \\ 2 & 1 & 3 & 3 \\ 1 & -1 & 3 & 0 \end{pmatrix} \begin{pmatrix} c_1 \\ c_2 \\ c_3 \\ c_4 \end{pmatrix} = \begin{pmatrix} 0 \\ 0 \\ 0 \\ 0 \end{pmatrix}$ を得る．問題 3.2 の 3 (p.108) より任意の実数 s, t に対して $(-2s-t)f_1(x) + (s-t)f_2(x) + sf_3(x) + tf_4(x) = \boldsymbol{0}$ が成り立つ．たとえば $s=-1$, $t=1$ とすれば $f_1(x) - 2f_2(x) - f_3(x) + f_4(x) = \boldsymbol{0}$ となるので $f_1(x), f_2(x), f_3(x), f_4(x)$ は 1 次従属である．

(2) $c_1 f_1(x) + c_2 f_2(x) = \boldsymbol{0}$ とすると 1, x, x^2 の 1 次独立性から $c_1 = c_2 = 0$ となるので $f_1(x), f_2(x)$ は 1 次独立である．

(3) (1) より $(-2s-t)f_1(x) + (s-t)f_2(x) + sf_3(x) + tf_4(x) = \boldsymbol{0}$ となるから $s=1, t=0$ として $f_3(x) = 2f_1(x) - f_2(x)$, $s=0$, $t=1$ として $f_4(x) = f_1(x) + f_2(x)$ となる．

5. (1) $c_1\boldsymbol{v}_1 + c_2\boldsymbol{v}_2 + c_3\boldsymbol{v}_3 + c_4\boldsymbol{v}_4 = \boldsymbol{0}$ とすると問題 3.2 の 3 (p.108) より，任意の実数 s, t に対して $(-2s-t)\boldsymbol{v}_1 + (s-t)\boldsymbol{v}_2 + s\boldsymbol{v}_3 + t\boldsymbol{v}_4 = \boldsymbol{0}$ が成り立つ．$s=1, t=-1$ とすれば $-\boldsymbol{v}_1 + 2\boldsymbol{v}_2 + \boldsymbol{v}_3 - \boldsymbol{v}_4 = \boldsymbol{0}$ となるので $\boldsymbol{v}_1, \boldsymbol{v}_2, \boldsymbol{v}_3, \boldsymbol{v}_4$ は 1 次従属である．

(2) $c_1\boldsymbol{v}_1 + c_2\boldsymbol{v}_2 = \boldsymbol{0}$ とすると $\boldsymbol{u}_1, \boldsymbol{u}_2, \boldsymbol{u}_3$ の 1 次独立性から $c_1 = c_2 = 0$ となる．よって $\boldsymbol{v}_1, \boldsymbol{v}_2$ は 1 次独立である．

(3) (1) より $(-2s-t)\boldsymbol{v}_1 + (s-t)\boldsymbol{v}_2 + s\boldsymbol{v}_3 + t\boldsymbol{v}_4 = \boldsymbol{0}$ となるから $s=1, t=0$ として $\boldsymbol{v}_3 = 2\boldsymbol{v}_1 - \boldsymbol{v}_2$, $s=0, t=1$ として $\boldsymbol{v}_4 = \boldsymbol{v}_1 + \boldsymbol{v}_2$ を得る．

6. 本問は例題 3.2.1 (p.100) の $\boldsymbol{a}_3$ と $\boldsymbol{a}_4$ を入れ替えただけである（参考 3.2.2 (p.105) 参照）．

(1) $\begin{pmatrix} 1 & 2 & 6 & 2 & 10 & 0 \\ -1 & 1 & -2 & -1 & -1 & 0 \\ -1 & 1 & -1 & 0 & 2 & 0 \end{pmatrix} \xrightarrow{\text{簡約化}} \cdots \rightarrow \begin{pmatrix} 1 & 0 & 0 & -2 & -6 & 0 \\ 0 & 1 & 0 & -1 & -1 & 0 \\ 0 & 0 & 1 & 1 & 3 & 0 \end{pmatrix}$ より，任意の実数 s, t に対して $(2s+6t)\boldsymbol{a}_1 + (s+t)\boldsymbol{a}_2 + (-s-3t)\boldsymbol{a}_3 + s\boldsymbol{a}_4 + t\boldsymbol{a}_5 = \boldsymbol{0}$ となるので，$s=t=1$ とすれば $8\boldsymbol{a}_1 + 2\boldsymbol{a}_2 - 4\boldsymbol{a}_3 + \boldsymbol{a}_4 + \boldsymbol{a}_5 = \boldsymbol{0}$ を得る．よって $\boldsymbol{a}_1, \boldsymbol{a}_2, \boldsymbol{a}_3, \boldsymbol{a}_4, \boldsymbol{a}_5$ は 1 次従属である．

(2) $\begin{pmatrix} 1 & 2 & 6 & 0 \\ -1 & 1 & -2 & 0 \\ -1 & 1 & -1 & 0 \end{pmatrix} \xrightarrow{\text{簡約化}} \cdots \rightarrow \begin{pmatrix} 1 & 0 & 0 & 0 \\ 0 & 1 & 0 & 0 \\ 0 & 0 & 1 & 0 \end{pmatrix}$ より $\boldsymbol{a}_1, \boldsymbol{a}_2, \boldsymbol{a}_3$ は 1 次独立である．

(3) (1) より $(2s+6t)\boldsymbol{a}_1+(s+t)\boldsymbol{a}_2+(-s-3t)\boldsymbol{a}_3+s\boldsymbol{a}_4+t\boldsymbol{a}_5=\boldsymbol{0}$ となるから，$s=1$, $t=0$ として $\boldsymbol{a}_4=-2\boldsymbol{a}_1-\boldsymbol{a}_2+\boldsymbol{a}_3$, $s=0$, $t=1$ として $\boldsymbol{a}_5=-6\boldsymbol{a}_1-\boldsymbol{a}_2+3\boldsymbol{a}_3$ となる．

7. 本問は例題 3.2.2 (p.104) の $f_3(x)$ と $f_4(x)$ を入れ替えただけである（参考 3.2.2 (p.105) 参照）．

(1) $c_1f_1(x)+c_2f_2(x)+c_3f_3(x)+c_4f_4(x)+c_5f_5(x)=\boldsymbol{0}$ とすると $1, x, x^2$ が 1 次独立であることから $\begin{pmatrix} 1 & 2 & 6 & 2 & 10 \\ -1 & 1 & -2 & -1 & -1 \\ -1 & 1 & -1 & 0 & 2 \end{pmatrix}\begin{pmatrix} c_1 \\ c_2 \\ c_3 \\ c_4 \\ c_5 \end{pmatrix}=\begin{pmatrix} 0 \\ 0 \\ 0 \end{pmatrix}$ を得る．問題 3.2 の 6 (p.108) より $(2s+6t)f_1(x)+(s+t)f_2(x)+(-s-3t)f_3(x)+sf_4(x)+tf_5(x)=\boldsymbol{0}$ が任意の実数 s, t に対して成り立つので，たとえば $s=-2$, $t=1$ とすれば $2f_1(x)-f_2(x)-f_3(x)-2f_4(x)+f_5(x)=\boldsymbol{0}$ となる．よって $f_1(x)$, $f_2(x)$, $f_3(x)$, $f_4(x)$, $f_5(x)$ は 1 次従属である．

(2) $c_1f_1(x)+c_2f_2(x)+c_3f_3(x)=\boldsymbol{0}$ とすると $1, x, x^2$ の 1 次独立性より $c_1=c_2=c_3=0$ となる．よって $f_1(x)$, $f_2(x)$, $f_3(x)$ は 1 次独立である．

(3) (1) より $(2s+6t)f_1(x)+(s+t)f_2(x)+(-s-3t)f_3(x)+sf_4(x)+tf_5(x)=\boldsymbol{0}$ となるから $s=1$, $t=0$ として $f_4(x)=-2f_1(x)-f_2(x)+f_3(x)$, $s=0$, $t=1$ として $f_5(x)=-6f_1(x)-f_2(x)+3f_3(x)$ となる．

8. 本問は例題 3.2.3 (p.106) の $\boldsymbol{v}_3$ と $\boldsymbol{v}_4$ を入れ替えただけである（参考 3.2.2 (p.105) 参照）．

(1) $c_1\boldsymbol{v}_1+c_2\boldsymbol{v}_2+c_3\boldsymbol{v}_3+c_4\boldsymbol{v}_4+c_5\boldsymbol{v}_5=\boldsymbol{0}$ とすると問題 3.2 の 6 (p.108) より任意の実数 s, t に対して $(2s+6t)\boldsymbol{v}_1+(s+t)\boldsymbol{v}_2+(-s-3t)\boldsymbol{v}_3+s\boldsymbol{v}_4+t\boldsymbol{v}_5=\boldsymbol{0}$ となるから，$s=2$, $t=-1$ とすれば $-2\boldsymbol{v}_1+\boldsymbol{v}_2+\boldsymbol{v}_3+2\boldsymbol{v}_4-\boldsymbol{v}_5=\boldsymbol{0}$ となる．よって $\boldsymbol{v}_1$, $\boldsymbol{v}_2$, $\boldsymbol{v}_3$, $\boldsymbol{v}_4$, $\boldsymbol{v}_5$ は 1 次従属である．

(2) $c_1\boldsymbol{v}_1+c_2\boldsymbol{v}_2+c_3\boldsymbol{v}_3=\boldsymbol{0}$ とすると $\boldsymbol{u}_1$, $\boldsymbol{u}_2$, $\boldsymbol{u}_3$ の 1 次独立性から $c_1=c_2=c_3=0$ となる．よって $\boldsymbol{v}_1$, $\boldsymbol{v}_2$, $\boldsymbol{v}_3$ は 1 次独立である．

(3) (1) より $(2s+6t)\boldsymbol{v}_1+(s+t)\boldsymbol{v}_2+(-s-3t)\boldsymbol{v}_3+s\boldsymbol{v}_4+t\boldsymbol{v}_5=\boldsymbol{0}$ なので $s=1$, $t=0$ として $\boldsymbol{v}_4=-2\boldsymbol{v}_1-\boldsymbol{v}_2+\boldsymbol{v}_3$, $s=0$, $t=1$ として $\boldsymbol{v}_5=-6\boldsymbol{v}_1-\boldsymbol{v}_2+3\boldsymbol{v}_3$ となる．

9. (1) $\begin{pmatrix} 1 & -2 & 5 & 0 & -7 & 0 \\ -1 & 3 & -7 & 1 & 10 & 0 \\ 2 & -1 & 4 & 3 & -5 & 0 \end{pmatrix} \to \overset{\text{簡約化}}{\cdots} \to \begin{pmatrix} 1 & 0 & 1 & 2 & -1 & 0 \\ 0 & 1 & -2 & 1 & 3 & 0 \\ 0 & 0 & 0 & 0 & 0 & 0 \end{pmatrix}$ より任意の実数 p, q, r に対して $(-p-2q+r)\boldsymbol{a}_1+(2p-q-3r)\boldsymbol{a}_2+p\boldsymbol{a}_3+q\boldsymbol{a}_4+r\boldsymbol{a}_5=\boldsymbol{0}$ となる．$p=q=r=1$ とすれば $-2\boldsymbol{a}_1-2\boldsymbol{a}_2+\boldsymbol{a}_3+\boldsymbol{a}_4+\boldsymbol{a}_5=\boldsymbol{0}$ となるので $\boldsymbol{a}_1$, $\boldsymbol{a}_2$, $\boldsymbol{a}_3$, $\boldsymbol{a}_4$, $\boldsymbol{a}_5$ は 1 次従属である．

(2) $\begin{pmatrix} 1 & -2 \\ -1 & 3 \\ 2 & -1 \end{pmatrix} \xrightarrow{\text{簡約化}} \cdots \rightarrow \begin{pmatrix} 1 & 0 \\ 0 & 1 \\ 0 & 0 \end{pmatrix}$ となるから $\boldsymbol{a}_1$, $\boldsymbol{a}_2$ は 1 次独立である．(1) より $(-p-2q+r)\boldsymbol{a}_1+(2p-q-3r)\boldsymbol{a}_2+p\boldsymbol{a}_3+q\boldsymbol{a}_4+r\boldsymbol{a}_5=\boldsymbol{0}$ なので $p=1$, $q=r=0$ として $\boldsymbol{a}_3=\boldsymbol{a}_1-2\boldsymbol{a}_2$, $q=1$, $p=r=0$ として $\boldsymbol{a}_4=2\boldsymbol{a}_1+\boldsymbol{a}_2$, $r=1$, $p=q=0$ として $\boldsymbol{a}_5=-\boldsymbol{a}_1+3\boldsymbol{a}_2$ となる．

10. (1) $c_1f_1(x)+c_2f_2(x)+c_3f_3(x)+c_4f_4(x)+c_5f_5(x)=\boldsymbol{0}$ とすると 1, x, x^2 の 1 次独立性から $\begin{pmatrix} 1 & -2 & 5 & 0 & -7 \\ -1 & 3 & -7 & 1 & 10 \\ 2 & -1 & 4 & 3 & -5 \end{pmatrix}\begin{pmatrix} c_1 \\ c_2 \\ c_3 \\ c_4 \\ c_5 \end{pmatrix}=\begin{pmatrix} 0 \\ 0 \\ 0 \end{pmatrix}$ を得る．問題 3.2 の 9 (p.109) より $(-p-2q+r)f_1(x)+(2p-q-3r)f_2(x)+pf_3(x)+qf_4(x)+rf_5(x)=\boldsymbol{0}$ が任意の実数 p, q, r に対して成り立つので，たとえば $p=q=r=1$ とすれば $-2f_1(x)-2f_2(x)+f_3(x)+f_4(x)+f_5(x)=\boldsymbol{0}$ となる．よって $f_1(x)$, $f_2(x)$, $f_3(x)$, $f_4(x)$, $f_5(x)$ は 1 次従属である．

(2) $c_1f_1(x)+c_2f_2(x)=\boldsymbol{0}$ とすると 1, x, x^2 の 1 次独立性から $c_1=c_2=0$ となる．よって $f_1(x)$, $f_2(x)$ は 1 次独立である．(1) より任意の実数 p, q, r に対して $(-p-2q+r)f_1(x)+(2p-q-3r)f_2(x)+pf_3(x)+qf_4(x)+rf_5(x)=\boldsymbol{0}$ となるから $p=1$, $q=r=0$ として $f_3(x)=f_1(x)-2f_2(x)$, $q=1$, $p=r=0$ として $f_4(x)=2f_1(x)+f_2(x)$, $r=1$, $p=q=0$ として $f_5(x)=-f_1(x)+3f_2(x)$ を得る．

11. (1) $c_1\boldsymbol{v}_1+c_2\boldsymbol{v}_2+c_3\boldsymbol{v}_3+c_4\boldsymbol{v}_4+c_5\boldsymbol{v}_5=\boldsymbol{0}$ とすると問題 3.2 の 9 (p.109) より任意の実数 p, q, r に対して $(-p-2q+r)\boldsymbol{v}_1+(2p-q-3r)\boldsymbol{v}_2+p\boldsymbol{v}_3+q\boldsymbol{v}_4+r\boldsymbol{v}_5=\boldsymbol{0}$ となる．たとえば $p=q=r=1$ とすれば $-2\boldsymbol{v}_1-2\boldsymbol{v}_2+\boldsymbol{v}_3+\boldsymbol{v}_4+\boldsymbol{v}_5=\boldsymbol{0}$ となるので $\boldsymbol{v}_1$, $\boldsymbol{v}_2$, $\boldsymbol{v}_3$, $\boldsymbol{v}_4$, $\boldsymbol{v}_5$ は 1 次従属である．

(2) $c_1\boldsymbol{v}_1+c_2\boldsymbol{v}_2=\boldsymbol{0}$ とすると $\boldsymbol{u}_1$, $\boldsymbol{u}_2$ の 1 次独立性から $c_1=c_2=0$ となる．よって $\boldsymbol{v}_1$, $\boldsymbol{v}_2$ は 1 次独立である．(1) より $(-p-2q+r)\boldsymbol{v}_1+(2p-q-3r)\boldsymbol{v}_2+p\boldsymbol{v}_3+q\boldsymbol{v}_4+r\boldsymbol{v}_5=\boldsymbol{0}$ となるから $p=1$, $q=r=0$ として $\boldsymbol{v}_3=\boldsymbol{v}_1-2\boldsymbol{v}_2$, $q=1$, $p=r=0$ として $\boldsymbol{v}_4=2\boldsymbol{v}_1+\boldsymbol{v}_2$, $r=1$, $p=q=0$ として $\boldsymbol{v}_5=-\boldsymbol{v}_1+3\boldsymbol{v}_2$ を得る．

12. $\boldsymbol{a}_1, \boldsymbol{a}_2, \cdots, \boldsymbol{a}_n$ は 1 次従属なので $c_1\boldsymbol{a}_1+c_2\boldsymbol{a}_2+\cdots+c_n\boldsymbol{a}_n=\boldsymbol{0}$ となる実数 $c_1, c_2, \cdots, c_n$ が $c_1=c_2=\cdots=c_n=0$ 以外にある．このとき $c=0$ とおくと $c, c_1, c_2, \cdots, c_n$ に対して $c\boldsymbol{u}+c_1\boldsymbol{a}_1+c_2\boldsymbol{a}_2+\cdots+c_n\boldsymbol{a}_n=\boldsymbol{0}+\boldsymbol{0}=\boldsymbol{0}$ となるが，$c=c_1=c_2=\cdots=c_n=0$ ではないので $\boldsymbol{u}, \boldsymbol{a}_1, \boldsymbol{a}_2, \cdots, \boldsymbol{a}_n$ は 1 次従属である．

問題 3.3 (p.119)

1. $\mathbb{R}^2$ のベクトル $\boldsymbol{u} = \begin{pmatrix} u_1 \\ u_2 \end{pmatrix}$ を任意にとり，$\boldsymbol{u} = c_1\boldsymbol{a}_1 + c_2\boldsymbol{a}_2$ となる c_1, c_2 を求めると $c_1 = -u_1 + u_2$, $c_2 = 2u_1 - u_2$ を得る．よって $\boldsymbol{u} = (-u_1 + u_2)\boldsymbol{a}_1 + (2u_1 - u_2)\boldsymbol{a}_2$ となるので $\boldsymbol{a}_1, \boldsymbol{a}_2$ は $\mathbb{R}^2$ を生成する．
2. $\mathbb{R}[x]_1$ のベクトル $f(x) = a_0 + a_1x$ を任意にとり，$f(x) = c_1f_1(x) + c_2f_2(x)$ となる c_1, c_2 を求める．整理して $(a_0 - c_1 - c_2) + (a_1 - 2c_1 - c_2)x = 0$ となるが，1, x は 1 次独立なので $a_0 - c_1 - c_2 = a_1 - 2c_1 - c_2 = 0$ を得る．そこで問題 3.3 の 1 (p.119) と同様にして c_1, c_2 について解けば $c_1 = -a_0 + a_1$, $c_2 = 2a_0 - a_1$ を得る．よって $f(x) = (-a_0 + a_1)f_1(x) + (2a_0 - a_1)f_2(x)$ となるので $f_1(x), f_2(x)$ は $\mathbb{R}[x]_1$ を生成する．
3. $\mathbb{R}^3$ のベクトル $\boldsymbol{u} = \begin{pmatrix} u_1 \\ u_2 \\ u_3 \end{pmatrix}$ を任意にとり，$\boldsymbol{u} = c_1\boldsymbol{a}_1 + c_2\boldsymbol{a}_2 + c_3\boldsymbol{a}_3$ となる c_1, c_2, c_3 を求めると
$$\begin{pmatrix} 1 & 2 & 1 & u_1 \\ 1 & 3 & 2 & u_2 \\ 2 & 2 & 1 & u_3 \end{pmatrix} \xrightarrow{\text{簡約化}} \cdots \rightarrow \begin{pmatrix} 1 & 0 & 0 & -u_1 + u_3 \\ 0 & 1 & 0 & 3u_1 - u_2 - u_3 \\ 0 & 0 & 1 & -4u_1 + 2u_2 + u_3 \end{pmatrix}$$
より $\boldsymbol{u} = (-u_1 + u_3)\boldsymbol{a}_1 + (3u_1 - u_2 - u_3)\boldsymbol{a}_2 + (-4u_1 + 2u_2 + u_3)\boldsymbol{a}_3$ となるので $\boldsymbol{a}_1, \boldsymbol{a}_2, \boldsymbol{a}_3$ は $\mathbb{R}^3$ を生成する．
4. $\mathbb{R}[x]_2$ のベクトル $f(x) = a_0 + a_1x + a_2x^2$ を任意にとり $f(x) = c_1f_1(x) + c_2f_2(x) + c_3f_3(x)$ となる c_1, c_2, c_3 を求める．上式を整理すると $(a_0 - c_1 - 2c_2 - c_3) + (a_1 - c_1 - 3c_2 - 2c_3)x + (a_2 - 2c_1 - 2c_2 - c_3)x^2 = \mathbf{0}$ となるが，1, x, x^2 は 1 次独立なので $a_0 - c_1 - 2c_2 - c_3 = a_1 - c_1 - 3c_2 - 2c_3 = a_2 - 2c_1 - 2c_2 - c_3 = 0$ を得る．これを c_1, c_2, c_3 について解けば $c_1 = -a_0 + a_2$, $c_2 = 3a_0 - a_1 - a_2$, $c_3 = -4a_0 + 2a_1 + a_2$ となる．よって $f(x) = (-a_0 + a_2)f_1(x) + (3a_0 - a_1 - a_2)f_2(x) + (-4a_0 + 2a_1 + a_2)f_3(x)$ となるので $f_1(x), f_2(x), f_3(x)$ は $\mathbb{R}[x]_2$ を生成する．
5. $\mathbb{R}^3$ のベクトル $\boldsymbol{u} = \begin{pmatrix} u_1 \\ u_2 \\ u_3 \end{pmatrix}$ を任意にとり，$\boldsymbol{u} = c_1\boldsymbol{a}_1 + c_2\boldsymbol{a}_2 + c_3\boldsymbol{a}_3$ となる c_1, c_2, c_3 を求めると
$$\begin{pmatrix} 1 & 2 & 1 & u_1 \\ 1 & 3 & 2 & u_2 \\ 2 & 2 & 0 & u_3 \end{pmatrix} \xrightarrow{\text{簡約化}} \cdots \rightarrow \begin{pmatrix} 1 & 0 & -1 & 3u_1 - 2u_2 \\ 0 & 1 & 1 & -u_1 + u_2 \\ 0 & 0 & 0 & -4u_1 + 2u_2 + u_3 \end{pmatrix}$$
を得る．$u_1 = u_2 = u_3 = 1$ の場合を考えれば，第 3 行は $0 = -1$ となり，この連立 1 次方程式は解をもたないことがわかる．よって $\boldsymbol{a}_1, \boldsymbol{a}_2, \boldsymbol{a}_3$ は $\mathbb{R}^3$ を生成しない．

6. $\mathbb{R}[x]_2$ のベクトル $f(x) = a_0+a_1x+a_2x^2$ を任意にとり $f(x) = c_1f_1(x)+c_2f_2(x)+c_3f_3(x)$ となる $c_1, c_2, c_3 \in \mathbb{R}$ を求めるには $\begin{pmatrix} 1 & 2 & 1 \\ 1 & 3 & 2 \\ 2 & 2 & 0 \end{pmatrix}\begin{pmatrix} c_1 \\ c_2 \\ c_3 \end{pmatrix} = \begin{pmatrix} a_0 \\ a_1 \\ a_2 \end{pmatrix}$ を解けばよいが，この連立1次方程式は，問題3.3の5 (p.119) より $a_0 = a_1 = a_2 = 1$ のとき解をもたないので，$f_1(x), f_2(x), f_3(x)$ は $\mathbb{R}[x]_2$ を生成しない．

7. V のベクトル $\boldsymbol{v} = \boldsymbol{u}_1 + \boldsymbol{u}_2 + \boldsymbol{u}_3$ に対して $\boldsymbol{v} = c_1\boldsymbol{v}_1 + c_2\boldsymbol{v}_2 + c_3\boldsymbol{v}_3$ となる $c_1, c_2, c_3 \in \mathbb{R}$ を求めるには $\begin{pmatrix} 1 & 2 & 1 \\ 1 & 3 & 2 \\ 2 & 2 & 0 \end{pmatrix}\begin{pmatrix} c_1 \\ c_2 \\ c_3 \end{pmatrix} = \begin{pmatrix} 1 \\ 1 \\ 1 \end{pmatrix}$ を解けばよいが，この連立1次方程式は問題3.3の5 (p.119) より解をもたない．よって $\boldsymbol{v}_1, \boldsymbol{v}_2, \boldsymbol{v}_3$ は V を生成しない．

8. $\mathbb{R}^3$ のベクトル $\boldsymbol{u} = \begin{pmatrix} u_1 \\ u_2 \\ u_3 \end{pmatrix}$ を任意にとり，$\boldsymbol{u} = c_1\boldsymbol{a}_1 + c_2\boldsymbol{a}_2 + c_3\boldsymbol{a}_3 + c_4\boldsymbol{a}_4$ となる c_1, c_2, c_3, c_4 を求めると

$$\begin{pmatrix} 1 & 2 & 1 & 2 & u_1 \\ 1 & 3 & 2 & 1 & u_2 \\ 2 & 2 & 0 & 5 & u_3 \end{pmatrix} \xrightarrow{\text{簡約化}} \cdots \rightarrow \begin{pmatrix} 1 & 0 & -1 & 0 & -13u_1 + 6u_2 + 4u_3 \\ 0 & 1 & 1 & 0 & 3u_1 - u_2 - u_3 \\ 0 & 0 & 0 & 1 & 4u_1 - 2u_2 - u_3 \end{pmatrix}$$

より，主成分に対応しない変数 c_3 に任意の実数 s を与えて $c_1 = s - 13u_1 + 6u_2 + 4u_3$, $c_2 = -s + 3u_1 - u_2 - u_3$, $c_3 = s$, $c_4 = 4u_1 - 2u_2 - u_3$ を得る．よって任意の実数 s に対して $\boldsymbol{u} = (s-13u_1+6u_2+4u_3)\boldsymbol{a}_1 + (-s+3u_1-u_2-u_3)\boldsymbol{a}_2 + s\boldsymbol{a}_3 + (4u_1-2u_2-u_3)\boldsymbol{a}_4$ が成り立つので $\boldsymbol{a}_1, \boldsymbol{a}_2, \boldsymbol{a}_3, \boldsymbol{a}_4$ は $\mathbb{R}^3$ を生成する．

9. $\mathbb{R}[x]_2$ のベクトル $f(x) = a_0 + a_1x + a_2x^2$ を任意にとり $f(x) = c_1f_1(x) + c_2f_2(x) + c_3f_3(x) + c_4f_4(x)$ となる $c_1, c_2, c_3, c_4 \in \mathbb{R}$ を求める．上式を整理して $(a_0 - c_1 - 2c_2 - c_3 - 2c_4) + (a_1 - c_1 - 3c_2 - 2c_3 - c_4)x + (a_2 - 2c_1 - 2c_2 - 5c_4)x^2 = 0$ となるが，$1, x, x^2$ は1次独立なので $a_0 - c_1 - 2c_2 - c_3 - 2c_4 = a_1 - c_1 - 3c_2 - 2c_3 - c_4 = a_2 - 2c_1 - 2c_2 - 5c_4 = 0$ を得る．これを c_1, c_2, c_3, c_4 について解けば問題3.3の8 (p.119) より $c_1 = s - 13a_0 + 6a_1 + 4a_2$, $c_2 = -s + 3a_0 - a_1 - a_2$, $c_3 = s$, $c_4 = 4a_0 - 2a_1 - a_2$ となることがわかるので $f(x) = (s-13a_0+6a_1+4a_2)f_1(x) + (-s+3a_0-a_1-a_2)f_2(x) + sf_3(x) + (4a_0 - 2a_1 - a_2)f_4(x)$ となる．ただし s は任意の実数である．よって $f_1(x)$, $f_2(x), f_3(x), f_4(x)$ は $\mathbb{R}[x]_2$ を生成する．

10. $c_1\boldsymbol{a}_1 + c_2\boldsymbol{a}_2 + \cdots + c_n\boldsymbol{a}_n = \boldsymbol{0}$ とする．このとき

$$\boldsymbol{0} = c_1\boldsymbol{a}_1 + c_2\boldsymbol{a}_2 + \cdots + c_n\boldsymbol{a}_n = \begin{pmatrix} \boldsymbol{a}_1 & \boldsymbol{a}_2 & \cdots & \boldsymbol{a}_n \end{pmatrix}\begin{pmatrix} c_1 \\ c_2 \\ \vdots \\ c_n \end{pmatrix} = P\begin{pmatrix} c_1 \\ c_2 \\ \vdots \\ c_n \end{pmatrix}$$

であるから，両辺に左から P^{-1} を掛ければ，$P^{-1}\boldsymbol{0} = \boldsymbol{0}$ なので，$c_1 = c_2 = \cdots = c_n = 0$ を得る．よって $\boldsymbol{a}_1, \boldsymbol{a}_2, \cdots, \boldsymbol{a}_n$ は1次独立であることが示された．

問題 3.4 (p.124)

1. (1) $c_1\boldsymbol{a}_1 + c_2\boldsymbol{a}_2 + c_3\boldsymbol{a}_3 = \mathbf{0}$ とすると $c_1 = c_2 = c_3 = 0$ となることがわかるので $\boldsymbol{a}_1$, $\boldsymbol{a}_2$, $\boldsymbol{a}_3$ は 1 次独立である．また $\mathbb{R}^3$ のベクトル $\boldsymbol{u} = \begin{pmatrix} u_1 \\ u_2 \\ u_3 \end{pmatrix}$ を任意にとり $\boldsymbol{u} = c_1\boldsymbol{a}_1 + c_2\boldsymbol{a}_2 + c_3\boldsymbol{a}_3$ となる $c_1, c_2, c_3 \in \mathbb{R}$ を求めると $c_1 = (3u_1 - 3u_3)/6$, $c_2 = (-u_1 + 2u_2 + u_3)/6$, $c_3 = (5u_1 - 4u_2 + u_3)/6$ となるので $\boldsymbol{a}_1$, $\boldsymbol{a}_2$, $\boldsymbol{a}_3$ は $\mathbb{R}^3$ を生成する．以上より $\boldsymbol{a}_1$, $\boldsymbol{a}_2$, $\boldsymbol{a}_3$ は $\mathbb{R}^3$ の基底である．

   (2) $c_1\boldsymbol{a}_1 + c_2\boldsymbol{a}_2 + c_3\boldsymbol{a}_3 = \mathbf{0}$ とすると任意の $s \in \mathbb{R}$ に対して $c_1 = -s$, $c_2 = s$, $c_3 = s$ となる．たとえば $s = 1$ とすれば $c_1 = -1$, $c_2 = c_3 = 1$ であり，$-\boldsymbol{a}_1 + \boldsymbol{a}_2 + \boldsymbol{a}_3 = \mathbf{0}$ が成り立つので $\boldsymbol{a}_1$, $\boldsymbol{a}_2$, $\boldsymbol{a}_3$ は 1 次従属である．よって $\boldsymbol{a}_1$, $\boldsymbol{a}_2$, $\boldsymbol{a}_3$ は $\mathbb{R}^3$ の基底ではない．

2. (1) $c_1f_1(x) + c_2f_2(x) + c_3f_3(x) = \mathbf{0}$ とすると $1, x, x^2$ の 1 次独立性から $c_1 = c_2 = c_3 = 0$ となる．よって $f_1(x)$, $f_2(x)$, $f_3(x)$ は 1 次独立である．また $\mathbb{R}[x]_2$ のベクトル $f(x) = a_0 + a_1x + a_2x^2$ を任意にとり $f(x) = c_1f_1(x) + c_2f_2(x) + c_3f_3(x)$ となる $c_1, c_2, c_3 \in \mathbb{R}$ を求めると $c_1 = (3a_0 - 3a_2)/6$, $c_2 = (-a_0 + 2a_1 + a_2)/6$, $c_3 = (5a_0 - 4a_1 + a_2)/6$ となるので $f_1(x)$, $f_2(x)$, $f_3(x)$ は $\mathbb{R}[x]_2$ を生成する．以上より $f_1(x)$, $f_2(x)$, $f_3(x)$ は $\mathbb{R}[x]_2$ の基底である．

   (2) $c_1f_1(x) + c_2f_2(x) + c_3f_3(x) = \mathbf{0}$ とすると $1, x, x^2$ の 1 次独立性から任意の $s \in \mathbb{R}$ に対して $c_1 = -s$, $c_2 = s$, $c_3 = s$ となる．たとえば $s = 1$ とすれば $c_1 = -1$, $c_2 = c_3 = 1$ であり，$-f_1(x) + f_2(x) + f_3(x) = \mathbf{0}$ が成り立つので $f_1(x)$, $f_2(x)$, $f_3(x)$ は 1 次従属である．よって $f_1(x)$, $f_2(x)$, $f_3(x)$ は $\mathbb{R}[x]_2$ の基底ではない．

3. (1) 拡大係数行列の簡約化は $\begin{pmatrix} 1 & -1 & 2 & 1 & 0 \\ 2 & -1 & 3 & 0 & 0 \end{pmatrix} \xrightarrow[\cdots]{\text{簡約化}} \begin{pmatrix} 1 & 0 & 1 & -1 & 0 \\ 0 & 1 & -1 & -2 & 0 \end{pmatrix}$ となるので，$A\boldsymbol{x} = \mathbf{0}$ の解空間 W は $W = \left\{ s\begin{pmatrix} -1 \\ 1 \\ 1 \\ 0 \end{pmatrix} + t\begin{pmatrix} 1 \\ 2 \\ 0 \\ 1 \end{pmatrix} : s, t \in \mathbb{R} \right\}$ であり $\begin{pmatrix} -1 \\ 1 \\ 1 \\ 0 \end{pmatrix}, \begin{pmatrix} 1 \\ 2 \\ 0 \\ 1 \end{pmatrix}$ は W の基底で，$\dim W = 2$ となる．

   (2) 拡大係数行列の簡約化は $\begin{pmatrix} 1 & 3 & 1 & 2 & 0 \\ 2 & 6 & 2 & 4 & 0 \end{pmatrix} \xrightarrow[\cdots]{\text{簡約化}} \begin{pmatrix} 1 & 3 & 1 & 2 & 0 \\ 0 & 0 & 0 & 0 & 0 \end{pmatrix}$ となるので，$A\boldsymbol{x} = \mathbf{0}$ の解空間 W は

$$W = \left\{ p\begin{pmatrix} -3 \\ 1 \\ 0 \\ 0 \end{pmatrix} + q\begin{pmatrix} -1 \\ 0 \\ 1 \\ 0 \end{pmatrix} + r\begin{pmatrix} -2 \\ 0 \\ 0 \\ 1 \end{pmatrix} : p, q, r \in \mathbb{R} \right\}$$

であり $\begin{pmatrix} -3 \\ 1 \\ 0 \\ 0 \end{pmatrix}, \begin{pmatrix} -1 \\ 0 \\ 1 \\ 0 \end{pmatrix}, \begin{pmatrix} -2 \\ 0 \\ 0 \\ 1 \end{pmatrix}$ は W の基底で，$\dim W = 3$ となる．

(3) 拡大係数行列の簡約化は $\begin{pmatrix} 0 & 1 & 3 & 0 \\ 0 & -2 & -5 & 0 \\ 0 & -1 & -2 & 0 \end{pmatrix} \xrightarrow{\text{簡約化}} \cdots \rightarrow \begin{pmatrix} 0 & 1 & 0 & 0 \\ 0 & 0 & 1 & 0 \\ 0 & 0 & 0 & 0 \end{pmatrix}$ となる

ので，$\boldsymbol{Ax} = \boldsymbol{0}$ の解空間 W は $W = \left\{ s \begin{pmatrix} 1 \\ 0 \\ 0 \end{pmatrix} : s \in \mathbb{R} \right\}$ であり $\begin{pmatrix} 1 \\ 0 \\ 0 \end{pmatrix}$ は W の基底で，$\dim W = 1$ となる．

(4) 拡大係数行列を簡約化すると

$$\begin{pmatrix} 1 & 3 & -1 & -1 & 3 & 0 \\ 1 & 4 & -1 & -2 & 4 & 0 \\ 1 & 1 & -1 & 2 & 1 & 0 \end{pmatrix} \xrightarrow{\text{簡約化}} \cdots \rightarrow \begin{pmatrix} 1 & 0 & -1 & 0 & 0 & 0 \\ 0 & 1 & 0 & 0 & 1 & 0 \\ 0 & 0 & 0 & 1 & 0 & 0 \end{pmatrix}$$

となるので，$\boldsymbol{Ax} = \boldsymbol{0}$ の解空間 W は $\left\{ s \begin{pmatrix} 1 \\ 0 \\ 1 \\ 0 \\ 0 \end{pmatrix} + t \begin{pmatrix} 0 \\ -1 \\ 0 \\ 0 \\ 1 \end{pmatrix} : s, t \in \mathbb{R} \right\}$ であり

$\begin{pmatrix} 1 \\ 0 \\ 1 \\ 0 \\ 0 \end{pmatrix}, \begin{pmatrix} 0 \\ -1 \\ 0 \\ 0 \\ 1 \end{pmatrix}$ は W の基底で，$\dim W = 2$ となる．

(5) 拡大係数行列を簡約化すると

$$\begin{pmatrix} 1 & 2 & 1 & -3 & 0 & 0 \\ -1 & -1 & 0 & 1 & 1 & 0 \\ 2 & 3 & 1 & -4 & -1 & 0 \end{pmatrix} \xrightarrow{\text{簡約化}} \cdots \rightarrow \begin{pmatrix} 1 & 0 & -1 & 1 & -2 & 0 \\ 0 & 1 & 1 & -2 & 1 & 0 \\ 0 & 0 & 0 & 0 & 0 & 0 \end{pmatrix}$$

となるので，$\boldsymbol{Ax} = \boldsymbol{0}$ の解空間 W は

$$W = \left\{ p \begin{pmatrix} 1 \\ -1 \\ 1 \\ 0 \\ 0 \end{pmatrix} + q \begin{pmatrix} -1 \\ 2 \\ 0 \\ 1 \\ 0 \end{pmatrix} + r \begin{pmatrix} 2 \\ -1 \\ 0 \\ 0 \\ 1 \end{pmatrix} : p, q, r \in \mathbb{R} \right\}$$

であり $\begin{pmatrix} 1 \\ -1 \\ 1 \\ 0 \\ 0 \end{pmatrix}, \begin{pmatrix} -1 \\ 2 \\ 0 \\ 1 \\ 0 \end{pmatrix}, \begin{pmatrix} 2 \\ -1 \\ 0 \\ 0 \\ 1 \end{pmatrix}$ は W の基底で，$\dim W = 3$ となる．

第4章

問題 4.1 (p.131)

1. $\boldsymbol{x} = \begin{pmatrix} x_1 \\ x_2 \\ \vdots \\ x_n \end{pmatrix}$, $\boldsymbol{y} = \begin{pmatrix} y_1 \\ y_2 \\ \vdots \\ y_n \end{pmatrix}$ とすると，例題 4.1.7 (p.130) と同様にして

$$
\begin{aligned}
A(c_1\boldsymbol{x} + c_2\boldsymbol{y}) &= A \begin{pmatrix} c_1x_1 + c_2y_1 \\ c_1x_2 + c_2y_2 \\ \vdots \\ c_1x_n + c_2y_n \end{pmatrix} \\
&= (c_1x_1 + c_2y_1)\boldsymbol{a}_1 + (c_1x_2 + c_2y_2)\boldsymbol{a}_2 + \cdots + (c_1x_n + c_2y_n)\boldsymbol{a}_n \\
&= c_1(x_1\boldsymbol{a}_1 + x_2\boldsymbol{a}_2 + \cdots + x_n\boldsymbol{a}_n) + c_2(y_1\boldsymbol{a}_1 + y_2\boldsymbol{a}_2 + \cdots + y_n\boldsymbol{a}_n) \\
&= c_1A\boldsymbol{x} + c_2A\boldsymbol{y}
\end{aligned}
$$

が任意の実数 c_1, c_2 に対して成り立つ．よって A は線型写像である．

2. $\mathbb{R}[x]_n$ の任意のベクトル $f(x) = a_0 + a_1x + a_2x^2 + \cdots + a_nx^n$ に対して

$$T(f(x)) = f'(x) = (a_0+a_1x+a_2x^2+\cdots+a_nx^n)' = a_1+2a_2x+\cdots+na_nx^{n-1} \in \mathbb{R}[x]_{n-1}$$

であるから写像 T，つまり微分は $\mathbb{R}[x]_n$ から $\mathbb{R}[x]_{n-1}$ への写像である．任意の実数 c_1, c_2 と $f(x), g(x) \in \mathbb{R}[x]_n$ に対して，$T(f(x)) = f'(x)$，$T(g(x)) = g'(x)$ であるから，

$$T(c_1f(x) + c_2g(x)) = (c_1f(x) + c_2g(x))' = c_1f'(x) + c_2g'(x) = c_1T(f(x)) + c_2T(g(x))$$
$$\therefore \quad T(c_1f(x) + c_2g(x)) = c_1T(f(x)) + c_2T(g(x))$$

となる．よって微分 T は $\mathbb{R}[x]_n$ から $\mathbb{R}[x]_{n-1}$ への線型写像である．

3. $\mathbb{R}[x]_{n-1}$ の任意のベクトル $f(x) = a_0 + a_1x + a_2x^2 + \cdots + a_{n-1}x^{n-1}$ に対して $T(f(x))$ は

$$
\begin{aligned}
T(f(x)) &= \int_0^x f(t)\,dt = \int_0^x a_0 + a_1t + a_2t^2 + \cdots + a_{n-1}t^{n-1}\,dt \\
&= a_0x + \frac{a_1}{2}x^2 + \frac{a_2}{3}x^3 + \cdots + \frac{a_{n-1}}{n}x^n \in \mathbb{R}[x]_3
\end{aligned}
$$

となるので写像 T，つまり積分は $\mathbb{R}[x]_{n-1}$ から $\mathbb{R}[x]_n$ への写像である．

次に，任意の実数 c_1，c_2 と $f(x)$，$g(x) \in \mathbb{R}[x]_{n-1}$ に対して，$T(f(x)) = \int_0^x f(t)\,dt$,

$T(g(x)) = \displaystyle\int_0^x g(t)\,dt$ であるから，

$$\begin{aligned} T(c_1f(x)+c_2g(x)) &= \int_0^x (c_1f(t)+c_2g(t))\,dt = c_1\int_0^x f(t)\,dt + c_2\int_0^x g(t)\,dt \\ &= c_1T(f(x))+c_2T(g(x)) \end{aligned}$$

$$\therefore\quad T(c_1f(x)+c_2g(x)) = c_1T(f(x))+c_2T(g(x))$$

となる．よって積分 T は $\mathbb{R}[x]_{n-1}$ から $\mathbb{R}[x]_n$ への線型写像である．

問題 4.2 (p.137)

1. 以下のように図示される．

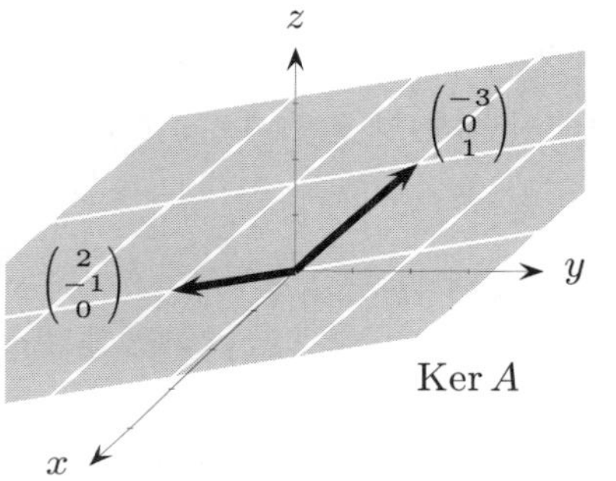

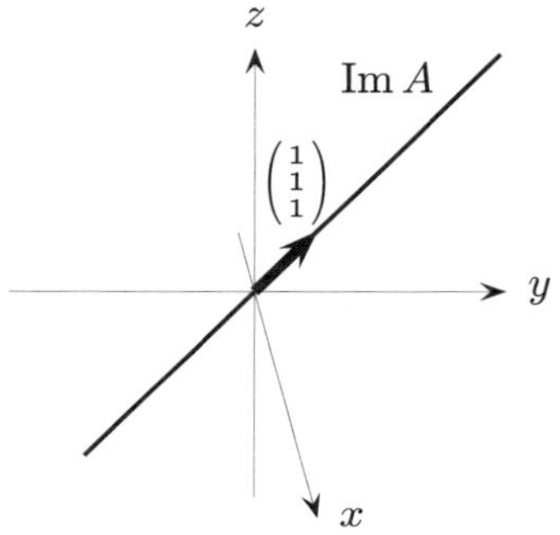

2. (1) $c_1, c_2 \in \mathbb{R}$, $\boldsymbol{u}_1, \boldsymbol{u}_2 \in \operatorname{Ker} T$ とすると $\operatorname{Ker} T$ の定義 (➪ p.132) より $T(\boldsymbol{u}_1) = T(\boldsymbol{u}_2) = \mathbf{0}$ である．T の線型性より $T(c_1\boldsymbol{u}_1 + c_2\boldsymbol{u}_2) = c_1T(\boldsymbol{u}_1) + c_2T(\boldsymbol{u}_2) = c_1\mathbf{0} + c_2\mathbf{0} = \mathbf{0}$ となるので $c_1\boldsymbol{u}_1 + c_2\boldsymbol{u}_2 \in \operatorname{Ker} T$ が示された．

   (2) $c_1, c_2 \in \mathbb{R}$, $\boldsymbol{v}_1, \boldsymbol{v}_2 \in \operatorname{Im} T$ とする．このとき $\operatorname{Im} T$ の定義 (➪ p.132) より $\boldsymbol{v}_1 = T(\boldsymbol{u}_1)$, $\boldsymbol{v}_2 = T(\boldsymbol{u}_2)$ となる $\boldsymbol{u}_1$, $\boldsymbol{u}_2 \in U$ がある．T は線型写像なので $T(c_1\boldsymbol{u}_1 + c_2\boldsymbol{u}_2) = c_1T(\boldsymbol{u}_1) + c_2T(\boldsymbol{u}_2) = c_1\boldsymbol{v}_1 + c_2\boldsymbol{v}_2$ となるから，$\boldsymbol{u} = c_1\boldsymbol{u}_1 + c_2\boldsymbol{u}_2$ とおけば $T(\boldsymbol{u}) = c_1\boldsymbol{v}_1 + c_2\boldsymbol{v}_2$ が成り立つ．よって $c_1\boldsymbol{v}_1 + c_2\boldsymbol{v}_2 \in \operatorname{Im} T$ が示された．

3. 像の基底を求めるために列基本変形を行う．

(1) $$\left(\begin{array}{c|c|c|c} \mathbf{1} & -1 & 2 & 1 \\ \mathbf{2} & -1 & 3 & 0 \end{array}\right) \to \left(\begin{array}{c|c|c|c} 1 & \mathbf{0} & 0 & 0 \\ 2 & \mathbf{1} & -1 & -2 \end{array}\right) \to \left(\begin{array}{c|c|c|c} 1 & 0 & 0 & 0 \\ 0 & 1 & 0 & 0 \end{array}\right)$$

(2) $$\left(\begin{array}{c|c|c|c} \mathbf{1} & 3 & 1 & 2 \\ \mathbf{2} & 6 & 2 & 4 \end{array}\right) \to \left(\begin{array}{c|c|c|c} 1 & 0 & 0 & 0 \\ 2 & 0 & 0 & 0 \end{array}\right)$$

(3) $$\left(\begin{array}{c|c|c} 0 & \mathbf{1} & 3 \\ 0 & \mathbf{-2} & -5 \\ 0 & \mathbf{-1} & -2 \end{array}\right) \to \left(\begin{array}{c|c|c} 0 & 1 & 0 \\ 0 & -2 & \mathbf{1} \\ 0 & -1 & \mathbf{1} \end{array}\right) \to \left(\begin{array}{c|c|c} 0 & 1 & 0 \\ 0 & 0 & 1 \\ 0 & 1 & 1 \end{array}\right)$$

(4) $$\left(\begin{array}{c|c|c|c|c} \mathbf{1} & 3 & -1 & -1 & 3 \\ \mathbf{1} & 4 & -1 & -2 & 4 \\ \mathbf{1} & 1 & -1 & 2 & 1 \end{array}\right) \to \left(\begin{array}{c|c|c|c|c} 1 & 0 & 0 & 0 & 0 \\ 1 & \mathbf{1} & 0 & -1 & 1 \\ 1 & \mathbf{-2} & 0 & 3 & -2 \end{array}\right)$$

$$\to \left(\begin{array}{c|c|c|c|c} 1 & 0 & 0 & 0 & 0 \\ 0 & 1 & 0 & 0 & 0 \\ 3 & -2 & 0 & \mathbf{1} & 0 \end{array}\right) \to \left(\begin{array}{c|c|c|c|c} 1 & 0 & 0 & 0 & 0 \\ 0 & 1 & 0 & 0 & 0 \\ 0 & 0 & 0 & 1 & 0 \end{array}\right)$$

(5) $$\left(\begin{array}{c|c|c|c|c} \mathbf{1} & 2 & 1 & -3 & 0 \\ \mathbf{-1} & -1 & 0 & 1 & 1 \\ \mathbf{2} & 3 & 1 & -4 & -1 \end{array}\right) \to \left(\begin{array}{c|c|c|c|c} 1 & 0 & 0 & 0 & 0 \\ -1 & \mathbf{1} & 1 & -2 & 1 \\ 2 & \mathbf{-1} & -1 & 2 & -1 \end{array}\right)$$

$$\to \left(\begin{array}{c|c|c|c|c} 1 & 0 & 0 & 0 & 0 \\ 0 & 1 & 0 & 0 & 0 \\ 1 & -1 & 0 & 0 & 0 \end{array}\right)$$

よってそれぞれの基底は次のようにとれて $\dim \operatorname{Im} A$ も次のようになる．

(1) 基底：$\begin{pmatrix} 1 \\ 0 \end{pmatrix}, \begin{pmatrix} 0 \\ 1 \end{pmatrix}$, $\dim \operatorname{Im} A = 2$, (2) 基底：$\begin{pmatrix} 1 \\ 2 \end{pmatrix}$, $\dim \operatorname{Im} A = 1$,

(3) 基底：$\begin{pmatrix} 1 \\ 0 \\ 1 \end{pmatrix}, \begin{pmatrix} 0 \\ 1 \\ 1 \end{pmatrix}$, $\dim \operatorname{Im} A = 2$,

(4) 基底：$\begin{pmatrix} 1 \\ 0 \\ 0 \end{pmatrix}, \begin{pmatrix} 0 \\ 1 \\ 0 \end{pmatrix}, \begin{pmatrix} 0 \\ 0 \\ 1 \end{pmatrix}$, $\dim \operatorname{Im} A = 3$,

(5) 基底：$\begin{pmatrix} 1 \\ 0 \\ 1 \end{pmatrix}, \begin{pmatrix} 0 \\ 1 \\ -1 \end{pmatrix}$, $\dim \operatorname{Im} A = 2$.

4. $T(f(x)) = f'(x)$ より $\operatorname{Ker} T = \{f(x) \in \mathbb{R}[x]_2 : f'(x) = 0\} = \{f(x) : f(x)$ は定数関数 $\}$ である．また $\operatorname{Im} T = \{f'(x) : f(x) \in \mathbb{R}[x]_2\}$ であるが $f(x) = a_0 + a_1x + a_2x^2$ に対して $f'(x) = a_1 + 2a_2x$ なので $\operatorname{Im} T = \{a_1 + 2a_2x : a_1, a_2 \in \mathbb{R}\}\ (= \mathbb{R}[x]_1)$ となる．よって $\dim \operatorname{Ker} T = 1$, $\dim \operatorname{Im} T = 2$ である．

5. $T(f(x)) = \int_0^x f(t)\,dt$ より $\operatorname{Ker} T = \left\{f(x) \in \mathbb{R}[x]_2 : \int_0^x f(t)\,dt = 0\right\} = \{0\}$ である．また $\operatorname{Im} T = \left\{\int_0^x f(t)\,dt : f(x) \in \mathbb{R}[x]_2\right\}$ であるが $f(x) = a_0 + a_1x + a_2x^2$ に対して $\int_0^x f(t)\,dt = a_0x + \frac{a_1}{2}x^2 + \frac{a_2}{3}x^3$ なので $\operatorname{Im} T = \{f(x) \in \mathbb{R}[x]_3 : f(0) = 0\}$ となる．よって $\dim \operatorname{Ker} T = 0$, $\dim \operatorname{Im} T = 3$ である．

問題 4.3 (p.148)

1. 連立 1 次方程式 $\begin{pmatrix} \boldsymbol{a_1} & \boldsymbol{a_2} & \boldsymbol{a_3} \end{pmatrix}\begin{pmatrix} c_1 \\ c_2 \\ c_3 \end{pmatrix} = \boldsymbol{v}$ を解くことで数ベクトル表現が得られる．

(1) $\begin{pmatrix} 1 & 1 & 0 \\ 1 & 0 & 1 \\ 0 & 1 & 1 \end{pmatrix}\begin{pmatrix} c_1 \\ c_2 \\ c_3 \end{pmatrix} = \begin{pmatrix} 1 \\ 2 \\ 1 \end{pmatrix}$ であるから $\begin{pmatrix} c_1 \\ c_2 \\ c_3 \end{pmatrix} = \begin{pmatrix} 1 \\ 0 \\ 1 \end{pmatrix}$ となる．

(2) 同様に $\begin{pmatrix} c_1 \\ c_2 \\ c_3 \end{pmatrix} = \dfrac{1}{2}\begin{pmatrix} -1 \\ 1 \\ 1 \end{pmatrix}$ となる．

(3) 同様に $\begin{pmatrix} c_1 \\ c_2 \\ c_3 \end{pmatrix} = \dfrac{1}{2}\begin{pmatrix} -7 \\ 13 \\ 17 \end{pmatrix}$ となる．

2. たとえば (1) は $1 + x + x^2 + 0 \cdot x^3$ とみなすことに注意すればよい．

(1) $\begin{pmatrix} 1 \\ 1 \\ 1 \\ 0 \end{pmatrix}$ (2) $\begin{pmatrix} -1 \\ 0 \\ 0 \\ 3 \end{pmatrix}$ (3) $\begin{pmatrix} -1 \\ 1 \\ 0 \\ 0 \end{pmatrix}$

3. $\dim U = 2, \dim V = 2$ なので T の表現行列 A は 2×2 行列である．まず $T(\boldsymbol{e_1})$ と $T(\boldsymbol{e_2})$ を求めよう．

$$\begin{pmatrix} T(\boldsymbol{e_1}) & T(\boldsymbol{e_2}) \end{pmatrix} = \begin{pmatrix} 2 & -1 \\ -1 & 2 \\ -1 & -1 \end{pmatrix} = \begin{pmatrix} \boldsymbol{b}_1 + 0\boldsymbol{b}_2 & 0\boldsymbol{b}_1 + \boldsymbol{b}_2 \end{pmatrix}$$

$$= \begin{pmatrix} \boldsymbol{b}_1 & \boldsymbol{b}_2 \end{pmatrix}\begin{pmatrix} 1 & 0 \\ 0 & 1 \end{pmatrix}$$

よって T の表現行列は $A = \begin{pmatrix} 1 & 0 \\ 0 & 1 \end{pmatrix}$ である．

4. (1) $A\boldsymbol{a}_1 = \begin{pmatrix} 1 \\ -1 \end{pmatrix}, A\boldsymbol{a}_2 = \begin{pmatrix} 0 \\ -2 \end{pmatrix}$ より，求める表現行列 $\begin{pmatrix} \alpha_1 & \beta_1 \\ \alpha_2 & \beta_2 \end{pmatrix}$ は

$\begin{pmatrix} 1 & 0 \\ -1 & -2 \end{pmatrix} = \begin{pmatrix} 4 & 3 \\ 5 & 4 \end{pmatrix}\begin{pmatrix} \alpha_1 & \beta_1 \\ \alpha_2 & \beta_2 \end{pmatrix}$ をみたす．よって

$\begin{pmatrix} \alpha_1 & \beta_1 \\ \alpha_2 & \beta_2 \end{pmatrix} = \begin{pmatrix} 4 & -3 \\ -5 & 4 \end{pmatrix}\begin{pmatrix} 1 & 0 \\ -1 & -2 \end{pmatrix} = \begin{pmatrix} 7 & 6 \\ -9 & -8 \end{pmatrix}$ である．

(2) $A\boldsymbol{b}_1 = \begin{pmatrix} 1 \\ 1 \end{pmatrix}, A\boldsymbol{b}_2 = \begin{pmatrix} -2 \\ -4 \end{pmatrix}$ であるから，(1) と同様にして，求める表現行列を

$\begin{pmatrix} \alpha_1 & \beta_1 \\ \alpha_2 & \beta_2 \end{pmatrix}$ とすれば $\begin{pmatrix} \alpha_1 & \beta_1 \\ \alpha_2 & \beta_2 \end{pmatrix} = \begin{pmatrix} 2 & -1 \\ -1 & 1 \end{pmatrix}\begin{pmatrix} 1 & -2 \\ 1 & -4 \end{pmatrix} = \begin{pmatrix} 1 & 0 \\ 0 & -2 \end{pmatrix}$

5. (1) $A\boldsymbol{a}_1 = \begin{pmatrix} 1 \\ -1 \\ 1 \end{pmatrix}, A\boldsymbol{a}_2 = \begin{pmatrix} 1 \\ 5 \\ -3 \end{pmatrix}, A\boldsymbol{a}_3 = \begin{pmatrix} -1 \\ -5 \\ 5 \end{pmatrix}$ であるから，求める表現行列

$\begin{pmatrix} \alpha_1 & \beta_1 & \gamma_1 \\ \alpha_2 & \beta_2 & \gamma_2 \\ \alpha_3 & \beta_3 & \gamma_3 \end{pmatrix}$ は $\begin{pmatrix} 1 & 1 & -1 \\ -1 & 5 & -5 \\ 1 & -3 & 5 \end{pmatrix} = \begin{pmatrix} 1 & -1 & 1 \\ 0 & 1 & -1 \\ 0 & 0 & 1 \end{pmatrix}\begin{pmatrix} \alpha_1 & \beta_1 & \gamma_1 \\ \alpha_2 & \beta_2 & \gamma_2 \\ \alpha_3 & \beta_3 & \gamma_3 \end{pmatrix}$

をみたす．よって

$$\begin{pmatrix} \alpha_1 & \beta_1 & \gamma_1 \\ \alpha_2 & \beta_2 & \gamma_2 \\ \alpha_3 & \beta_3 & \gamma_3 \end{pmatrix} = \begin{pmatrix} 1 & -1 & 1 \\ 0 & 1 & -1 \\ 0 & 0 & 1 \end{pmatrix}^{-1} \begin{pmatrix} 1 & 1 & -1 \\ -1 & 5 & -5 \\ 1 & -3 & 5 \end{pmatrix}$$

$$= \begin{pmatrix} 1 & 1 & 0 \\ 0 & 1 & 1 \\ 0 & 0 & 1 \end{pmatrix} \begin{pmatrix} 1 & 1 & -1 \\ -1 & 5 & -5 \\ 1 & -3 & 5 \end{pmatrix} = \begin{pmatrix} 0 & 6 & -6 \\ 0 & 2 & 0 \\ 1 & -3 & 5 \end{pmatrix}$$

(2) $A\boldsymbol{b}_1 = \begin{pmatrix} 4 \\ 2 \\ 0 \end{pmatrix}$, $A\boldsymbol{b}_2 = \begin{pmatrix} 0 \\ 0 \\ 2 \end{pmatrix}$, $A\boldsymbol{b}_3 = \begin{pmatrix} -3 \\ -3 \\ 3 \end{pmatrix}$ であるから，求める表現行列は

$$\begin{pmatrix} \alpha_1 & \beta_1 & \gamma_1 \\ \alpha_2 & \beta_2 & \gamma_2 \\ \alpha_3 & \beta_3 & \gamma_3 \end{pmatrix} = \begin{pmatrix} 2 & 0 & -1 \\ 1 & 0 & -1 \\ 0 & 1 & 1 \end{pmatrix}^{-1} \begin{pmatrix} 4 & 0 & -3 \\ 2 & 0 & -3 \\ 0 & 2 & 3 \end{pmatrix}$$

$$= \begin{pmatrix} 1 & -1 & 0 \\ -1 & 2 & 1 \\ 1 & -2 & 0 \end{pmatrix} \begin{pmatrix} 4 & 0 & -3 \\ 2 & 0 & -3 \\ 0 & 2 & 3 \end{pmatrix} = \begin{pmatrix} 2 & 0 & 0 \\ 0 & 2 & 0 \\ 0 & 0 & 3 \end{pmatrix}$$

6. (1) $A\boldsymbol{a}_1 = \begin{pmatrix} -1 \\ -2 \\ -1 \end{pmatrix}$, $A\boldsymbol{a}_2 = \begin{pmatrix} 1 \\ 3 \\ 2 \end{pmatrix}$, $A\boldsymbol{a}_3 = \begin{pmatrix} 4 \\ 0 \\ -2 \end{pmatrix}$ であるから，求める表現行列

$\begin{pmatrix} \alpha_1 & \beta_1 & \gamma_1 \\ \alpha_2 & \beta_2 & \gamma_2 \\ \alpha_3 & \beta_3 & \gamma_3 \end{pmatrix}$ は $\begin{pmatrix} -1 & 1 & 4 \\ -2 & 3 & 0 \\ -1 & 2 & -2 \end{pmatrix} = \begin{pmatrix} 1 & 1 & 2 \\ 2 & 3 & 0 \\ 1 & 2 & -1 \end{pmatrix} \begin{pmatrix} \alpha_1 & \beta_1 & \gamma_1 \\ \alpha_2 & \beta_2 & \gamma_2 \\ \alpha_3 & \beta_3 & \gamma_3 \end{pmatrix}$

をみたす．よって

$$\begin{pmatrix} \alpha_1 & \beta_1 & \gamma_1 \\ \alpha_2 & \beta_2 & \gamma_2 \\ \alpha_3 & \beta_3 & \gamma_3 \end{pmatrix} = \begin{pmatrix} 1 & 1 & 2 \\ 2 & 3 & 0 \\ 1 & 2 & -1 \end{pmatrix}^{-1} \begin{pmatrix} -1 & 1 & 4 \\ -2 & 3 & 0 \\ -1 & 2 & -2 \end{pmatrix}$$

$$= \begin{pmatrix} -3 & 5 & 6 \\ 2 & -3 & 4 \\ 1 & -1 & 1 \end{pmatrix} \begin{pmatrix} -1 & 1 & 4 \\ -2 & 3 & 0 \\ -1 & 2 & -2 \end{pmatrix} = \begin{pmatrix} -1 & 0 & 0 \\ 0 & 1 & 0 \\ 0 & 0 & 2 \end{pmatrix}$$

(2) $A\boldsymbol{b}_1 = \begin{pmatrix} 14 \\ 24 \\ 12 \end{pmatrix}$, $A\boldsymbol{b}_2 = \begin{pmatrix} 2 \\ 5 \\ 3 \end{pmatrix}$, $A\boldsymbol{b}_3 = \begin{pmatrix} -3 \\ -7 \\ -4 \end{pmatrix}$ であるから，求める表現行列は

$$\begin{pmatrix} \alpha_1 & \beta_1 & \gamma_1 \\ \alpha_2 & \beta_2 & \gamma_2 \\ \alpha_3 & \beta_3 & \gamma_3 \end{pmatrix} = \begin{pmatrix} 0 & 0 & 1 \\ 0 & 1 & 1 \\ 1 & 1 & 0 \end{pmatrix}^{-1} \begin{pmatrix} 14 & 2 & -3 \\ 24 & 5 & -7 \\ 12 & 3 & -4 \end{pmatrix}$$

$$= \begin{pmatrix} 1 & -1 & 1 \\ -1 & 1 & 0 \\ 1 & 0 & 0 \end{pmatrix} \begin{pmatrix} 14 & 2 & -3 \\ 24 & 5 & -7 \\ 12 & 3 & -4 \end{pmatrix} = \begin{pmatrix} 2 & 0 & 0 \\ 10 & 3 & -4 \\ 14 & 2 & -3 \end{pmatrix}$$

7. $A\boldsymbol{a}_1 = \begin{pmatrix} 0 \\ -1 \end{pmatrix}$, $A\boldsymbol{a}_2 = \begin{pmatrix} -1 \\ 0 \end{pmatrix}$, $A\boldsymbol{a}_3 = \begin{pmatrix} -2 \\ 3 \end{pmatrix}$ であるから，求める表現行列

$\begin{pmatrix} \alpha_1 & \beta_1 & \gamma_1 \\ \alpha_2 & \beta_2 & \gamma_2 \end{pmatrix}$ は $\begin{pmatrix} 0 & -1 & -2 \\ -1 & 0 & 3 \end{pmatrix} = \begin{pmatrix} 1 & 2 \\ 3 & 5 \end{pmatrix}\begin{pmatrix} \alpha_1 & \beta_1 & \gamma_1 \\ \alpha_2 & \beta_2 & \gamma_2 \end{pmatrix}$ をみたす．

$$\therefore \quad \begin{pmatrix} \alpha_1 & \beta_1 & \gamma_1 \\ \alpha_2 & \beta_2 & \gamma_2 \end{pmatrix} = \begin{pmatrix} -5 & 2 \\ 3 & -1 \end{pmatrix}\begin{pmatrix} 0 & -1 & -2 \\ -1 & 0 & 3 \end{pmatrix} = \begin{pmatrix} -2 & 5 & 16 \\ 1 & -3 & -9 \end{pmatrix}$$

8. $A\boldsymbol{a}_1 = \begin{pmatrix} 2 \\ 0 \\ -1 \end{pmatrix}$, $A\boldsymbol{a}_2 = \begin{pmatrix} 34 \\ -16 \\ -8 \end{pmatrix}$, $A\boldsymbol{a}_3 = \begin{pmatrix} -2 \\ 2 \\ 0 \end{pmatrix}$, $A\boldsymbol{a}_4 = \begin{pmatrix} 0 \\ 2 \\ 0 \end{pmatrix}$ であるから，求める表現行列は

$$\begin{pmatrix} 2 & 34 & -2 & 0 \\ 0 & -16 & 2 & 2 \\ -1 & -8 & 0 & 0 \end{pmatrix} = \begin{pmatrix} -4 & 3 & -1 \\ 2 & -1 & 0 \\ 1 & -1 & 1 \end{pmatrix}\begin{pmatrix} \alpha_1 & \beta_1 & \gamma_1 & \delta_1 \\ \alpha_2 & \beta_2 & \gamma_2 & \delta_2 \\ \alpha_3 & \beta_3 & \gamma_3 & \delta_3 \end{pmatrix} \text{ をみたす.}$$

$$\begin{aligned} \therefore \quad \begin{pmatrix} \alpha_1 & \beta_1 & \gamma_1 & \delta_1 \\ \alpha_2 & \beta_2 & \gamma_2 & \delta_2 \\ \alpha_3 & \beta_3 & \gamma_3 & \delta_3 \end{pmatrix} &= \begin{pmatrix} 1 & 2 & 1 \\ 2 & 3 & 2 \\ 1 & 1 & 2 \end{pmatrix}\begin{pmatrix} 2 & 34 & -2 & 0 \\ 0 & -16 & 2 & 2 \\ -1 & -8 & 0 & 0 \end{pmatrix} \\ &= \begin{pmatrix} 1 & -6 & 2 & 4 \\ 2 & 4 & 2 & 6 \\ 0 & 2 & 0 & 2 \end{pmatrix} \end{aligned}$$

9. $T(f_1(x)) = 1$, $T(f_2(x)) = 2x$, $T(f_3(x)) = 1 + 2x$ なので，求める表現行列は

$$\begin{pmatrix} 1 & x & x^2 \end{pmatrix}\begin{pmatrix} 1 & 0 & 1 \\ 0 & 2 & 2 \\ 0 & 0 & 0 \end{pmatrix} = \begin{pmatrix} 1 & x & x^2 \end{pmatrix}\begin{pmatrix} 1 & 1 & 0 \\ 1 & 0 & 1 \\ 0 & 1 & 1 \end{pmatrix}\begin{pmatrix} \alpha_1 & \beta_1 & \gamma_1 \\ \alpha_2 & \beta_2 & \gamma_2 \\ \alpha_3 & \beta_3 & \gamma_3 \end{pmatrix}$$

をみたす．ここで $1, x, x^2$ は 1 次独立であるから

$$\begin{pmatrix} 1 & 0 & 1 \\ 0 & 2 & 2 \\ 0 & 0 & 0 \end{pmatrix} = \begin{pmatrix} 1 & 1 & 0 \\ 1 & 0 & 1 \\ 0 & 1 & 1 \end{pmatrix}\begin{pmatrix} \alpha_1 & \beta_1 & \gamma_1 \\ \alpha_2 & \beta_2 & \gamma_2 \\ \alpha_3 & \beta_3 & \gamma_3 \end{pmatrix}$$

となる．よって求める表現行列は

$$\begin{pmatrix} \alpha_1 & \beta_1 & \gamma_1 \\ \alpha_2 & \beta_2 & \gamma_2 \\ \alpha_3 & \beta_3 & \gamma_3 \end{pmatrix} = \frac{1}{2}\begin{pmatrix} 1 & 1 & -1 \\ 1 & -1 & 1 \\ -1 & 1 & 1 \end{pmatrix}\begin{pmatrix} 1 & 0 & 1 \\ 0 & 2 & 2 \\ 0 & 0 & 0 \end{pmatrix} = \frac{1}{2}\begin{pmatrix} 1 & 2 & 3 \\ 1 & -2 & -1 \\ -1 & 2 & 1 \end{pmatrix}$$

10. $T(f_1(x)) = x + \dfrac{x^2}{2}$, $T(f_2(x)) = x + x^2$ なので，求める表現行列は

$$\begin{pmatrix} 1 & x & x^2 \end{pmatrix}\begin{pmatrix} 0 & 0 \\ 1 & 1 \\ 1/2 & 1 \end{pmatrix} = \begin{pmatrix} 1 & x & x^2 \end{pmatrix}\begin{pmatrix} 2 & 1 & 0 \\ 1 & 0 & 1 \\ 0 & 1 & 1 \end{pmatrix}\begin{pmatrix} \alpha_1 & \beta_1 \\ \alpha_2 & \beta_2 \\ \alpha_3 & \beta_3 \end{pmatrix}$$

をみたす．ここで $1, x, x^2$ は 1 次独立であるから，

$$\frac{1}{2}\begin{pmatrix} 0 & 0 \\ 2 & 2 \\ 1 & 2 \end{pmatrix} = \begin{pmatrix} 2 & 1 & 0 \\ 1 & 0 & 1 \\ 0 & 1 & 1 \end{pmatrix}\begin{pmatrix} \alpha_1 & \beta_1 \\ \alpha_2 & \beta_2 \\ \alpha_3 & \beta_3 \end{pmatrix}$$

となる．よって求める表現行列は

$$\begin{pmatrix} \alpha_1 & \beta_1 \\ \alpha_2 & \beta_2 \\ \alpha_3 & \beta_3 \end{pmatrix} = \frac{1}{2} \times \frac{1}{3}\begin{pmatrix} 1 & 1 & -1 \\ 1 & -2 & 2 \\ -1 & 2 & 1 \end{pmatrix}\begin{pmatrix} 0 & 0 \\ 2 & 2 \\ 1 & 2 \end{pmatrix} = \frac{1}{6}\begin{pmatrix} 1 & 0 \\ -2 & 0 \\ 5 & 6 \end{pmatrix}$$

11. $T(f_1(x)) = -2x$, $T(f_2(x)) = 2x + 20x^2$, $T(f_3(x)) = 8x^2$ なので，求める表現行列は

$$\begin{pmatrix} 1 & x & x^2 \end{pmatrix}\begin{pmatrix} 0 & 0 & 0 \\ -2 & 2 & 0 \\ 0 & 20 & 8 \end{pmatrix} = \begin{pmatrix} 1 & x & x^2 \end{pmatrix}\begin{pmatrix} 1 & 2 & 1 \\ -1 & 1 & 0 \\ 0 & 5 & 2 \end{pmatrix}\begin{pmatrix} \alpha_1 & \beta_1 & \gamma_1 \\ \alpha_2 & \beta_2 & \gamma_2 \\ \alpha_3 & \beta_3 & \gamma_3 \end{pmatrix}$$

をみたす．ここで $1, x, x^2$ は1次独立であるから，

$$\begin{pmatrix} 0 & 0 & 0 \\ -2 & 2 & 0 \\ 0 & 20 & 8 \end{pmatrix} = \begin{pmatrix} 1 & 2 & 1 \\ -1 & 1 & 0 \\ 0 & 5 & 2 \end{pmatrix}\begin{pmatrix} \alpha_1 & \beta_1 & \gamma_1 \\ \alpha_2 & \beta_2 & \gamma_2 \\ \alpha_3 & \beta_3 & \gamma_3 \end{pmatrix}$$

となる．よって求める表現行列は

$$\begin{pmatrix} \alpha_1 & \beta_1 & \gamma_1 \\ \alpha_2 & \beta_2 & \gamma_2 \\ \alpha_3 & \beta_3 & \gamma_3 \end{pmatrix} = \begin{pmatrix} 2 & 1 & -1 \\ 2 & 2 & -1 \\ -5 & -5 & 3 \end{pmatrix}\begin{pmatrix} 0 & 0 & 0 \\ -2 & 2 & 0 \\ 0 & 20 & 8 \end{pmatrix} = \begin{pmatrix} -2 & -18 & -8 \\ -4 & -16 & -8 \\ 10 & 50 & 24 \end{pmatrix}$$

問題 4.4 (p.157)

1. (1) $g_A(t) = (t+1)(t-5)$, $\lambda = -1, 5$

(2) $g_A(t) = t^2 - 3t + 3$ である．$g_A(t) = 0$ とおくと $t = \dfrac{3 \pm \sqrt{3}i}{2}$ となるから，A は固有値をもたない．

(3) $g_A(t) = (t-3)(t-4)$, $\lambda = 3, 4$　　(4) $g_A(t) = (t+7)(t-3)^2$, $\lambda = -7, 3$

(5) $g_A(t) = (t-1)(t^2+1)$ である．$g_A(t) = 0$ とおくと $t = 1, \pm i$ となるから，A の固有値は $\lambda = 1$ である．

(6) $g_A(t) = (t+4)(t-2)(t-6)$, $\lambda = -4, 2, 6$

(7) $g_A(t) = (t-2)(t^2-2t+3)$ である．$g_A(t) = 0$ とおくと $t = 2, 1 \pm \sqrt{2}i$ となるから，A の固有値は $\lambda = 2$ である．

2. (1) $g_A(t) = (t-2)(t-3)$, $\lambda = 2, 3$

$\lambda = 2$ のとき $\begin{pmatrix} -3 & 6 & 0 \\ -1 & 2 & 0 \end{pmatrix} \xrightarrow{\text{簡約化}} \cdots \rightarrow \begin{pmatrix} 1 & -2 & 0 \\ 0 & 0 & 0 \end{pmatrix}$,

$\lambda = 3$ のとき $\begin{pmatrix} -2 & 6 & 0 \\ -1 & 3 & 0 \end{pmatrix} \xrightarrow{\text{簡約化}} \cdots \rightarrow \begin{pmatrix} 1 & -3 & 0 \\ 0 & 0 & 0 \end{pmatrix}$ より

$$W(2; A) = \left\{ c\begin{pmatrix} 2 \\ 1 \end{pmatrix} : c \in \mathbb{R} \right\}, \qquad W(3; A) = \left\{ c\begin{pmatrix} 3 \\ 1 \end{pmatrix} : c \in \mathbb{R} \right\}$$

(2) $g_A(t)=(t-2)(t-7)$, $\lambda=2,\ 7$

$\lambda=2$ のとき $\begin{pmatrix} -4 & -2 & 0 \\ -2 & -1 & 0 \end{pmatrix} \xrightarrow[\cdots]{\text{簡約化}} \begin{pmatrix} 1 & 1/2 & 0 \\ 0 & 0 & 0 \end{pmatrix}$ より

$$W(2;A)=\left\{c\begin{pmatrix} -1/2 \\ 1 \end{pmatrix} : c\in\mathbb{R}\right\}=\left\{c'\begin{pmatrix} 1 \\ -2 \end{pmatrix} : c'\in\mathbb{R}\right\}$$

$\lambda=7$ のとき $\begin{pmatrix} 1 & -2 & 0 \\ -2 & 4 & 0 \end{pmatrix} \xrightarrow[\cdots]{\text{簡約化}} \begin{pmatrix} 1 & -2 & 0 \\ 0 & 0 & 0 \end{pmatrix}$ より

$$W(7;A)=\left\{c\begin{pmatrix} 2 \\ 1 \end{pmatrix} : c\in\mathbb{R}\right\}$$

(3) $g_A(t)=(t-1)^2(t-3)$, $\lambda=1,\ 3$

$\lambda=1$ のとき $\begin{pmatrix} -2 & 4 & 4 & 0 \\ 0 & 0 & 0 & 0 \\ 0 & 0 & 0 & 0 \end{pmatrix} \xrightarrow[\cdots]{\text{簡約化}} \begin{pmatrix} 1 & -2 & -2 & 0 \\ 0 & 0 & 0 & 0 \\ 0 & 0 & 0 & 0 \end{pmatrix}$ より

$$W(1;A)=\left\{c_1\begin{pmatrix} 2 \\ 1 \\ 0 \end{pmatrix}+c_2\begin{pmatrix} 2 \\ 0 \\ 1 \end{pmatrix} : c_1, c_2\in\mathbb{R}\right\}$$

$\lambda=3$ のとき $\begin{pmatrix} 0 & 4 & 4 & 0 \\ 0 & 2 & 0 & 0 \\ 0 & 0 & 2 & 0 \end{pmatrix} \xrightarrow[\cdots]{\text{簡約化}} \begin{pmatrix} 0 & 1 & 0 & 0 \\ 0 & 0 & 1 & 0 \\ 0 & 0 & 0 & 0 \end{pmatrix}$ より

$$W(3;A)=\left\{c\begin{pmatrix} 1 \\ 0 \\ 0 \end{pmatrix} : c\in\mathbb{R}\right\}$$

(4) $g_A(t)=(t-2)(t-3)(t-4)$, $\lambda=2,\ 3,\ 4$

$\lambda=2$ のとき $\begin{pmatrix} 0 & 0 & 0 & 0 \\ 1 & -1 & 0 & 0 \\ 1 & 1 & -2 & 0 \end{pmatrix} \xrightarrow[\cdots]{\text{簡約化}} \begin{pmatrix} 1 & 0 & -1 & 0 \\ 0 & 1 & -1 & 0 \\ 0 & 0 & 0 & 0 \end{pmatrix}$ より

$$W(2;A)=\left\{c\begin{pmatrix} 1 \\ 1 \\ 1 \end{pmatrix} : c\in\mathbb{R}\right\}$$

$\lambda=3$ のとき $\begin{pmatrix} 1 & 0 & 0 & 0 \\ 1 & 0 & 0 & 0 \\ 1 & 1 & -1 & 0 \end{pmatrix} \xrightarrow[\cdots]{\text{簡約化}} \begin{pmatrix} 1 & 0 & 0 & 0 \\ 0 & 1 & -1 & 0 \\ 0 & 0 & 0 & 0 \end{pmatrix}$ より

$$W(3;A)=\left\{c\begin{pmatrix} 0 \\ 1 \\ 1 \end{pmatrix} : c\in\mathbb{R}\right\}$$

$\lambda=4$ のとき $\begin{pmatrix} 2 & 0 & 0 & 0 \\ 1 & 1 & 0 & 0 \\ 1 & 1 & 0 & 0 \end{pmatrix} \xrightarrow[\cdots]{\text{簡約化}} \begin{pmatrix} 1 & 0 & 0 & 0 \\ 0 & 1 & 0 & 0 \\ 0 & 0 & 0 & 0 \end{pmatrix}$ より

$$W(4;A)=\left\{c\begin{pmatrix}0\\0\\1\end{pmatrix}:c\in\mathbb{R}\right\}$$

(5) $g_A(t)=(t-1)^2(t-2)$, $\lambda=1,\,2$

$\lambda=1$ のとき $\begin{pmatrix}-2&1&0&0\\-2&1&0&0\\2&-1&0&0\end{pmatrix}\xrightarrow{\text{簡約化}}\cdots\rightarrow\begin{pmatrix}1&-1/2&0&0\\0&0&0&0\\0&0&0&0\end{pmatrix}$ より

$$W(1;A)=\left\{c_1\begin{pmatrix}1/2\\1\\0\end{pmatrix}+c_2\begin{pmatrix}0\\0\\1\end{pmatrix}:c_1,c_2\in\mathbb{R}\right\}$$
$$=\left\{c_1{}'\begin{pmatrix}1\\2\\0\end{pmatrix}+c_2\begin{pmatrix}0\\0\\1\end{pmatrix}:c_1{}',c_2\in\mathbb{R}\right\}$$

$\lambda=2$ のとき $\begin{pmatrix}-1&-1&0&0\\-2&2&0&0\\2&-1&1&0\end{pmatrix}\xrightarrow{\text{簡約化}}\cdots\rightarrow\begin{pmatrix}1&0&1&0\\0&1&1&0\\0&0&0&0\end{pmatrix}$ より

$$W(2;A)=\left\{c\begin{pmatrix}-1\\-1\\1\end{pmatrix}:c\in\mathbb{R}\right\}$$

(6) $g_A(t)=(t+1)(t-1)(t-2)$, $\lambda=-1,\,1,\,2$

$\lambda=-1$ のとき $\begin{pmatrix}2&-2&4&0\\-3&0&-3&0\\-5&2&-7&0\end{pmatrix}\xrightarrow{\text{簡約化}}\cdots\rightarrow\begin{pmatrix}1&0&1&0\\0&1&-1&0\\0&0&0&0\end{pmatrix}$ より

$$W(-1;A)=\left\{c\begin{pmatrix}-1\\1\\1\end{pmatrix}:c\in\mathbb{R}\right\}$$

$\lambda=1$ のとき $\begin{pmatrix}4&-2&4&0\\-3&2&-3&0\\-5&2&-5&0\end{pmatrix}\xrightarrow{\text{簡約化}}\cdots\rightarrow\begin{pmatrix}1&0&1&0\\0&1&0&0\\0&0&0&0\end{pmatrix}$ より

$$W(1;A)=\left\{c\begin{pmatrix}-1\\0\\1\end{pmatrix}:c\in\mathbb{R}\right\}$$

$\lambda=2$ のとき $\begin{pmatrix}5&-2&4&0\\-3&3&-3&0\\-5&2&-4&0\end{pmatrix}\xrightarrow{\text{簡約化}}\cdots\rightarrow\begin{pmatrix}1&0&2/3&0\\0&1&-1/3&0\\0&0&0&0\end{pmatrix}$ より

$$W(2;A)=\left\{c\begin{pmatrix}-2/3\\1/3\\1\end{pmatrix}:c\in\mathbb{R}\right\}=\left\{c'\begin{pmatrix}-2\\1\\3\end{pmatrix}:c'\in\mathbb{R}\right\}$$

(7) n 次行列式の性質の (3) (➪p.86)，4 次行列式の定義 (➪p.80) およびサルスの方法 (➪p.79) より

$$g_A(t)=\begin{vmatrix} t & 0 & 1 & -1 \\ 0 & t-1 & 0 & 0 \\ 1 & 0 & t & -1 \\ 3 & 0 & 3 & t-4 \end{vmatrix}=\begin{vmatrix} 0 & 0 & 1-t^2 & t-1 \\ 0 & t-1 & 0 & 0 \\ 1 & 0 & t & -1 \\ 0 & 0 & 3-3t & t-1 \end{vmatrix}\begin{matrix} ①-③\times t \\ \\ \\ ④-③\times 3 \end{matrix}$$

$$=\begin{vmatrix} 0 & 1-t^2 & t-1 \\ t-1 & 0 & 0 \\ 0 & 3-3t & t-1 \end{vmatrix}=(t-1)^2(3-3t)-(t-1)^2(1-t^2)$$

$$=(t-1)^2(1-t)\{3-(1+t)\}=(t-1)^3(t-2),\ \lambda=1,2$$

$$\lambda=1 \text{ のとき} \begin{pmatrix} 1 & 0 & 1 & -1 & 0 \\ 0 & 0 & 0 & 0 & 0 \\ 1 & 0 & 1 & -1 & 0 \\ 3 & 0 & 3 & -3 & 0 \end{pmatrix}\xrightarrow{\text{簡約化}}\cdots\rightarrow\begin{pmatrix} 1 & 0 & 1 & -1 & 0 \\ 0 & 0 & 0 & 0 & 0 \\ 0 & 0 & 0 & 0 & 0 \\ 0 & 0 & 0 & 0 & 0 \end{pmatrix} \text{ より}$$

$$W(1;A)=\left\{c_1\begin{pmatrix} 0 \\ 1 \\ 0 \\ 0 \end{pmatrix}+c_2\begin{pmatrix} -1 \\ 0 \\ 1 \\ 0 \end{pmatrix}+c_3\begin{pmatrix} 1 \\ 0 \\ 0 \\ 1 \end{pmatrix} : c_1,c_2,c_3\in\mathbb{R}\right\}$$

$$\lambda=2 \text{ のとき} \begin{pmatrix} 2 & 0 & 1 & -1 & 0 \\ 0 & 1 & 0 & 0 & 0 \\ 1 & 0 & 2 & -1 & 0 \\ 3 & 0 & 3 & -2 & 0 \end{pmatrix}\xrightarrow{\text{簡約化}}\cdots\rightarrow\begin{pmatrix} 1 & 0 & 0 & -1/3 & 0 \\ 0 & 1 & 0 & 0 & 0 \\ 0 & 0 & 1 & -1/3 & 0 \\ 0 & 0 & 0 & 0 & 0 \end{pmatrix} \text{ より}$$

$$W(2;A)=\left\{c'\begin{pmatrix} 1 \\ 0 \\ 1 \\ 3 \end{pmatrix} : c'\in\mathbb{R}\right\}$$

(8) 4 次行列式の定義 (➪p.80) およびサルスの方法 (➪p.79) より

$$g_A(t)=\begin{vmatrix} t-1 & -1 & 0 & -2 \\ 2 & t-4 & 0 & 2 \\ 0 & -2 & t-1 & 0 \\ 0 & 0 & 0 & t+1 \end{vmatrix}$$

$$=(t-1)\begin{vmatrix} t-4 & 0 & 2 \\ -2 & t-1 & 0 \\ 0 & 0 & t+1 \end{vmatrix}-2\begin{vmatrix} -1 & 0 & -2 \\ -2 & t-1 & 0 \\ 0 & 0 & t+1 \end{vmatrix}$$

$$=(t-1)(t-4)(t-1)(t+1)+2(t-1)(t+1)$$

$$=(t-1)(t+1)(t^2-5t+6)=(t+1)(t-1)(t-2)(t-3),\ \lambda=-1,1,2,3$$

$$\lambda=-1\text{ のとき }\begin{pmatrix} -2 & -1 & 0 & -2 & 0 \\ 2 & -5 & 0 & 2 & 0 \\ 0 & -2 & -2 & 0 & 0 \\ 0 & 0 & 0 & 0 & 0 \end{pmatrix} \xrightarrow{\text{簡約化}} \cdots \to \begin{pmatrix} 1 & 0 & 0 & 1 & 0 \\ 0 & 1 & 0 & 0 & 0 \\ 0 & 0 & 1 & 0 & 0 \\ 0 & 0 & 0 & 0 & 0 \end{pmatrix},$$

$$\lambda=1\text{ のとき }\begin{pmatrix} 0 & -1 & 0 & -2 & 0 \\ 2 & -3 & 0 & 2 & 0 \\ 0 & -2 & 0 & 0 & 0 \\ 0 & 0 & 0 & 2 & 0 \end{pmatrix} \xrightarrow{\text{簡約化}} \cdots \to \begin{pmatrix} 1 & 0 & 0 & 0 & 0 \\ 0 & 1 & 0 & 0 & 0 \\ 0 & 0 & 0 & 1 & 0 \\ 0 & 0 & 0 & 0 & 0 \end{pmatrix}\text{ より}$$

$$W(-1;A)=\left\{c\begin{pmatrix} -1 \\ 0 \\ 0 \\ 1 \end{pmatrix} : c\in\mathbb{R}\right\},\qquad W(1;A)=\left\{c\begin{pmatrix} 0 \\ 0 \\ 1 \\ 0 \end{pmatrix} : c\in\mathbb{R}\right\}$$

$$\lambda=2\text{ のとき }\begin{pmatrix} 1 & -1 & 0 & -2 & 0 \\ 2 & -2 & 0 & 2 & 0 \\ 0 & -2 & 1 & 0 & 0 \\ 0 & 0 & 0 & 3 & 0 \end{pmatrix} \xrightarrow{\text{簡約化}} \cdots \to \begin{pmatrix} 1 & 0 & -1/2 & 0 & 0 \\ 0 & 1 & -1/2 & 0 & 0 \\ 0 & 0 & 0 & 1 & 0 \\ 0 & 0 & 0 & 0 & 0 \end{pmatrix},$$

$$\lambda=3\text{ のとき }\begin{pmatrix} 2 & -1 & 0 & -2 & 0 \\ 2 & -1 & 0 & 2 & 0 \\ 0 & -2 & 2 & 0 & 0 \\ 0 & 0 & 0 & 4 & 0 \end{pmatrix} \xrightarrow{\text{簡約化}} \cdots \to \begin{pmatrix} 1 & 0 & -1/2 & 0 & 0 \\ 0 & 1 & -1 & 0 & 0 \\ 0 & 0 & 0 & 1 & 0 \\ 0 & 0 & 0 & 0 & 0 \end{pmatrix}\text{ より}$$

$$W(2;A)=\left\{c'\begin{pmatrix} 1 \\ 1 \\ 2 \\ 0 \end{pmatrix} : c'\in\mathbb{R}\right\},\qquad W(3;A)=\left\{c'\begin{pmatrix} 1 \\ 2 \\ 2 \\ 0 \end{pmatrix} : c'\in\mathbb{R}\right\}$$

問題 4.5 (p.167)

1. 問題 4.4 (p.157) の略解 (p.213〜p.217) より

(1) $P=\begin{pmatrix} 2 & 2 & 1 \\ 1 & 0 & 0 \\ 0 & 1 & 0 \end{pmatrix}$, $P^{-1}=\begin{pmatrix} 0 & 1 & 0 \\ 0 & 0 & 1 \\ 1 & -2 & -2 \end{pmatrix}$, $P^{-1}AP=\begin{pmatrix} 1 & 0 & 0 \\ 0 & 1 & 0 \\ 0 & 0 & 3 \end{pmatrix}$

(2) $P=\begin{pmatrix} 1 & 0 & 0 \\ 1 & 1 & 0 \\ 1 & 1 & 1 \end{pmatrix}$, $P^{-1}=\begin{pmatrix} 1 & 0 & 0 \\ -1 & 1 & 0 \\ 0 & -1 & 1 \end{pmatrix}$, $P^{-1}AP=\begin{pmatrix} 2 & 0 & 0 \\ 0 & 3 & 0 \\ 0 & 0 & 4 \end{pmatrix}$

(3) $P=\begin{pmatrix} 1 & 0 & -1 \\ 2 & 0 & -1 \\ 0 & 1 & 1 \end{pmatrix}$, $P^{-1}=\begin{pmatrix} -1 & 1 & 0 \\ 2 & -1 & 1 \\ -2 & 1 & 0 \end{pmatrix}$, $P^{-1}AP=\begin{pmatrix} 1 & 0 & 0 \\ 0 & 1 & 0 \\ 0 & 0 & 2 \end{pmatrix}$

(4) $P=\begin{pmatrix} -1 & -1 & -2 \\ 1 & 0 & 1 \\ 1 & 1 & 3 \end{pmatrix}$, $P^{-1}=\begin{pmatrix} -1 & 1 & -1 \\ -2 & -1 & -1 \\ 1 & 0 & 1 \end{pmatrix}$, $P^{-1}AP=\begin{pmatrix} -1 & 0 & 0 \\ 0 & 1 & 0 \\ 0 & 0 & 2 \end{pmatrix}$

(5) $P = \begin{pmatrix} 0 & -1 & 1 & 1 \\ 1 & 0 & 0 & 0 \\ 0 & 1 & 0 & 1 \\ 0 & 0 & 1 & 3 \end{pmatrix}$, $P^{-1} = \begin{pmatrix} 0 & 1 & 0 & 0 \\ 1 & 0 & 2 & -1 \\ 3 & 0 & 3 & -2 \\ -1 & 0 & -1 & 1 \end{pmatrix}$,

$$P^{-1}AP = \begin{pmatrix} 1 & 0 & 0 & 0 \\ 0 & 1 & 0 & 0 \\ 0 & 0 & 1 & 0 \\ 0 & 0 & 0 & 2 \end{pmatrix}$$

(6) $P = \begin{pmatrix} -1 & 0 & 1 & 1 \\ 0 & 0 & 1 & 2 \\ 0 & 1 & 2 & 2 \\ 1 & 0 & 0 & 0 \end{pmatrix}$, $P^{-1} = \begin{pmatrix} 0 & 0 & 0 & 1 \\ -2 & 0 & 1 & -2 \\ 2 & -1 & 0 & 2 \\ -1 & 1 & 0 & -1 \end{pmatrix}$,

$$P^{-1}AP = \begin{pmatrix} -1 & 0 & 0 & 0 \\ 0 & 1 & 0 & 0 \\ 0 & 0 & 2 & 0 \\ 0 & 0 & 0 & 3 \end{pmatrix}$$

2. (1) $g_A(t) = (t+3)(t-4)$ より $W(-3; A) = \left\{ c \begin{pmatrix} 1 \\ 1 \end{pmatrix} : c \in \mathbb{R} \right\}$,

$W(4; A) = \left\{ c \begin{pmatrix} -6 \\ 1 \end{pmatrix} : c \in \mathbb{R} \right\}$ となる．これより $P = \begin{pmatrix} 1 & -6 \\ 1 & 1 \end{pmatrix}$,

$P^{-1} = \dfrac{1}{7} \begin{pmatrix} 1 & 6 \\ -1 & 1 \end{pmatrix}$, $P^{-1}AP = \begin{pmatrix} -3 & 0 \\ 0 & 4 \end{pmatrix}$

(2) $g_A(t) = (t-3)(t-4)$ より

$W(3; A) = \left\{ c \begin{pmatrix} 1/2 \\ 1 \end{pmatrix} : c \in \mathbb{R} \right\} = \left\{ c' \begin{pmatrix} 1 \\ 2 \end{pmatrix} : c' \in \mathbb{R} \right\}$,

$W(4; A) = \left\{ c \begin{pmatrix} 2/3 \\ 1 \end{pmatrix} : c \in \mathbb{R} \right\} = \left\{ c' \begin{pmatrix} 2 \\ 3 \end{pmatrix} : c' \in \mathbb{R} \right\}$

となる．これより $P = \begin{pmatrix} 1 & 2 \\ 2 & 3 \end{pmatrix}$, $P^{-1} = \begin{pmatrix} -3 & 2 \\ 2 & -1 \end{pmatrix}$, $P^{-1}AP = \begin{pmatrix} 3 & 0 \\ 0 & 4 \end{pmatrix}$

(3) $g_A(t) = (t-6)(t-7)$ より

$W(6; A) = \left\{ c \begin{pmatrix} 1/4 \\ 1 \end{pmatrix} : c \in \mathbb{R} \right\} = \left\{ c' \begin{pmatrix} 1 \\ 4 \end{pmatrix} : c' \in \mathbb{R} \right\}$,

$W(7; A) = \left\{ c \begin{pmatrix} 1/5 \\ 1 \end{pmatrix} : c \in \mathbb{R} \right\} = \left\{ c' \begin{pmatrix} 1 \\ 5 \end{pmatrix} : c' \in \mathbb{R} \right\}$

となる．これより $P = \begin{pmatrix} 1 & 1 \\ 4 & 5 \end{pmatrix}$, $P^{-1} = \begin{pmatrix} 5 & -1 \\ -4 & 1 \end{pmatrix}$, $P^{-1}AP = \begin{pmatrix} 6 & 0 \\ 0 & 7 \end{pmatrix}$

(4) $g_A(t) = (t+1)(t-1)(t-2)$ より $W(-1; A) = \left\{ c \begin{pmatrix} 0 \\ 0 \\ 1 \end{pmatrix} : c \in \mathbb{R} \right\}$,

$$W(1;A)=\left\{c\begin{pmatrix}-2\\1\\0\end{pmatrix}:c\in\mathbb{R}\right\},\ W(2;A)=\left\{c\begin{pmatrix}3\\-1\\1\end{pmatrix}:c\in\mathbb{R}\right\}$$

$$\therefore\ P=\begin{pmatrix}0&-2&3\\0&1&-1\\1&0&1\end{pmatrix},\ P^{-1}=\begin{pmatrix}-1&-2&1\\1&3&0\\1&2&0\end{pmatrix},\ P^{-1}AP=\begin{pmatrix}-1&0&0\\0&1&0\\0&0&2\end{pmatrix}$$

(5) $g_A(t)=(t-1)^2(t-4)$ より

$$W(1;A)=\left\{c_1\begin{pmatrix}0\\1\\0\end{pmatrix}+c_2\begin{pmatrix}2\\0\\1\end{pmatrix}:c_1,c_2\in\mathbb{R}\right\},$$

$W(4;A)=\left\{c\begin{pmatrix}-1\\-1\\1\end{pmatrix}:c\in\mathbb{R}\right\}$ となる．これより $P=\begin{pmatrix}0&2&-1\\1&0&-1\\0&1&1\end{pmatrix}$,

$$P^{-1}=\frac{1}{3}\begin{pmatrix}-1&3&2\\1&0&1\\-1&0&2\end{pmatrix},\ P^{-1}AP=\begin{pmatrix}1&0&0\\0&1&0\\0&0&4\end{pmatrix}$$

(6) $g_A(t)=t(t+5)(t-6)$ より $W(-5;A)=\left\{c\begin{pmatrix}1\\0\\0\end{pmatrix}:c\in\mathbb{R}\right\}$,

$W(0;A)=\left\{c\begin{pmatrix}1\\0\\1\end{pmatrix}:c\in\mathbb{R}\right\},\ W(6;A)=\left\{c\begin{pmatrix}1\\1\\0\end{pmatrix}:c\in\mathbb{R}\right\}$ となる．よって

$$P=\begin{pmatrix}1&1&1\\0&0&1\\0&1&0\end{pmatrix},\ P^{-1}=\begin{pmatrix}1&-1&-1\\0&0&1\\0&1&0\end{pmatrix},\ P^{-1}AP=\begin{pmatrix}-5&0&0\\0&0&0\\0&0&6\end{pmatrix}$$

(7) $g_A(t)=(t-3)^2(t-4)$ より $W(3;A)=\left\{c_1\begin{pmatrix}1\\0\\0\end{pmatrix}+c_2\begin{pmatrix}0\\1\\1\end{pmatrix}:c_1,c_2\in\mathbb{R}\right\}$,

$W(4;A)=\left\{c\begin{pmatrix}1\\1\\0\end{pmatrix}:c\in\mathbb{R}\right\}$ となる．これより $P=\begin{pmatrix}1&0&1\\0&1&1\\0&1&0\end{pmatrix}$,

$$P^{-1}=\begin{pmatrix}1&-1&1\\0&0&1\\0&1&-1\end{pmatrix},\ P^{-1}AP=\begin{pmatrix}3&0&0\\0&3&0\\0&0&4\end{pmatrix}$$

3. (1) $P^{-1}A^nP=(P^{-1}AP)^n=\begin{pmatrix}(-3)^n&0\\0&4^n\end{pmatrix}$ より

$$A^n=P\begin{pmatrix}(-3)^n&0\\0&4^n\end{pmatrix}P^{-1}=\frac{1}{7}\begin{pmatrix}(-3)^n+6\cdot 4^n&6\cdot(-3)^n-6\cdot 4^n\\(-3)^n-\ \ 4^n&6\cdot(-3)^n+\ \ 4^n\end{pmatrix}$$

(2) $P^{-1}A^nP=(P^{-1}AP)^n=\begin{pmatrix} 3^n & 0 \\ 0 & 4^n \end{pmatrix}$ より

$$A^n=P\begin{pmatrix} 3^n & 0 \\ 0 & 4^n \end{pmatrix}P^{-1}=\begin{pmatrix} -3^{n+1}+4^{n+1} & 2\cdot 3^n-2\cdot 4^n \\ -2\cdot 3^{n+1}+6\cdot 4^n & 4\cdot 3^n-3\cdot 4^n \end{pmatrix}$$

(3) $P^{-1}A^nP=(P^{-1}AP)^n=\begin{pmatrix} 6^n & 0 \\ 0 & 7^n \end{pmatrix}$ より

$$A^n=P\begin{pmatrix} 6^n & 0 \\ 0 & 7^n \end{pmatrix}P^{-1}=\begin{pmatrix} 5\cdot 6^n-4\cdot 7^n & -6^n+7^n \\ 20\cdot 6^n-20\cdot 7^n & -4\cdot 6^n+5\cdot 7^n \end{pmatrix}$$

第5章

問題 5.1 (p.178)

1. 固有多項式は $g_A(t)=(t-1)(t-3)^2$，固有値は $\lambda=1,3$ である．固有空間 $W(1;A)$ の基底は $\boldsymbol{a}_1=\begin{pmatrix} -1 \\ 0 \\ 1 \end{pmatrix}$, $W(3;A)$ の基底は $\boldsymbol{a}_2=\begin{pmatrix} 0 \\ 1 \\ 0 \end{pmatrix}$, $\boldsymbol{a}_3=\begin{pmatrix} 1 \\ 0 \\ 1 \end{pmatrix}$ である．$\boldsymbol{a}_1$, $\boldsymbol{a}_2$, $\boldsymbol{a}_3$ は互いに直交するので $\boldsymbol{a}_1/\|\boldsymbol{a}_1\|$, $\boldsymbol{a}_2$, $\boldsymbol{a}_3/\|\boldsymbol{a}_3\|$ は $\mathbb{R}^3$ の正規直交基底である．よって注意 5.1.6 (p.175) より $P=\begin{pmatrix} \dfrac{\boldsymbol{a}_1}{\|\boldsymbol{a}_1\|} & \boldsymbol{a}_2 & \dfrac{\boldsymbol{a}_3}{\|\boldsymbol{a}_3\|} \end{pmatrix}=\dfrac{1}{\sqrt{2}}\begin{pmatrix} -1 & 0 & 1 \\ 0 & \sqrt{2} & 0 \\ 1 & 0 & 1 \end{pmatrix}$ は直交行列である．このとき $P^{-1}AP={}^tPAP=\begin{pmatrix} 1 & 0 & 0 \\ 0 & 3 & 0 \\ 0 & 0 & 3 \end{pmatrix}$ となる．

2. $A=\begin{pmatrix} 2 & 3 \\ 3 & -6 \end{pmatrix}$, $\boldsymbol{x}=\begin{pmatrix} x \\ y \end{pmatrix}$ とすると ${}^t\boldsymbol{x}A\boldsymbol{x}=21$ である．このとき A の固有多項式は $g_A(t)=(t+7)(t-3)$ で，A の固有値は $\lambda=-7, 3$ であることがわかる．
$\lambda=-7$ のとき $\begin{pmatrix} -9 & -3 & 0 \\ -3 & -1 & 0 \end{pmatrix} \xrightarrow{\text{簡約化}} \begin{pmatrix} 1 & 1/3 & 0 \\ 0 & 0 & 0 \end{pmatrix}$,
$\lambda=3$ のとき $\begin{pmatrix} 1 & -3 & 0 \\ -3 & 9 & 0 \end{pmatrix} \xrightarrow{\text{簡約化}} \begin{pmatrix} 1 & -3 & 0 \\ 0 & 0 & 0 \end{pmatrix}$ より，A の固有空間は

$$W(-7;A)=\left\{c'\begin{pmatrix} 1 \\ -3 \end{pmatrix} : c'\in\mathbb{R}\right\},\qquad W(3;A)=\left\{c\begin{pmatrix} 3 \\ 1 \end{pmatrix} : c\in\mathbb{R}\right\}$$

となる．このとき注意 5.1.6 (p.175) より $P=\dfrac{1}{\sqrt{10}}\begin{pmatrix} 1 & 3 \\ -3 & 1 \end{pmatrix}$ は直交行列であり，$P^{-1}AP={}^tPAP=\begin{pmatrix} -7 & 0 \\ 0 & 3 \end{pmatrix}$ となる．$\begin{pmatrix} u \\ v \end{pmatrix}=\boldsymbol{u}={}^tP\boldsymbol{x}$ とおけば $21={}^t\boldsymbol{x}A\boldsymbol{x}={}^t\boldsymbol{u}({}^tPAP)\boldsymbol{u}=-7u^2+3v^2$ である．これは uv 平面上の双曲線である．$\cos\theta=1/\sqrt{10}$ と

なる θ $(0<\theta<\pi)$ に対して ${}^tP=\begin{pmatrix}\cos\theta & -\sin\theta\\ \sin\theta & \cos\theta\end{pmatrix}$ となるので ${}^tP$ は回転行列である．

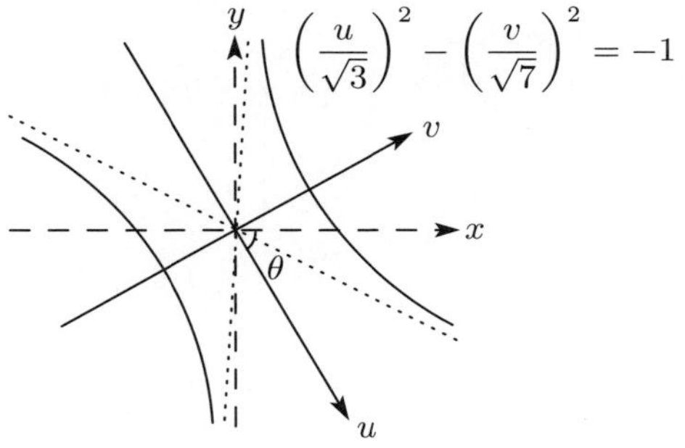

$\boldsymbol{u}={}^tP\boldsymbol{x}$ より xy 軸は uv 軸を θ だけ回転したものなので，2 次曲線 $2x^2+6xy-6y^2=21$ は上図のような双曲線である．

問題 5.2 (p.187)

1. (1) $c_1\boldsymbol{z}_1+c_2\boldsymbol{z}_2=\boldsymbol{0}$ とすると $c_1=c_2=0$ となることがわかるので $\boldsymbol{z}_1$, $\boldsymbol{z}_2$ は 1 次独立である．また $\mathbb{C}^2$ のベクトル $\boldsymbol{z}=\begin{pmatrix}z_1\\ z_2\end{pmatrix}$ を任意にとり $\boldsymbol{z}=c_1\boldsymbol{z}_1+c_2\boldsymbol{z}_2$ となる複素数 c_1, c_2 を求めると $c_1=(-iz_1+z_2)/2$, $c_2=(iz_1+z_2)/2$ となるので $\boldsymbol{z}_1$, $\boldsymbol{z}_2$ は $\mathbb{C}^2$ を生成する．以上より $\boldsymbol{z}_1$, $\boldsymbol{z}_2$ は $\mathbb{C}^2$ の基底である．

   (2) $c_1\boldsymbol{z}_1+c_2\boldsymbol{z}_2=\boldsymbol{0}$ とすると $c_1=c_2=0$ となることがわかるので $\boldsymbol{z}_1$, $\boldsymbol{z}_2$ は 1 次独立である．また $\mathbb{C}^2$ のベクトル $\boldsymbol{z}=\begin{pmatrix}z_1\\ z_2\end{pmatrix}$ を任意にとり $\boldsymbol{z}=c_1\boldsymbol{z}_1+c_2\boldsymbol{z}_2$ となる複素数 c_1, c_2 を求めると $c_1=i(z_1-(1+2i)z_2)/4$, $c_2=i(-z_1+(1-2i)z_2)/4$ となるので $\boldsymbol{z}_1$, $\boldsymbol{z}_2$ は $\mathbb{C}^2$ を生成する．以上より $\boldsymbol{z}_1$, $\boldsymbol{z}_2$ は $\mathbb{C}^2$ の基底である．

2. (1) $g_A(t)=t^2-2t+5,\ \ \lambda=1\pm 2i,$

   $W_{\mathbb{C}}(1+2i;A)=\left\{c\begin{pmatrix}i\\ 1\end{pmatrix}: c\in\mathbb{C}\right\},\ W_{\mathbb{C}}(1-2i;A)=\left\{c\begin{pmatrix}-i\\ 1\end{pmatrix}: c\in\mathbb{C}\right\},$

   $P=\begin{pmatrix}i & -i\\ 1 & 1\end{pmatrix}$ とすると $P^{-1}AP=\begin{pmatrix}1+2i & 0\\ 0 & 1-2i\end{pmatrix}$

   (2) $g_A(t)=t^2+1,\ \ \lambda=\pm i,$

   $W_{\mathbb{C}}(i;A)=\left\{c\begin{pmatrix}i\\ 1\end{pmatrix}: c\in\mathbb{C}\right\},\ W_{\mathbb{C}}(-i;A)=\left\{c\begin{pmatrix}-i\\ 1\end{pmatrix}: c\in\mathbb{C}\right\},$

   $P=\begin{pmatrix}i & -i\\ 1 & 1\end{pmatrix}$ とすると $P^{-1}AP=\begin{pmatrix}i & 0\\ 0 & -i\end{pmatrix}$

(3) $g_A(t) = t^2 - 6t + 13, \ \ \lambda = 3 \pm 2i,$

$W_{\mathbb{C}}(3+2i; A) = \left\{ c \begin{pmatrix} 1-2i \\ 1 \end{pmatrix} : c \in \mathbb{C} \right\}, \ W_{\mathbb{C}}(3-2i; A) = \left\{ c \begin{pmatrix} 1+2i \\ 1 \end{pmatrix} : c \in \mathbb{C} \right\},$

$P = \begin{pmatrix} 1-2i & 1+2i \\ 1 & 1 \end{pmatrix}$ とすると $P^{-1}AP = \begin{pmatrix} 3+2i & 0 \\ 0 & 3-2i \end{pmatrix}$

A 複素数について

本文で「複素数は実在する」と書いたが，ここでは複素数が「天からの唯一の贈り物」であることを述べる．

A.1 複素数の構成

まず実数については既知とし，その全体を幾何学的に直線と考える．これが数直線 $\mathbb{R}$ である．実数 r を 1 つ考えたとき $\mathbb{R}$ から $\mathbb{R}$ への写像 $T_r(x) = rx$ $(x \in \mathbb{R})$ を r と同一視することができる．したがって，r を $\mathbb{R}$ 上の運動と考えると，$r = 1$ は静止であり，$r = -1$ は対称運動，$r > 0$ は伸縮運動である．また $r < 0$ はそれらの合成運動とみることができる．また T_r を関数と考えれば，そのグラフは原点を通る直線である．それでは虚数単位 i に相当する写像があり，実際の運動としても，また関数としても目に見ることができるであろうか？

それには次のように考えるとよい．まず $\mathbb{R}$ から $\mathbb{R}$ への写像の全体は通常の和と合成写像を積として環をつくる．このとき i に相当する写像があったとして，それを T とすると

$$T(Tx) = -x \quad (x \in \mathbb{R}) \tag{A.1.1}$$

をみたさなくてはならない．逆に (A.1.1) をみたす写像 T があれば，それを虚数単位と考えてよい．実際，集合 $\{aI + bT\colon a, b \in \mathbb{R}\}$ がいわゆる複素数体と同型になるからである．ここに I は $\mathbb{R}$ 上の恒等写像を表す．それでは果たしてそのような T が存在するであろうか？　それには実際に 1 つつくってみせればよい訳である．すぐわかることは，T の不動点は原点しかないことである．次に $y = Tx$ とすると，$Ty = -x$, $T(-x) = -y$, $T(-y) = x$ であるから，$\{x \in \mathbb{R}\colon x > 0\}$ を共通部分のない可算無限の集合に分ける．さらにそれらの対称集合を考え，対称的な 4 個の集合を 1 つの組とみなして，(A.1.1) をみたすように T をつくってやればよい．実際

$$Tx = \begin{cases} 1 + x & x \in (0,1] \cup (2,3] \cup \cdots \\ 1 - x & x \in (1,2] \cup (3,4] \cup \cdots \\ x - 1 & x \in [-1,0) \cup [-3,-2) \cup \cdots \\ -x - 1 & x \in [-2,-1) \cup [-4,-3) \cup \cdots \end{cases}$$

とおくとよい．これは関数としては整数点で不連続な 1 次関数：

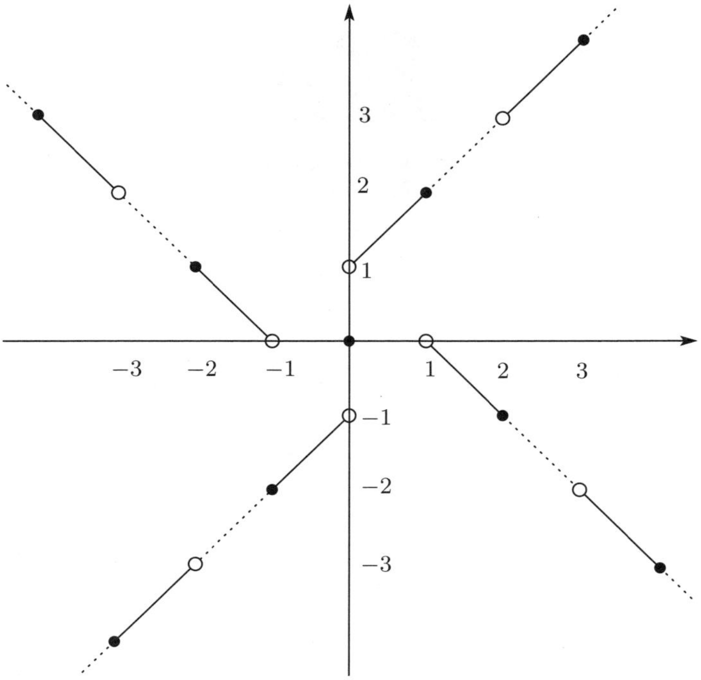

である．また運動としては：

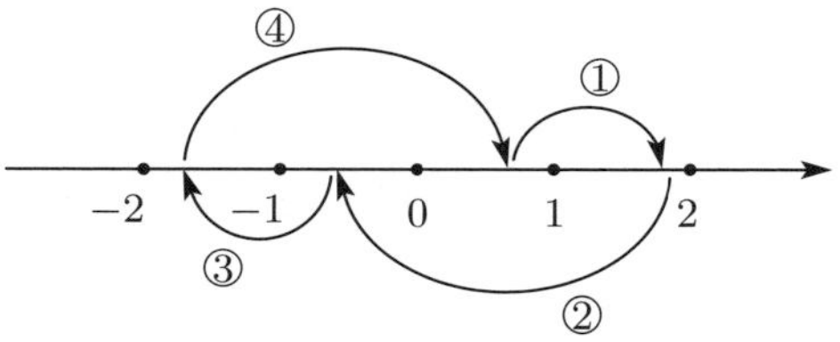

の一斉運動で，何やら盆踊り，いや虚数踊りにみえる．

ところで上の考え方は，実の数から出発し，虚の数によってこれを否定し，写像という 1 次元高い概念を導入することによって，実と虚を調和させ，その結果 1 つの新しい数を発見したといえるであろう．

A.2　2 次元実代数構造

前節で複素数は確かに目で見ることができる存在とわかっても，その必然性はでてこない．そこで構造論を導入し，巨視的視野からこのことを考察してみる．

まず X を実ベクトル空間とするとき，$\sharp$ が X 上の積であるとは，X のベクトル演算と両立する X^2 から X への写像，つまり双線型写像と定義する．もし $\sharp$ が結合律をみたすとき，$(X,\sharp)$ を実代数と呼ぶ．さらに $x\sharp y = y\sharp x$ $(\forall x, y \in X)$ をみたせば，$(X,\sharp)$ は可換であるという．また

$x\sharp e = e\sharp x = x$ $(\forall x \in X)$ をみたすような $e \in X$ を X の単位元と呼び，それは存在すれば一意的である．また $(X, \sharp)$ が単位元をもつとき単位的であるという．

さて X が 1 次元のとき，その代数構造を調べてみよう．まず X の零でないベクトル e を 1 つ考えると，$X = \{ae\colon a \in \mathbb{R}\}$ と書ける．次に $\sharp$ を X 上の 1 つの積とすると，ある実数 λ に対して $e\sharp e = \lambda e$ と書ける．したがって，$x,\, y \in X$ に対して $x = ae,\ y = be,\ a, b \in \mathbb{R}$ と書けば，$x\sharp y = ab\lambda e$ となる．このことから，1 次元実ベクトル空間上の積は必然的に代数構造を与えることがわかり，また 1 次元実代数は代数同型を除いて $(\mathbb{R}, \sharp_0)$ または $(\mathbb{R}, \sharp_1)$ のいずれかであることもわかる．ただし

$$a\sharp_0 b = 0, \quad a\sharp_1 b = ab \qquad (a, b \in \mathbb{R})$$

である．したがって，1 次元実代数は虚数をもちえない．

次に 2 次元実代数を調べよう．まず一般論を述べる．X を n 次元実ベクトル空間，$\{e_1, e_2, \cdots, e_n\}$ をその基底とする．μ を X 上の積とし，X の元 $x,\, y$ の μ に関する積を $\mu(x, y)$ で表すことにする．このとき，

$$\mu(e_i, e_j) = \sum_{k=1}^{n} \mu_{ijk} e_k \qquad (1 \leqq i, j \leqq n)$$

と書けば，μ が結合律をみたす必要十分条件は

$$\sum_{k=1}^{n} (\mu_{ijk}\mu_{klm} - \mu_{jkl}\mu_{ikm}) = 0 \qquad (1 \leqq i, j, l, m \leqq n) \tag{A.2.1}$$

が成り立つことである．したがって，

$$V_n = \left\{ (\mu_{111}, \cdots, \mu_{nnn}) \in \mathbb{R}^{n^3} : \{\mu_{ijk}\} \text{ は (A.2.1) をみたす} \right\}$$

とすると，X 上の代数構造は V_n の各点に対応していることがわかる．また 2 つの実代数 (X, μ)，(X, ν) が代数同型である必要十分条件は

$$\sum_{k=1}^{n} a_{lk}\nu_{ijk} = \sum_{s,t=1}^{n} a_{si}a_{tj}\mu_{stl} \qquad (1 \leqq i, j, l \leqq n) \tag{A.2.2}$$

をみたす n 次正方行列 (a_{ij}) が存在することである．このようにして 2 次元代数構造を決定することは，8 次元ユークリッド空間 $\mathbb{R}^8$ の中で方程式 (A.2.1) を解き，(A.2.2) 式で分類して得られることになる．ところで 2 次元実代数構造 μ が可換である必要十分条件は $\mu_{122} = \mu_{212}$ かつ $\mu_{121} = \mu_{211}$ である．したがって，μ が非可換であるためには $\mu_{122} \neq \mu_{212}$ または $\mu_{121} \neq \mu_{211}$ であるが，この条件のもとでは方程式 (A.2.1) はなぜか平明になり，次の結果を得る．

I. 2 次元実非可換代数は $(\mathbb{R}^2, \sharp_3)$，$(\mathbb{R}^2, \sharp_4)$ のいずれかに代数同型である．ただし $(a, b)\sharp_3(c, d) = (ac, ad)$, $(a, b)\sharp_4(c, d) = (ac, bc)$ $(a, b, c, d \in \mathbb{R})$ である．

したがって，2 次元実非可換代数は必然的に非単位的であることがわかる．

さて 2 次元実ベクトル空間上の単位元を有するような積はちょうど $\mathbb{R}^2$ 上の点と 1 対 1 の対応がつき，Cayley-Hamilton の定理を用いるとそれは必然的に結合律をみたすことがわかり，次の結果を得る．

II. 単位的 2 次元実代数は $(\mathbb{R}^2, \sharp_y)$, $(\mathbb{R}^2, \sharp_m)$, $(\mathbb{R}^2, \sharp_g)$ のいずれかに代数同型である．ただし $(a,b)\sharp_y(c,d) = (ac-bd, ad+bc)$, $(a,b)\sharp_m(c,d) = (ac+bd, ad+bc)$, $(a,b)\sharp_g(c,d) = (ac, ad+bc)$ $(a,b,c,d \in \mathbb{R})$ である．

このように単位的 2 次元実代数は必然的に可換であり，またその構造決定には方程式 (A.2.1) を解く必要のないことに注意する．これは不思議という他はないであろう．詳しくは参考文献 [5] の定理 (p.157) を参照されたい．

さて最後に残された問題が 2 次元実可換代数構造の決定である．これはその難しさに頭を悩まされるが，2 次元の世界では積が単位的であることと，可換でかつ結合律をみたすこととは同じ原理にしたがっていることに気づくと，後は数学的技術を酷使すれば次の結果を得る．

III. 非単位的 2 次元実可換代数は $(\mathbb{R}^2, \sharp_0)$, $(\mathbb{R}^2, \sharp_1)$, $(\mathbb{R}^2, \sharp_2)$ のいずれかに代数同型である．ただし $(a,b)\sharp_0(c,d) = (0,0)$, $(a,b)\sharp_1(c,d) = (ac, 0)$, $(a,b)\sharp_2(c,d) = (bd, 0)$ $(a,b,c,d \in \mathbb{R})$ である．

上の 3 つの命題から結局 2 次元実ベクトル空間には 8 個の代数構造が入り，体を成すもの，つまり自由に四則演算が可能なものは唯一 $(\mathbb{R}^2, \sharp_y)$ であり，これがちょうど本文での複素数体 $\mathbb{C}$ になっている．これが「複素数は天からの贈り物である」所以である．

A.3　3 次元実代数構造

3 次元実ベクトル空間にはどんな代数構造が入るかは興味のある所であるが，これは 19 世紀の数学者によって大まかな分類がなされている．しかし最近小林羑治氏によって，完全な分類がなされた．それによると，単位元をもつ代数構造は全部で 5 個あり，そのうち可換な代数構造は全部で 3 個ある．また単位元をもたない代数構造は 19 個と正数をパラメーターにもつ代数構造がある．そのうち可換な代数構造は全部で 5 個ある．このように 3 次元実ベクトル空間には非可算無限個の代数構造が入り，ここが 2 次元の場合と大きく異なる所である．

B 行列式について

ほとんどの教科書は行列 $A=(a_{ij})$ に対して

$$|A|=\sum_{\sigma\in S_n}\mathrm{sgn}\,(\sigma)a_{\sigma(1)1}a_{\sigma(2)2}\cdots a_{\sigma(n)n}$$

という行列式 $|A|$ の難解な定義が先にあり，これから連立 1 次方程式の一般的解法であるクラーメルの公式（1750 年）などを導いている．しかしこれでは，その定義の難解性もさることながら，行列式の必然性を見破ることはさらに難解である．ここでは，連立 1 次方程式の一般的解法を考察することにより，行列式の必然性を導く．さらに行列およびその積，逆行列などの概念や公式が必然的に導かれることをみる．

B.1　行列式の起源と定義

連立 1 次方程式

$$\begin{cases} a_{11}x_1+a_{12}x_2+\cdots+a_{1n}x_n=b_1 \\ a_{21}x_1+a_{22}x_2+\cdots+a_{2n}x_n=b_2 \\ \qquad\qquad\vdots \\ a_{n1}x_1+a_{n2}x_2+\cdots+a_{nn}x_n=b_n \end{cases} \tag{B.1.1}$$

を一般的に解きたいという願望が行列式の起源であろう（参考文献 [1] 参照）．そこで (B.1.1) を観察すると，n 個の方程式は皆同じ形をしており，その左辺は一般に $\alpha_1x_1+\alpha_2x_2+\cdots+\alpha_nx_n$ という式で，各 α_i は $x_1,\ x_2,\cdots,x_n$ を含まない．このとき $\alpha_1x_1+\alpha_2x_2+\cdots+\alpha_nx_n$ を x_1, $x_2,\cdots,x_n$ の斉 1 次式と呼ぶことにする．さて，解の公式を帰納的に考察してみよう．まず $n=2$ の場合について $\begin{cases} a_{11}x_1+a_{12}x_2=b_1 \\ a_{21}x_1+a_{22}x_2=b_2 \end{cases}$ を実際に解いてみると

$$x_1=\frac{b_1a_{22}-a_{12}b_2}{a_{11}a_{22}-a_{12}a_{21}},\qquad x_2=\frac{a_{11}b_2-b_1a_{21}}{a_{11}a_{22}-a_{12}a_{21}} \tag{B.1.2}$$

となることがわかり，分子・分母とも a_{11}, a_{21} または a_{12}, a_{22} の文字に関して斉 1 次式となっている．これを見やすい記号に直してみよう．まず x_1, x_2 とも分母が同じなので，これを

$\begin{vmatrix} a_{11} & a_{12} \\ a_{21} & a_{22} \end{vmatrix}$ なる記号で表して，2 次の行列式と呼ぼう．つまり

$$\begin{vmatrix} a_{11} & a_{12} \\ a_{21} & a_{22} \end{vmatrix} = a_{11}a_{22} - a_{12}a_{21}$$

である．この記号を用いて (B.1.2) を表すと

$$x_1 = \frac{\begin{vmatrix} b_1 & a_{12} \\ b_2 & a_{22} \end{vmatrix}}{\begin{vmatrix} a_{11} & a_{12} \\ a_{21} & a_{22} \end{vmatrix}}, \qquad x_2 = \frac{\begin{vmatrix} a_{11} & b_1 \\ a_{21} & b_2 \end{vmatrix}}{\begin{vmatrix} a_{11} & a_{12} \\ a_{21} & a_{22} \end{vmatrix}}$$

となる．$n = 3$ の場合もまったく同様の考察が可能であり，実際は

$$\begin{vmatrix} a_{11} & a_{12} & a_{13} \\ a_{21} & a_{22} & a_{23} \\ a_{31} & a_{32} & a_{33} \end{vmatrix} = a_{11}a_{22}a_{33} + a_{12}a_{23}a_{31} + a_{13}a_{21}a_{32} - a_{13}a_{22}a_{31} - a_{11}a_{23}a_{32} - a_{12}a_{21}a_{33}$$

で定義される記号（3 次の行列式と呼ばれる）を導入して

$$x_1 = \frac{\begin{vmatrix} b_1 & a_{12} & a_{13} \\ b_2 & a_{22} & a_{23} \\ b_3 & a_{32} & a_{33} \end{vmatrix}}{\begin{vmatrix} a_{11} & a_{12} & a_{13} \\ a_{21} & a_{22} & a_{23} \\ a_{31} & a_{32} & a_{33} \end{vmatrix}}, \quad x_2 = \frac{\begin{vmatrix} a_{11} & b_1 & a_{13} \\ a_{21} & b_2 & a_{23} \\ a_{31} & b_3 & a_{33} \end{vmatrix}}{\begin{vmatrix} a_{11} & a_{12} & a_{13} \\ a_{21} & a_{22} & a_{23} \\ a_{31} & a_{32} & a_{33} \end{vmatrix}}, \quad x_3 = \frac{\begin{vmatrix} a_{11} & a_{12} & b_1 \\ a_{21} & a_{22} & b_2 \\ a_{31} & a_{32} & b_3 \end{vmatrix}}{\begin{vmatrix} a_{11} & a_{12} & a_{13} \\ a_{21} & a_{22} & a_{23} \\ a_{31} & a_{32} & a_{33} \end{vmatrix}}$$

となっている．そこで一般に n 次の行列式 $D = \begin{vmatrix} a_{11} & a_{12} & \cdots & a_{1n} \\ a_{21} & a_{22} & \cdots & a_{2n} \\ \vdots & \vdots & \ddots & \vdots \\ a_{n1} & a_{n2} & \cdots & a_{nn} \end{vmatrix}$ が何らかの方法で定義されたとして，連立 1 次方程式 (B.1.1) の解の公式を考察しよう．

まず 2 次，3 次の行列式に共通する性質は，各列の斉 1 次式となっていることである．このことに注目して，D は各列の斉 1 次式であると仮定しよう．つまりどんな k $(1 \leqq k \leqq n)$ に対しても

$$D = \sum_{i=1}^{n} a_{ik}A_{ik} \tag{B.1.3}$$

が成り立つと仮定する．ただし，A_{1k}, $A_{2k}, \cdots, A_{nk}$ は第 k 列の文字 a_{1k}, $a_{2k}, \cdots, a_{nk}$ を含まない式である．$n = 2, 3$ の場合に現れた分子の行列式に注目して，各 $k = 1, 2, \cdots, n$ に対して

$$D_k = \begin{vmatrix} a_{11} & \cdots & b_1 & \cdots & a_{1n} \\ a_{21} & \cdots & b_2 & \cdots & a_{2n} \\ \vdots & \ddots & \vdots & \ddots & \vdots \\ a_{n1} & \cdots & b_n & \cdots & a_{nn} \end{vmatrix} \quad (k\text{ 列目})$$

とおく．このとき仮定式 (B.1.3) および (B.1.1) から

$$D_k = \sum_{i=1}^{n} b_i A_{ik} = \sum_{i=1}^{n} \left(\sum_{j=1}^{n} a_{ij} x_j \right) A_{ik} = \sum_{j=1}^{n} \left(\sum_{i=1}^{n} a_{ij} A_{ik} \right) x_j \tag{B.1.4}$$

を得る．ここで，もし各 $j = 1, 2, \cdots, k-1, k+1, \cdots, n$ に対して

$$\sum_{i=1}^{n} a_{ij} A_{ik} = 0 \tag{B.1.5}$$

ならば (B.1.3), (B.1.4) より $D_k = \sum_{i=1}^{n} a_{ik} A_{ik} x_k = D x_k$ となるから，もしさらに $D \neq 0$ ならば

$$x_k = \frac{D_k}{D} \qquad (k = 1, 2, \cdots, n) \tag{B.1.6}$$

が (B.1.1) の解となり，われわれの目的が達成される．これをクラーメル (1704 – 1752) の公式という．

さて，われわれは (B.1.5) を仮定してクラーメルの公式を得たが，(B.1.5) を行列式で書き直すと，$j \neq k$ に対して

$$\begin{vmatrix} a_{11} & \cdots & a_{1j} & \cdots & a_{1j} & \cdots & a_{1n} \\ a_{21} & \cdots & a_{2j} & \cdots & a_{2j} & \cdots & a_{2n} \\ \vdots & \ddots & \vdots & \ddots & \vdots & \ddots & \vdots \\ a_{n1} & \cdots & a_{nj} & \cdots & a_{nj} & \cdots & a_{nn} \end{vmatrix} = 0 \quad ((j)\text{ 列目と }(k)\text{ 列目}) \tag{B.1.7}$$

となる．これは異なる 2 つの列が等しい行列の行列式は 0 であることを述べている．

それでは (B.1.5) と，もう 1 つの仮定 (B.1.3) をみたす行列式は自明なもの，つまりどんな行列に対しても常に 0 となるもの，以外に存在するだろうか．上で定義した 2 次および 3 次の行列式は仮定 (B.1.3) および (B.1.5) をみたすことが確かめられる．実は (B.1.3) および (B.1.5) をみたす行列式が一般の場合にも存在し，しかも本文中でも述べたように（参考 2.10.1 (p.87) 参照），単位行列の行列式が 1 であるものは 1 つだけであることがわかる．以下でこのことを示そう．

まず n 次正方行列を n 個の列ベクトルに分割すると，n 次の行列式 D は n 個の $\mathbb{R}^n$ の列ベクトルを並べたものを実数に写す写像と考えられる（これを $\mathbb{R}^n \times \cdots \times \mathbb{R}^n$ から $\mathbb{R}$ へ

の写像という）．また条件 (B.1.3) から行列式は多重線型性と呼ばれる性質をもつ：どんな $(\boldsymbol{a}_1, \cdots, \boldsymbol{a}_{k-1}, \boldsymbol{x}, \boldsymbol{y}, \boldsymbol{a}_{k+1}, \cdots, \boldsymbol{a}_n \in \mathbb{R}^n, \alpha, \beta \in \mathbb{R})$ に対しても次が成り立つ．

$$\begin{aligned}
&\left| \boldsymbol{a}_1 \quad \cdots \quad \boldsymbol{a}_{k-1} \quad \overset{(k)}{\alpha\boldsymbol{x}+\beta\boldsymbol{y}} \quad \boldsymbol{a}_{k+1} \quad \cdots \quad \boldsymbol{a}_n \right| \\
&\qquad = \alpha \left| \boldsymbol{a}_1 \quad \cdots \quad \boldsymbol{a}_{k-1} \quad \overset{(k)}{\boldsymbol{x}} \quad \boldsymbol{a}_{k+1} \quad \cdots \boldsymbol{a}_n \right| \\
&\qquad\qquad + \beta \left| \boldsymbol{a}_1 \quad \cdots \quad \boldsymbol{a}_{k-1} \quad \overset{(k)}{\boldsymbol{y}} \quad \boldsymbol{a}_{k+1} \quad \cdots \quad \boldsymbol{a}_n \right|
\end{aligned} \tag{B.1.8}$$

そこで

$$\boldsymbol{a}_1 = \begin{pmatrix} a_{11} \\ a_{21} \\ \vdots \\ a_{n1} \end{pmatrix}, \quad \boldsymbol{a}_2 = \begin{pmatrix} a_{12} \\ a_{22} \\ \vdots \\ a_{n2} \end{pmatrix}, \quad \cdots, \quad \boldsymbol{a}_n = \begin{pmatrix} a_{1n} \\ a_{2n} \\ \vdots \\ a_{nn} \end{pmatrix}$$

とおくと

$$\boldsymbol{e}_1 = \begin{pmatrix} 1 \\ 0 \\ \vdots \\ 0 \end{pmatrix}, \quad \boldsymbol{e}_2 = \begin{pmatrix} 0 \\ 1 \\ \vdots \\ 0 \end{pmatrix}, \quad \cdots, \quad \boldsymbol{e}_n = \begin{pmatrix} 0 \\ 0 \\ \vdots \\ 1 \end{pmatrix}$$

を用いて，$j = 1, 2, \cdots, n$ に対して

$$\boldsymbol{a}_j = \begin{pmatrix} a_{1j} \\ a_{2j} \\ \vdots \\ a_{nj} \end{pmatrix} = a_{1j}\boldsymbol{e}_1 + a_{2j}\boldsymbol{e}_2 + \cdots + a_{nj}\boldsymbol{e}_n = \sum_{i=1}^{n} a_{ij}\boldsymbol{e}_i$$

が成り立つ．各列に (B.1.8) を順次適用して

$$\begin{aligned}
D = \left| \boldsymbol{a}_1 \quad \boldsymbol{a}_2 \quad \cdots \quad \boldsymbol{a}_n \right| &= \left| \sum_{i_1=1}^{n} a_{i_1 1}\boldsymbol{e}_{i_1} \quad \sum_{i_2=1}^{n} a_{i_2 2}\boldsymbol{e}_{i_2} \quad \cdots \quad \sum_{i_n=1}^{n} a_{i_n n}\boldsymbol{e}_{i_n} \right| \\
&= \sum_{i_1=1}^{n} a_{i_1 1} \left| \boldsymbol{e}_{i_1} \quad \sum_{i_2=1}^{n} a_{i_2 2}\boldsymbol{e}_{i_2} \quad \cdots \quad \sum_{i_n=1}^{n} a_{i_n n}\boldsymbol{e}_{i_n} \right| \\
&= \sum_{i_1=1}^{n} a_{i_1 1} \sum_{i_2=1}^{n} a_{i_2 2} \left| \boldsymbol{e}_{i_1} \quad \boldsymbol{e}_{i_2} \quad \cdots \quad \sum_{i_n=1}^{n} a_{i_n n}\boldsymbol{e}_{i_n} \right| \\
&= \cdots = \sum_{i_1=1}^{n} a_{i_1 1} \sum_{i_2=1}^{n} a_{i_2 2} \cdots \sum_{i_n=1}^{n} a_{i_n n} \left| \boldsymbol{e}_{i_1} \quad \boldsymbol{e}_{i_2} \quad \cdots \quad \boldsymbol{e}_{i_n} \right| \\
&= \sum_{i_1=1}^{n} \sum_{i_2=1}^{n} \cdots \sum_{i_n=1}^{n} a_{i_1 1} a_{i_2 2} \cdots a_{i_n n} \left| \boldsymbol{e}_{i_1} \quad \boldsymbol{e}_{i_2} \quad \cdots \quad \boldsymbol{e}_{i_n} \right|
\end{aligned} \tag{B.1.9}$$

となる．ここで $i_1, i_2, \cdots, i_n$ は独立に 1 から n まで動くが，(B.1.7) より $j \neq k$ に対して $i_j = i_k$ であれば $\begin{vmatrix} \boldsymbol{e}_{i_1} & \boldsymbol{e}_{i_2} & \cdots & \boldsymbol{e}_{i_n} \end{vmatrix} = 0$ である．よって (B.1.9) の和において $i_1, i_2, \cdots, i_n$ はすべて異なるとしてよい．つまり $(i_1, i_2, \cdots, i_n)$ は $(1, 2, \cdots, n)$ を並べ替えたものであり，これを n 次の置換という．n 次の置換全体を S_n で表せば (B.1.9) は

$$D = \sum_{\sigma \in S_n} a_{\sigma(1)1} a_{\sigma(2)2} \cdots a_{\sigma(n)n} \begin{vmatrix} \boldsymbol{e}_{\sigma(1)} & \boldsymbol{e}_{\sigma(2)} & \cdots & \boldsymbol{e}_{\sigma(n)} \end{vmatrix} \tag{B.1.10}$$

と書くことができる．そこで式 $\begin{vmatrix} \boldsymbol{e}_{\sigma(1)} & \boldsymbol{e}_{\sigma(2)} & \cdots & \boldsymbol{e}_{\sigma(n)} \end{vmatrix}$ を考察しよう．まず (B.1.8) と (B.1.7) から

$$\begin{aligned} 0 &= \begin{vmatrix} \cdots & \boldsymbol{a}+\boldsymbol{b} & \cdots & \boldsymbol{a}+\boldsymbol{b} & \cdots \end{vmatrix} \\ &= \begin{vmatrix} \cdots & \boldsymbol{a} & \cdots & \boldsymbol{a} & \cdots \end{vmatrix} + \begin{vmatrix} \cdots & \boldsymbol{a} & \cdots & \boldsymbol{b} & \cdots \end{vmatrix} \\ &\qquad + \begin{vmatrix} \cdots & \boldsymbol{b} & \cdots & \boldsymbol{a} & \cdots \end{vmatrix} + \begin{vmatrix} \cdots & \boldsymbol{b} & \cdots & \boldsymbol{b} & \cdots \end{vmatrix} \\ &= \begin{vmatrix} \cdots & \boldsymbol{a} & \cdots & \boldsymbol{b} & \cdots \end{vmatrix} + \begin{vmatrix} \cdots & \boldsymbol{b} & \cdots & \boldsymbol{a} & \cdots \end{vmatrix} \end{aligned}$$

であるから，行列式は列を交換すると符号が変わることがわかる．次に任意の置換 $\sigma \in S_n$ に対して，$(\sigma(1), \cdots, \sigma(n))$ を考えると，2 つの成分の交換を繰り返すことにより $(1, \cdots, n)$ に並べ変えることができる．このとき最小の交換回数を $N(\sigma)$ で表すと，上のことから

$$\begin{vmatrix} \boldsymbol{e}_{\sigma(1)} & \cdots & \boldsymbol{e}_{\sigma(n)} \end{vmatrix} = (-1)^{N(\sigma)} \begin{vmatrix} \boldsymbol{e}_1 & \cdots & \boldsymbol{e}_n \end{vmatrix}$$

を得る．ところで $|\,\boldsymbol{e}_1, \cdots, \boldsymbol{e}_n\,|$ は行列式 D によって決まる定数なので C_D とすると，(B.1.10) 式は

$$D = C_D \sum_{\sigma \in S_n} (-1)^{N(\sigma)} a_{\sigma(1)1} \cdots a_{\sigma(n)n} \tag{B.1.11}$$

と書くことができる．

逆に (B.1.11) 式で定義された D は仮定式 (B.1.8) をみたすことは容易な考察からわかるが，仮定式 (B.1.7) をみたすかどうかはこのままではすぐにはわからない．そのためにわれわれは $(-1)^{N(\sigma)}$ について考察しよう．まず任意の置換 $\sigma \in S_n$ は集合 $\{1, \cdots, n\}$ からそれ自身への写像と考えられるから

$$\sigma = \begin{pmatrix} 1 & 2 & \cdots & n \\ i_1 & i_2 & \cdots & i_n \end{pmatrix}$$

と表示すると便利である．置換は全単射であるから，$i_1, \cdots, i_n$ はすべて相異なる．2 つの置換の積を合成写像で定義すると，結合律

$$(\rho\sigma)\tau = \rho(\sigma\tau) \qquad (\rho, \sigma, \tau \in S_n)$$

が成り立つ．恒等写像 ε を単位置換と呼び，置換 σ の逆写像 σ^{-1} を逆置換という．もちろん

$$\sigma\sigma^{-1} = \sigma^{-1}\sigma = \varepsilon \qquad (\sigma \in S_n)$$

が成り立つ．上の 2 つの性質をもつ集合は群と呼ばれ，特に S_n は n 次の対称群と呼ばれる．単位置換でないもっとも簡単な置換は 2 個の数字を入れ替えるだけの置換であろう．たとえば i と j を入れ替え，残りは動かさない置換を通常 (i,j) で表し，そのような置換を互換と呼ぶ．すべての置換は互換の有限積で表される．実際 i_1 を i_2 に，i_2 を i_3 に，$\cdots$，i_k を i_1 に写し，他は変えないような置換を巡回置換と呼び，$(i_1,\cdots,i_k)$ で表すことにすると，単位置換を除く任意の置換は（それが表す写像の最小不変部分集合を考えることにより）有限個の巡回置換の積として表される．しかし

$$(i_1,\cdots,i_k) = (i_1,i_2)(i_2,i_3)\cdots(i_{k-1},i_k)$$

であるため，単位置換は 1 つの互換の平方であることとあわせて，われわれの主張は正しい．このとき，互換の積の表し方は一意でないが，互換の個数が偶数か奇数かは一意的である．実際 $\sigma \in S_n$ と n 変数の多項式 $p = p(x_1,\cdots,x_n)$ に対して

$$(\sigma p)(x_1,\cdots,x_n) = p(x_{\sigma(1)},\cdots,x_{\sigma(n)})$$

と定義すると，σ は多項式から多項式への写像とみることができるが，特に差積と呼ばれる多項式：

$$\delta(x_1,\cdots,x_n) = \Pi_{i<j}(x_i - x_j)$$

を考えると，任意の互換 ρ に対して $\rho\delta = -\delta$ が成り立つ．したがって，任意の $\sigma \in S_n$ に対して，$\sigma = \sigma_1\cdots\sigma_p = \tau_1\cdots\tau_q$ と 2 通りの互換の積で表されたとすれば，

$$\sigma\delta = (-1)^p\delta = (-1)^q\delta$$

となり，$(-1)^p = (-1)^q$ が成り立つことから，p, q はともに偶数か奇数でなければならない．

そこで偶数個の互換の積で表される置換を偶置換，奇数個の互換で表される置換を奇置換と呼ぶことにする．このとき任意の置換 σ に対して，それが偶置換のとき $\mathrm{sgn}\,(\sigma) = 1$，奇置換のとき $\mathrm{sgn}\,(\sigma) = -1$ と定義すると，$N(\sigma)$ が偶数なら σ は偶置換であり，奇数なら奇置換であることから $(-1)^{N(\sigma)} = \mathrm{sgn}\,(\sigma)$ が導かれる．したがって，(B.1.11) 式は

$$D = C_D \sum_{\sigma\in S_n} \mathrm{sgn}\,(\sigma) a_{\sigma(1)1}\cdots a_{\sigma(n)n} \tag{B.1.12}$$

と書くことができる．$\mathrm{sgn}\,(\sigma)$ をわれわれは置換 σ の符号と呼ぶ．sgn は S_n から $\mathbb{R}^* = \{x \in \mathbb{R}\colon x \neq 0\}$ への写像で

$$\mathrm{sgn}\,(\sigma\tau) = \mathrm{sgn}\,(\sigma)\mathrm{sgn}\,(\tau) \qquad (\sigma,\tau \in S_n)$$

をみたすが，そのような写像は一般に群準同型と呼ばれる．ただし $\mathbb{R}^*$ に通常の積を入れて群とみる．

さて (B.1.12) 式で定義された D は仮定式 (B.1.7) をみたすであろうか？　このことをみるために

$$D = \begin{vmatrix} a_{11} & \cdots & a_{1i} & \cdots & a_{1j} & \cdots & a_{1n} \\ \vdots & \ddots & \vdots & \ddots & \vdots & \ddots & \vdots \\ a_{n1} & \cdots & a_{ni} & \cdots & a_{nj} & \cdots & a_{nn} \end{vmatrix}$$

において，i 列と j 列 $(i \neq j)$ が等しいと仮定しよう．任意の $\sigma \in S_n$ に対して $\tau = \sigma(i, j)$ とおくと $\mathrm{sgn}\,(\tau) = -\mathrm{sgn}\,(\sigma)$ であり，写像 $\sigma \mapsto \tau$ は S_n からそれ自身への全単射である．したがって，

$$\begin{aligned} D &= C_D \sum_{\tau \in S_n} \mathrm{sgn}\,(\tau) a_{\tau(1)1} \cdots a_{\tau(n)n} \\ &= -C_D \sum_{\sigma \in S_n} \mathrm{sgn}\,(\sigma) a_{\sigma(1)1} \cdots a_{\sigma(j)i} \cdots a_{\sigma(i)j} \cdots a_{\sigma(n)n} \\ &= -C_D \sum_{\sigma \in S_n} \mathrm{sgn}\,(\sigma) a_{\sigma(1)1} \cdots a_{\sigma(j)j} \cdots a_{\sigma(i)i} \cdots a_{\sigma(n)n} \\ &= -D \end{aligned}$$

より $D = 0$ となり D は仮定式 (B.1.7) をみたすことがわかる．

以上から仮定式 (B.1.3), (B.1.5) をみたす非自明な行列式は存在し，定数倍を除いて一意的であることがわかった．ところでクラーメルの公式 (B.1.6) だけを考えると，定数 C_D は零以外なら何でもよいのであるが，$C_D = 1$ と正規化した

$$|A| = \sum_{\sigma \in S_n} \mathrm{sgn}\,(\sigma) a_{\sigma(1)1} \cdots a_{\sigma(n)n} \tag{B.1.13}$$

をあらためて行列 A の行列式と呼ぼう．これは行列式を定義したとき，任意の n 次正方行列 A, B に対して $|AB| = |A|\,|B|$ が成り立つようにするためである．このとき正規化された行列式は正則行列のつくる群から $\mathbb{R}^*$ への群準同型であることを物語っている．行列式は存在して唯一しかないことを考えると，これはまさに神が人間に与え賜うた宝であるという不思議な気がしてくる．

ところでまた人間の世界に戻ると，非常に重要なことは，連立方程式の一般的解法を発見しようとするとき，行列式なる未知のものを導入して，これを明らかにすることにより，ことを為そうとすることである．次に重要なことは，明らかにする際に「ベクトル空間，行列，写像，線型，群，準同型」などの概念が必然的に生まれてくることである．これらの概念はもちろん現代数学の上で大変重要なものとなっている．畢竟

「よい問題はよい概念を与える」

のである．

B.2　行列式の性質

行列 $A=(a_{ij})$ に対して行と列を入れ替えた行列 (a_{ji}) を A の転置行列といい，${}^tA$ で表す．このとき

$$\begin{aligned}|{}^tA| &= \sum_{\sigma\in S_n}\operatorname{sgn}(\sigma)a_{1\sigma(1)}\cdots a_{n\sigma(n)} = \sum_{\sigma\in S_n}\operatorname{sgn}(\sigma^{-1})a_{1\sigma^{-1}(1)}\cdots a_{n\sigma^{-1}(n)}\\ &= \sum_{\sigma\in S_n}\operatorname{sgn}(\sigma)a_{\sigma(1)1}\cdots a_{\sigma(n)n} = |A|\end{aligned}$$

であるから $|A|=|{}^tA|$ を得る．したがって，前節ですでに確かめられていることとあわせて，行列式に関する次の性質を得る．

(1) $$\begin{vmatrix} a_{11} & \cdots & a_{1n} \\ \vdots & \ddots & \vdots \\ a_{n1} & \cdots & a_{nn} \end{vmatrix} = \begin{vmatrix} a_{11} & \cdots & a_{n1} \\ \vdots & \ddots & \vdots \\ a_{1n} & \cdots & a_{nn} \end{vmatrix}$$

(行と列を入れ替えても値は変わらない)

(2) $$\begin{vmatrix} a_{11} & \cdots & b_1+c_1 & \cdots & a_{1n} \\ \vdots & \ddots & \vdots & \ddots & \vdots \\ a_{n1} & \cdots & b_n+c_n & \cdots & a_{nn} \end{vmatrix}$$

$$= \begin{vmatrix} a_{11} & \cdots & b_1 & \cdots & a_{1n} \\ \vdots & \ddots & \vdots & \ddots & \vdots \\ a_{n1} & \cdots & b_n & \cdots & a_{nn} \end{vmatrix} + \begin{vmatrix} a_{11} & \cdots & c_1 & \cdots & a_{1n} \\ \vdots & \ddots & \vdots & \ddots & \vdots \\ a_{n1} & \cdots & c_n & \cdots & a_{nn} \end{vmatrix}$$

$$\begin{vmatrix} a_{11} & \cdots & \lambda b_1 & \cdots & a_{1n} \\ \vdots & \ddots & \vdots & \ddots & \vdots \\ a_{n1} & \cdots & \lambda b_n & \cdots & a_{nn} \end{vmatrix} = \lambda\begin{vmatrix} a_{11} & \cdots & b_1 & \cdots & a_{1n} \\ \vdots & \ddots & \vdots & \ddots & \vdots \\ a_{n1} & \cdots & b_n & \cdots & a_{nn} \end{vmatrix}$$

(列ベクトルに関して線型)

(3) $$\begin{vmatrix} a_{11} & \cdots & a_{1k} & \cdots & a_{1j} & \cdots & a_{1n} \\ \vdots & \ddots & \vdots & \ddots & \vdots & \ddots & \vdots \\ a_{n1} & \cdots & a_{nk} & \cdots & a_{nj} & \cdots & a_{nn} \end{vmatrix}$$

$$= -\begin{vmatrix} a_{11} & \cdots & a_{1j} & \cdots & a_{1k} & \cdots & a_{1n} \\ \vdots & \vdots & \vdots & \ddots & \vdots & \ddots & \vdots \\ a_{n1} & \cdots & a_{nj} & \cdots & a_{nk} & \cdots & a_{nn} \end{vmatrix}$$

(列を入れ替えると符号が変わる)

(4) 行ベクトルに関して線型である．

(5) 行を入れ替えると符号が変わる．

(6) 2 つの列または行が等しければ，その行列式の値は 0 である．

(7) 1 つの行（列）に他の行（列）のスカラー倍を加えても，その行列式の値は変わらない．

以上は行列式の基本的性質であり，行列式の値を求めるとき，この性質を応用すると便利である．しかしながら，次節における余因子展開の公式を応用するとさらに便利である．

B.3　行列式の余因子展開

n 次正方行列 $A = (a_{ij})$ において

$$|A| = \sum_{\sigma \in S_n} \operatorname{sgn}(\sigma) a_{\sigma(1)1} a_{\sigma(2)2} \cdots a_{\sigma(n)n}$$

であるから，特に $a_{21} = \cdots = a_{n1} = 0$ であれば

$$|A| = a_{11} \sum_{\substack{\sigma(1)=1 \\ \sigma \in S_n}} \operatorname{sgn}(\sigma) a_{\sigma(2)2} a_{\sigma(3)3} \cdots a_{\sigma(n)n} = a_{11} \begin{vmatrix} a_{22} & \cdots & a_{2n} \\ \vdots & \ddots & \vdots \\ a_{n2} & \cdots & a_{nn} \end{vmatrix}$$

である．しかし

$$\begin{pmatrix} a_{1j} \\ \vdots \\ a_{nj} \end{pmatrix} = \begin{pmatrix} a_{1j} \\ \vdots \\ 0 \end{pmatrix} + \cdots + \begin{pmatrix} 0 \\ \vdots \\ a_{nj} \end{pmatrix} \qquad (j = 1, 2, \cdots, n)$$

に注意すれば，行列式の性質［(2) 列ベクトルに関して線型］から

$$|A| = \sum_{i=1}^{n} \begin{vmatrix} a_{11} & \cdots & \overset{(j)}{0} & \cdots & a_{1n} \\ & & \vdots & & \\ \vdots & \ddots & a_{ij} & \ddots & \vdots \\ & & \vdots & & \\ a_{n1} & \cdots & 0 & \cdots & a_{nn} \end{vmatrix} (i) \qquad (j = 1, 2, \cdots, n)$$

である．そこで $A = (a_{ij})$ から第 i 行と第 j 列を除いて得られる $n-1$ 次の小行列を A_{ij} で表せば，右辺の小行列式において，$i-1$ 回の行の交換と $j-1$ 回の列の交換を行い，行列式の性質［(3),(5) 行（列）を入れ替えると符号が変わる］から

$$|A| = \sum_{i=1}^{n} (-1)^{i+j} a_{ij} |A_{ij}| \qquad (j = 1, 2, \cdots, n)$$

を得る．これを $|A|$ の第 j 列に関する余因子展開という．上式で行と列を入れ替えれば

$$|A| = \sum_{j=1}^{n}(-1)^{i+j}a_{ij}|A_{ij}| \qquad (i = 1, 2, \cdots, n)$$

を得るが，これを $|A|$ の第 i 行に関する余因子展開という．

B.4　行列式の積

任意の n 次正方行列 $A = (a_{ij})$, $B = (b_{ij})$ に対して，$|A|\,|B| = |C|$ をみたすような自然な n 次正方行列 C が存在するであろうか，という問題を考えてみる．まず任意の置換 $\sigma \in S_n$ に対して $\sigma A = (a_{i\sigma(j)})$ と定義すると

$$\begin{aligned}|\sigma A| &= \sum_{\tau \in S_n} \mathrm{sgn}\,(\tau) a_{1\sigma\tau(1)} \cdots a_{n\sigma\tau(n)} = \sum_{\pi \in S_n} \mathrm{sgn}\,(\sigma^{-1}\pi) a_{1\pi(1)} \cdots a_{n\pi(n)} \\ &= \mathrm{sgn}\,(\sigma^{-1}) \sum_{\pi \in S_n} \mathrm{sgn}\,(\pi) a_{1\pi(1)} \cdots a_{n\pi(n)} = \mathrm{sgn}\,(\sigma)|A|\end{aligned}$$

が成り立つ．行列式の基本的性質から

$$\begin{aligned}|A|\,|B| &= \sum_{\sigma \in S_n} \mathrm{sgn}\,(\sigma)|A| b_{\sigma(1)1} \cdots b_{\sigma(n)n} = \sum_{\sigma \in S_n} |\sigma A| b_{\sigma(1)1} \cdots b_{\sigma(n)n} \\ &= \sum_{k_1, \cdots, k_n = 1}^{n} |(a_{ik_j})| b_{k_1 1} \cdots b_{k_n n} = \begin{vmatrix} \displaystyle\sum_{k_1=1}^{n} a_{1k_1} b_{k_1 1} & \cdots & \displaystyle\sum_{k_n=1}^{n} a_{1k_n} b_{k_n n} \\ \vdots & \ddots & \vdots \\ \displaystyle\sum_{k_1=1}^{n} a_{nk_1} b_{k_1 1} & \cdots & \displaystyle\sum_{k_n=1}^{n} a_{nk_n} b_{k_n n} \end{vmatrix}\end{aligned}$$

である．したがって，$C = (c_{ij})$, $c_{ij} = \sum_{k=1}^{n} a_{ik} b_{kj}$ $(i, j = 1, 2, \cdots, n)$ とおけば $|A|\,|B| = |C|$ を得る．ここで $AB = C$ と定義すると，この積は結合律をみたし，かつ行列の演算と両立することが容易な観察からわかる．このようにして，行列の積は行列式からも自然に導出されるのである．

B.5　逆行列

連立方程式：

$$\begin{cases} a_{11}x_1 + \cdots + a_{1n}x_n = b_1 \\ \qquad\qquad \vdots \\ a_{n1}x_1 + \cdots + a_{nn}x_n = b_n \end{cases}$$

を再び考察しよう．いま

$$A = \begin{pmatrix} a_{11} & \cdots & a_{1n} \\ \vdots & \ddots & \vdots \\ a_{n1} & \cdots & a_{nn} \end{pmatrix}, \quad \boldsymbol{x} = \begin{pmatrix} x_1 \\ \vdots \\ x_n \end{pmatrix}, \quad \boldsymbol{b} = \begin{pmatrix} b_1 \\ \vdots \\ b_n \end{pmatrix}$$

とおくと，上式は $A\boldsymbol{x} = \boldsymbol{b}$ と表すことができる．いま A は逆行列をもつとしよう．したがって，$\boldsymbol{x} = E_n\boldsymbol{x} = (A^{-1}A)\boldsymbol{x} = A^{-1}(A\boldsymbol{x}) = A^{-1}\boldsymbol{b}$ である．逆に $\boldsymbol{x} = A^{-1}\boldsymbol{b}$ であれば，$A\boldsymbol{x} = A(A^{-1}\boldsymbol{b}) = (AA^{-1})\boldsymbol{b} = E_n\boldsymbol{b} = \boldsymbol{b}$ となり，方程式 $A\boldsymbol{x} = \boldsymbol{b}$ はただ 1 つの解 $\boldsymbol{x} = A^{-1}\boldsymbol{b}$ をもつ．したがって，クラーメルの公式から

$$A^{-1}\boldsymbol{b} = |A|^{-1} \begin{pmatrix} D_1(\boldsymbol{b}) \\ \vdots \\ D_n(\boldsymbol{b}) \end{pmatrix} \tag{B.5.1}$$

ただし

$$D_i(\boldsymbol{b}) = \begin{vmatrix} a_{11} & \cdots & \overset{(i)}{b_1} & \cdots & a_{1n} \\ \vdots & \ddots & \vdots & \ddots & \vdots \\ a_{n1} & \cdots & b_n & \cdots & a_{nn} \end{vmatrix}$$

である．(B.5.1) はベクトル $\boldsymbol{b}$ に関する恒等式とみることができるので，特に固定された任意の j に対して

$$\boldsymbol{b} = \begin{pmatrix} 0 \\ \vdots \\ 1 \\ \vdots \\ 0 \end{pmatrix} \ (j)$$

とおけば (B.5.1) は

$$(A^{-1} \text{ の } (i,j) \text{ 成分}) = |A|^{-1}D_i(\boldsymbol{b}) = |A|^{-1}(-1)^{i+j}|A_{ji}| \qquad (i = 1, 2, \cdots, n)$$

を意味する．ただし A_{ij} は $A = (a_{ij})$ から第 i 行と第 j 列を除いて得られる $(n-1)$ 次の小行列を表す．そこで

$$\alpha_{ij} = (-1)^{i+j}|A_{ij}|$$

とおけば（これを行列 A における a_{ij} の余因子と呼ぶ）

$$A^{-1} = \frac{1}{|A|} \begin{pmatrix} \alpha_{11} & \cdots & \alpha_{n1} \\ \vdots & \ddots & \vdots \\ \alpha_{1n} & \cdots & \alpha_{nn} \end{pmatrix}$$

を得る．

参考文献

[1] 浅野啓三，行列と行列式，共立出版.

[2] 沢田賢，渡辺展也，安原晃 共著，大学で学ぶ線形代数，サイエンス社.

[3] 薩摩順吉，四ッ谷晶二 共著，キーポイント線型代数，岩波書店.

[4] 鈴木義也 他編著，例解線形代数学演習，共立出版株式会社.

[5] 鶴見和之 他著，複素解析学，昭晃堂.

[6] 松坂和夫，線型代数入門，岩波書店.

[7] 三宅敏恒，入門線形代数，培風館.

索引

$\mathbb{C}$ 179
$\cos\theta$ 14
dim 122
$\mathrm{Im}\,T$ 132
$\mathrm{Ker}\,T$ 135
$\mathrm{Ker}\,A$ 122
$\mathbb{N}$ 1
$\mathbb{R}$ 1
rank 45
$\mathbb{R}^n$ 95
$\mathbb{R}[x]$ 95
$\mathbb{R}[x]_n$ 95
$\sin\theta$ 14
$\|\cdot\|$ 170
$\mathbb{Z}$ 1

あ

1 次結合 96
1 次従属 100
　複素ベクトル空間の—性 181
1 次独立 96
　複素ベクトル空間の—性 179
1 次変換 62
一対一写像 7
移動 62
　逆の— 65
　—の合成 64
上への写像 7
n 次行列式 81
n 次正方行列 36
n 乗根 33
エルミート内積 187
円周上の複素数の表示 34
円の方程式 23
オイラーの公式 25

か

解空間 122
階数 45
回転移動 64
解の記述 49
ガウスの消去法 39
　—の目標 39
核 135
拡大係数行列 38
型 36
加法定理 27
簡約化 44
基底 120
　正規直交— 175
　標準— 120
　複素ベクトル空間の— 181
基本ベクトル 96
逆行列 71
　—の公式 91
逆写像 7
逆像 6
逆の移動 65
行基本変形 38
共通部分 4
行ベクトル 36
　—型表示 68
行ベクトルと列ベクトルの積 67
　2 次の— 54
行零ベクトル 36
行列 36
　—の型 36
　移動を表す— 62
　拡大係数— 38
　係数— 38
　実対称— 175
　写像としての— 130
　正則— 71
　正方— 36
　線型写像としての— 131
　対角— 159
　直交— 175
　転置— 85
　—と列ベクトルの積 68
　—の行ベクトル型表示 68
　—の実数倍 66
　—の積 68
　—の線型性 131
　—の列ベクトル型表示 67
　—の和と差 66
　表現— 142
　変換— 145, 159
　余因子— 90
行列式 76, 78, 80, 81, 227
　2 次— 76
　2 次—の性質 84
　3 次— 78
　3 次—の性質 84
　4 次— 80
　n 次— 81
　—の性質 86, 234
　—の余因子展開 235
行列と列ベクトルの積 68
行列の行ベクトル型表示 68
行列の実数倍 66
行列の積 68
行列の列ベクトル型表示 67
行列の和と差 66
極形式表示 30
虚数単位 17
虚部 17
空間上のベクトル 12
　—の内積 12
　—の和・差・実数倍 12
クラーメルの公式 76, 88
グラム・シュミットの直交化法 174
係数行列 38
ケーリー・ハミルトンの定理 56
元 2
合成写像 8
恒等写像 8
固有空間 151
　複素行列の— 184
固有多項式 151
　複素行列の— 183
固有値 151
　複素行列の— 183
固有ベクトル 151
　複素行列の— 184

さ

サルスの方法 79
三角関数 14
　—の加法定理 27
　—の積和公式 28
3 次行列式 78
　—の性質 84

次元 122
　複素— 182
指数法則 25
実線型写像 184
実対称行列 175
実部 17
実ベクトル空間 179
写像 5, 130
　一対一— 7
　上への— 7
　逆— 7
　合成— 8
　恒等— 8
　線型— 126
　—としての行列 130
集合 1
　—の共通部分 4
　—の相等 4
　—が等しい 4
　部分— 3
　和— 4
主成分 44
　—に対応しない変数 48
準同型定理 137
数ベクトル表現 138
正規直交基底 175
生成する 110
正則 71
正則行列 71
成分 10, 36
　—表示 10
正方行列 36
　n 次— 36
積の微分法 24
積和公式 28
絶対値 21
　—の性質 22
線型写像 126
　実— 184
　—としての行列 131
　—の核 135
　—の像 132
　複素— 183
線型性 126, 131
全射 7
全単射 7
像 6, 132
双曲線 177
相似 159
相等 4
属する 2

た

対角化 159
　—可能 159
　—の方法 159
対角行列 159
　2 次の— 60
対角成分 36
楕円 177
単位円 14
単位行列 36
単射 7
直線のベクトル方程式 12, 13
直線の方程式 13
直交 170
　グラム・シュミットの—化法 174
直交基底 175
直交行列 175
定義域 6
転置行列 85
ド・モアブルの定理 26

な

内積 11, 169
　エルミート— 187
　—の性質 170
内積の性質 170
長さ 170
2 次行列式 76
　—の性質 84
2 次曲線 177
2×2 行列
　—の和の性質 52
2 次正方行列 52
　—と列ベクトルの積 54
　—の逆行列 57, 58
　—の差 52
　—の実数倍 53
　—の実数倍の性質 53
　—の積 54
　—の積の性質 55
　—の和 52
2 次正方行列の和 52

は

掃き出し法 39
表現行列 142
標準基底 120
複素共役 20
　—の性質 20
複素共役の性質 20
複素次元 182
複素数 16
　—の n 乗根 33
　—の演算 18
　—の記法 17
　—の極形式表示 30
　—の虚部 17
　—の実部 17
　—の商 19
　—の積 16
　—の積の基本的性質 16
　—の相等 18
複素線型写像 183
複素平面 16
複素ベクトル空間 179
　—の 1 次従属性 181
　—の 1 次独立性 179
　—の基底 181
含まれる 2
部分空間 132
部分集合 3
閉円板 23
平面上のベクトル 10
　—の内積 11
　—の和・差・実数倍 10
　—の和・実数倍の法則 11
平面の方程式 13
ベクトル 94
　基本— 96
　—のスカラー倍 94
　—の長さ 170
　—の和 94
　零— 94
ベクトル空間 94
　—の基底 120
　実— 179
　—の部分空間 132
　複素— 179
偏角 30
変換行列 145, 159
法ベクトル 12

や

有向線分 10
余因子行列 90
要素 2
4 次行列式 80

ら

ラジアン 14
零行列 36
零ベクトル 94
列基本変形 134
列ベクトル 36
　—型表示 67
列零ベクトル 36
連立 1 次方程式 36
　—の解 60

わ

和集合 4

■著者略歴

三浦　毅（みうら たけし）

1995 年　早稲田大学教育学部理学科数学専修卒業

1997 年　早稲田大学大学院理工学研究科数理科学専攻修士課程修了

2000 年　新潟大学大学院自然科学研究科情報理工学専攻博士後期課程修了

現　在　新潟大学理学部教授，博士（理学）

早田　孝博（はやた たかひろ）

1991 年　京都大学理学部卒業

1993 年　九州大学大学院理学研究科数学専攻修士課程修了

1996 年　神戸大学大学院自然科学研究科知能科学専攻博士後期課程修了

現　在　山形大学大学院准教授，博士（理学）

佐藤　邦夫（さとう くにお）

1970 年　東北大学理学部数学科卒業

1972 年　東北大学大学院理学研究科修士課程修了

元山形大学大学院助教，博士（理学）

髙橋　眞映（たかはし しんえい）

1967 年　新潟大学理学部数学科卒業

1969 年　新潟大学大学院理学研究科修士課程数学専攻修了

現　在　山形大学名誉教授，理学博士

主要著書　応用解析学（共著，昭晃堂）

線型代数の発想

2006 年 10 月 10 日　第 1 版　第 1 刷　発行
2007 年 10 月 10 日　第 1 版　第 2 刷　発行
2008 年 10 月 10 日　第 2 版　第 1 刷　発行
2009 年 10 月 20 日　第 3 版　第 1 刷　発行
2014 年 10 月 10 日　第 3 版　第 4 刷　発行
2015 年 9 月 30 日　第 4 版　第 1 刷　発行
2016 年 9 月 30 日　第 5 版　第 1 刷　発行
2021 年 9 月 30 日　第 5 版　第 4 刷　発行

著　者　三浦　毅　早田　孝博
　　　　佐藤　邦夫　髙橋　眞映
発行者　発田　和子
発行所　株式会社　学術図書出版社

〒113−0033　東京都文京区本郷 5 丁目 4 の 6
TEL 03−3811−0889　振替　00110−4−28454
印刷　三松堂（株）

定価はカバーに表示してあります．

ISBN978-4-7806-1171-7　C3041